RUDOLF BAEHR

SPANISCHE VERSLEHRE AUF HISTORISCHER GRUNDLAGE

SAMMLUNG KURZER LEHRBÜCHER
DER ROMANISCHEN SPRACHEN
UND LITERATUREN

BEGRÜNDET VON KARL VORETZSCH

HERAUSGEGEBEN
VON
GERHARD ROHLFS

16

RUDOLF BAEHR

SPANISCHE VERSLEHRE AUF HISTORISCHER GRUNDLAGE

MAX NIEMEYER VERLAG TÜBINGEN 1962

SPANISCHE VERSLEHRE
AUF HISTORISCHER GRUNDLAGE

VON

RUDOLF BAEHR

MAX NIEMEYER VERLAG TÜBINGEN 1962

Printed in Germany
Gesamtherstellung: Graph. Kunstanstalt Jos. C. Huber KG., Diessen vor München

MEINEM VEREHRTEN LEHRER

GERHARD ROHLFS

ZUGEEIGNET

INHALTSVERZEICHNIS

ZWEITER TEIL:

DIE VERSARTEN

DRITTER TEIL:

DIE METRISCHEN KOMBINATIONEN

VORWORT

Die vorliegende Arbeit möchte als Lehr- und Handbuch eine Lücke unter den Hilfsmitteln des akademischen Spanisch-Unterrichtes in Deutschland schließen. Von dieser Zielsetzung her werden sowohl der allgemeine Charakter als auch Anordnung, Darstellungsweise, Methode und thematischer Umfang im einzelnen bestimmt.

In einem ersten, allgemeinen Teil wird von den Grundlagen der spanischen Metrik gehandelt, wobei auch elementare Fragen wie Silbenzählung und Silbenberechnung nicht übergangen werden durften. Im besonderen sei hingewiesen auf das Seite XXI angeführte und Seite 3 ff. begründete Notierungssystem, das zwar die bei uns übliche Terminologie für die Charakterisierung des Versrhythmus von Grund auf verändert, dafür aber eine zuverlässigere, wesentlichere Erfassung und Erkenntnis der rhythmischen Struktur ermöglicht.

Den zweiten Teil bildet eine systematische Darstellung der regelmäßigen sowie eine Auswahl der wichtigsten unregelmäßigen Versarten.

Das Hauptgewicht wurde auf den dritten Teil gelegt, der die metrischen Kombinationen (Strophenformen usw.) zum Inhalt hat. Es konnten selbstverständlich nicht alle Formen berücksichtigt werden, doch wurde bei der Auswahl nicht engherzig verfahren.[1]

Die Einzeldarstellungen der Verse und Formen werden eingeleitet durch einen definierend-beschreibenden Abschnitt, der bei den Versen auch Hinweise auf ihre rhythmischen Varianten und ihren stilistischen Ausdruckswert, bei den Formen Angaben über deren bevorzugte thematische Verwendung enthält. Daran schließt sich der geschichtliche Teil an, der über Ursprung bzw. Herkunft der Vers- und Strophenformen, über deren frühestes Auftreten und ihr weiteres Schicksal unterrichtet. In den hier in sehr großer Zahl auftauchenden strittigen Fragen besonders hinsichtlich Ursprung und Herkunft wurde der Vielschichtigkeit der Probleme entsprechend jede programmatische Einseitigkeit vermieden, der jetzige Forschungsstand möglichst objektiv aufgezeigt und mit dem Ziele einer sachlich fundierten Orientierung in dem oft krausen Widerstreit der Meinungen kritisch beleuchtet. Ausgehend von dem Gedanken, daß die spanische Verskunst als ein — wenngleich individuell deutlich ausgeprägtes — Teilgebiet im Gesamtrahmen der romanischen Metrik zu betrachten ist, wurden, wo immer es für eine tiefere

[1] Vgl. S. 138.

geschichtliche Erkenntnis förderlich erschien, Vergleiche mit Frankreich, Italien und Portugal gezogen. Hinsichtlich der Darstellungsart wurde ein Gleichgewicht zwischen Synthese und Detail erstrebt, damit auf der einen Seite die Zusammenschau nicht zu vage und unkontrollierbar wird und auf der anderen Seite die gleichsam mikroskopische Einzelforschung nicht die wirklichen Größenverhältnisse entstellt. Um den Benutzer immer wieder an die Texte selbst heranzuführen, wurde mit Stellenangaben nicht gespart. In der Annahme, daß an jedem deutschen Universitätsort Rivadeneiras *Biblioteca de autores españoles*, ferner die *Nueva Biblioteca de autores españoles* und endlich M. Menéndez Pelayos *Antología de poetas líricos castellanos* zugänglich sind, wurde vorzugsweise nach diesen Sammlungen zitiert. Da ein Handbuch die Spezialuntersuchungen weder ersetzen kann noch soll, wurde Wert darauf gelegt, sie in den Fußnoten und, soweit sie monographischen Charakters sind oder wichtige Einzelaspekte erschöpfend darstellen auch in den bibliographischen Angaben (Literatur) am jeweiligen Abschnittsende anzuführen, um so im Einzelfalle den Weg für ein vertieftes Studium zu ebnen. Die Nennung der einschlägigen Literatur im Zusammenhang mit der Darstellung erschien mir nützlicher als deren alphabetische Aufzählung in einer — wenn schon ungleich eindrucksvolleren — Phalanx der ‚benutzten Werke'. Die *Allgemeine Bibliographie* (Seite XIV) beschränkt sich daher auf Bibliographien und Gesamtdarstellungen. Der *Indice* zu Carballos *Métrica española* und — ohne Anspruch auf Vollständigkeit — auch die hier beigegebenen Autoren- und Sachregister erschließen den Zugang zu den einschlägigen Untersuchungen. Häufig zitierte Werke sind im Abkürzungsverzeichnis zusammengestellt.

In Abschätzung der praktischen Bedürfnisse wurde für das Mittelalter die überlieferte Versdichtung ohne thematische Einschränkung, von der Renaissance an jedoch im Prinzip nur noch die silbenzählende Kunstdichtung als Material zugrundegelegt, da von diesem Zeitpunkt an die Erforschung des unregelmäßigen Versbaus ein Spezialgebiet von begrenzter Bedeutung darstellt. Ihm hat P. Henríquez Ureña sein klassisch zu nennendes Buch *La versificación irregular en la poesía castellana* (Madrid² 1933) gewidmet. Auch hinsichtlich der *versos libres* der Modernisten wurden nur kurze sachliche und bibliographische Hinweise gegeben. Die grundsätzliche Einbeziehung der lateinamerikanischen Dichtung in eine bis in die Gegenwart reichende Gesamtdarstellung der spanischen Metrik erschien hingegen als eine unumgängliche Forderung, der nach Kräften zu entsprechen war.

Es ist selbstverständlich, daß sich die vorliegende Arbeit auf die bisherige Forschungsleistung stützt. Im besonderen weiß sie sich hinsichtlich des Notierungssystems und zahlreicher Einzelheiten der *Métrica española* von Tomás Navarro, hinsichtlich mancher Aspekte der Vers- und Formprobleme der Cancionero-Dichtung der *Poésie lyrique espagnole et portugaise à la fin du moyen âge*, Bd.II: *Les Formes* von Pierre Le Gentil verpflichtet. An Gelegenheit zu eigener wissenschaftlicher Untersuchung, Kritik und Stellungnahme hat es deswegen aber nicht gefehlt.

Endlich ist es mir eine angenehme Pflicht, an dieser Stelle meinem verehrten Lehrer, Herrn Professor Dr. Dr. h. c. Gerhard Rohlfs, der diese Arbeit angeregt, mit freundlichem Interesse begleitet und zur Veröffentlichung in die von ihm geleitete Reihe aufgenommen hat, meinen aufrichtigen Dank auszusprechen. Ferner habe ich zu danken dem Bayerischen Staatsministerium für Unterricht und Kultus sowie der Deutschen Forschungsgemeinschaft für Reisebeihilfen zu zwei Forschungsaufenthalten in Madrid und schließlich den wissenschaftlichen Bibliotheken in Madrid und München, besonders der Biblioteca Nacional, der Biblioteca de la Real Academia española, der Bayerischen Staatsbibliothek sowie der Universitätsbibliothek in München für die unermüdlichen bibliothekarischen Dienste.

München, im Juli 1961 Rudolf Baehr

ALLGEMEINE BIBLIOGRAPHIE

A) Bibliographien zur span. Metrik.

D. C. Clarke, *Una bibliografía de versificación española*. Univ. of California Publications in Modern Philology, vol. XX, N⁰ 2, Berkeley, California, Univ. of California Press, 1937. — [Grundlegende, erste wissenschaftliche Bibliographie zur span. Metrik. — Nachträge und Ergänzungen dazu in D. C. Clarke, *A chronological sketch of castilian versification together with a list of its metric terms*. Univ. of California Publications in Modern Philology, vol. XXXIV, N⁰ 3, Berkeley and Los Angeles 1952, S. 279 u. 374—381.]

E. Díez Echarri, *Teorías métricas del siglo de oro*. RFE-Anejo XLVII, Madrid 1949, S. 11—29 [Nennt neben Werken zur span. Metrik auch — meist ältere — Standardwerke zur frz. und ital. Verslehre.]

P. Le Gentil, *Le virelai et le villancico. Le problème des origines arabes*. Collection portugaise, vol. IX, Paris 1954. — [Sehr reiche allgemeine und spezielle Bibliographie in 3 Anhängen (S. 251—265). I. *Bibliographie concernant la thèse arabe et les formes du muwashshah*. (Vgl. hierzu ergänzend Klaus Heger, *Die bisher veröffentlichten Harǧas und ihre Deutungen*. ZRPh-Beiheft 101, Tübingen 1960, S. IX—XVIII). — II. *Travaux expliquant les formes romanes, abstraction faite des formes islamiques*. (Vgl. hierzu ergänzend Michel Burger, *Recherches sur la structure et l'origine des vers romans*. Genève-Paris 1957, S. 180—184). — III. *Bibliographie sommaire se rapportant à la musique et à la danse*.]

A. Carballo Picazo, *Los estudios de preceptiva y de métrica españolas en los siglos XIX y XX*. Revista de Literatura, Fasc. 15, Julio-Septiembre de 1955, S. 23—56.

Ders., *Situación actual de los estudios de métrica española*. Clavileño, Año VII (1956), S. 8—12 u. Nr. 40, S. 54—60.

Ders., *Métrica española*. Monografías bibliográficas V—VI, Instituto de estudios madrileños, Madrid 1956. — [Mit 1203 Titel die gegenwärtig vollständigste Spezialbibliographie zur span. Metrik. Erstreckt sich vom 15. Jahrhundert bis zum Erscheinungsjahr und berücksichtigt alle Gattungen, besonders auch das Theater. Bei wichtigen Werken oft Hinweise auf Besprechungen. Stichwortartige Inhaltsangaben zu den Titeln und ein reicher Index erschließen den Zugang.]

B) Neuere Gesamtdarstellungen der spanischen Metrik.

R. Jaimes Freyre, *Leyes de versificación castellana.* Buenos Aires 1912. — [Der Vf. ist selbst Dichter und versuchsfreudiger Formkünstler. Sein Buch ist wichtig für die Kenntnis der Geschichte der metrischen Theorien, von denen er selbst eine eigene entwickelt.]

P. Lemus y Rubio, *Manual de preceptiva literaria, con notas históricas sobre las combinaciones métricas.* Murcia 1921. — [Behandelt — wie aus dem Titel ersichtlich — nur Strophen- und Gedichtformen. Die historischen Bemerkungen sind unsystematisch und stützen sich in der Hauptsache wohl auf eigene, aber mehr zufällige Lesefrüchte. Reiches Material, aber meist ohne Stellenangabe.]

J. Vicuña Cifuentes, *Epítome de versificación castellana.* Santiago de Chile, 1929. — [Knapper Abriß der span. Metrik mit kurzen Bemerkungen zur Geschichte der Verse und Formen.]

P. Henríquez Ureña, *La versificación irregular en la poesía castellana.* 2. Aufl. Madrid 1933. — [Die klassische Darstellung der unregelmäßigen Metrik in Spanien von den Anfängen (summarisch) bis in die Gegenwart.]

P. Bloise Campoy, *Diccionario de la rima, precedido de un tratado de versificación.* Madrid 1946. — [Anspruchsloser Abriß.]

M. de Riquer, *Resumen de versificación española.* Barcelona 1950. — [Eine zwar elementare, aber von wissenschaftlichem Geist getragene Darstellung des Allerwichtigsten.]

D. C. Clarke, *A chronological sketch of castilian versification together with a list of its metric terms.* Univ. of California Publications in Modern Philology, vol. XXXIV, N° 3, S. 279–382, Berkeley and Los Angeles 1952 [Auch als Separatum erhältlich]. — [Der chronologische Überblick hat Charakter und Umfang eines wissenschaftlichen Zeitschriftenaufsatzes. In der Reihenfolge des geschichtlichen Ablaufes wird die Entfaltung der Verskunst in Spanien unter Hervorhebung der Höhepunkte im Formschaffen anschaulich gemacht.]

T. Navarro, *Métrica española. Reseña histórica y descriptiva*. New York 1956, 556 S. — [Trotz einiger unerfüllt gebliebener Wünsche besonders hinsichtlich der Berücksichtigung oder wenigstens Nennung anderer Auffassungen in problematischen Fragen unbestreitbar die beste und umfassendste Gesamtdarstellung. — Rez. z. B. in Hispanic Review XXV (1957), S. 126—129 (D. C. Clarke); Symposium X (1956), S. 156—159 (D. W. McPheeters); Romance Philology XII (1958), S. 19—32 (P. Le Gentil); Romanistisches Jahrbuch IX (1958), S. 360—362 (E. Lorenz); Zeitschrift für Romanische Philologie Bd. LXXVI (1960), S. 567—570 (R. Brummer); Revista Hispánica Moderna, Año XXVII (New York 1961), S. 31—33 (Francisco García Lorca).

VERZEICHNIS DER ABKÜRZUNGEN

A) Werke und Zeitschriften

Ant.	M. Menéndez Pelayo, *Antología de poetas líricos castellanos* (Edición nacional), 10 Bde, Santander 1944/45.
ASTNS	Archiv für das Studium der Neueren Sprachen, Braunschweig.
AUCh	Anales de la Universidad de Chile, Santiago de Chile.
BAAL	Boletín de la Academia Argentina de Letras, Buenos Aires.
BAE	Biblioteca de Autores Españoles (Rivadeneira).
Balaguer, *Apuntes*	Joaquín Balaguer, *Apuntes para una historia prosódica de la métrica castellana.* (RdL – Anejo XIII), Madrid 1952.
BBMP	Boletín de la Biblioteca Menéndez Pelayo, Santander.
Bello, *Obras compl.*	Andrés Bello, *Obras completas* (Ediciones del Ministerio de Educación), Caracas 1951ff. — [Die Schriften zur Metrik sind im Band VI vereinigt.]
BHi	Bulletin hispanique (Annales de la Faculté des Lettres de l'université de) Bordeaux.
BICC	Boletín del Instituto Caro y Cuervo, Bogotá.
BRAE	Boletín de la Real Academia Española de la Lengua, Madrid.
Burger, *Recherches*	Michel Burger, *Recherches sur la structure et l'origine des vers romans* (Société des Publications Romanes et Françaises sous la direction de Mario Roques, Bd. LIX), Genève-Paris 1957.
Canc. de Baena	El cancionero de Juan Alfonso de Baena (Siglo XV) ahora por primera vez dado a luz (Ochoa-Pidal), Madrid 1851. — Facsimile-Ausgabe durch H. R. Lang, New-York 1926.
Canc. General	Cancionero General de Hernando del Castillo según la edición de 1511, con un Apéndice de lo añadido en las de 1527, 1540 y 1557. Publícale la Sociedad de Bibliófilos españoles, 2 Bde., Madrid 1882.
Canc. Herberay	Le chansonnier espagnol d'Herberay des Essarts (XVe siècle). Edition précédée d'une étude historique par Charles V. Aubrun, Bordeaux 1951.

Canc. musical	Cancionero musical de los siglos XV y XVI, transcrito y comentado por Francisco Asenjo Barbieri, Madrid 1890.
Canc. de Palacio	El cancionero de Palacio (manuscrito n⁰ 594). Edición crítica, con estudio preliminar y notas, por Francisca Vendrell de Millás, Barcelona 1945.
Canc. siglo XV	Cancionero castellano del siglo XV. Ordenado por R. Foulché-Delbosc, 2 Bde, Madrid 1912 u. 1915 (= NBAE XIX u. XXII).
CC	Clásicos castellanos, Madrid-Barcelona.
Clarke, *Sketch*	D. C. Clarke, *A chronological sketch of Castilian versification together with a list of its metric terms.* University of California Publications in Modern Philology, vol. XXXIV, Nº 3, S. 279–382, Berkeley-Los Angeles 1952.
Correas, *Arte grande*	Gonzalo Correas, *Arte de la lengua española castellana.* Edición y prólogo de Emilio Alarcos García (RFE-Anejo LVI), Madrid 1954. (Die Abkürzung *Arte Grande* ist der Viñaza-Ausgabe entnommen).
Díez Echarri, *Teorías*	Emiliano Díez Echarri, *Teorías métricas del siglo de oro* [RFE-Anejo XLVII], Madrid 1949.
GG	Gröbers Grundriß der romanischen Philologie. Straßburg², 1904ff.
Hisp.	Hispania, published by the American Association of Teachers of Spanish, Stanford University, California bezw. Baltimore, Maryland.
HR	Hispanic Review, Philadelphia.
Jeanroy, *Origines*	A. Jeanroy, *Les origines de la poésie lyrique en France au moyen-âge*, Paris³, 1925.
Jörder, *Formen*	Otto Jörder, *Die Formen des Sonetts bei Lope de Vega* (ZRPh-Beiheft 86), Halle 1936.
KJB	Kritischer Jahresbericht über die Fortschritte der romanischen Philologie, Halle 1885ff.
H. R. Lang, *Las Formas*	Henry R. Lang, *Las formas estróficas y términos métricos del Cancionero de Baena.* In: Estudios eruditos in memoriam de Adolfo Bonilla y San Martín, Bd. I, Madrid 1927, S. 485—523.
Le Gentil, *Les Formes*	Pierre Le Gentil, *La poésie lyrique espagnole et portugaise à la fin du moyen âge.* Deuxième Partie: *Les Formes*, Rennes 1952.

Menéndez Pelayo, *Estudios*	M. Menéndez Pelayo *Estudios y discursos de crítica histórica y literaria.* 7 Bde. Santander 1941—42.
Menéndez Pidal, *Romancero*	R. Menéndez Pidal, *Romancero Hispánico (Hispano-portugués, americano y sefardí). Teoría e historia.* 2 Bde, Madrid 1952.
MLN	The Modern Language Notes, Baltimore.
MLR	The Modern Language Review, Cambridge-London.
Morley, *Strophes*	S. Griswold Morley, *Strophes in the Spanish drama before Lope de Vega.* Homenaje a Menéndez Pidal, Madrid 1925, Bd. I, S. 505—531.
Morley-Bruerton, *Chronology*	S. G. Morley and Courtney Bruerton, *The chronology of Lope de Vega's Comedias with a discussion of doubtful attributions, the whole based on a study of his strophic versification,* New York (The Modern Language Association of America), 1940.
T. Navarro, *Métrica*	Tomás Navarro, *Métrica española. Reseña histórica y descriptiva,* New York 1956.
NBAE	Nueva Bibloteca de Autores Españoles.
NRFH	Nueva Revista de Filología Hispánica, Mexico.
Philol. Quarterly	Philological Quarterly, Iowa City.
PMLA	Publications of the Modern Language Association of America, Baltimore.
RF	Romanische Forschungen, Frankfurt a.M.
RFE	Revista de Filología Española, Madrid.
RdL	Revista de Literatura, Madrid.
RFH	Revista de Filología Hispánica, Buenos Aires.
RHi	Revue hispanique, Paris.
Riquer, Resumen	Martín de Riquer, *Resumen de versificación española,* Barcelona 1950.
RoJb	Romanistisches Jahrbuch, Hamburg.
RoPh	Romance Philology, Berkeley-Los Angeles.
RR	The Romanic Review, New York.
Spanke, *Beziehungen*	Hans Spanke, *Beziehungen zwischen romanischer und mittellateinischer Lyrik mit besonderer Berücksichtigung der Metrik und Musik.* Abhandlungen der Gesellschaft der Wissenschaften zu Göttingen, Phil.-hist. Klasse, 3. Folge, Nr. 98, Berlin 1936.
Stengel, *Roman. Verslehre*	Edmund Stengel, *Romanische Verslehre.* GG II, 1, S. 1—96.

Suchier, *Verslehre*	Walter Suchier, *Französische Verslehre auf historischer Grundlage*, Tübingen 1952.
Ureña, *Versificación*	Pedro Henríquez Ureña, *La versificación irregular en la poesía castellana*, Madrid², 1933.
Wolf, *Studien*	Ferdinand Wolf, *Studien zur Geschichte der spanischen und portugiesischen Nationalliteratur*, Berlin 1859.
ZFSL	Zeitschrift für französische Sprache und Literatur, Jena bzw. Tübingen.
ZRPh	Zeitschrift für romanische Philologie, Halle bzw. Tübingen.

B) Sonstige Abkürzungen

a.a.O.	am angeführten Ort
arab.	arabisch
altfrz.	altfranzösisch
Bd.	Band
bes.	besonders
bezw.	beziehungsweise
dakt.	daktylisch
ders.	derselbe
dt.	deutsch
ed.	edidit
Ed.nac.	Edición nacional
franz.	französisch
galiz.-port.	galizisch-portugiesisch
ibid.	ibidem
klass.	klassisch
lat.	lateinisch
m.E.	meines Erachtens
mittellat.	mittellateinisch
o.	oben
prov.	provenzalisch
röm.	römisch
roman.	romanisch
S.	Seite
s.	siehe
s.d.	siehe dort
sog.	sogenannt
span.	spanisch
s.v.	sub verbo
troch.	trochäisch
u.	unten; und

u.a.	und andere
usw.	und so weiter
vgl.	vergleiche
z.B.	zum Beispiel
z.T.	zum Teil

C) Zeichen

Madrid[2]	hochgestellte Ziffer nach dem Erscheinungsort bezeichnet die Auflage.
†	gestorben

NOTIERUNGSSYSTEM DER VERS- UND STROPHENFORMEN

ooo	Zeichen für rhythmische Silben.
óoo òo óo	Die *acentos agudos* bezeichnen die für den betreffenden Verstyp (Variante) notwendigen Versiktus. — Der nur in Ausnahmefällen gesetzte *acento grave* soll besagen, daß auf diese Silbe häufig ein Wortakzent fällt, der aber für die Typen- bzw. Variantenbestimmung nicht konstitutiv ist.
‿, /	‿ bedeutet Verbindung (Synärese, Synaloephe, Synaphie, Enjambement), / bedeutet Trennung (Hiat, Reihenschluß).
canto: llanto	Der Doppelpunkt bedeutet hier ›gereimt mit.‹
ABAB	Großbuchstaben werden grundsätzlich für Langverse verwendet.
AA bbba AA	Großbuchstaben bezeichnen nur dann auch Kurzverse, wenn sie den Refrain symbolisieren. Wo Unklarheit entstehen könnte, wurde auf den Refrain ausdrücklich hingewiesen.
abab	In Kleinbuchstaben werden die Kurzverse (mit Ausnahme der Refrains) notiert.
aa*b* aa*b*	In Kursivdruck erscheinende Kleinbuchstaben bezeichnen *quebrados* zu Kurzversen (z. B. 4-Silber in 8-Silberstrophen).
É, é	bezeichnet die obligatorischen *agudo*-Verse in den *estrofas agudas* (z. B. in der *octavilla aguda:* abbé addé).

ERSTER TEIL

GRUNDLAGEN DER SPANISCHEN METRIK

DER SPANISCHE VERS UND SEINE ELEMENTE

Vorbemerkungen

Wie das Spanische unter den romanischen Sprachen, so hat auch der spanische Vers seinen natürlichen Platz unter den romanischen Versen. Mit ihnen steht er — unbeschadet seiner Eigenständigkeit — nicht nur im Laufe seiner überschaubaren Geschichte in bald engeren, bald loseren Beziehungen, sondern leitet vor allem auch seinen Ursprung aus den wesenhaft gleichen historischen, phonetischen und rhythmischen Grundlagen ab. Die — freilich stets umstrittenen — Theorien und Hypothesen über Ursprung, Herkunft, Ableitbarkeit und rhythmischen Charakter des romanischen Verssystems wie sie besonders im Zusammenhang mit den provenzalischen und französischen Versen entwickelt worden sind, können daher in ihren Grundzügen auch auf den spanischen Vers angewandt werden, wobei man sich allerdings von der Anschauung lösen sollte, daß die spanische Dichtung nicht älter sei als ihre zusammenhängende schriftliche Überlieferung.[1] Wer nämlich daran festhält, wird — wie etwa Ph. A. Becker[2] — jeden spanischen Vers als „Kulturimport" betrachten, was sicherlich nicht den Tatsachen entspricht.

Die Zugehörigkeit zum romanischen Verssystem bestimmt das Wesen des spanischen Verses. Seine konstitutiven Elemente sind die Intensitätsakzente (Hebungen), die metrischen Pausen (Versschluß, Reihenschluß)

---

[1] Eine zusammenfassende kritische Unterrichtung über den heutigen Stand der Ursprungsfragen der romanischen Formen bietet unter besonderer Berücksichtigung der sog. arabischen und der liturgischen These zusammen mit einer sehr wertvollen Bibliographie P. Le Gentil, *Le virelai et le villancico. Le problème des origines arabes*. Paris 1954. — Eine bibliographisch ebenfalls gut ausgestattete neue Arbeit über romanische Versprobleme hat Michel Burger, *Recherches sur la structure et l'origine des vers romans*. Genève — Paris 1957 (Société de publications romanes et françaises, vol. LIX) vorgelegt.

[2] *Die Anfänge der romanischen Verskunst*. ZFSL LVI (1932), S. 257–323, bes. S. 320 f.

und — soweit von der Versart erfordert — die Zäsur, endlich (mit gewissen Einschränkungen) die feste Silbenzahl.

Alle anderen phonetischen, syntaktischen und stilistischen Mittel, die die Struktur des Verses verdeutlichen können, versehen nur zusätzliche Funktionen und sind daher für das Zustandekommen des Verses nicht wesentlich. Das gilt auch für den Reim, wenngleich er auch in der spanischen Dichtung der nur selten fehlende Schmuck des Verses ist.

Zählweise und Benennung der Verse

Im regelmäßigen Versbau werden die einzelnen Versarten meist nach der Zahl ihrer rhythmischen Silben benannt, z. B. 4-Silber, 8-Silber, 11-Silber, spanisch — unter Verwendung griechischer Zahlwörter — tetrasílabo, octosílabo, endecasílabo usw. Daneben finden sich bei gebräuchlichen Versarten auch andere Namen wie *alejandrino*, *verso de arte real*, *sáfico*, worauf bei der Behandlung der einzelnen Verse hinzuweisen sein wird. Nicht selten bezeichnen solche Beinamen einen besonderen rhythmischen Typ des betreffenden Silbenverses.

Im Gegensatz zum Französischen, Provenzalischen und Katalanischen, die als vorwiegend oxytone Sprachen die Silben des Verses nur bis zur letzten betonten zählen und somit den oxytonen oder männlichen Versausgang als Normalform betrachten, legt das Spanische — ebenso wie das Italienische — in Übereinstimmung mit dem überwiegend paroxytonen Charakter seines Wortmaterials als Normalform den Vers mit paroxytonem oder weiblichem Ausgang (*verso llano*) zugrunde. Mit der ersten Silbe des Verses beginnend erstreckt sich daher die Silbenzählung im spanischen Vers jeweils um eine Silbe über die letzte Tonstelle hinaus.[3] Nur im *verso llano* entspricht die tatsächliche Anzahl der Silben auch dem Namen des Verses, wie etwa der folgende *octosílabo* zeigt:

Madrid, castillo famoso

Der oxytone und proparoxytone (gleitende) Versausgang —spanisch *verso agudo* bzw. *verso esdrújulo* — gelten als Abweichungen und sind zur Feststellung der Versart auf die übliche *llano*-Form zu ergänzen bzw. zu reduzieren, wie die beiden folgenden *octosílabos* veranschaulichen:

1) Cual flecha se disparó (+1)
2) florida de los apóstoles (—1)[4]

---

[3] Dieser Unterschied ist bei Vergleichen mit den Zählsystemen oxytoner Sprachen zu berücksichtigen. Er verdoppelt sich bei zusammengesetzten Versen mit Reihenschluß; dem französischen Alexandriner (6+6) entspricht daher im Spanischen ein 14-Silber (7+7).

[4] Zur Rolle der drei verschiedenen Versausgänge in der spanischen Dichtung s. S. 33 ff.

Akzente, rhythmische Klauseln (Versfüße), rhythmische Perioden

Die Erörterung der verschiedenen Theorien zur roman. und damit auch zur span. Metrik liegt außerhalb der diesem Buch zugedachten Aufgaben.[4a] Es ist bekannt, daß gerade in der Theorie der Metrik, die sich notwendig auf unsichere, nur erschließbare und stets verschiedener Deutungen fähige Grundlagen stützt, eine Diskrepanz der Meinungen vorliegt, wie kaum auf einem anderen Gebiet der romanischen Philologie. Jede intransingente Haltung in diesem umstrittenen Bereich würde der wissenschaftlichen Berechtigung entbehren.

Von den verschiedenen Theorien schien mir die von Tomás Navarro die geeignetste. Gedanken und Anregungen von A. Bello, M. Grammont, J. Freyre u.a. weiterführend entwickelt er — auch unter Beiziehung der Experimentalphonetik — ein in sich geschlossenes System, das eine zugleich nuancierte und wesenhafte Erkenntnis der rhythmischen Struktur span. Verse vermittelt.[4b] Es wird in wesentlichen Punkten den folgenden Ausführungen zugrundegelegt.

In Übereinstimmung mit dem phonetischen Charakter der Sprache ist der spanische Vers — mehr als etwa der französische — durch deutlich hervortretende Akzente gekennzeichnet.[5] Gerade durch die bewußte Pflege und Ausnutzung dieser akzentuellen Möglichkeiten hat er seine Individualität gegenüber den entsprechenden Versen anderer romanischer Völker ausgeprägt.

Es ist zu unterscheiden zwischen Wortakzent und Versakzent. Unter Wortakzent (*acento prosódico, etimológico*) versteht man die natürliche Betonungsweise wie sie das Wort auch in der Prosa hat. Außer durch einige wenige und dazu seltene Lizenzen wird er im neuspan. Sprechvers nicht verändert. — Mit Versakzenten, rhythmischen Akzenten oder Versiktus bezeichnet man die Tonstellen oder Hebungen, die durch den Rhythmus des betreffenden Verses oder Verstyps bedingt sind. Jeder rhythmisch eigenständige,[6] unzusammengesetzte spanische Sprechvers

[4a] Zur allgemeinen und bibliographischen Information darüber sei etwa verwiesen auf G. Rohlfs, *Romanische Philologie I*, (Winters Studienführer), Heidelberg 1950, S. 95ff., auf W. Suchier, *Verslehre* und auf das in der *Allgemeinen Bibliographie* genannte Buch von Jaimes Freyre.

[4b] Einige Einschränkungen, die unten zum *período de enlace* und der Gleichsetzung seiner Dauer mit dem *período interior* gemacht werden, tangieren zwar die schöne Geschlossenheit des theoretischen Systems, vermögen aber dessen praktischen Nutzen nicht in Frage zu stellen.

[5] Vgl. Juan Cano, *La importancia relativa del acento y de la sílaba en la versificación española*. RR XXII (1931), S. 223–233 und T. Navarro Tomás, *El acento castellano*. Hisp. XVIII (1935), S. 375–380.

[6] Das sind alle Verse vom 4-Silber an.

hat mindestens zwei rhythmische Akzente. Der eine von ihnen hat seinen festen Platz am Versende. Der andere ist beweglich und fällt auf eine der ersten vier Silben.

Daß das Versende durch einen starken Akzent markiert werden muß, wurde zu allen Zeiten als bindende Vorschrift anerkannt und beachtet. Die von verschiedenen Forschern auch heute noch bezweifelte Notwendigkeit eines rhythmischen Akzentes am Verseingang ergibt sich nicht nur als Analogieschluß zu den ähnlich gearteten Verhältnissen in dem uns geläufigen Musiksystem, sondern ist — wenigstens für den gesprochenen Vers — durch experimentelle Messungen nachgewiesen. Je nach der Länge des Verses oder nach seiner Ausprägung zu einem eigenständigen Typ sind weitere rhythmische Akzente erforderlich.[7]

Was hier über die einfachen Verse ausgeführt wurde, gilt in gleicher Weise auch für die zusammengesetzten, wobei jeder Halbvers wie der entsprechende selbständige, einfache Vers behandelt wird.

In der Regel fallen die rhythmischen Akzente auf Silben, die auch natürlicherweise (d. h. durch Wortakzent) betont sind. Fast ausnahmslos

[7] Wie die mittelalterlichen gesungenen Verse über den Akzent am Reihen- oder Versende hinaus im einzelnen rhythmisch gegliedert waren, kann man solange nicht mit Sicherheit sagen als man die dazugehörigen Melodien besonders in ihrer rhythmischen Gestaltung nicht kennt. Beim heutigen Forschungsstand über diese musikgeschichtlichen Fragen kann man sich daher auf den agnostizistischen Standpunkt stellen, daß man über die rhythmische Einzelgestaltung gesungener Verse — und das ist kein geringer Teil der mittelalterlichen Überlieferung — gar nichts aussagen kann. Doch ist demgegenüber zu bedenken, daß auch in einer gesungenen Dichtung, selbst wenn sie noch primitive Züge trägt, Verstöße gegen den prosodischen Akzent die Ausnahme gewesen sein dürften und daher im Regelfalle — ähnlich wie heute — Rhythmus der Singweise und Rhythmus des unterlegten Textes zusammenfielen. Es entbehrt daher nicht jeglicher Berechtigung, wenn man auch die alten, für den Gesang bestimmten Verse im Prinzip rhythmisch so interpretiert als ob sie Sprechverse gewesen wären. Vgl. z. B. H. H. Arnold, *Rhithmic patterns in Old Spanish verse.* In: Estudios dedicados a Menéndez Pidal, Bd. V, Madrid 1954, S. 151–163. — Eine gegenteilige Anschauung vertritt jedoch G. Lote, *Histoire du vers français*, Paris 1949, Bd. I, S. 79, wo man den folgenden, von Pierre Hélie (um 1150) stammenden Satz zitiert findet: *Accentus est modulatio vocis in communi sermone usuque loquendi. Hoc autem dicitur propter cantilenas, ubi accentum non servamus.* Möglicherweise ist diese Äußerung aber im Hinblick auf ganz bestimmte Fälle gemacht worden und will keinen Anspruch auf Allgemeingültigkeit erheben. Ferner wäre zu bedenken, daß die französischen Verhältnisse, wo der Akzent tatsächlich eine geringere Rolle spielt, nicht ohne weiteres auf das Spanische übertragbar sind.

trifft dies für die letzte Tonstelle des Verses zu.[8] Im Versinnern hingegen geschieht es öfters, daß rhythmische Akzente — besonders wenn durch den Verstyp deren mehrere vorgeschrieben sind — auch auf natürlicherweise schwach betonte Silben fallen und diese akzentuell hervorheben. Vorzugsweise stützen sie sich dabei auf den Nebenton (z. B. agùdaménte). Auch die Enklitika können einen Versakzent tragen, z. B.

descójolós, y de un dolor tamaño[9]

Der rhythmische Akzent am Versanfang leitet die innere rhythmische Periode ein. Sie reicht bis zu der unbetonten Silbe, die der letzten Tonstelle des Verses unmittelbar vorausgeht, z. B.

Rhythmische Periode
Vuélveme, vuélveme, moro

Silben, die dem ersten Versakzent vorausgehen, bleiben außerhalb der inneren rhythmischen Periode. Sie bilden den Auftakt (*anacrusis*), z. B.

Anakrusis rhythm. Periode
El a- róma de su nombre

Ihrerseits gliedert sich die innere rhythmische Periode in die nunmehr kleinsten rhythmischen Einheiten, die man Versfüße oder (seit A. Bello) auch *cláusulas rítmicas* nennt. Sie umfassen gewöhnlich — wie schon Antonio de Nebrija erkannt hat — zwei oder drei Silben, von denen jeweils eine akzentuell hervorgehoben ist; an sie lehnen sich die tonlosen Silben an. Gelegentlich kann auch eine einzige Silbe eine rhythmische Klausel bilden, in einzelnen Verstypen auch deren vier.[10] Die Versfüße wurden seit A. de Nebrija und werden zum Teil noch heute in Anlehnung an die Terminologie der klassischen Metrik als Jamben (oó), Trochäen (óo), Daktylen (óoo), Amphibrachys (oóo) und Anapäste (ooó) bezeichnet, wobei zur Gewinnung dieser Einteilung die natürliche Prosodie (und selbstverständlich der Intensitätsakzent anstelle der klassischen Länge) zu Grunde gelegt wird. Diese Basis ist freilich denkbar unsicher, denn nur selten ist ein Vers oder gar eine Folge von Versen in systematischer Weise aus eindeutig erkennbaren Versfüßen dieser Art zusammengesetzt, da ja in der romanischen Versdichtung nicht wie in der klassisch-antiken Metrik das Metrum, sondern der Vers selbst die rhythmische Grund-

---

[8] Die Ausnahmen beschränken sich im wesentlichen auf die Fälle von Tmesis (s. d.) und Mehr-Wort-Reim (z. B. con que: ronque).

[9] Bei diesem Vers Garcilasos handelt es sich um einen 11-Silber vom Typ B_2 (s. d.), der feste Akzente auf der 4., 8. und 10. Silbe hat.

[10] Diese erst nach der Mitte des 19. Jahrhunderts auftretenden Sonderfälle bleiben hier außer Betracht. — Die viersilbige Klausel ist berücksichtigt in der experimentalphonetischen Abhandlung von María Josefa Canellada de Zamora, *Notas de métrica II: La cláusula rítmica.* Filología II (1950), S. 189–206, bes. S. 199ff.

einheit bildet.[11] In der metrischen Literatur erscheinen daher nicht selten die gleichen Verstypen unter verschiedenen, auf das vermeintliche Metrum gegründeten Bezeichnungen.

Von allen angeführten Versfüßen werden in Wirklichkeit nur der Trochäus und der Daktylus[11a] rhythmisch empfunden, da nach den Feststellungen der modernen Phonetik für das spanische Ohr die rhythmische Einheit — ähnlich wie der Takt in der Musik — durch einen (stärker oder schwächer ausgeprägten) Akzent eingeleitet werden muß.[12] Ein jambischer Vers wird daher rhythmisch empfunden als eine Abfolge von Trochäen, die mit einer einsilbigen Anakrusis beginnt, z. B.

A dónde vas perdida
o óo óo óo

Anapästische und amphibrachysche Verse erscheinen rhythmisch als daktylische, indem sie mit einem zwei- bzw. einsilbigen Auftakt beginnen, z. B.

En el nido desierto de mísera tórtola
El nido desierto de mísera tórtola
Nido desierto de mísera tórtola.
o o óoo óoo óoo óoo

Das angeführte, A. Bello entnommene Schulbeispiel läßt zugleich erkennen, daß nicht in erster Linie die Silbenzahl, sondern die rhythmische Periode den rhythmischen Typ des Verses bestimmt.

Die rhythmische Periode hängt in ihrer Ausdehnung ab von der Länge des Verses sowie vom Umfang der Anakrusis. In den gebräuchlichen Versarten besteht sie gewöhnlich aus zwei Klauseln, von denen die erste akzentuell meist stärker herausgehoben wird als die zweite. Dieses Alter-

[11] Vgl. zu den Fragen des Unterschiedes zwischen der klass. quantitierenden und der roman. sog. rhythmischen Dichtung z. B. Mario Penna, *Notas sobre el endecasílabo en los sonetos del Marqués de Santillana*. In: Estudios dedicados a Menéndez Pidal, Bd. V, Madrid 1954, S. 253ff. und Joaquín Balaguer, *Apuntes para una historia prosódica de la métrica castellana*. RdL-Anejo 13, Madrid 1954, S. 12ff.

[11a] 'Trochäus' und 'Daktylus' sowie ihre Adjektiva sollen im Sprachgebrauch dieser Darstellung nichts anderes sein als dem Leser vertrautere Termini für binären bezw. ternären Rhythmus mit jeweiliger Anfangsbetonung, wie sie unser Taktsystem verlangt. Wenn man gleichwohl E. Lorenz (RoJb IX [1958], S. 311) zugestehen muß, daß der Verzicht auf diese beiden 'klassischen' Bezeichnungen im Rahmen eines musikalischen Systems methodisch sauberer wäre, so ist doch nicht ernstlich zu befürchten, daß ihre Beibehaltung Verwirrung stiftet.

[12] Vgl. Tomás Navarro, *El grupo fónico como unidad melódica*. RFH I (1939), S. 3–19; ders. *Manual de entonación*, New York 1946, S. 37–59. — S. Gili Gaya, *Observaciones sobre el ritmo en la prosa española*. In der Zeitschrift *Madrid* III (Barcelona 1938) S. 59–63.

nieren tonstarker und tonschwächerer Klauseln wiederholt sich auch dann, wenn sich die rhythmische Periode aus mehreren Klauseln zusammensetzt.

Je nachdem, ob die rhythmische Periode einheitlich aus Trochäen oder Daktylen besteht oder ob sie beide Arten von Klauseln mischt, unterscheidet man — auch innerhalb der einzelnen Versarten — trochäische (óo òo), daktylische (óoo òoo) und gemischte Verstypen (óo òoo; óoo òo). Die bevorzugte Verwendung bestimmter Typen kann künstlerischen Absichten entspringen und ist im Einzelfall unter dem Gesichtspunkt des Verhältnisses von Inhalt und Form zu interpretieren.

Der inneren rhythmischen Periode folgt nach der Theorie von Tomás Navarro der *período de enlace*. Er umfaßt die letzte Tonstelle des Verses und die ihr folgenden unbetonten Silben, ferner die Pause am Versende und schließlich — soweit vorliegend — die den Auftakt bildenden unbetonten Silben des folgenden Verses. Ihre wichtigste Stütze findet Navarros Anschauung in den experimentellen Messungsergebnissen, die zu zeigen scheinen, daß die innere und die überleitende rhythmische Periode jeweils ziemlich genau die gleiche Zeitdauer aufweisen.[13]

Die Bedenken dagegen lassen sich in drei Punkte zusammenfassen:

1. Eine Anakrusis im ersten Vers des Gedichtes und wohl auch der Strophe bildet einen unerlösten Rest. Man sollte daher erwarten, daß sie an diesen Stellen vermieden wird. Das ist jedoch nicht der Fall.
2. Einen erheblichen Unsicherheitsfaktor stellt m. E. die Berechnung der Pause am Versende dar. Gewiß, auch bisher hat man — mit verschiedenen Begründungen — dieser Pause die Fähigkeit des Ausgleichs zwischen verschiedenartigen Versausgängen zuerkannt. Bei Navarros These wird sie aber als eine in Hundertstel-Sekunden meßbare Größe behandelt, die gleichsam automatisch jedesmal die Dauer hat, die nötig ist, damit der hinsichtlich seiner Silbenzahl meist erheblich kürzere *período de enlace* der inneren rhythmischen Periode entspricht. Wird die Dauer der Pause nicht vielmehr, so fragt man sich, durch Rücksicht auf Sinn und syntaktische Konstruktion als durch rhythmische Gründe bestimmt?
3. Wenn es auch unter bestimmten Voraussetzungen Synaphie, Kompensation (s. d.) und Enjambement als metrische Lizenzen gibt, so bleibt doch in aller Regel und besonders für die ältere Zeit bestehen, daß der Vers nach Sinn, Syntax und Rhythmus eine Einheit bildet, deren Geschlossenheit ganz bewußt durch Akzent, Reim und Pause am Vers-

[13] Zu näheren Einzelheiten vgl. Erläuterungen und Paradigma bei T. Navarro, *Métrica*, S. 12 und *La candidad silábica en unos versos de Rubén Darío*, RFE IX (1922), S. 1–29.

ende deutlich gemacht wird. Unter diesen Umständen erscheint es mir nicht recht überzeugend, die Anakrusis des folgenden Verses prinzipiell dem rhythmischen Ausgang des vorhergehenden Verses zuzuschlagen und so die mehrfach gestützte Einheit des Verses dem etwas unsicher anmutenden rhythmischen Begriff des *período de enlace* zu opfern.[14] Im Folgenden wird daher an der Einheit des Verses festgehalten. An die Stelle eines übergreifenden *período de enlace* soll der herkömmliche Begriff des *Versausganges* treten. Dieser umfaßt die letzte Tonstelle, die etwa noch folgenden unbetonten Silben sowie die Pause. Da die Hemistiche zusammengesetzter Verse sich genau so verhalten wie die entsprechenden selbständigen Verse, erscheint der *período de enlace* bzw. der Versausgang (Reihenschluß; s. u.) am Ende jedes Halbverses.

Die metrischen Pausen

In der spanischen Verslehre unterscheidet man drei Arten von Pausen. Als allgemeine Forderung gilt, daß die metrischen mit den grammatischen Pausen, d. h. mit den natürlichen Sinneinschnitten zusammenfallen. Jede Pause verlangt daher grundsätzlich den Hiat (s. d.).

a) Die *pausa mayor* markiert das Strophenende. Sie fällt stets mit dem Versende und fast immer mit dem Satzende oder mit einem Periodenabschnitt zusammen. Strophen-Enjambement findet sich häufiger nur bei kurzen Strophenformen.
b) Die *pausa media* kommt nur in symmetrischen Strophenformen wie etwa in der *octava* vor. Wie ihr Name sagt, bezeichnet sie die Strophenmitte. Auch sie fällt stets mit dem Versende zusammen und verlangt einen deutlichen Sinneinschnitt.
c) Die wichtigste von allen Pausen ist die *pausa menor*. Sie bezeichnet das Ende des Verses (Versschluß) und des Halbverses in zusammengesetzten Versen (Reihenschluß) und grenzt so Vers gegen Vers und Halbvers gegen Halbvers ab. Durch sie bedingt, geht ihr stets die letzte, gewöhnlich stärkste Tonstelle des Verses bzw. des Halbverses voraus. Die *pausa menor* verlangt ferner prinzipiell den Hiat, auch zwischen den Halbversen. Endlich schafft sie den Ausgleich zwischen oxytonen, paroxytonen und proparoxytonen Vers- und Halbversausgängen.

[14] Der grundsätzliche Zusammenschluß des Versausganges mit der Anakrusis des folgenden Verses erscheint mir nur bei den 2- und 3-Silbern berechtigt, da sie als Einzelverse rhythmisch nicht eigenständig sind und auch sonst nicht die Geschlossenheit normaler Verse zeigen. Folgen mehrere 2- oder 3-Silber unmittelbar aufeinander, so werden sie — je nach der Länge — als 6-, 8-Silber usw. empfunden, die lediglich durch die graphische Anordnung und durch die auftretenden Reime von den üblichen Formen abweichen.

Grundsätzlich soll im Interesse der Einheit des Verses und zur Verdeutlichung der rhythmischen Gliederung einer Versfolge das jeweilige Versende mit einem die *pausa menor* rechtfertigenden Sinneinschnitt sowie mit einem Wortende zusammenfallen. Der Sinneinschnitt zwischen den Halbversen ist meist weniger stark ausgeprägt, doch wird auch hier das Auseinanderreißen von syntaktisch eng zusammengehörigen Elementen vermieden.

Die häufigste Abweichung von der das Versende betreffenden Regel ist das Enjambement (*encabalgamiento*), das durch Verteilung sinngemäß und syntaktisch eng zusammengehöriger Wörter auf Versende und folgenden Versanfang die *pausa menor* für das Gehör verwischt, ohne aber deren sonstige Eigenschaften wie Hiatusbildung usw. zu beeinträchtigen, z. B.:

Elisa, ya el preciado ‿
cabello que del oro escarnio hacía (Luís de León)
Digo que me ha parecido
tan bien, Clara hermosa, que ‖‿
ha de pesarte algun día
que me parezca tan bien. (Calderón)

In stärkerem Maße verwendet, kennzeichnet das Enjambement einen dem Umgangston nahestehenden Stil. Zur Vermeidung von Monotonie sowie zur Erzielung bestimmter rhythmischer Effekte wird es gelegentlich auch in der hohen Dichtung benutzt.

Im ganzen seltene Erscheinungen mit dem Charakter geduldeter Lizenzen sind die Vokalverschleifung zwischen Versende und folgendem Versbeginn (s. u. Synaphie), die mit ihr verwandte und gelegentlich mit ihr kombinierte Kompensation (s. d.) und endlich die Worttrennung über das Versende (s. u. Tmesis).

Arten der Zäsur

Mit dem mit zweifelhafter Berechtigung aus der klassischen Metrik übernommenen Wort „Zäsur" (*cesura*) bezeichnet man in der spanischen Verslehre zwei rhythmische Erscheinungen im Innern von Langversen, die ihrer Herkunft nach zwar identisch, ihrer Wirkung und Behandlung nach aber sehr verschieden sind.

1. Die ursprünglichere von ihnen erscheint in solchen spanischen Versen, die deutlich als zusammengesetzt empfunden werden, wie z. B. im Alexandriner. Hier bildet sie einen nicht selten auch syntaktisch gerechtfertigten Einschnitt, der die beiden Halbverse trennt und sich in rhythmischer Hinsicht genau wie der Versschluß verhält. E. Stengel hat diese Art von Zäsur daher als *Reihenschluß* bezeichnet, wobei *Reihe*

soviel wie Halbvers oder Hemistich bedeutet.[15] Aus Gründen der Klarheit wird dieser Terminus beibehalten. Einige Alexandriner (7+7) mögen die mit dem Versschluß identischen Eigenschaften des Reihenschlusses (starker Versakzent, obligatorischer Hiat, Ausgleich verschiedener Versausgänge durch *pausa menor*) veranschaulichen:

Quiero con tu consejo prender forma de vida (Berceo)
En consejar la pas, faga a su poder (López de Ayala)
Si el huérfano guardáredes e viúda defendéredes (ders.)

2. Durch Verwischung und schließlich durch völlige Beseitigung der für den Reihenschluß charakteristischen *pausa* entstand eine neue Art von Zäsur, deren rhythmische Aufgabe sich darin erschöpft, einen starken Versakzent auf eine bestimmte Stelle im Innern eines nunmehr als unzusammengesetzt behandelten Langverses zu ziehen. Grammatisch ist sie durch Wortgrenze gekennzeichnet, die entweder von der Tonsilbe selbst gebildet wird (s. u. Beispiel 1) oder spätestens nach zwei weiteren Silben eintritt (s. Beispiele 2 und 3). Für diese Erscheinung — und nur für sie — soll im folgenden der Ausdruck Zäsur beibehalten werden. Im Unterschied zum Reihenschluß verlangt sie zwischen den rhythmischen Reihen vollen silbischen Ausgleich und bei Vorliegen der Bedingungen die Vokalverschleifung (s. u. Synaloephe) wie die folgenden Beispiele zeigen mögen.

1) Ves el furor / del animoso viento } 11-Silber
2) embravecido / en la fragosa sierra }
3) Aquél es el Dávolos / mal fortunado 12-Silber

Auf die Verwendung von Reihenschluß und Zäsur wird bei der Besprechung der einzelnen Langverse hingewiesen.

Als Besonderheiten sind die folgenden Erscheinungen zu erwähnen:

1. *Die epische Zäsur* (*cesura épica*). Der Terminus wurde unter Zugrundelegung der franz.-prov. Versverhältnisse von Friedrich Diez geschaffen und bezeichnet den paroxytonen oder weiblichen Reihenschluß im 10- und 12-Silber (Alexandriner), wie er besonders in der altfranzösischen Epik — im Gegensatz zu seinem seltenen Vorkommen

[15] Stengel hat die Bezeichnung Halbvers wohl deswegen vermieden, weil diese Zäsur den Langvers nicht immer halbiert, sondern — z. B. im französischen 10-Silber der Gliederung 4+6 — auch in ungleiche *rhythmische Reihen* teilt. — Vgl. E. Stengel, *Romanische Verslehre*, in GG, II, 1, S. 48ff.

in der Lyrik — in Konkurrenz mit dem meist vorherrschenden oxytonen Reihenschluß erscheint,[16] z. B.

1 2 3 4(—) 5 6 7 8 9 10
Puis ad escole li bons pedre le mist (Alexiuslied, Vs. 33)

Da nun das Spanische in Übereinstimmung mit dem überwiegend paroxytonen Charakter seines Wortmaterials wie am Versende, so auch am Reihenschluß den *llano*-Ausgang als Normalform ansetzt, kann in der spanischen Verslehre von der epischen Zäsur als Besonderheit nur dann gesprochen werden, wenn in unmittelbarer Nachahmung des französischen bzw. prov.-katalanischen 10-Silbers systematisch das Spiel der oxytonen und paroxytonen Reihenschlüsse beibehalten wird, während ja die gebräuchlichen *endecasílabo*-Formen als Fortsetzer des lyrischen 10-Silbers nur noch Zäsur, aber keinen Reihenschluß mehr aufweisen. Die *cesura épica* erscheint daher nur als eine mögliche Gestaltung des sog. *endecasílabo a la francesa* (s. d.), z. B.

Lo por venir — siempre me fué peor,
y sé muy cierto — que he de dar en sus manos[17]

Wird in solchen Versen aber die epische Zäsur durchgängig verwendet, so betrachtet man das Ergebnis nicht mehr als *endecasílabo*, sondern als 12-Silber der Gliederung 5+7 (s. d.).

Soweit die einzelnen Typen des spanischen Alexandriners an der üblichen Zweigliederung festhalten, lassen sie grundsätzlich auch den Reihenschluß mit seinen verschiedenen Endungsmöglichkeiten zu. Lediglich der *alejandrino a la francesa* (s. d.) verlangt prinzipiell oxytonen Reihenschluß und erlaubt den paroxytonen Ausgang des ersten Halbverses nur dann, wenn dessen unbetonte Schlußsilbe synaloephiert werden kann, z. B.

En cierta catedral una campana había
Que sólo se tocaba algún solemne día (Iriarte, *Fáb. VII*)

Er schließt damit die epische Zäsur, soweit sie durch eine voll artikulierte Nachtonsilbe hörbar in Erscheinung träte, aus.

2. *Die lyrische Zäsur* (*cesura lírica*). Auch diese Bezeichnung stammt von Fr. Diez, der die ihr zu Grunde liegende Erscheinung im besonderen in der lyrischen Dichtung festgestellt hat. Ihr Wesen beruht darin, daß sie in Rücksicht auf einen sich überlagernden musikalischen Rhythmus starr an der Betonung einer bestimmten, durch Zäsur hervorgehobenen Silbe (z. B. der 4. Silbe im *endecasílabo* der Gliederung 4+7) festhält

[16] Vgl. W. Suchier, *Französische Verslehre auf historischer Grundlage*, Tübingen 1952, S. 120ff.

[17] Baltasar de Romaní in der Übersetzung der Werke von Auzías March; zitiert nach Martín de Riquer, *Resumen de versificación española*, Barcelona 1950, S. 51.

und zwar auch dann, wenn diese Silbe unbetonte Nachtonsilbe ist wie die folgende Gegenüberstellung zweier (hypothetischer) 11-Silber aus der gleichen Cántica des Arcipreste zeigt:

Normalform: Quiero seguir a tí, flor de las flores
Lyr. Zäsur: Gran fianzá[18] he yo en tí, Sennora
Sin tardanzá, vénme librar agora! (1678f.)

Mehr denn eine Sonderform der Zäsur oder des Reihenschlusses ist die lyrische Zäsur eine Figur der Akzentgebung. Wie bereits angedeutet, ist sie durch Überlagerung des musikalischen über den metrischen (und auch prosodischen) Akzent entstanden. Sie ist bereits in der mittelalterlichen Dichtung nachweisbar[19] und begegnet in den volkssprachlichen Literaturen erstmals bei den Provenzalen, bei denen sie im 13. Jahrhundert nicht selten ist. Von dort gelangt sie auf dem Wege über die galizisch-portugiesische Dichtung nach Kastilien, wo sie in der galizisch beeinflußten Lyrik des Mittelalters gelegentlich auftaucht.

3. *Die lex Mussafia* (*ley de Mussafia*). Sie ist benannt nach ihrem Entdecker, dem Wiener Romanisten Adolf Mussafia (1835–1905) und besagt, daß sich — wie er an der galizisch-portugiesischen sowie in der von ihr beeinflußten kastilischen Dichtung des Mittelalters festgestellt hat — Verse numerisch gleicher Silbenzahl ohne Rücksicht auf die akzentuelle Gestaltung ihres Ausganges entsprechen, so daß z. B. ein *octosílabo agudo* (numerisch 7 Silben) einem *heptasílabo llano* (numerisch ebenfalls 7 Silben) gleichzusetzen ist.[20] Auch die als *lex Mussafia* bezeichnete Erscheinung ist — wie die mit ihr verwandte lyrische Zäsur — eine Figur der Akzentgebung, mit dem Unterschied jedoch, daß die — ebenfalls durch die Musik bedingte — Akzentverlagerung nicht in der Zäsur, sondern am Versende erfolgt. Faßt man — mit vielleicht mehr Recht — die oben als 11-Silber angeführten Verse des Arcipreste als

[18] Statt fiánza, tardánza; die lyr. Zäsur verlangt — wie der Reihenschluß — stets den Hiat nach sich, daher fianzá/he...

[19] Vgl. Suchier, *Verslehre*, S. 123ff.

[20] A. Mussafia, *Sull'antica metrica portoghese*. Sitzungsberichte der Kaiserlichen Akademie der Wissenschaften Wien, Bd. 133 (1895), Abhandlung X. — Vgl. ferner P. Henríquez Ureña, *La versificación irregular en la poesía castellana*, 2. Aufl. Madrid 1933, S. 27f. und 47ff (mit Beispielen); P. Le Gentil, *La poésie lyrique espagnole et portugaise à la fin du moyen âge, Deuxième partie: Les Formes*, Rennes 1953, S. 339, Anm. 33; M. Rodrigues Lapa, *Das origens da poesia lírica em Portugal na Idade Média*, Lisboa 1929, S. 317ff. und Fr. Gennrich, *Grundriß einer Formenlehre des mittelalterlichen Liedes*, Halle 1932, S. 138f. (mit Melodienbeispiel).

Kombinationen von 5- und 7-Silbern, so sind die somit am Versende auftretenden akzentuellen Besonderheiten nach der *lex Mussafia* zu erklären:

Normalform:	Quiero seguir
lex Mussafia:	Gran fianzá
	Sin tardanzá

In der Seguidilla blieb diese Erscheinung über das Mittelalter hinaus lebendig, wurde aber im ausgehenden 18. Jahrhundert offenbar nicht mehr verstanden, wie die *Arte poética fácil* (1801) des Juan Francisco de Masdeu erkennen läßt.[21]

Die feste Silbenzahl

Die durch die oben besprochenen Elemente rhythmisch bereits ausreichend definierten Verse können durch Beobachtung einer festen Silbenzahl eine streng regelmäßige Gestalt annehmen. Aus dieser Formulierung geht hervor, daß die feste Silbenzahl (Isosyllabismus) nicht unbedingte Voraussetzung für das Zustandekommen eines rhythmisch einwandfreien Verses ist.

Während Frankreich und Italien schon sehr bald nach dem Beginn ihrer literarischen Zeit sich in fast ausschließlicher Weise für das silbenzählende System entschieden haben, lassen sich die spanischen Verse in zwei große Gruppen einteilen, deren eine — wie in Frankreich und in Italien — die silbenzählenden, metrischen oder regelmäßigen Verse (*versos métricos, regulares, [iso-]silábicos*), deren andere die nicht-silbenzählenden oder unregelmäßigen Verse (*versos amétricos, irregulares, anisosilábicos, asilábicos, acentuales, fluctuantes*) umfaßt. Aufs Ganze gesehen folgt zwar der weitaus größte und künstlerisch bedeutendste Teil der spanischen Poesie dem Prinzip der Silbenzählung, doch ist der Anisosyllabismus im spanischen Mittelalter weitverbreitet und wird aus der Kunstdichtung erst im Laufe des 15. und 16. Jahrhunderts verdrängt, während er in der Volksdichtung und in der sich an volkstümlichen Themen und Formen inspirierenden Kunstpoesie z. T. noch bis heute lebendig ist.

Die wichtigsten Versarten der *versificación irregular* werden in einem gesonderten Abschnitt kurz dargestellt (s. S. 120 ff).

---

[21] Die entscheidende Stelle ist abgedruckt bei D. C. Clarke, *A chronological sketch of Castilian versification together with a list of its metric terms.* Univ. of California Publications in Modern Philology, vol. 34, Nr. 3, Berkeley und Los Angeles 1952, S. 345–346.

DIE SILBENZÄHLUNG

Vorbemerkungen

Das Wort *Silbe* wird sowohl in der grammatischen wie auch in der metrischen Terminologie verwendet, bezeichnet aber sachlich nicht immer das Gleiche. Man unterscheidet daher zwischen grammatischen oder Wortsilben und rhythmischen Silben. Die grammatische Silbe ist ein Bestandteil des Wortes, die rhythmische Silbe ein Bestandteil des Verses. Da nun der Vers als rhythmisches Gebilde nicht aus einzelnen Wörtern, sondern aus rhythmischen Einheiten besteht, sind für die Metrik die Wortsilben ohne Belang und es werden nur die rhythmischen Silben gezählt. Worin der Unterschied zwischen beiden besteht, zeigt am besten ein Beispiel:

1. Jamás el peso de la nube parda,
2. cuando amanece en la elevada cumbre.

Beide Verse sind 11-Silber. In Vers 1 ist jede Wortsilbe auch gleichzeitig eine rhythmische Silbe. In Vers 2 hingegen zählt man 14 Wortsilben, aber nur 11 rhythmische Silben, da die oben durch ‿ bezeichnete dreimalige Synaloephe je zwei Vokale zu einer rhythmischen Silbe verschmelzen läßt. Im Gegensatz zur grammatischen Silbe, ist die rhythmische Silbe nicht an die Wortgrenze gebunden. In einem Versteil wie *sometió a Europa* bilden *ióaeu* eine einzige rhythmische Silbe, obwohl die einzelnen Vokale drei verschiedenen Wörtern angehören. Durch die Verwendung bestimmter metrischer Lizenzen, wie z. B. besonders der Synärese, kann auch im Wortinnern selbst die Zahl der grammatischen Silben verändert werden. In der Metrik wird daher das Wort *Silbe* stets im Sinne von *rhythmischer Silbe* verwendet.

Jede Silbe besteht aus wenigstens einem Vokal. Die Zahl der sich um diesen Vokal gruppierenden Konsonanten hat keinen Einfluß auf die Silbenzählung. Die Abgrenzung der Silben gegeneinander erfolgt im einfachsten Fall durch das Dazwischentreten eines oder mehrerer Konsonanten, z. B. *que-bra-do*. Niemals können zwei durch einen Konsonanten getrennte Vokale der gleichen Silbe angehören. Als Konsonanten gelten auch die Hiatlaute i̯ und u̯ in intervokalischer Stellung, z. B. *ley / eterna*, *pérfido / huesped*.

Einen Sonderfall bildet das h. Da es im modernen Spanisch stets nur graphisch ist, also keinen Aussprachewert besitzt, wird es als nicht existent behandelt. Fälle wie *ahogar*, *donde ha pasado* sind daher so zu betrachten, als stünden die Vokale *a-o* bzw. *e-a* unmittelbar nebeneinander. Die Berechnung ihres Silbenwertes richtet sich nach den Regeln, die im Falle des Zusammentreffens zweier Vokale gültig sind. — Im älteren Spanisch bis zum Siglo de oro einschließlich ist die Behandlung des h nicht einheitlich. Geht es auf lateinisch *f* zurück (z. B. *hallar*, *hablar*), so wird es gewöhnlich wie Konsonant behandelt. Bis zum Ende des 15. Jahrhunderts steht in solchen Fällen sogar im Schriftbild oft noch das *f* (z. B. *fabló mio Cid*) und gibt damit keinen Anlaß zu Unklarheiten.[1]

Schwierigkeiten für die Silbenzählung ergeben sich dann, wenn zwei oder mehr Vokale unmittelbar zusammentreffen. Das kann auf zweifache Weise geschehen:

a) innerhalb des gleichen Wortes,
b) zwischen dem vokalischen Auslaut des einen und dem vokalischen Anlaut des folgenden Wortes.

Es erscheint angezeigt, diese Fälle klar auseinander zu halten, da für jeden andere Regeln hinsichtlich der Silbenzählung gelten.

Die Silbenzählung im Wort

Benachbarte Vokale

Bilden innerhalb eines Wortes unmittelbar zusammentreffende Vokale einen Diphthong oder Triphthong, so sind sie als eine Silbe zu zählen. Alle Vokale, die sich nicht zu Diphthongen oder Triphthongen zusammenschließen lassen, behalten ihren eigenen Silbenwert.

Jeder kastilische Diphthong oder Triphthong besteht aus einem voll artikulierten Vokal und einem bzw. zwei nur flüchtig artikulierten, sogenannten Hiatvokalen, die stets i̯ oder u̯ sind. Bei den Diphthongen kann der voll artikulierte Vokal dem Hiatlaut vorangehen oder folgen, bei den Triphthongen muß er zwischen den Hiatlauten stehen. Beispiele: *vien-to, dio-sa, cai-go, voy, muy, cua-der-no; lim-piais, va-cieis,*[2] *buey.* Gleiche Laute können keine Diphthonge bilden; daher stets *pi-i-si-mo, du-ún-vi-ro.*

Sonderfälle

Es kann vorkommen, daß eine Vokalverbindung, obgleich sie nach Aussprache und Schriftbild mit einem Diphthong identisch ist, dennoch nicht als solcher gilt und infolgedessen zweisilbig gezählt wird. Sonderfälle dieser Art treten auf:

1. *im Konjugationsschema.* Ist *i* oder *u* der tontragende Stammvokal eines Verbums in der 1. Person Singular Praesens Indikativ, so be-

[1] R. Menéndez Pidal, *Manual de gramática histórica española*, 6. ed., Madrid 1941, § 38, 2.

[2] Die Triphthonge *iái*, *iéi* und *uái* sind erst neuspanisch und kommen nur im Konjugationsschema vor. Das Altspanische hatte in diesen Fällen Diphthong und konsonantisch anlautende Silbe (z. B. *limpiades*). Lediglich *uéi* ist auch altspanisch *(buey)*.

hält es seinen Silbenwert auch in den endungsbetonten Formen bei; daher *cri-a-mos* (nach *crí-o*), *va-lu-a-ré* (nach *va-lú-o*) usw.

2. *bei abgeleiteten Wörtern.* Sie bewahren prinzipiell die Silbenverhältnisse des Grundwortes. Zeigt dieses in der fraglichen Vokalverbindung Diphthong, so liegt auch im abgeleiteten Wort Diphthong vor, z. B. *glo-rie-ta* zu *glo-ria*, *am-bi-cio-so* zu *am-bi-ción*. Im umgekehrten Falle liegt Zweisilbigkeit vor, z. B. *na-vi-e-ro* zu *na-ví-o*, *bri-o-so* zu *brí-o*.
3. *bei Kompositis,* die mit Praefixen gebildet sind. Ist die Vorsilbe *a* < lat. *ad*, so findet immer Vokalverschmelzung statt, z. B. *ai-ra-do*, *ahu-ma-do*. Bei allen anderen Vorsilben ist die entstehende Vokalgruppe zweisilbig, z. B. *re-incidir*, *re-hundir*.
4. *in einzelnen Wörtern.* In *viuda*, *viudez*, *Diana* und *suave* kann die Vokalverbindung nach Belieben ein- oder zweisilbig behandelt werden, also *viu-da* und *vi-u-da* usw.

Die angeführten Sonderfälle werden häufig durch Synärese beseitigt.

Die metrischen Lizenzen

Die bisher für die Silbenzählung aufgestellten Regeln können besonders durch zwei metrische Freiheiten — Synärese und Diärese — Einschränkungen erfahren.

Die Synärese

Die Synärese *(sinéresis)* bewirkt, daß zwei im Wortinnern unmittelbar zusammentreffende Vokale zu einer einzigen Silbe zusammengezogen werden, obgleich sie natürlicherweise keinen Diphthong bilden, z. B. *leal-tad* statt *le-al-tad*.

Je näher die Sprache einer Dichtung dem Umgangston steht, desto häufiger und freizügiger wird — im Einklang mit den gleichgerichteten Tendenzen der spanischen Alltagssprache — die Synärese verwendet.

Für ihren Gebrauch in der Kunstdichtung lassen sich seit der Renaissance etwa folgende Anhaltspunkte geben:

1. Fast als Normalfall tritt die Synärese ein, wenn die Vokalverbindung in Proparoxytonis *(palabras esdrújulas)* dem Hauptton folgt, z. B. *Dá-nao*, *hé-roe*, *pu-pú-reo*.
2. Sehr häufig findet sie sich ferner, wenn die fragliche Vokalverbindung lautlich einem Diphthong sehr nahe steht, z. B. *na-vie-ro* (statt *na-vi-e-ro*), *va-lua-mos* (statt *va-lu-a-mos*). — Aus dem gleichen Grund ist sie auch erlaubt zwischen dem Endvokal der Vorsilbe und dem Anlautvokal des Grundwortes, z. B. *prein-ser-to*, *rehi-lar*.
3. Ziemlich verbreitet ist sie — auch im hohen Stil — bei den Wortausgängen *-ía*, *-íe*, *-ío*, *-úa*, z. B. *día*, *fíe*, *par-tío*, *va-lúa*.
4. Die Synärese ist selten, wenn zwei volle Vokale (a, e, o) zusammentreffen, von denen der eine den Ton trägt, z. B. *creemos*, *canoas*.

Eine Ausnahme bildet *ahora*, das sehr häufig Synärese zeigt. — Weniger selten ist sie, wenn der dem Tonvokal vorhergehende Vokal *e* ist, z. B. *leal, León*, da *e* in dieser Stellung leicht Hiatcharakter annimmt und somit das phonetische Ergebnis einem Diphthong gleichkommt (vgl. o. Ziff. 2).

5. Bei Vokalverbindungen, deren zweiter, aber tontragender Vokal *i* oder *u* ist, gilt die Synärese als gewaltsam und wird daher tunlichst gemieden, z. B. *raíz, creí, saúco.* — Zwischen *ií* und *uú* ist sie nicht statthaft.[3]

Die Diärese

Die Diärese ist das Gegenstück zur Synärese und dient dazu, innerhalb des Wortes normalerweise diphthongische Verbindungen aufzulösen, so daß jeder der beiden Vokale eigenen Silbenwert erhält, z. B. *glo-rï-o-so* statt *glo-rio-so.* Die Diärese kann verschiedene Funktionen versehen. Rein verstechnisch gesehen stellt sie einen Weg dar, einen nach den gewöhnlichen Regeln der Silbenzählung defektiven Vers silbisch korrekt zu machen. In ästhetischer Hinsicht zeichnet sie sich dadurch aus, daß sie im Gegensatz steht zur gewöhnlichen Tendenz der gesprochenen Sprache, die Vokale verschmelzen zu lassen. Sie ist wegen dieses künstlichen Charakters ein Requisit des erhabenen Stils. Durch die Diärese wird ein Wort von seiner alltäglichen Aussprache abgehoben und nachdrücklicher in seinem vollen Sinn ins Bewußtsein gestellt. Humanistisch-gelehrten Tendenzen kommt sie durch ihre vielfach engere Anlehnung an die klassischen Lautverhältnisse entgegen. Auch zur Lautmalerei kann sie verwendet werden.

Wie aus diesen Bemerkungen hervorgeht, ist ihr Anwendungsbereich wesentlich enger begrenzt als der der Synärese. Ob Diärese vorliegt, ist heute in gedruckten Texten leicht zu erkennen, da sie gewöhnlich durch Trema (¨) über dem als silbisch zu betrachtenden Vokal gekennzeichnet ist.

Die Anwendbarkeit der Diärese hängt davon ab, inwieweit die einzelnen Diphthonge als auflösbar gelten oder nicht. Daraus ergeben sich folgende Gesichtspunkte:

1. Die Diärese ist unstatthaft bei unauflösbaren Diphthongen. Als absolut unauslösbar gelten die Diphthonge *ié* und *ué*, soweit sie aus vulgärlat. offenem e oder o entstanden sind z. B. *pie, tierra* und in den

[3] Zu Geschichte und Besonderheiten der Synärese vgl. J. Balaguer, *En torno a un pretendido vicio prosódico de los poetas hispanoamericanos.* BICC IV (1948), S. 321–341; abgedruckt auch in seinen *Apuntes para una historia prosódica de la métrica castellana*, RdL-Anejo 13, Madrid 1954, S. 243–266 (mit Bibliogr.).

Verbalendungen *-ieron*, *-iendo* usw. (soweit das *i* nicht der Stammvokal ist); *fuera, muerte*. Als unauflösbar gelten ferner *úi* (*muy, cuidado)* und der nachtonige Diphthong *-ia (injuria)*. Bei nachtonigem *-io (cambio, limpio)* wird gelegentlich Diärese gemacht. Sie ist ohne weiteres möglich bei *-ua (estatüa, ingenüo)*. Im Prinzip unauflösbar sind die Diphthonge *ié* und *ió* in abgeleiteten Wörtern, wenn sie schon im Grundwort natürliche Diphthonge waren, z. B. glo-ria: glo-rie-ta. Doch kommt die Diärese in solchen Fällen vor, z. B. bei Garcilaso *tu glorï-osa frente*. Häufiger als bei der Endung *-ioso* ist die Diärese bei *-uoso*, z. B. *voluptüoso, el majestüoso río* (Espronceda).

2. Durch Diärese leicht auflösbare Diphthonge sind: *uí (rüina, rüido)*, *-ais*, *-eis* in den Verbalendungen der 2. Person Plural, denen im älteren Spanisch Zweisilbigkeit *(-ades, -edes)* zugrundeliegt, ferner der bereits oben unter 1 genannte nachtonige Diphthong *-ua (estatüa)* und die Endung *-uoso (voluptüoso)*.
3. Bei den anderen Diphthongen ist die Diärese möglich, wenn auch sehr selten. Im Grunde entscheidet darüber das Sprachgefühl des Dichters oder gelegentlich auch bestimmte stilistische Absichten.

Sonstige Lizenzen

Zu den beiden vorgenannten wichtigsten metrischen Lizenzen, der Synärese und der Diärese, tritt noch eine Reihe weiterer Freiheiten, die die Silbenzählung innerhalb des Wortes beeinflussen. Für die Silbenzählung selbst ergeben sich in diesen Fällen keine Schwierigkeiten.

1. Verringerung der Silbenzahl eines Wortes durch Unterdrückung eines Vokals oder einer Silbe:
   a) am Wortanfang = Aphärese; z. B. *hora* statt *ahora*
   b) im Wortinnern = Synkope; z. B. *redor* statt *rededor*
   c) am Wortende = Apokope; z. B. *hi* statt *hijo, do* statt *donde*.
2. Vermehrung der Silbenzahl eines Wortes durch Hinzufügung eines Vokals:
   a) am Wortanfang = Prothesis; z. B. *arremeda* statt *remeda*
   b) im Wortinnern = Epenthese; z. B. *coronista* statt *cronista*
   c) am Wortende = Paragoge; z. B. *virtude* statt *virtud*.
3. Zwei metrische Lizenzen beziehen sich auf die Akzentgebung.[4]
   Aus Gründen des Rhythmus oder des Reimes kann gelegentlich der Akzent eines Wortes verschoben werden,

[4] Nicht jede Abweichung der älteren Dichtung von der heutigen Akzentgebung darf als Lizenz betrachtet werden. So entsprechen z. B. die Assonanzen *confuso : descuido, Burgos : descuido* bei Cervantes der Aussprache der Zeit und haben nichts mit Systole zu tun.

a) durch Zurückziehung auf die vorhergehende Silbe = Systole; z. B. *ímpio* statt *impío*

b) durch Verlagerung auf die folgende Silbe = Diastole; z. B. *oceáno* statt *océano.* — Sonderformen der Diastole sind die lyrische Zäsur und die lex Mussafia (s. d.).

4. Die Tmesis *(hipermetría)* besteht in der Zerlegung eines am Versende stehenden (meist zusammengesetzten) Wortes, dessen zweiter Teil an den Beginn der neuen Verszeile gestellt wird. Häufiger findet sich diese im ganzen recht seltene Lizenz zur Vermeidung eines trivialen Reimes bei den mit *-mente* gebildeten Adverbien, z. B.

Y mientras miserable -
mente se están los otros abrasando (Luís de León)

oder zur Erzielung eines komischen Effektes.[5]

Die Silbenzählung bei der Wortfolge

Vorbemerkungen

Gewöhnlich enthält ein Vers eine größere oder geringere Abfolge von Wörtern. Je nach dem Auslaut des einen und dem Anlaut des folgenden Wortes ergeben sich für die Silbenzählung bei der Wortfolge zwei Möglichkeiten:

1. ein unmittelbares Zusammentreffen von Vokalen findet nicht statt, z. B.:

Horas alegres que pasáis volando (Gutierre de Cetina)

2. vom Auslaut des einen und dem Anlaut des folgenden Wortes wird eine Vokalgruppe gebildet, z. B.:

Desde el oculto y venerable asilo (Jovellanos).

Die Fälle zu 1. bedürfen keiner Erörterung. Der Untersuchung des Punktes 2. dient die folgende Darlegung.

Die Silbenzählung bei Vokalgruppen, deren einzelne Bestandteile verschiedenen Wörtern angehören *(venerable asilo; su amo)* wird geregelt durch die Synaloephe und durch den Hiat (auch Dialoephe genannt).[6]

---

[5] Vgl. S. Griswold Morley, *Otra vez el octosílabo castellano*, RFE XIII (1926), S. 287-288; T. Navarro Tomás, *La división de 'esca/parme'*, ibid. S. 289–290.

[6] Das in der klassisch-lateinischen Dichtung verhältnismäßig seltene Vorkommen von Synaloephe und Hiat rechtfertigt dort die Bezeichnung dieser beiden Erscheinungen als metrische Lizenzen. Der Reichtum des Lat. an Auslautkonsonanten ermöglichte es ohne übermäßige Schwierigkeiten, das Zusammentreffen von vokalischen Aus- und Anlauten auf ein geringes Maß zu beschränken. Das phonetisch andersgeartete Wortmaterial des Spanischen

Unter *Synaloephe* versteht man die Verschleifung von zwei oder mehr benachbarten Vokalen, die verschiedenen Wörtern angehören, zu einer einzigen rhythmischen Silbe, z. B. *venerable asilo.*

Der *Hiat* oder die *Dialoephe* ist die gegenteilige Erscheinung der Synaloephe. Er tritt überall da auf, wo die Synaloephe nicht zustandekommt oder aus irgendwelchen Gründen gemieden wird. Der Hiat bewirkt, daß zwei oder mehr zusammentreffende Vokale, die verschiedenen Wörtern angehören, nicht zu einer Silbe verschliffen werden, sondern ihren silbischen Wert behalten, z. B. *la/hora, su/amo.*

Im Interesse besserer Übersichtlichkeit werden im folgenden Synaloephe und Hiat getrennt behandelt und für beide nur solche normative Gesichtspunkte herausgestellt, die seit der zweiten Hälfte des 15. Jahrhunderts im ganzen als allgemeingültig angesehen werden können.[7]

Die Synaloephe

Zur Aussprache der Vokale in der Synaloephe ist zu bemerken, daß heute jeder Vokal artikuliert wird. Mit großer Wahrscheinlichkeit geschah das auch in der ältesten und älteren Dichtung. Die Verschleifung darf also nicht mit einer Elision verwechselt werden. — Eine Ausnahme von dieser Regel gibt es nur dann, wenn gleichlautende Vokale zusammentreffen, z. B. *va a América.* In diesen Fällen werden die gleichen Vokale als ein gelängter Laut gesprochen.

---

macht aber das Zusammentreffen von wortauslautenden und wortanlautenden Vokalen auch im Vers weithin zur Normalerscheinung, deren Regelung durch Synloephe und Hiat man nicht eigentlich als metrische Lizenz bezeichnen kann. Tatsächlich überwiegen in der spanischen Dichtung bei weitem die Verse, die die Voraussetzungen für Synaloephe und Hiat bieten gegenüber jenen, die kein Zusammentreffen von Vokalen in der Wortfolge aufweisen. Eine entsprechende Untersuchung von Jovellanos' *Epístola de Fabio a Anfriso (Descripción del paular)* ergab folgendes Bild: von den 215 Versen zeigen nur 69 kein Zusammentreffen von Vokalen in der Wortfolge. 146 Verse weisen — oft mehrfach — die Bedingungen für Synaloephe oder Hiat auf. — Lediglich im 15. Jahrhundert haben einzelne Cancionero-Dichter — vielleicht unter franz. Einfluß — in mehr oder minder konsequenter Weise, jedenfalls aber mit Absicht das Zusammentreffen vokalischer Aus- und Anlaute im Vers vermieden, wenn der Hiat nicht aus stilistischen Gründen gerechtfertigt oder die Synaloephe nicht in dem engen, schon bei López de Ayala nach Art einer echten Lizenz zugestandenen Rahmen statthaft war. — Zu den Einzelheiten vgl. D. C. Clarke, *Fortuna del hiato y de la sinalefa en la poesía lírica castellana del siglo quince.* BHi LVII (1955), S. 129–132.

[7] Zum Mittelalter vgl. u. den geschichtlichen Abschnitt.

Zur Sonderstellung des *h* s. o. S. 14 f. — Sinneinschnitte, Satzzeichen (einschließlich Punkt) und Zäsur (soweit darunter nicht Reihenschluß verstanden wird) verhindern die Synaloephe nicht, z. B.

trajo el torcido nervio. Y cuando tuvo. (Hermosilla)

Hinsichtlich der dramatischen Dichtung ist zu bemerken, daß bei Vorliegen der Bedingungen die Synaloephe auch dann eintreten muß, wenn einzelne Teile des Verses von verschiedenen Personen gesprochen werden, z. B.

Dadme una seña. — Esta mano. —
Ay, Aurora hermosa! — Adiós. (Tirso de Molina)

Aus Gründen des Wohlklangs vermeidet man es im allgemeinen, in der Dichtung mehr als drei Vokale miteinander zu verschleifen oder innerhalb des gleichen Verses Synaloephen zu häufen.[7a]

Die Verwendung der Synaloephe bzw. des Hiats wird bestimmt:

a) durch die Art der zusammentreffenden Vokale,
b) durch die Akzentverhältnisse,
c) durch syntaktische Gründe.

Zu a) Zwischen *gleichen* Vokalen findet immer Synaloephe statt, z. B. *la amada patria, gallardo hombre.* Die Akzentverhältnisse spielen hierbei nur dann eine Rolle, wenn der zweite der beiden gleichen Vokale den Hauptakzent des Verses trägt. In diesem Fall tritt Hiat ein, z. B.

En brazos de mi esposa y de mi / hija. (Mora)

Zu b) Beim Zusammentreffen *unbetonter* Vokale ist die Synaloephe obligatorisch, z. B.

Dichoso el humilde estado. (Luís de León)

Nicht als Vokale in diesem Sinne gelten intervokalisches *i* und *u*, sowie *y* (‚und') und *o* (‚oder') und deren Nebenformen *e* und *u*. Sie verlangen Hiat (s. u.).

Beim Zusammentreffen *betonter* und *unbetonter* Vokale regelt sich der Gebrauch der Synaloephe wie folgt:

1. Sie ist *vorgeschrieben*, wenn der betonte Vokal dem unbetonten vorausgeht, z. B.

   No esperes que podré atener contigo. (Luís de León)

2. Sie ist *üblich*, wenn der unbetonte Vokal dem betonten vorausgeht, z. B.

   Subido he por tu pena. (Luís de León)

[7a] „La sinalefa no es una licencia, es una necesidad del idioma, pero muchas sinalefas en un mismo verso lo tornan duro y pesado." R. Jaimes Freyre, *Leyes de versificación castellana.* Buenos Aires 1912, S. 103.

Fällt auf diesen prosodisch betonten Vokal jedoch ein Versiktus, so tritt gewöhnlich Hiat ein, besonders am Versende, z. B.

Un papel discreto / es. (Calderón)

3. Ebenso findet sie sich *gewöhnlich*, wenn zwei prosodisch betonte Vokale zusammentreffen (s. u. Hiat Ziff. 4).

Zu c) Enge syntaktische Verknüpfung verhindert häufig in den unter b 2. genannten Fällen die Synaloephe.

Der Hiat

Die Regeln für den Gebrauch des Hiats bilden die komplementäre Ergänzung zu jenen für die Synaloephe.

1. Intervokalisches *i* und *u* sowie die Konjunktionen *y* und *o* mit ihren Nebenformen *e* und *u* werden bei der Silbenzählung wie Konsonanten behandelt, d. h. sie selbst besitzen keinen silbischen Wert, verhindern aber ausnahmslos die Verschleifung der sie umgebenden Vokale. Diesem *i* oder *u* kann auch ein *h* vorausgehen, z. B. *de/hiedra, pérfido/huesped.*

   1. Estaban muy/atentos los amores (Garcilaso)
   2. El pobre/huerfanito suspiraba (Luís de León)
   3. Y su principio propio y/ascondido (Luís de León)
   4. Fueron un tiempo Francia e/Inglaterra. (Lope de Vega)

2. Der Hiat ist grundsätzlich vorgeschrieben, wenn der letzten Tonstelle des Verses unmittelbar ein Vokal vorausgeht, und zwar auch dann, wenn dabei gleiche Vokale zusammentreffen.

   1. Y tan verdes como/él (Tirso de Molina)
   2. En brazos de mi esposa y de mi/hija. (Mora)

   Doch kommen Ausnahmen vor, besonders wenn unter den genannten Bedingungen dem Tonvokal ein *e* vorausgeht, z. B.

   que a Júpiter ministra el garzón de‿Ida. (Góngora)

3. Der Regel nach tritt Hiat ein, wenn eine enge syntaktische Verbindung besteht zwischen einem auf unbetonten Vokal endenden Wort und dem mit starktonigem Vokal anlautenden folgenden Wort. Als enge Verbindung in diesem Sinne gelten besonders: Artikel + Substantiv *(la/hora, la/urna)*, Praeposition + regiertes Wort *(contra/ellos, resueltos a/ir)*, Adjektiv (einschließlich der besitzanzeigenden Adjektiva *mi, tu, su*) + dazugehöriges Substantiv, z. B. *amado/hijo, su/amo.*

   Es su/amo un caballero. (Calderón)

   Doch gibt es von dieser Regel zahlreiche Ausnahmen. Im besonderen wird in den hier einschlägigen Fällen die Synaloephe erleichtert,

   a) wenn der dem betonten Vokal vorausgehende tonlose Vokal *e* ist, z. B. *este‿hombre, grande‿urna*, sogar auch am Versende (s. o. Ziff. 2).

b) wenn unter den vorgenannten Bedingungen gleiche Vokale zusammentreffen, z. B. *de él*, *esta alma*, *gallardo hombre*, *su uña*. Hier ist die Synaloephe das Normale. Im Falle des Zusammentreffens von *eé* ist in der älteren Schreibung die Synaloephe auch im Schriftbild ersichtlich, z. B. *del* = *de*+*él*, *dellos* = *de*+*ellos*.[7b] Stehen jedoch die gleichen Vokale vor und in der letzten Tonstelle des Verses, so bleibt der Hiat.

4. Schwankend ist der Gebrauch von Hiat und Synaloephe, wenn zwei prosodisch betonte Vokale zusammentreffen. Der Hiat ist in diesen Fällen immer statthaft, tritt gewöhnlich aber nur dann ein, wenn der prosodische Akzent des 2. Vokals durch einen versrhythmischen Akzent hervorgehoben wird. Sonst ist die Synaloephe sehr häufig, z. B.
   Qué áspera condición de fiero pecho. (Herrera)

Besonderheiten der Silbenzählung bei der Versfolge

Synaphie und Kompensation

Zwei im ganzen seltene Erscheinungen können unter bestimmten Bedingungen die Silbenzählung beim Übergang von Vers zu Vers beeinflussen. Es sind dies die *Synaphie* und die *Kompensation*.

An die phonetischen Voraussetzungen der gewöhnlichen Synaloephe gebunden, bewirkt die Synaphie oder Verssynaloephe die Verschleifung des Auslautvokals eines *llano*-Verses mit der überzähligen vokalischen Anlautsilbe des folgenden Verses. Als Beispiel diene ein *verso de pie quebrado* (8-Silber + 4-Silber):

luego la tengo cobrada
y socorrida. (J. Manrique)

Die Kompensation schafft — ähnlich wie die Synaphie — einen silbischen Ausgleich zwischen zwei Verszeilen, jedoch mit dem Unterschied, daß dieser Ausgleich nicht durch Synaloephe bewirkt wird, sondern dadurch, daß eine vollartikulierte überzählige Silbe am Beginn der zweiten Verszeile an den vorhergehenden *agudo*-Vers angehängt wird, der bekanntlich um eine Silbe ergänzungsfähig ist (s. S. 2).

Beispiele:

Cual nunca tuvo amador,
ni menos la voluntad
de / tal manera. (J. Manrique)

[7b] Wie stark die Synaloephe auch im Schriftbild in Erscheinung treten kann, zeigt z. B. die Zusammenstellung solcher Fälle (*damores*, *mechar* = *me echar* usw.) aus dem Cancionero de Palacio (ms. nº 594) auf S. 102 der Ausgabe von Fr. Vendrell de Millas, Barcelona 1945.

De quien syempre la bondad‿
Quie/re seguir (Veragüe)

por quererme cautivar‿
de‿u/na doncella. (Juan de Linares)

Synaphie und Kompensation begegnen fast ausschließlich in Kurzversen von 3-, 4- und 5-Silben oder in Gedichten, in denen längere mit kürzeren Versen kombiniert sind, besonders in der Verbindung des 8-Silbers mit dem 4-Silber *(verso de pie quebrado)*. Ihre Geschichte verläuft im wesentlichen parallel. Die ersten Belege für die Synaphie bietet der Arcipreste, für die Kompensation Pedro de Veragüe. Den Höhepunkt ihrer Verbreitung erlangen beide Erscheinungen im 15. Jahrhundert, vorzüglich in *coplas de pie quebrado*, mit deren Geschichte sie bis heute verbunden sind. Zahlreiche Beispiele bieten etwa Santillana, J. Manrique, F. Pérez de Guzmán, Encina u. a. Im 16. und 17. Jahrhundert noch nicht selten (Castillejo, Figueroa, Quevedo, Góngora u. a.), treten sie im 18. Jahrhundert nur noch ausnahmsweise auf. Infolge der Wiederbelebung der *copla de pie quebrado* durch die Romantiker kommen sie vorübergehend wieder etwas mehr in Übung. Seit dem Modernismus sind sie auf Einzelfälle beschränkt, wobei manche Dichter — wie Rubén Darío — nur die Synaphie, andere — wie Valle-Inclán — beide Lizenzen verwenden.[8]

Nicht zu Unrecht sind Zweifel an der Existenzberechtigung von Synaphie und Kompensation geäußert worden,[9] zumal sie ohne Einfluß auf den Rhythmus bleiben.[10] In der Tat handelt es sich in beiden Fällen um nachträgliche, künstliche und kunstmäßige Sanktionierungen eines in der Volksdichtung stets statthaften silbischen Schwankens durch die nach ausländischen Richtbildern auf strengen Isosyllabismus bedachten Kunstdichter des Kreises um Juan II. Neben den allgemeinen Ursachen hat dieses Schwanken hier seinen besonderen Grund in der noch nicht erlangten rhythmischen Selbständigkeit der Kurzverse, die in Wirklich-

[8] Hinsichtlich aller Einzelheiten und Stellenangaben sind die grundlegenden Studien von Aurelio M. Espinosa beizuziehen: *La sinalefa entre versos en la versificación española*. RR XVI (1925) 103–121; *La compensación entre versos*. Ibid. 306–329; *La sinalefa y la compensación en la versificación española*. RR XIX (1928) 289–301 und RR XX (1929) 44–53.

[9] Juan Cano, *La importancia relativa del acento y de la sílaba*. RR XXII (1931) 223–233 und besonders J. Saavedra Molina, *El octosílabo castellano*, AUCh CII (1944), S. 65–229, besonders S. 154ff.

[10] Vgl. María Josefa Canellada de Zamora, *Notas de métrica: Sinalefa y compensación entre versos*. Filología (Buenos Aires) I (1949) 181–186. — Tomás Navarro, *Métrica*, S. 114–116.

keit nur äußerlich zerlegte längere Verse sind.[11] Kann man die obengenannten ersten Belege als Zufälligkeiten betrachten, so werden seit dem 15. Jahrhundert von den Kunstdichtern überzählige *quebrados* nur noch dann verwendet, wenn sie durch Synaphie oder Kompensation silbisch korrekt gemacht werden können. Daß beide Erscheinungen in ihrem Wesen als metrische Freiheiten erkannt und daher auch bewußt angewandt wurden, beweisen die Behandlung der Kompensation bei Nebrija[12] und die vollkommene theoretische Erfassung beider Lizenzen bei Rengifo.[13]

Zur Geschichte der Silbenzählung

Zum Isosyllabismus im Mittelalter

Der älteste Beleg für bewußt und ausdrücklich erstrebte isosyllabische Dichtung geht etwa auf das Jahr 1240 zurück. Dieses für die Geschichte der spanischen Metrik grundlegende Zeugnis findet sich am Anfang des *Libro de Alexandre* und lautet:

Menester traygo fermoso, non es de jangleria
menester es syn pecado, que es de cleresçia,
fablar curso rimado por la quaderneria,
a sylabas contadas, que es muy grant maestria. (Copla 2)

Diese Verse stellen nicht nur das erste Bekenntnis zum Isosyllabismus in der spanischen Literatur dar, sondern lassen gleichzeitig auch auf das Vorhandensein einer im Volke üblichen Dichtung *(jangleria)* nichtsilbenzählenden Charakters schließen. G. Baist[14] hat zur Interpretation dieser Stelle darauf hingewiesen, daß es keinem Franzosen eingefallen wäre, sich des silbenzählenden Verses als einer großen Meisterschaft zu rühmen,[14a] da dort im Gegensatz zu Spanien ein anderes als das isosyllabische Prinzip in der Dichtung nicht herrschte. Diese Copla ist also für die anisosyllabische Dichtung ebenso bedeutungsvoll wie für die silbenzählende; denn würden — wie verschiedene Forscher angenommen haben — die silbischen Unregelmäßigkeiten in der mittelalterlichen spanischen Dichtung nur zu Lasten der Überlieferung gehen oder wären sie nur auf mangelnde Fähigkeit der Dichter zurückzuführen, die den Iso-

[11] Vgl. u. 4-Silber

[12] *Gramática castellana*, II, cap. 7; in der Ausgabe von Galindo Romeo und Ortiz Muñoz (Madrid 1946), besonders S. 50.

[13] *Arte poética española* (1592), cap. XVI.

[14] GG II, 2, S. 390.

[14a] Immerhin vermag A. Restori (*Osservazioni sul metro, sulle assonanze e sul testo del Poema del Cid* in *Il Propugnatore* XX, 1. Halbband (1887), S. 118) auf eine ähnlich selbstbewußte Stelle am Anfang des franz. *Poème de la Croisade* (Romania V, S. 8–9) zu verweisen, so daß bei der Interpretation solcher Bezeugungen Vorsicht geboten erscheint.

syllabismus zwar erstrebt, aber nicht erreicht hätten, so wäre eine so nachdrückliche Hervorhebung, die zweifellos eine neue Dichtungsweise gegenüber einer bereits bestehenden anisosyllabischen Tradition abgrenzen soll, weder erforderlich noch berechtigt gewesen. Im *Libro de Alexandre* selbst ist der Isosyllabismus freilich nur unvollkommen verwirklicht. Etwa ein Viertel der Alexandriner weist statt der zu erwartenden 7-silbigen, 8-silbige Halbverse auf. Weitere Unregelmäßigkeiten auf Grund ungenügender Beherrschung der metrischen Technik kommen noch hinzu.[15] Nicht zuletzt dieser Umstand ist es, warum man den Alexanderroman nicht mehr, wie einst G. Baist, Gonzalo de Berceo zuschreibt.

In Berceo (1. Hälfte des 13. Jahrhunderts) erreicht die isosyllabische Dichtung des spanischen Mittelalters ihren ersten Höhepunkt. Freilich wirkt Berceos Isosyllabismus sehr gewollt und künstlich, da er nur durch den übermäßigen Gebrauch von silbentrennenden Lizenzen erzielt wird. Die französische Herkunft der im Alexanderroman und in den Werken Berceos verwendeten *cuaderna vía* (s. d.), einer vierzeiligen, einreimigen Alexandrinerstrophe, wird heute allgemein angenommen. Dazu paßt auch das ausdrückliche Zeugnis des Argote de Molina aus dem Jahre 1575: *Creo lo tomaron nuestros poetas de la poesía francesa...*[16] So dürfte wohl auch der in der Wahl der Strophenform und des Verses zum Ausdruck kommende französische Einfluß das programmatische Streben des *mester de clerecía* nach silbischer Korrektheit ausgelöst haben.

Die Fortsetzung der mit dem Alexanderroman und Berceo eröffneten isosyllabischen Tradition ist bis zum Ende des 14. Jahrhunderts in der Hauptsache an die *cuaderna vía* und damit an den *mester de clerecía* gebunden. An Werken und Autoren seien genannt: *El libro de Apolonio* (Anfang des 13. Jahrhunderts). Es zeigt unter 5 Versen je einen unregelmäßigen. Im *Poema de Fernán González* (um 1250) ist die Unregelmäßigkeit noch größer, da der epische 16-Silber in bedeutendem Umfang eindringt. In den *Disticha Catonis* (13. Jahrhundert) schwanken die Halbverse zwischen 5 und 10 Silben. Auch das der Aljamía zugehörige *Poema de Yússuf* und andere, weniger bedeutende Werke wie die *Vida de San Ildefonso* und endlich das *Libro de la miseria del hombre* (Ende des 14. Jahrhunderts) verwirklichen den Isosyllabismus nur unvollkommen.

Vom *Libro de buen amor* des Juan Ruiz, Arcipreste de Hita (etwa 1283—1350), sagt Menéndez Pidal, daß es *exento de toda preocupación erudita de sílabas cuntadas* ist.[17] Zwar ist der Überlieferungszustand dieses Werkes sehr schlecht, aber noch mehr als durch diese Tatsache

---

[15] Vgl. Ureña, *Versificación*, S. 19 und die dort angegebene Literatur.

[16] *Discurso hecho por Gonzalo de Argote y de Molina. Ant.* IV, S. 69.

[17] Vgl. Menéndez Pidal, *Poesía juglaresca y juglares*. Madrid 1924, S. 266.

sind Umfang und Art der silbischen Unregelmäßigkeiten durch die für den Arcipreste typische Verwischung der Grenzen zwischen *mester de clerecía* und *juglaría* zu erklären.

Seine — neben Berceo — konsequenteste Verwirklichung fand der Isosyllabismus der *cuaderna vía* im *Rimado de Palacio* des Don Pero López de Ayala (1332—1407). Zwar überlagert sich von der Copla 296 an der 16-Silber, doch ist von der genannten Copla an die Überlieferung so schlecht, daß man mit Henríquez Ureña[18] annehmen darf, daß ursprünglich das ganze Werk in korrekten Alexandrinern abgefaßt war.

Auch die nicht dem *mester de clerecía* zugehörigen Versarten machen eine ähnliche, jedoch weniger programmatische als natürliche Entwicklung zum Isosyllabismus durch, die in der Kunstdichtung des 15. Jahrhunderts allgemein zu einem Überwiegen der silbisch korrekten Verse gegenüber den anisosyllabischen führt.

Der *verso de arte mayor* (s.d.), der in Kastilien im ausgehenden 14. Jahrhundert in Gebrauch kommt und bis gegen die Mitte des 16. Jahrhunderts ein beliebter Modevers ist, wird nach anfänglichem Schwanken gegen Mitte des 15. Jahrhunderts durch Juan de Mena (1411—1456) und besonders durch den Marqués de Santillana (1368—1458) zu einem überwiegend isosyllabischen 12-Silber reguliert. Im Gegensatz zum epischen Vers der Frühzeit beschränkt sich im *arte mayor* das Schwanken auf wenige Silben. Im *Laberinto* des Juan de Mena macht die dem 12-Silbertyp nächststehende Variante, der 11-Silber, etwa ein Drittel der Gesamtzahl der Verse aus, während andere Varianten, wie 10-, 13- und 14 Silber, nur einen verschwindend geringen prozentualen Anteil an der Gesamtdichtung haben.

Auch die kurzen Verse verlieren vom Beginn des 15. Jahrhunderts an mehr und mehr ihre ursprüngliche Unregelmäßigkeit. Lediglich der Romanzenvers bewahrt seinen wesenhaft unregelmäßigen Charakter noch bis ins 16. Jahrhundert.

Im Kreise der sogenannten Dantisten wird, erstmals wieder seit dem *Libro de Alexandre*, diesmal allerdings unter italienischem Einfluß, durch den Marqués de Santillana auch die theoretische Forderung nach dem Isosyllabismus programmatisch erhoben[19] und von ihm auch praktisch durchgeführt. Seine 42 *Sonetos fechos al itálico modo* sind in metrischer und phonetischer Hinsicht die vollkommenste Verwirklichung des Isosyllabismus im spanischen Mittelalter.

Mit der erfolgreichen Einführung der italienischen Verse und Formen durch Boscán und Garcilaso wird schließlich im 16. Jahrhundert dem Isosyllabismus in der spanischen Kunstdichtung der endgültige Sieg

---

[18] *Versificación*, S. 21.

[19] Im Brief an D. Pedro von Portugal (1449). *Ant.* IV, S. 20–29, Abschnitt III.

gesichert, der jedoch keine vollständige Verdrängung der nicht-silbenzählenden Dichtung bedeutet.[20]

Zum Verhältnis von Synaloephe und Hiat

Soweit sich die spanische Dichtung (besonders des Mittelalters) der Silbenzählung entzieht, lassen sich verständlicherweise gültige Feststellungen über den Gebrauch von Synaloephe und Hiat nicht treffen.[21] Es war daher nur natürlich, daß die wissenschaftliche Forschung, besonders Federico Hanssen, zur Untersuchung von Synaloephe und Hiat sich zunächst dem ältesten silbenzählenden Dichter Spaniens, Gonzalo de Berceo, zuwandte. Wie richtig dieser methodische Ansatz auch zu sein schien — E. Stengel[22] hat sich mit dem Gewicht seiner Autorität Hanssens Auffassung angeschlossen —, so bedurften doch die daraus gewonnenen allgemeinen Schlußfolgerungen einer wesentlichen Korrektur durch die neuere Forschung.

Hanssen hatte der isolierten Sonderstellung, die Berceo durch den fast ausschließlichen, unnatürlichen Gebrauch des Hiats einnimmt,[23] nicht Rechnung getragen. In den von ihm untersuchten 7290 Halbversen der *Milagros de Nuestra Señora* stellte er gegenüber zahllosen Hiaten nur 18 Fälle von Synaloephe fest, die er der Überlieferung zur Last legte, zumal sie durch unbedeutende Emendationen leicht zu beseitigen waren, und kam damit zu dem Ergebnis: „En cuanto a Berceo a mí me consta con toda seguridad que no hacía uso de la sinalefa."[24] Die ersten sicheren Beispiele für die Verwendung der Synaloephe wollte er erst bei Juan Ruiz († vor 1351) sehen und hielt an diesem relativ jungen Alter der Synaloephe auch dann noch fest, als er in späteren

---

[20] Ein eindrucksvolles Bild von der Bedeutung der nicht-silbenzählenden Dichtung alter und neuer Zeit hat P. Henríquez Ureña in *La versificación irregular en la poesía castellana*, 2. Aufl., Madrid 1933, gezeichnet.

[21] Sehr treffend bemerkt J. Horrent zum Hiat: „*Chaque éditeur d'anciens textes a dû se faire une religion à ce sujet.*" Roncesvalles, Paris 1951, S. 68, Anm. 3.

[22] KJB IV, 2, S. 380.

[23] „*A menudo el poeta obtiene la regularidad mediante el empleo del hiato en forma artificial, que no se halla a mi juicio en ningun otro poeta.*" Ureña, *Versificación*, S. 17.

[24] *Miscelánea de versificación española*, Chile 1897, S. 67. — Vgl. zu dieser Frage auch John Fitz-Gerald, *Versification of the cuaderna via as found in Berceo's Vida de Santo Domingo de Silos*, New York 1905 sowie die beiden Aufsätze von H. H. Arnold, *Irregular hemistichs in the Milagros of Gonzalo de Berceo*, PMLA L (1935), S. 335–351, und *Synalepha in old Spanish poetry: Berceo*, HR IV (1936), S. 141–158

Schriften[25] seine einstigen Anschauungen über die Verwendung der Synaloephe in verschiedenen Punkten geändert hatte. Gestützt auf die allerdings ziemlich verschwommenen Ausführungen Nebrijas über die Synaloephe[26], erklärte er die vor dem Arcipreste auftretenden Synaloephen als Elisionen.[27]

Demgegenüber hat die neuere Forschung — Menéndez Pidal bei der Herausgabe von *Elena y María* (um 1280)[28] und Aurelio M. Espinosa durch die metrische Untersuchung zum *Misterio de los Reyes Magos* (Ende des 12. Jahrhunderts)[29] — überzeugend nachgewiesen, daß die Synaloephe erheblich älter ist als Juan Ruiz, ja sogar vor Berceo belegt werden kann. Im *Misterio* gibt es 99 Fälle, in denen wortauslautende und wortanlautende Vokale zusammentreffen. Davon weisen 63 Hiat, 36 Synaloephe auf. Mag dieses Ergebnis Espinosas auch im Einzelfall strittig sein, so kann man das Verhältnis von Synaloephe und Hiat im *Misterio* doch mit wenigstens $^1/_3$: $^2/_3$ angeben. Die relativ hohe Zahl von Synaloephen ist um so bemerkenswerter, als feststeht, daß das *Misterio* nach lateinischen und französischen Vorlagen, die keine Vorbilder für die Synaloephe abgeben konnten, abgefaßt ist. Das bedeutet, daß die Synaloephen im *Misterio* Zeugnisse des Einflusses einer nicht-gelehrten, einheimischen Tradition sind, der die Synaloephe geläufig ist. Gestützt auf die Übereinstimmung der Synaloephe mit der natürlichen spanischen Aussprache, auf ihre frühe Nachweisbarkeit in dem der *clerecía* zugehörigen *Misterio* und schließlich in Anbetracht ihrer konsequenten Verwendung in der Volksdichtung aller Jahrhunderte, darf man sie auch als Normalform der ältesten Literaturdenkmäler annehmen.[30]

---

[25] *Sobre el hiato en la antigua versificación castellana.* AUCh XCIV (1896), S. 911–941 und *Gramática histórica de la lengua castellana*, Halle 1913, § 102.

[26] Nebrija, *Gramática castellana*, II, cap. 7.

[27] *La elisión y la sinalefa en el Libro de Alejandro.* RFE III (1917), S. 345–356. — Vgl. auch Aurelio M. Espinosa, *Synalepha in old Spanish poetry: A Reply to Mr. Lang.* RR VIII (1917), S. 88—98.

[28] RFE I (1914), S. 52–96, besonders S. 94.

[29] RR VI (1915), S. 378–401, besonders 395–399.

[30] Zwar zeigen die durch Transkriptionen allgemein zugänglich gemachten sog. *kharǵas* (s. d.) eine geradezu auffallende silbische Korrektheit, doch können sie nach dem gegenwärtigen Stand der Forschung wohl schwerlich als Zeugen eines sehr frühen Isosyllabismus in der einheimischen Dichtung Spaniens angesehen werden, denn einerseits ist die Entzifferung dieser in arabischer oder hebräischer Schrift überlieferten Gedichtabschlüsse gerade hinsichtlich des Vokalstandes sehr schwierig und keineswegs immer eindeutig, andererseits ist es auch weiterhin umstritten, was an den *kharǵas* spanisch bzw. romanisch und was arabisch ist. (Vgl. u. S. 229–231).

Das Überwiegen des Hiats in der *clerecía*[30a] — seine faktische Alleinherrschaft bei Berceo ist ein Ausnahmefall — ist als eine fremde, vorübergehende Überlagerung zu betrachten, die durch das Bestreben, die mittellateinischen und französischen Silbenverse nachzuahmen bedingt ist. Mit dem Schwinden des Einflusses der *clerecía* am Ende des 14. Jahrhunderts kehrt die Synaloephe mehr und mehr in ihre angestammten, in der Phonetik des Spanischen begründeten Rechte zurück. Bei Juan del Encina hat Espinosa nur noch einen Hiat auf neun Synaloephen festgestellt. Im modernen Versbau stehen 96—99 Synaloephen 1—4 Hiaten gegenüber. Die Einführung der italienischen Versarten im 15. und 16. Jahrhundert konnte die Rückkehr zur Synaloephe nur befördern, da sie auch in der italienischen Dichtung die Normalerscheinung ist.[31]

Literatur: Zu den Fragen der Silbenzählung im Mittelalter wurden bereits oben — dem jeweiligen Zusammenhang entsprechend — in Fußnoten verschiedene bibliographische Hinweise gegeben. — Eine kurze Bibliographie zur Metrik der *clerecía*-Dichtung bietet P. Henríquez Ureña, *Versificación*, S. 16ff. in den Anmerkungen, zur gesamten mittelalterlichen Dichtung in kritischer Auswahl A. Carballo Picazo, *La situación actual de los estudios de métrica española*, Clavileño, Año VII (1956), Nr. 40, S. 54ff. — Eine eingehende monographische Studie zum Vers der *clerecía* liegt vor von J. Saavedra Molina, *El verso de clerecía*, posthum erschienen im Boletín de filología (Chile), Bd. VI (1950/51), S. 253–346. Ihr ist die wohl vollständigste Bibliographie Fr. Hanssens beigegeben (ibid. S. 347–355), dessen Untersuchungen zur mittelalterlichen Metrik Spaniens zu ihrer Zeit vielfach grundlegend und bei kritischer Benutzung auch heute noch nützlich sind. — Vgl. auch unten die bibliographischen Angaben bei den einschlägigen Versarten der regelmäßigen und der unregelmäßigen Metrik.

ASSONANZ UND REIM

Vorbemerkungen

Wie in den anderen romanischen Ländern, so ist auch in Spanien der Reim in seinen beiden Erscheinungsformen als Assonanz und Vollreim das wichtigste und zu allen Zeiten am meisten verbreitete Schmuck-

---

30a Sogar in der 8-Silber-Dichtung der *clerecía* herrscht der Hiat bei weitem vor. — Vgl. D. C. Clarke, *Hiatus, synalepha, and line length in López de Ayala's octosyllables*. RoPh I (1947/48), S. 347–356.

31 Wie Synaloephe und Hiat als Hilfsmittel für Zeitbestimmungen in der 8-Silberdichtung (besonders Romanzen) dienen können, zeigt D. C. Clarke, *Remarks on the early romances and cantares*. HR XVII (1949), S. 101–112. — Kurzer Abriß ihrer Geschichte im Mittelalter bei T. Navarro, *Métrica*, S. 80ff. — Zum *valor expresivo* der Synaloephe vgl. D. Alonso, *Poesía española*, Madrid 1957, S. 76–77 und im Index s. v. *sinalefa*.

mittel des Verses. Seine Herkunft ist unsicher. Der klassisch-lateinischen Versdichtung war er zwar als sehr gelegentlicher Schmuck, nicht aber als durchgängiges Prinzip bekannt. Auch das besonders in der antiken Kunstprosa als rhetorische Figur verwendete *ὁμοιοτέλευτον*[1] kann wegen seiner völlig anderen Funktion schwerlich als Ausgangspunkt betrachtet werden. Wahrscheinlicher entstand das Bedürfnis nach dem Reim in der gesungenen Dichtung, wo der wiederkehrende Gleichklang das Versende (auch gegenüber Zäsur und Reihenschluß) zu markieren und somit die rhythmische Gliederung der Strophe zu verdeutlichen hatte. Endlich konnte der einprägsame Gleichklang auch als Gedächtnisstütze dienen, was vor allem für den Gemeinschaftsgesang wichtig war. Auf jeden Fall dürfte die christliche Hymnendichtung die entscheidende Rolle für die Ausprägung und Verbreitung des Reimes im Abendland gespielt haben, wobei sie sich selbst hierfür an hebräischen Vorbildern inspiriert haben mag. Die Annahme arabischer Herkunft ist unnötig, da der Reim schon vor dem 8. Jahrhundert in der mittellateinischen Dichtung gepflegt wurde und von hier aus in natürlicher Weise in die romanische Dichtung gelangen konnte. Über die Frage, ob der romanische und damit auch der spanische Reim als vollkommenere Form aus der Assonanz hervorgegangen ist, besteht keine Übereinstimmung, da man nicht ausschließen kann, daß die romanischen Dichter den bereits voll ausgeprägten Reim unmittelbar aus der mittellateinischen Dichtung übernommen haben.[2]

Die ‚Wissenschaft' vom Reim bildet ein umfangreiches, über die Metrik im engeren Sinne hinaus in die Kunst der literarischen Interpretation führendes Gebiet. Historische Phonetik und Dialektologie, die Stilistik, die literarästhetischen Auffassungen der verschiedenen Epo-

---

[1] Lat. *similiter cadens;* z. B. cum minus indign*atur*, ibi magis insidi*atur*. Vgl. H. Lausberg, *Elemente der literarischen Rhetorik*, München 1949, § 57.

[2] Zur näheren Orientierung über die verschiedenen Ursprungstheorien seien genannt: A. Bello, *La rima*. Obras completas, Caracas 1954, Bd. VI, S. 447–486. — Ders., *Uso antiguo de la rima asonante en la poesía latina de la media edad y en la francesa; y observaciones sobre su uso moderno*. Ibid. S. 351–364. — *Ant.* IV, S. 76–111, bes. S. 96–101. — E. Stengel, *Roman. Verslehre*, S. 61–69. — Mario Méndez Bejarano, *La ciencia del verso. Teoría general de la versificacion*. Madrid 1907. — Vicuña Cifuentes, *Estudios de métrica española*. Santiago de Chile 1929. — Ph. A. Becker, *Vom christlichen Hymnus zum Minnesang*. Historisches Jahrbuch der Görresgesellschaft, Bd. LII (1932), S. 171 f. — W. Suchier, *Verslehre*, S. 127 ff., mit bibliogr. Hinweisen S. 167–168. — Die Anschauungen der wichtigsten Theoretiker des Siglo de oro über die Herkunft des Reimes sind zusammenfassend dargestellt bei E. Díez Echarri, *Teorías métricas del Siglo de oro*. RFE-Anejo XLVII, Madrid 1949, S. 118–125.

chen, ja vielfach der einzelnen Dichter, die sich immer wieder wandelnden Lehrmeinungen der maßgebenden Poetiken oder die als Vorbild dienende Reimpraxis anerkannter Autoren, vor allem aber die nur aus dem jeweiligen Zusammenhang erfaßbare Aussagekraft des Reimes, sein inhaltliches und klangliches Verhältnis zu Stilhöhe und Stimmungsgehalt des Gedichtes müssen zu einer rechten Würdigung des Reimes herangezogen werden. Untersuchungen dieser Art sind notwendig auf die Einzelforschung beschränkt.

Hier kann es nur darum gehen, die wichtigsten technischen, terminologischen und bibliographischen Voraussetzungen für ein tieferes Eindringen in die spanische Reimkunst zu vermitteln.

Assonanz und Reim sind ihrem Wesen nach gleiche, nur durch den höheren oder geringeren Grad ihres phonetischen Gleichklanges verschiedene Erscheinungen. Mit Recht werden daher beide in der spanischen Terminologie als *rima* bezeichnet, während ihre graduelle Verschiedenheit erst durch die Adjektive *consonante* und *asonante* ausgedrückt wird.

Unter *rima consonante, consonancia, consonante* oder *rima perfecta*[3] (Reim, Vollreim) versteht man den Gleichklang wenigstens zweier Wörter mindestens hinsichtlich des Haupttones und aller ihm folgenden Konsonanten und Vokale, z. B. *dolor: amor; viva: esquiva; pálido: válido.*

Bei der *rima asonante, asonancia, asonante* oder *rima imperfecta* (Assonanz) erstreckt sich der Gleichklang mit dem Haupttonvokal beginnend nur auf die Vokale, z. B. *amigo: cinco; dar: verdad.*

Gleichklänge zwischen vokalisch auslautenden Oxytonis *(partió: mandó)* wären zwar der Definition nach als Assonanzen zu betrachten, gelten aber als ambivalent, d. h. sie können in reimenden Dichtungen als Reime, in assonierenden Dichtungen als Assonanzen verwendet werden.

Die im Vergleich zu den anderen romanischen Literaturen auffälligste Erscheinung der durch Gleichklang gebundenen spanischen Dichtung besteht darin, daß Reim und Assonanz — wenngleich gewöhnlich an bestimmte Dichtungsformen gebunden — bis heute auch in der Kunstdichtung gleichberechtigt neben einander bestehen. Beiden Arten kommen eigene Vorzüge und Aufgaben zu, die R. Lapesa wie folgt zusammenfaßt: „*como* (la asonancia) *no repite exactamente las mismas terminaciones, puede usarse en largas series donde la consonancia fatigaría; además*

---

[3] Die auch in modernen spanischen Metriken verwendeten Bezeichnungen *rima perfecta* und *rima imperfecta* für Reim und Assonanz sind ungünstig, da sie einerseits Anlaß zu Verwechslungen mit *consonante* und *asonante perfecta* und *imperfecta* (s. u.) geben und andererseits allzu leicht zu einer mit dieser Terminologie keineswegs beabsichtigten ästhetischen Abwertung der Assonanz führen können.

permite mayor holgura a la expresión y es rica en efectos de vaguedad lírica. En cambio la consonancia es más rigurosa y supone mayor elaboración."[4]

Reimklassen (Reimgeschlechter)

Je nach der Lage des Haupttones auf der drittletzten, vorletzten oder letzten Silbe des reimbildenden Wortes unterscheidet man drei Klassen des Reimes bzw. der Assonanz: *esdrújula*, *llana* und *aguda*. Wie bei der Silbenberechnung, so stellt auch beim Reim der llano-Ausgang die Normalform dar, während die *rimas esdrújulas* und *agudas* als Abweichungen und Ausnahmeerscheinungen gelten. Zwar dürfen grundsätzlich nur gleichartige Reimklassen miteinander gebunden werden, doch gibt es im Zusammenhang mit den *esdrújulas* besonders in älterer Zeit und in der assonierenden Dichtung zahlreiche Ausnahmen von dieser Regel. Darüber hinaus ermöglichen verschiedene Lizenzen den Übertritt von der einen in die andere Klasse.

a) Die *rima esdrújula* oder der gleitende Reim *(válido: cálido)* ist am seltensten. Die Gründe dafür sind verschieden und nicht völlig durchsichtig. Zwar stehen *palabras esdrújulas* nicht in beliebiger, aber doch immerhin ausreichender Anzahl zur Verfügung, wie unter vielen anderen etwa Gil Polos *Tercos esdruccioles* in seiner *Diana*,[5] Lope de Vegas *esdrújulo-Sonette*[6] oder Iriartes *Fábula XLII*[7] zeigen können. Abgesehen von den in anspruchsvollerer Dichtung gemiedenen synthetischen *esdrújulas*, die durch Anhängung von Enklitika an entsprechende Verbformen (*reservame*, *gustándola*) gebildet werden, können Proparoxytona in gewissem Umfang durch Diärese (s. d.) und Systole (s. d.) gewonnen werden, z. B. *estatüa* statt *estatua*, *ímpio* statt *impío*. Bei einer Reihe von heute proparoxytonen Wörtern, besonders bei antiken Eigennamen, darf man für die ältere Zeit *llano*-Aussprache oder wenigstens schwankenden Gebrauch annehmen, z. B. *Penelope*. Wenn dennoch die *rima esdrújula* außerhalb der humoristisch-satirischen und der reinen Gelegenheitsdichtung im ganzen nur wenig Verwendung findet, so liegt der Grund hierfür vielleicht einerseits in der Wortbedeutung der *esdrújulas* — sie sind großenteils gelehrter Herkunft — andererseits aber doch wohl auch in einer geschmacklichen Ablehnung dieser Reimklasse, die den Vers um eine Silbe verlängert und so seinen Rhythmus verändern kann. Da man offensichtlich im besonderen

[4] *Introducción a los estudios literarios*. Barcelona 1947, S. 71.

[5] NBAE VII, S. 440f.

[6] Vgl. O. Jörder, *Die Formen des Sonetts bei Lope de Vega*. Beiheft zur ZRPh, Nr. 86. Halle 1936, S. 83–97.

[7] *El gato, el largato y el grillo*. BAE LXIII, S. 14.

die regelmäßige Wiederkehr der *edrújulas* als störend, eine gelegentliche rhythmische Auflockerung durch sie aber als günstig empfand, verwendete man sie in ersten Halbversen (z. B. im *arte mayor*) oder in solchen Versen, die keine Reimentsprechung haben (Reimwaisen). Schon in den Cancioneros des 15. Jahrhunderts, systematischer aber in der Romantik dienten *esdrújulo*-Verse sogar als Reimersatz. — Wenngleich schon im *Canc. de Baena* (besonders bei Villasandino) vorhanden, wurden Verse und Reime auf *palabras esdrújulas* als bewußtes Kunstmittel erst unter italienischem Einfluß in der Renaissance entdeckt und wie in der italienischen Schäferdichtung vorwiegend in Terzinen oder in reimlosen Versen verwendet. Durch das Beispiel des führenden *esdrujulista* Cairasco de Figueroa kamen reimende *esdrújulas* auch in den sonstigen italianisierenden Dichtungsformen für einige Zeit in Mode und erreichten um die Wende vom 16. zum 17. Jahrhundert ihren relativen Höhepunkt. In der Folgezeit verschwinden die *esdrújulo*-Reime — außer in stilistisch begründeten Sonderfällen — so gut wie vollständig, hingegen werden auch weiterhin *esdrújulos* als rhythmische Effekte — meist reimlos — eingestreut. Manzonis in aller Welt nachgeahmtes Gedicht *Il cinque maggio* löste auch in der Romantik Spaniens und Lateinamerikas eine neue Welle des *esdrujulismo* aus.[8]

b) Die *rima llana* oder *grave* [*llanto : santo*], im Dt. weiblicher[9] oder klingender Reim genannt, ist die Normalform des Reimes und entsprechend dem Vorherrschen der paroxytonen Wortausgänge im Spanischen die zahlreichste Reimklasse. Durch Synärese (s. d.) und Diastole (s. d.) kann sie auch *palabras esdrújulas*, durch die Paragoge

[8] Zur näheren Orientierung seien genannt: Elías Zerolo, *Noticias de Cairasco de Figueroa y el empleo del verso esdrújulo en el siglo XVI*. In seinem *Legajo de Varios*, Paris 1897, S. 1–104. — E. Buceta, *Una estrofa de rima interior esdrújula en el Pastor de Fílida*. RR XI (1920), S. 61–64. — E. Buceta, *Proparoxitonismo y rima encadenada*. RR XII (1921), S. 187ff. — Jörder, *Formen*, S. 83–97. — J. T. Reid, *Notes on the history of the verso esdrújulo*. HR VII (1939), S. 277–294. — D. C. Clarke, *El verso esdrújulo antes del Siglo de oro*. RFH III (1941), S. 372–374. — D. C. Clarke, *Agudos and esdrújulos in Italianate verse in the Golden Age*. PMLA LIV (1939), S. 678–684. — D. C. Clarke, *El esdrújulo en el hemistiquio del arte mayor*. RFH V (1943), S. 263–275. — Emilio Carilla, *El verso esdrújulo en América*. Filología I (1949), S. 165–180. Die angeführten Aufsätze geben weitere bibliographische Hinweise.

[9] Die Bezeichnungen weiblicher und männlicher Reim sowie die dazugehörige Vorstellung von Reimgeschlechtern stammen aus den franz.-prov. Verslehren und sind dort eine Analogie zur Motion der Adjektiva vom Typ *bon, bonne*. — Für das Spanische sind sie wenig geeignet.

(s. d.) *palabras agudas* aufnehmen, z. B. *purpúreo* statt *purpureo*, *oceano* statt *océano*, *virtude* statt *virtud*.

c) Die *rima aguda*, der männliche oder stumpfe Reim *(amor: ruiseñor)* nimmt hinsichtlich seiner Häufigkeit eine Mittenstellung zwischen den beiden anderen Klassen ein. Oxytone Ausgänge sind auch in spanischen Erbwörtern in großer Zahl vorhanden. Durch Apokope (s. d.) kann ein paroxytones Wort zur *palabra aguda* gemacht werden, z. B. *dí* statt *día*. — Das ganze Mittelalter hindurch als etwa gleichberechtigte Normalerscheinung neben dem *llano*-Ausgang verbreitet, werden *verso agudo* und *rima aguda* erst durch die Berührung mit der italienischen Verskunst zum künstlerischen Problem. Vielleicht in Übereinstimmung mit den jeweils gewählten italienischen Vorbildern, vielleicht aber auch in Anlehnung an die heimische Tradition erscheinen sie mit bemerkenswerter Häufigkeit beim Marqués de Santillana und bei Boscán, während sie bei Garcilaso nur ganz vereinzelt anzutreffen sind. Von verschiedenen Theoretikern des Siglo de oro werden sie strikte abgelehnt und selbst noch den *edrújulos* hintangesetzt, was aber beispielsweise weder Lope de Vega[10] noch Calderón[11] an ihrer — wenn auch nicht gerade häufigen — Verwendung gehindert hat. Garcilasos Vorbild und Herreras ablehnende Haltung haben eine teilweise bis heute fortlebende Abneigung gegen den *agudo*-Vers begründet. — Unter italienischem Einfluß sind die *rimas agudas* in einzelnen Strophenformen, wie z. B. der *octava* und *octavilla aguda* (s. d.) im 18. und 19. Jahrhundert zu neuen Ehren gekommen.[12]

Die gleiche Einteilung ist grundsätzlich auch auf die Assonanz anwendbar. Da jedoch vollkommene proparoxytone Assonanzen *(bóveda: lóbrega)* nur in geringer Anzahl vorhanden sind, ist in der sogenannten *asonante esdrújula* die Gleichklangbindung zwischen gleitenden und klingenden Versausgängen erlaubt. Die *esdrújulas* werden dabei so behandelt, als wären sie durch Verstummen ihres Nachtonvokals zu *palabras llanas* geworden. Für die Assonanz werden also nur der Hauptonvokal und der Vokal der Schlußsilbe berücksichtigt, z. B. *cántico: mano;*

[10] Jörder, *Formen*, S. 97–98.

[11] H. W. Hilborn, *Calderon's agudos in Italianate verse.* HR X (1942), S. 157–159.

[12] Zur näheren Orientierung vgl. *Ant.* X, S. 192ff. — Rodríguez Marín, *Luis Barahona de Soto.* Madrid 1903, S. 414ff. — Jörder, *Formen*, S. 97–129 (Sonette in *versos agudos*). — D. C. Clarke, *Agudos and esdrújulos in Italianate verse in the Golden Age.* PMLA LIV (1939), S. 678–684 (mit bibliographischen Hinweisen). — W. J. Entwistle, *Garcilaso's Fourth Canzon and other matters.* MLR XLV (1950), S. 225–228, bes. S. 227f.

pecado: relámpago.[13] — Die bei weitem geläufigste Form ist die llana-Assonanz *(blancas: amenazan)*. Die aguda-Assonanz *(lugar: moral)* spielt eine führende Rolle nur in der ältesten Zeit *(Cid)* und in den *romances viejos*.

Die Klangqualität

In phonetischer Hinsicht klassifiziert man den spanischen Reim und die Assonanz nach dem Grade der lautlichen Übereinstimmung.

A. Reim

a) *Perfecta consonante.* Sie verlangt die auch in den Nuancen genaue phonetische (nicht unbedingt graphische) Übereinstimmung aller Laute des Reimes, z. B. *cariño: niño.* Unter Berufung auf den großen Reichtum des Spanischen an entsprechenden Reimmöglichkeiten wird sie von einigen Theoretikern des Siglo de oro in ausschließlicher Weise all denen zur Auflage gemacht, die nicht zu den *poetas pobres* zählen wollen.[14] Doch wurden derart engherzige Vorschriften auch von sorgfältigen Dichtern nicht streng befolgt, da sich ja der Wert des Reimes nicht in seiner phonetischen Seite erschöpft, sondern in nicht geringerem Maße nach seiner inhaltlichen Aussagekraft zu beurteilen ist. Aus diesem Grunde verschwinden mit dem Mittelalter die schon bei den Provenzalen besonders beliebten homonymen und paronymen Reime trotz ihrer lautlichen Vollkommenheit oder nehmen doch den Charakter geduldeter Notlösungen an *(consonante pobre)*.

Der Übergang zur neuspanischen Aussprache, der sich mit den meisten seiner Erscheinungen im Laufe des 16. Jahrhunderts vollzog oder doch wenigstens entscheidend anbahnte, führte zu einer Verringerung und Vereinheitlichung des altspanischen Konsonantenbestandes. Intervokalisches *-b-* (auch wenn es auf lat. *-p-* zurückging) wurde durch Aufgabe des Verschlusses mit dem bilabialen Reibelaut -b- gleichlautend. Es verschwanden die stimmhaften Laute [z] [dʒ] [dz][15] zugunsten der stimmlosen Varianten [s] [ʃ] [ts][16], von denen die

---

[13] Zu den phonetischen Besonderheiten der *asonante esdrújula* s. u. — In sehr frühen oder volkstümlichen Texten des Mittelalters gibt es im Rahmen eng umgrenzter Bedingungen auch die Assonanz zwischen *palabras agudas* und *palabras llanas*, z. B. *Fánez : ha : ayades : mal : ganar : vengar : fazen* (Cid 2863–69). Zu den Einzelheiten vgl. Menéndez Pidal, *Cid I* (1944) S. 113–124 und die dort angegebene Literatur.

[14] Einzelheiten bei Díez Echarri, *Teorías*, S. 121ff.

[15] Altspanisch graphisch meist *-s-*, *j* (*i*; *g* vor *e* und *i*), *z*.

[16] Altspanisch graphisch meist *s* oder *ss*, *x*, *ç*. Über die verschiedenen Graphien sowie über die etymologische Herkunft der hier angeführten Laute, vgl. A. Zauner, *Altspanisches Elementarbuch*, 2. Aufl., Heidelberg 1921, S. 10ff.

beiden letzteren zum velaren Reibelaut χ (*Ach*-Laut) bzw. zum interdentalen Reibelaut [Θ][17] weitergingen.

Durch diese lautlichen Veränderungen wurden — teilweise gegen den Widerstand der konservativen Poetiken — ganze Gruppen von Reimen erschlossen, die in älterer Zeit nicht möglich oder nicht statthaft gewesen wären. Garcilaso kann beispielsweise noch nicht — wie heute durchaus zulässig — *esclava* mit *acaba*, *progreso* [s] mit *preso* [z], *belleza* [dz] mit *cabeça* [ts] oder *hija* [dʒ] mit *fixa* [ʃ] reimen.

Dialektale Erscheinungen im Reim sind im Mittelalter nicht selten, werden aber seit der Renaissance immer mehr zurückgedrängt, wenn damit nicht bestimmte stilistische Absichten verbunden sind. Auch die im Süden Spaniens und in Lateinamerika geläufige Substitution des [Θ] durch [s][18] sowie der auch in Spanien weit verbreitete *yeismo (caballo: rayo)* sollen in kastilischer Dichtung nicht zur Reimbildung herangezogen werden, wenn nicht volkstümliche oder mundartliche Färbung beabsichtigt ist.[18a]

Als Sonderform der *perfecta consonante* wäre endlich der reiche Reim zu erwähnen, der zusätzlich eine Übereinstimmung eines oder mehrerer Laute *vor* dem Hauptton verlangt, z. B. ab*orrida: corrida*, genti*leza*. no*bleza*. Eine größere Rolle — wie etwa im Frankreich des ausgehenden Mittelalters — hat er in Spanien zu keiner Zeit gespielt.[19]

b) *Imperfecta consonante.* Darunter versteht man den Reim zwischen den Diphthongen *ié*, *ué* und dem reinen Vokal *e*, z. B. *yermo: enfermo; duerme: inerme.* Der Grund für diese Unterscheidung liegt darin, daß die Qualität des *e* in den genannten Diphthongen durch den vorhergehenden Hiat-Laut gegenüber dem monophthongischen leicht verändert ist, was in einer älteren Sprachstufe vielleicht noch besser hörbar war als heute.

c) *Simulada consonante.* Damit bezeichnet man Reime, die in ihrem Vokal- oder Konsonantenbestand eine geringfügige Unvollkommenheit aufweisen. Diese tritt meist mehr durch das Schriftbild als für das Gehör hervor. Im besonderen zählen dazu die Reimbindung zwischen fallenden Diphthongen und den entsprechenden reinen Vokalen, z. B. *veinte: lente* (Lope de Vega) sowie der Ersatz eines Kon-

---

[17] Ähnlich wie englisch stimmloses *th.*

[18] Amado Alonso, *Historia del ceceo y del seseo españoles.* BICC VII (1951), S. 111–200. — Ders.,*Cronología de la igualación c–z en español.* HR XIX (1951), S. 37–58 und 143–164.

[18a] Zur Rolle mundartlicher Elemente in der modernen Dichtung vgl. Manuel Alvar, *Los dialectismos en la poesía española del siglo XX.* RFE XLIII (1960), S. 57–79.

[19] Vgl. Le Gentil: *Les Formes*, S. 111ff. und die dort angegebene Literatur.

sonanten durch einen ähnlich klingenden, z. B. *árbol: mármol* (Luís de Ulloa).[20]

B. Assonanz

Die letztgenannte Reimform bildet den Übergang zur Assonanz, die sich ähnlich wie die Reime klassifizieren läßt.

a) *Asonante perfecta* oder *corriente*. Sie verlangt die genaue Übereinstimmung aller an der Assonanz beteiligten Vokale, Diphthonge oder Triphthonge, z. B. *llegó : nación; mentira : maravilla; bóveda: lóbrega.*

b) *Asonante diptongada* oder *atenuada*. Sie liegt vor:
   1. wenn ein Diphthong oder Triphthong mit dem entsprechenden reinen Vokal assoniert, z. B. *caiga: rana, limpiais: cantar;*
   2. wenn Diphthonge oder Triphthonge gleicher Tonvokale, aber verschiedener Hiatelemente miteinander assonieren, z. B. *piano: cuatro, viento: puesto, bueyes: tiene;*
   3. wenn steigende mit fallenden Diphthongen assonieren, z. B. *tierra: deuda, diosa: oiga.*

   Bei den Diphthongen und Triphthongen ist für die Bildung der Assonanz nur das vollvokalische Element bestimmend, während der bzw. die Hiatlaute unberücksichtigt bleiben. So bildet z. B. *quisiérais* Assonanz mit *licencia*, da das Assonanzschema lediglich *e* — *a* ist.

c) *Asonante simulada* oder *equivalente*. Damit bezeichnet man zweisilbige Assonanzen, die in ihrer Nachtonsilbe *i* mit *e* und *u* mit *o* assonieren lassen, z. B. *nace: cáliz, Venus: templo.*

d) *Asonante esdrújula*. Sie wurde S. 35 bereits besprochen. Zu ihrer phonetischen Seite ist hier nachzutragen, daß sie sich der in b) und c) genannten Freiheiten bedienen kann, z. B. *murciélago : feudo : menos; metrópoli : bronce.*

In der Frühzeit der strophischen Dichtung in Spanien ist die Mischung von Reim und Assonanz innerhalb eines gleichen Gedichtes geläufig. Je größere Fortschritte aber die Dichter im Gebrauch des Vollreimes machen, desto entschiedener wird — noch im Mittelalter selbst — die

---

[20] Über verschiedene Arten des unvollkommenen Reimes unterrichtet mit reichen Belegen D. C. Clarke, *Imperfect consonance and acoustic equivalence in Cancionero verse.* PMLA LXIV (1949), S. 1114–1122. — Le Gentil, *Les Formes*, S. 115ff. — J. H. Arjona, *Defective Rhymes and Rhyming techniques in Lope de Vega's autograph Comedias.* HR XXIII (1955), S. 108–128. — Eine Reihe von Beispielen aus Garcilaso bietet Tomás Navarro in der Anm. zu Vers 997 der 2. Ekloge in seiner Garcilaso-Ausgabe (CC 3).

Assonanz aus reimenden Dichtungen verdrängt.[21] Um die Klangwirkung des Reimes nicht zu beeinträchtigen, soll jeder andere Gleichklang — soferne er nicht durch besondere stilistische Absichten gerechtfertigt ist — vermieden werden. Gereimte Versfolgen, die zusätzlich assonieren,[22] kommen im 16. Jahrhundert gelegentlich vor (z. B. bei Boscán, Garcilaso und Luís de León), wurden später aber als fehlerhaft bemängelt. — Die Assonanz als weniger streng reglementierte Reimkunst hat zu allen Zeiten das sporadische Vorkommen von Vollreimen gestattet. In reimenden wie in assonierenden Dichtungen können — je nach der Dichtungsform regelmäßig oder beliebig eingestreut — auch reimlose Verse erscheinen.

Grundtypen der Anordnung von Reim und Assonanz

a) Endreim

Der übliche Platz für Assonanz und Reim ist das Versende. Aus den vielfältigen Kombinationsmöglichkeiten, auf die bei der Besprechung der einzelnen Strophenformen hinzuweisen ist, seien die folgenden Grundtypen hervorgehoben:

1. Der fortgesetzte Reim *(rima continua)*: aaaaa usw. Diese sehr schlichte, schon der lateinischen Dichtung des 4./5. Jahrhunderts bekannte Form ist bei Verwendung von Assonanzen typisch für die (langzeiligen) Laissen der Heldenepik. Durch Zerlegung der Langzeilen entsteht unter Beibehaltung des Assonanzschemas die Romanzenform (a *b* c *b* d *b* e *b* usw.), bei der die Zeilen gerader Zahl alle durch die gleiche Assonanz gebunden sind, während die ungeraden

[21] Das schließt nicht aus, daß selbst in ‚gelehrten' Formen und auch im Siglo de oro gelegentlich Assonanzen unter den Vollreimen auftauchen. Im *Canc. de Baena* hat man über 70 solcher Verstöße festgestellt. Das ist im Hinblick auf den Umfang dieser Sammlung nicht viel. Zu Einzelheiten vgl. Le Gentil, *Les Formes*, S. 116ff. — Für Lope de Vega ist auf die bereits genannte Untersuchung Arjonas (HR XXIII, S. 108–128) zu verweisen. — Verstöße gegen die Reimregeln als Kriterien in Attributionsfragen besprechen die Aufsätze von J. H. Arjona, *Did Lope de Vega write „El lacayo fingido"?* Studies in Philology LI (1954), S. 42–53. und *False Andalusian rhymes in Lope de Vega and their bearing on the authorship of doubtful Comedias*, HR XXIV (1956), S. 290–305.

[22] Zum Beispiel: Que el más seguro tema con recelo
perder lo que estuviere poseyendo.
Salid fuera sin duelo,
salid sin duelo, lagrimas, corriendo.
(Garcilaso, Égl. I, Str. 11, BAE XXXII, S. 4).

In der 3. Strophe von Boscáns *Octava Rima* alternieren die Reimelemente *-ata* und *-ada*.

Verszeilen keinen Gleichklang aufweisen. Auch auf strophische Dichtung übertragen ist dieses Schema bis heute die häufigste Form der Assonanzdichtung. — Als Form des Vollreimes erlangte die *rima continua* vorübergehend literarische Bedeutung in der *cuaderna vía* (s. d.), die als *tetrástrofo monórrimo* definiert wird.

2. Der gepaarte Reim *(pareado):* aa bb cc dd usw. Er kommt wahrscheinlich aus der mittellateinischen Dichtung, wo er durch Zerlegung von Langversen mittels des leoninischen Reimes[23] entstanden sein dürfte. Zu seiner selbständigen Verwendung als Strophe oder Reihe s. u. *pareado*. Darüber hinaus erscheint das Reimpaar als Kompositionselement in verschiedenen Strophenformen (*redondilla*, *octava* usw.).
3. Der gekreuzte Reim *(rimas cruzadas, alternas):* abab cdcd usw. Die zusammengehörigen Reime werden jeweils durch den dazwischentretenden anderen Reim getrennt. Zu seiner Geschichte als selbständige Form s. u. *redondilla*. Sonst dienen die Kreuzreime häufig als Kompositionselemente in längeren Strophen. 4-Zeiler dieser Reimstellung werden auch *serventesio* genannt.
4. Der umschlingende oder überschlagende Reim *(rima abrazada, chiusa):* abba cddc usw. Hier wird ein Reimpaar von einem anderen eingeschlossen. Es ist dies die häufigste Form der *redondilla* (s. d.), weshalb die Bezeichnung *redondilla* auch für diese Reimstellung gebraucht wird. Sonst häufiges Kompositionselement (*copla de arte mayor*, Sonett usw.).

Von den vielfältigen Spielereien[24] mit dem Endreim sei einzig der Echoreim[25] an einem Beispiel von Baltasar del Alcázar angeführt.

Galán: En este lugar me vide
cuando de mi amor partí;
quisiera saber de mí,
si la suerte no lo impide.
Eco: Pide.
Galán: Temo novedad o trueco,
que es fruto de una partida;
mas quién me dijo que pida
con un término tan seco?
Eco: Eco.

[23] Im Lateinischen versteht man unter *versus leoninus* einen Hexameter, in dem Zäsur und Versende reimen.

[24] Wenn sich auch die meisten der prov. Reimspielereien in den Cancioneros des 15. Jahrhunderts belegen lassen, so sind doch die Spanier bei ihrer Verwendung ziemlich zurückhaltend. — Vgl. Le Gentil, *Les Formes*, S. 121–160.

[25] Marcel Gauthier, *De quelques jeux d'esprit. II: Les échos*. RHi XXXV (Okt. 1915), S. 1–76.

b) Binnenreim

Regelmäßig auftretende Reime im Versinnern nennt man Binnenreime *(rimas internas* oder *interiores)*. Sie haben stets etwas Spielerisches an sich und zählen zu den *artificios* oder *galas de trovar*. Je nachdem, womit sich das Reimwort im Versinnern verbindet, unterscheidet man verschiedene Arten des Binnenreimes, von denen zwei als die vergleichsweise häufigsten kurz erwähnt werden mögen.

1. Nach dem Vorbild der Troubadours *(rims empeutatz* oder *multiplicatius)* wurde im spanischen Mittelalter der Binnenreim als zusätzlicher Schmuck zur Erhöhung der Klangfülle der bereits durch Endreim gebundenen Verse verwendet. Die in der Zäsur (Reihenschluß) stehenden Binnenreime und die Endreime waren gewöhnlich unabhängig voneinander, z. B.

Muy alto sseñ*or*, non visto adu*ay*,
Nin visto col*or* de buen verdeg*ay*,
Nin trobo disc*or* nin fago desl*ay*,
Pues tanto dol*or* yo veo que *ay;*
. . .

(Canc. de Baena, Nr. 452)

Das Beispiel zeigt wie sehr diese Art des Binnenreimes die Einheit des Verses gefährdet. In der Tat mag es in solchen Fällen oft strittig sein, ob man noch von Langversen oder schon von Kurzvers-Kombinationen sprechen soll.[25a]

Seltener und meist nur auf wenige Zeilen in der Strophe beschränkt, begegnet im Mittelalter auch Reimbindung zwischen Versende und folgender Zäsur (Reihenschluß), z. B.

Oydme, varones, qué cuyta é qué mal
Sufro penssando de noche é de dia
Con muy grant desseo; mi cuyta es tal
Que por ningunt tienpo non tomo alegr*ia:*
Con esta perf*ia* á guis de leal
Mi coraçon triste al nunca querrya,
Sy non ser tan claro commo cristal
En su serviçio desta señora mia.

Wesentlich ist aber auch hier, daß der Binnenreim nur die Funktion eines zusätzlichen Schmuckes hat. — Auch später noch fand dieser ebenfalls prov. Typ des Binnenreimes gelegentliche Verwendung, so z. B. in Esproncedas *A Matilde* (1832).[25b]

[25a] Vgl. H. R. Lang, *Las Formas*, S. 512f. *(Encadenada, Arte de)*
[25b] BAE LXXII, S. 37

2. Häufiger ist in der Renaissance und im Siglo de oro die den Italienern nachgeahmte andere Art. Hier ersetzt der ebenfalls in der Zäsur stehende Binnenreim den Endreim, indem Reimbindung nur besteht zwischen dem Versende des einen und der Zäsur des folgenden Verses, während die Versenden untereinander reimlos bleiben, z. B.

Ya sabes que el objeto dese*ado*
suele hacer al cuid*ado* sabio Ap*eles*,
que con varios pinc*eles*, con dist*inta*
color, esmalta y p*inta* entre bosqu*ejos*
lo que visto de l*ejos* nos asombra...
(Tirso, *El pretendiente al revés*, II, 1).

Diese italienische Art der *rima interior* erscheint in Spanien erstmals in der II. Égloga Garcilasos, wohl nach dem Vorbild Sannazaros.

Die ‚rareza' des Reimes

Das Angebot an phonetisch zulässigen Reimen ist im Spanischen nahezu unbegrenzt. Das Mittelalter hat von den vorhandenen Möglichkeiten freizügigen Gebrauch gemacht und zeigte, wie bereits erwähnt, für den homonymen und paronymen Reim eine gewisse Vorliebe. Ein anspruchsvollerer literarischer Geschmack aber drängte mit dem Beginn der Renaissance zu bewußten Verzichten gegenüber den sich allzu mühelos einstellenden Gleichklängen und berücksichtigte neben der rein phonetischen nun auch in stärkerem Maße die inhaltliche Seite des Reimes. Man verlangte vom Reim *rareza*, die sich mit den Worten A. Bellos etwa wie folgt definieren läßt: *La consonancia tanto más agrada, cuanto menos obvia parece.*[26] Aus dieser Forderung ergeben sich die folgenden für die neuspanische Dichtung gültigen Einschränkungen im Gebrauch der Reimmöglichkeiten:

1. Unter keinen Umständen darf das gleiche Wort mit sich selbst gereimt werden (identischer Reim), auch dann nicht, wenn es einmal in übertragenem Sinne gebraucht wird.[27]
2. Als *consonante debil* oder *pobre* bezeichnet man den Reim zwischen zwei völlig gleichlautenden Wörtern verschiedener Bedeutung (homonymer Reim), z. B. *amo*: *amo* (Substantiv und Verbum).
3. Auch der Reim zwischen Simplex und Kompositum (paronymer Reim) soll gemieden werden, es sei denn, es wird deren Zusammengehörigkeit nicht mehr empfunden wie z. B. in *precio* und *menosprecio*.
4. In geringem Ansehen stehen Reime zwischen grammatischen Formelementen (Konjugationsendungen, Suffixen usw., z. B. dorm*ida:*

[26] *Obras completas Bd. VI, Estudios filológicos I*, Caracas 1954, S. 188.

[27] Der identische Reim scheint auch im Mittelalter nur eine Verlegenheitslösung gewesen zu sein.

vivida, *sentimiento: pensamiento*), da sie aussageschwach sind und ihr Finden keine Kunst erfordert.

5. Endlich soll verzichtet werden auf Reime, die infolge häufigen Gebrauches abgegriffen sind, wie z. B. *gloria: victoria.*

Literatur (außer der im Zusammenhang in Anmerkungen bereits genannten): A. Bello, *De las rimas consonante y asonante. Obras compl. VI*, S. 187–201. — Robles Dégano, *Ortología de la lengua castellana.* Madrid 1905. — E. Benot, Diccionario de asonantes y consonantes. Madrid 1893. — H. R. Lang, *Observações às rimas do Cancionero de Baena.* (Miscelânea de estudos em honra de D. Carolina Michaelis de Vasconcellos. Coimbra 1933, (Bd. XI. der *Revista da Univ. de Coimbra)*, S. 476–492. — Le Gentil, *Les Formes*, S. 111–160 *(Simplicité, négligence et recherche — Rimes intérieures et allittérations — Rimes rares).* — R. de Balbín Lucas, *Acerca de la rima.* RdL 1955, S. 103-111. A. Rabanales, *Observaciones acerca de la rima.* RoJb VII (1955/56), S. 315—329. — J. H. Arjona, *False andalusian rhymes in Lope de Vega and their bearing on the authorship of doubtful Comedias.* HR XXIV (1956), S. 290—305.

REIMLOSE VERSE
(versos sueltos, blancos, libres)

Vorbemerkungen

Die einheimische und traditionelle Versdichtung Spaniens ist entweder in Assonanzen oder in Reimen abgefaßt. Verschiedene ihrer Strophen- oder Gedichtformen enthalten — regelmäßig verteilt[1] oder vereinzelt auftretend[2] reimlose Verse (Reimwaisen), für die die spanische Terminologie — nicht sehr glücklich — die Bezeichnungen *versos sueltos, blancos* oder sogar *versos libres* verwendet.

Versos sueltos

Im engeren Wortsinne aber versteht man unter *versos sueltos* oder *blancos* die reihenweise isometrische oder metabolische Verwendung reimloser 11-, 7- oder 5-Silber nach dem Vorbild der italienischen *versi sciolti*. Der Verzicht auf den Reim — und damit auf eine regelmäßige strophische Gliederung — erlaubt einen formal weniger behinderten und damit unmittelbareren Ausdruck des Gedankens, in Übersetzungen größere Treue gegenüber der Vorlage. Das Fehlen des Reimes und seiner Funktionen muß jedoch durch eine besonders sorgfältige und eingängige rhythmische Gliederung der Verse wettgemacht werden.

---

[1] Z. B. in den Romanzen und in den von ihnen beeinflußten *formas arromanzadas*, wo alle Zeilen ungerader Zahl reimlos sind.

[2] Z. B. in den beliebten dreizeiligen *estribillos* (abb), die die Themen *(cabezas)* in den Villancicos bilden.

Beispiel:

Esta corona, adorno de mi frente,
esta sonante lira y flautas de oro
y máscaras alegres que algún día
me disteis, sacras Musas, de mis manos
trémulas recibid, y el canto acabe,
que fuera osado intento repetirle.
He visto ya cómo la edad ligera,
apresurando a no volver las horas,
robó con ellas su vigor al numen.

L. F. de Moratín, *Elegía a las Musas.*

Ihre Entstehung verdankt diese reimlose Dichtungsart dem Bestreben, der antiken Poesie auch durch den Verzicht auf den von den Humanisten vielfach als barbarisch verachteten Reim nahezukommen. Nach dem Vorbild Trissinos, Alamannis und Bernardo Tassos wurde sie in Spanien durch Garcilaso *(Epístola a Boscán)* eingeführt. Ihre in den Anfängen noch sehr unbefriedigende rhythmische Gestaltung ist erst in Jáureguis *Aminta*-Übersetzung (1607) wirklich bewältigt. Bis weit ins 18. Jahrhundert führen die *versos sueltos* ein im ganzen bescheidenes Dasein als Kombinationsverse in den polymetrischen Comedias[3], in antik inspirierten Dichtungen und in einigen Übersetzungen.[4] Auf den beiden letztgenannten Gebieten erlebt der *verso suelto* seinen größten Aufschwung bei den Neoklassizisten, die ihm so sehr ihren Stempel aufdrückten, daß er heute als Übersetzungsvers nur mit großer Vorsicht zu gebrauchen ist,[5] weil er leicht in rhetorischen Pomp und in leeres Pathos abgleitet. Die Iliasübersetzung *(Iliada)* des Gómez Hermosilla und die selbständige Dichtung *Elegía a las Musas* von Leandro Fernández de Moratín[6] mögen als repräsentative Beispiele dienen. Aus modernistischer Zeit, die den *verso suelto* nach seinem Rückgang bei den Romantikern neu belebte (Salvador Rueda, Rubén Darío u.v.a.), seien die etwa 3000 reimlosen 11-Silber von Unamunos *El Cristo de Velázquez* genannt. In geringem Umfang wird er von García Lorca, Huidobro u. a. zeitgenössischen

---

[3] In den Comedias von Cervantes beispielsweise schwankt ihr Anteil zwischen 3% *(La Numancia)* und 21% *(El trato de Argel)*. Vgl. *Obras compl. de Cervantes*, ed. Schevill — Bonilla, Madrid 1922, Bd. VI, am Ende der *Introducción* und S. [20–23].

[4] Die berühmtesten klassischen Übersetzungen aus dieser Zeit wie die *Farsalia* von Jáuregui, die *Tebaida* von Arjona y Morillo u. a. erschienen jedoch in *octavas reales*.

[5] Vgl. die Besprechung einer aus dem Jahr 1941 stammenden Übersetzung griechischer Elegiker in RFH IV (1942), S. 402 durch María Rosa Lida.

[6] BAE II, S. 611.

Dichtern gepflegt, andere Dichter wie A. Machado und González Martínez vermeiden ihn.

Versos libres

Von diesen ‚klassischen' *versos sueltos* sind sachlich und am besten auch terminologisch zu trennen die *versos libres* im Sinne des französischen *Verslibrisme*, nach dessen hauptsächlichem Vorbild sie im ausgehenden 19. Jahrhundert in der hispanischen Dichtung Eingang fanden. Ihr typisches Merkmal beruht weniger in der Reimlosigkeit — obschon diese gegenüber dem seltenen Reim und der beliebteren Assonanz überwiegt — als in der Ametrie. Diese wird allerdings in sehr verschiedenen Graden verwirklicht, die von einer ziemlich engen Anlehnung an herkömmliche Vers- und Dichtungsarten, besonders an die Silva *(versos semilibres)*, bis zur rhythmisch organisierten Prosa reichen.

Beispiel I:

La tierra lleva por la tierra;
mas tú, mar,
lleva por el cielo.
¡Con qué seguridad de luz de plata y oro
nos marcan las estrellas
la ruta! — Se diría
que es la tierra el camino
del cuerpo,
que la mar es el camino
del alma —.

(Juan Ramón Jiménez, *Nocturno soñado)*

Beispiel II:

La espera sosegada,
esa esperanza siempre verde,
pájaro, paraíso, fasto de plumas no tocadas,
inventa los ramajes más altos,
donde los colmillos de música,
donde las garras poderosas, el amor que se clava,
la sangre ardiente que brota de la herida,
no alcanzará, por más que el surtidor se prolongue,
por más que los pechos entreabiertos en tierra
proyecten su dolor o su avidez a los cielos azules.

(Vicente Aleixandre, Aus: *La selva y el mar*)

Literatur: a) *Verso suelto: Ant.* X, S. 206–208. (Hier wird irrtümlich Boscán die Einführung der *versos sueltos* zugeschrieben.) — E. Mele, *Las poesías latinas de Garcilaso de la Vega y su permanencia en Italia.* BHi XXV (1923), bes. S. 367. — E. L. Rivers, *The Horatian Epistle and its*

introduction into Spanish literature. HR XXII (1954), S. 175ff., bes. S. 184f. — T. Navarro, *Métrica,* im Indice jeweils unter *endecasílabo suelto.* —
b) *Verso libre.* P. Benito Garnelo, *El Modernismo literario español. El verso libre.* La Ciudad de Dios, Bd. XCVI (Januar 1914), S. 34–46. — Roger D. Bassagoda, *Del alejandrino al verso libre.* BAAL XVI (1947), S. 65–113. — T. Navarro, *Métrica,* S. 443–445 und 478–481, mit weiteren bibliographischen Hinweisen.

ZWEITER TEIL

DIE VERSARTEN

DIE SILBENZÄHLENDEN VERSARTEN

Der 2-Silber

Der spanischen Zählweise entsprechend sind 1-silbige Verse nicht möglich, denn ein 1-silbiges Wort, das allenfalls eine Verszeile bilden kann, muß als *palabra aguda* gelten, die der Ergänzung durch eine weitere Silbe bedarf.

Der kürzeste spanische Vers ist daher der Zweisilber *(bisílabo)*. Sein rhythmischer Akzent liegt auf der ersten Silbe. Bei der Abfolge mehrerer 2-Silber entsteht trochäischer Gang, z. B.

Noche
triste
viste
ya
aire,
cielo,
suelo,
mar.

(Gertrudis Gómez de Avellaneda)

Der 2-Silber dient zur Erzielung besonderer rhythmischer Effekte. An seiner Existenzberechtigung als Vers wurden mit Recht Zweifel geäußert, da er für sich gesehen keinen eigenen Rhythmus besitzt, sondern diesen erst durch eine Abfolge mehrerer 2-Silber erhält.

Geschichtliches: 2-silbige Verse kommen vom 16. Jahrhundert bis zum Beginn der Romantik nur sehr gelegentlich als Hilfs- oder Kombinationsverse vor, besonders in Echo-Gedichten (s. u. Echo-Reim). Als selbständiger Vers wird der *bisílabo* erstmals von einigen Dichtern der Romantik in einheitlichen, aber stets kurzen Reihen innerhalb polymetrischer Dichtungen, vorzüglich in den sogenannten *escalas métricas*[1]

[1] Unter *escala métrica* versteht man eine polymetrische Dichtung, deren Verse z. B. von Strophe zu Strophe um eine oder mehrere Silben bis zu einem Höhepunkt zunehmen und von da an in der gleichen Weise wieder abnehmen. — Das formale Vorbild für die *escala métrica* der spanischen Romantik gaben

benutzt, so z. B. verschiedentlich von J. Zorilla (in *La azucena silvestre*, *Un testigo de bronce*, *Al-Hamar el Nazarita* u. a.) und von Avellaneda (1816—1873) am Anfang der Scala métrica *Noche de insomnio y el alba*. — Siehe auch unter 3-Silber.

Der 3-Silber

Wie der 2-Silber, so ist auch der 3-Silber *(trisílabo)* in rhythmischer Hinsicht nicht eigenständig, da er nur aus einer einzigen rhythmischen Klausel besteht. Für sich gesehen ist jeder 3-Silber ein Amphibrachys (◡ — ◡), der Rhythmus der 3-Silber-Reihe ist daktylisch,[2] z. B.

Que corren, o óo
Que saltan o óo
Que rien, o óo
Que parlan, o usw.
Que tocan,
Que bailan,
Que enredan,
Que cantan;

(Iriarte, *Los gustos estragados*)

Geschichtliches: Der 3-Silber als Zufallsergebnis der fluktuierenden Dichtung im Mittelalter bleibt hier außer Betracht. — Als Kombinationsvers tritt er — vielleicht erstmals — zusammen mit 8-Silbern auf in den echo-ähnlichen *Ovillejos*[3] in Cervantes' *Don Quijote* (I, Kap. XXVII). — Seine selbständige Verwendung beginnt im späten 18. Jahrhundert bei den Neoklassizisten. So erscheint er in 2 achtzeiligen Reihen in der polymetrischen Tonadilla[4] *Los gustos estragados* von Iriarte[5] und

mit großer Wahrscheinlichkeit *Les Djinns* von Victor Hugo ab. Vgl. J. A. Dreps, *Was José Espronceda an innovator in metrics?* Philol. Quarterly XVIII (1939), S. 49.

[2] S. o. S. 8, Fußnote 14.

[3] „Ovillejo. *Suma de diez versos en que figuran tres pareados, cada uno formado por un octosílabo y un quebrado a manera de eco, a los cuales sigue una redondilla que continúa la rima del último pareado y termina reuniendo los tres breves quebrados en el verso final*, aa : bb : cc : cddc." T. Navarro, *Métrica*, S. 530f. — Vgl. auch Clarke, *Sketch*, S. 350f.

[4] Eine für den Gesang bestimmte Dichtung volkstümlichen Charakters ohne festliegende metrische Form. Aus ihr entwickelte sich im 18. Jahrhundert eine kurze dramatische Form gleichen Namens, die besonders zu Beginn des 19. Jahrhunderts im musikalischen Theater Spaniens eine beachtliche Rolle spielte. — Vgl. dazu Subirá, *La tonadilla escénica*. Madrid, 3 Bde., 1928–1930.

[5] BAE LXIII, S. 64.

in acht 4-Zeilern in der ebenfalls polymetrischen *Cantata*[6] *II* des Sánchez Barbero.[7] — Weiterhin an polymetrische Formen gebunden, erfreut er sich in der Romantik einer gewissen Beliebtheit. Beispiele bieten etwa Espronceda (*El estudiante de Salamanca*, Schluß), Zorilla (in *La leyenda de Al-Hamar* und *Recuerdo del tiempo viejo II, III)*, Avellaneda, A. Bello (in *Los Duendes*, einer *imitación* von Hugos *Les Djinns*). — Im Modernismus ist seine Rolle bedeutungslos, wenngleich er gelegentlich bei Rubén Darío, M. Machado[8] u. a. auftritt. — In der Gegenwartsdichtung hat ihn Jorge Guillén als durchgängige Versart in zwei längeren Dichtungen *(Tras el cohete; Otoño, pericia)* verwendet. Bemerkenswert ist dabei die konsequente Vermeidung der Synaphie, wodurch — wie schon bei Iriarte — die Selbständigkeit des Verses verdeutlicht werden soll.

Der 4-Silber

Vom Standpunkt der Verstheorie ist der 4-Silber *(tetrasílabo)* der kürzeste rhythmisch eigenständige Vers, da er aus zwei Klauseln besteht und damit die für das Zustandekommen des Versrhythmus' geltende Mindestforderung erfüllt. Tatsächlich aber erscheint er in bewußt selbständiger Verwendung erst im späten 18. Jahrhundert.

Er hat seine Versakzente auf der 1. und 3. Silbe. Sein Gang ist somit trochäisch, z. B.

A una Mona
Muy taimada
Dijo un día
Cierta Urraca:
. . . . . .

(Iriarte, *Fáb. XLVII)*

Geschichtliches: Erstmals begegnet der 4-Silber vereinzelt in dem silbisch schwankenden, polymetrischen *Misterio de los Reyes Magos* (um 1200). In den *coplas caudatas*[9] der Weissagung der Kassandra in der *Historia troyana polimétrica* (um 1270) ist er — wie auch weiterhin in

[6] Eine für den Gesang oder für die Rezitation mit musikalischer Begleitung bestimmte Form der Kunstdichtung ohne festliegendes metrisches Schema. Durch Dialogisierung kann sie zu einer musikdramatischen Form gemacht werden. — In Spanien wohl erstmals durch Sánchez Barbero bekannt gemacht, blieb die *cantata* ohne größere Bedeutung.

[7] *Lucha entre la Ley y el Derecho*. BAE LXIII, S. 585.

[8] Z. B. in dem Sonetillo *Verano* in *Sol*.

[9] ‚*Estrofa en versos tetrasílabos repartidos en dos partes simétricas, cada una de las cuales termina en un octosílabo que rima con el de la otra mitad.*' T. Navarro, *Métrica*, S. 525. — In der *Historia troyana* ist das Reimschema dieser Strophenart ababC: dedeC (C = 8-Silber).

dieser Strophenform sowie im Descort *(discor*[10]*)* der Cancioneros des 15. Jahrhunderts — der tragende Vers. Trotzdem kann er hier nicht als selbständig betrachtet werden, wie das folgende Beispiel zeigen mag.

1 ¡Ay que grand mal
2 pasaredes!
3 ¡ay que mortal!
4 ¿non veedes
5 como vos está tan presto?
(Hist. troy. (ed. Menéndez Pidal) II, Vs. 106f.)

Die Zeilen 1 und 3 sind silbisch unkorrekt, da sie — jede als selbständiger Vers betrachtet — nicht 4-Silber, sondern 5-Silber sind.[11] Doch bilden beide mit dem jeweils folgenden Vers einen völlig korrekten 8-Silber des daktylischen (und damit unsymmetrischen) Typs:

óoo óoo óo
Ay que grand mal pasa- redes

Damit wird deutlich, daß 4-Silber dieser Art nichts anderes sind als rein äußerlich durch Reim und graphische Anordnung zerlegte *octosílabos.*

Bis zum Neoklassizismus sind die 4-Silber grundsätzlich als unselbständig zu betrachten, von dieser Epoche an aber nur noch diejenigen, die Synaphie oder Kompensation zeigen oder eindeutig als bloße Kombinationsverse verwendet werden. Seit dem 14. Jahrhundert spielt die unselbständige Variante ihre größte Rolle in den vielfältigen Formen der *copla de pie quebrado*, deren Schicksal sie teilt.[12]

Durch streng trochäischen Bau und durch konsequente Vermeidung von Synaphie und Kompensation machen die Neoklassizisten den 4-Silber erstmals zu einem selbständigen Vers. Als Beispiele mögen etwa Iriartes Fabeln XXXI und XLVII[13] sowie die polymetrischen Tonadillas *El lorito* und *Los gustos estragados*[14] dienen, ferner die 4-Silber in den *coplas caudatas* am Ende des *Diálogo métrico de Paris y Elena* von Ge-

[10] *„Discor. Canción breve de queja amorosa en versos cortos y fluctuantes y con rimas predominantemente agudas en combinaciones variadas.“* T. Navarro, *Métrica,* S. 527. Seine Verwendung beschränkt sich auf die Cancionero-Dichtung des 15. Jahrhunderts.

[11] In anderen Texten erscheinen an Stelle des 4-Silbers auch 3-Silber, ja sogar 2- und 6-Silber. — Vgl. Ureña, *Versificación,* S. 33ff.

[12] Vgl. den Abschnitt *Besonderheiten der Silbenzählung bei der Versfolge* und D. C. Clarke, *The fifteenth century copla de pie quebrado.* HR X (1942), S. 340ff.

[13] BAE LXIII, S. 11 und 16.

[14] BAE LXIII, S. 64.

rardo Lobo[15] oder die 4-Silber-Passagen in *La Venus de Melilla* von Sánchez Barbero.[16]

Seinen künstlerischen Höhepunkt (besonders bei Avellaneda) und seine weiteste Verbreitung erlebt der selbständige 4-Silber in der Romantik. So findet er sich z. B. bei Bermúdez de Castro *(El harem)*, Avellaneda *(Paseo por el Betis; A un ruiseñor)*, Espronceda *(Canción del Pirata; El Mendigo*, beide mit bedeutendem 4-Silber-Anteil; im *Estudiante de Salamanca)*, ferner an zahlreichen Stellen in den Gedichten von Echeverría und Zorilla (z. B. in *La Carrera* in der *Leyenda de Al-Hamar* und *Recuerdo del tiempo viejo IV)*.[17]

Nach der Romantik hat der 4-Silber nur noch geringe Bedeutung. Rubén Darío verwendet ihn selbständig in *Una noche — tuve sueño;* M. Machado etwas häufiger in polyrhythmischen Dichtungen *(Otoño, Encajes, El viento, Mi Phriné, Hai-Kais u. a.)*

Der 5-Silber

Aus der verschiedenen Lage des ersten Versakzentes ergeben sich zwei rhythmische Typen des 5-Silbers (pentasílabo):

1. Der daktylische Typ. Er ist gekennzeichnet durch rhythmische Akzente auf der 1. und 4. Silbe.

   óoo óo
   Nada te turbe,
   nada te espante,
   todo se pasa. (Santa Teresa?)

   Da dieser Typ die akzentuelle Entsprechung des Adonius ist, kann er zur Wiedergabe des Schlußverses in der sapphischen Strophe (s. d.) verwendet werden und trägt daher auch die Bezeichnung *verso adónico.*

2. Der trochäische Typ. Er betont die 2. und 4. Silbe, wobei die erste Silbe als Auftakt (Anakrusis) zu betrachten ist.

   o óo óo
   Alguna vez,
   o pensamiento,
   serás contento. (Castillejo)

Die ausschließliche Verwendung des einen oder des anderen Typs in längeren 5-Silber-Reihen ist selten. Gewöhnlich treten beide Varianten untermischt auf.

[15] BAE LXI, S. 30.

[16] BAE LXIII, S. 584.

[17] Der Rückgriff auf Synaphie und Kompensation durch Espronceda und Zorilla zeigt, daß auch in der Romantik der 4-Silber bisweilen in seiner alten unselbständigen Variante verwendet wurde.

Geschichtliches: Der 5-Silber ist hauptsächlich Kombinationsvers. In dieser Funktion begegnet er als *pie quebrado* zum 7-Silber, als Hilfsvers des 11-Silbers, z. B. besonders in der sapphischen Strophe, ferner frei kombiniert mit anderen Versen. Endlich hat er seit Lope de Vega einen festen Platz in der regulierten Seguidilla (s. d.).

Seine Geschichte als selbständiger Vers beginnt erst um die Mitte des 15. Jahrhunderts. Bis dahin begegnete er nur als Halbvers des fluktuierenden *verso de arte mayor* sowie als silbisch überzähliger *pie quebrado* zum 8-Silber (statt des korrekten 4-Silbers). Selbständig präsentiert er sich erstmals — und zwar in seiner trochäischen Variante — in der anonymen Endecha[17a] auf den Tod des Sevillaners Guillén Peraza (1443).[18] In der Endecha wird er auch weiterhin — im ganzen selten — als kürzester Vers benutzt. Eine hinsichtlich ihres Umfangs eindrucksvolle Reihe von 5-Silbern bietet erstmals Jerónimo Bermúdez in seiner Tragödie *Nise laureada*, I, 2. Hier finden sich 72 reimlose 5-Silber, fast ausnahmslos daktylischen Gangs. Bermúdez' Beispiel wird aber in den Schatten gestellt durch Lorenzo Matheu y Sauz. Dieser übersetzte 1665 den *Spill* des Jaume Roig in 16000 Fünfsilbern ins Kastilische, wobei er auch in metrischer Hinsicht seiner katalanischen Vorlage folgte. Sonst aber ist der selbständige 5-Silber im Siglo de oro kaum vertreten.

Meist in der metrischen Form des *romancillo* (s. d.) fand der 5-Silber seine vergleichsweise stärkste Verbreitung — freilich in weitem Abstand hinter den 7- und 6-Silbern — in den Anacreónticas, Letrillas, Himnos, Cantatas und Diálogos der Neoklassizisten; so bei den beiden Moratín[19], bei Meléndez Valdés[20], Iglesias de la Casa[21], Iriarte[22], Arjona[23], Sánchez Barbero[24] u. a. Im ganzen überwiegt die isometrische Verwendung des 5-Silbers — so durchwegs in allen oben angeführten Beispielen — doch erscheint er gelegentlich auch in polymetrischen Dichtungen, so etwa im Juego dramático *La fortuna justa* von Arjona[25], in der Cantata *La Venus de Melilla* von Sánchez Barbero und in seinem satirischen Dialog *Brujas*[26] sowie verschiedentlich als Einlagen in seinen Operntexten. Die

---

[17a] S. u. *Romancillo*.

[18] Abgedruckt in *Ant.* IX, S. 332f.

[19] BAE II, S. 2–5 passim und S. 605f.

[20] Z. B. Letrilla V und XI, BAE LXIII, S. 122 und 124.

[21] Letrilla XXXIII, BAE LXI, S. 420.

[22] In den Fabeln *El naturalista y las lagartijas* und *La berruga, el lobanillo y la corcova*. BAE LXIII, S. 18 und S. 23.

[23] Z. B. im Himno *A Jesús en el sepulcro*, BAE LXIII, S. 543.

[24] Z. B. in der Letrilla *A mi Musa*, BAE LXIII, S. 591.

[25] BAE LXIII, S. 542.

[26] BAE LXIII, S. 593f.

trochäische und die daktylische Variante treten meist untermischt auf, wobei aber der daktylische Typ vorherrscht.

In der Romantik geht die durchgängige Verwendung des 5-Silbers stark zurück. In kurzen einheitlichen Passagen zwischen lange Dichtungen eingeschoben erscheint er z. B. in der Leyenda *La azucena milagrosa* des Duque de Rivas[27] und in Echeverrías *Elvira o la novia del Plata*. Gebräuchlicher ist er als Kombinationsvers in den beliebten *escalas métricas* und sonstigen polymetrischen Dichtungen. Eine gewisse Vorliebe für den *pentasílabo* in dieser Funktion läßt G. A. Bécquer erkennen.[28]

Auch im Modernismus und in der Gegenwartsdichtung hat er keine größere Bedeutung mehr erlangt, wenngleich einzelne Beispiele — etwa M. Machado *(Es la mañana; Mutis)*, A. Nervo *(Sonetino)* und García Lorca *(Canción china en Europa)* — nicht fehlen. Dabei ist — wie schon in der Romantik — die beliebige Mischung beider Typen üblich.

Der 6-Silber

Der 6-Silber *(hexasílabo)*, auch *verso de redondilla menor* genannt, tritt in zwei rhythmischen Varianten auf.

1. Im trochäischen Typ fallen die rhythmischen Akzente immer nur auf Silben ungerader Zahl.

    óo óo óo
    ¿ Vuelve el polvo al polvo?
    ¿ Vuela el alma al cielo?
    ¿ Todo es vil materia,
    podredumbre y cieno?

    (Bécquer, *Rima LXXIII*)

2. Der daktylische Typ ist gekennzeichnet durch einen rhythmischen Akzent auf der zweiten Silbe, wobei die erste Silbe als Auftakt (Anakrusis) zu betrachten ist.

    o óoo óo
    La luz, que en un vaso
    ardía en el suelo,
    al muro arrojaba
    la sombra del lecho;

    (Bécquer, *ibid.*)

In längeren 6-Silber-Folgen erscheinen gewöhnlich beide Varianten in beliebiger Anordnung (polyrhythmische Verwendung), wobei meist — außer im 16. und 17. Jahrhundert — der daktylische, auch volkstümlich

---

[27] BAE C, S. 436.

[28] *Rimas* XII, XV, XVI, XXV, XXIX, u. a.

genannte Typ gegenüber dem trochäischen überwiegt, der auch als *variante culta* bezeichnet wird. Im ganzen gesehen ist der 6-Silber zwar kein führender, aber doch durchaus gebräuchlicher Vers.

Geschichtliches: Der mittelalterliche lateinische 6-Silber besteht aus drei Trochäen. Im Französischen, wo er vielleicht erstmals nach lateinischem Vorbild entwickelt wurde, hat er streng trochäischen Charakter. In der altprovenzalischen Dichtung findet man die vorherrschende trochäische Variante mit der daktylischen untermischt. In der galizisch-portugiesischen 6-Silber-Dichtung fällt der starke Anteil des daktylischen Typs auf. An diese letztere Tradition scheint der frühe und späterhin volkstümliche kastilische 6-Silber unmittelbar anzuknüpfen, wie man aus seinem vorwiegend daktylischen Gepräge schließen darf.

Der 6-Silber taucht zwar schon in der ältesten ametrischen Dichtung auf, doch in ausgeprägter Form und in bewußter Verwendung findet er sich erstmals bei Juan Ruiz (1. Hälfte des 14. Jahrhunderts) in der Serrana[29] *Cerca la Tablada* (1022ff.) und in zwei *cánticas de loores* (1642ff. und 1684ff.). Der Arcipreste handhabt den 6-Silber mit relativ großer silbischer Korrektheit, so besonders in der genannten Serrana. In den *cánticas* ist etwa ein Drittel der Verse 7-silbig. Diese 7-Silber lassen sich aber bei Annahme einer zweisilbigen Anakrusis in den vorherrschend daktylischen Rhythmus der 6-Silber einordnen.

Im Laufe des 15. Jahrhunderts erlebt der 6-Silber einen bedeutenden Aufschwung, so daß er nach dem 8-Silber und dem *verso de arte mayor* an den dritten Platz unter den gebräuchlichsten Versen rückt. Im Cancionero de Baena ist er in Dichtungen volkstümlicher Inspiration gut vertreten, so etwa bei Baena selbst,[30] bei Villasandino,[31] Diego Valencia[32] u. a. Außerhalb der Kunstdichtung tritt er gerne als Kombinationsvers auf und zeigt dann stärkeres silbisches Schwanken. Zahlreiche Beispiele dafür bieten der Cancionero Herberay[33] und der Cancionero musical de los siglos XV y XVI.[34] Die beliebige Mischung der Typen bei deutlichem Überwiegen der daktylischen Variante bildet den Regelfall, wenngleich in kürzeren Versfolgen gelegentlich auch die reinen Typen erscheinen. Bedeutungsvoll für die weitere Geschichte des 6-Sil-

[29] Serrana, serranilla. „. . . *a poem in any short meter dealing with the subject of the meeting of a gentleman and a pretty country girl.*" Clarke, *Sketch*, S. 363. — Als Versarten kommen vorzüglich der 6- oder der 8-Silber, als Dichtungsformen die Romanze, das Villancico (s. d.) oder die mittelalterliche Canción (s. d.) zur Verwendung. — Vgl. T. Navarro, *Métrica*, S. 533.

[30] *Muy alto rey digno* und *Muy alto benigno* (Nr. 393 u. 395).

[31] *Vysso enamoroso; Señor Juan Ffurtado* (Nr. 44 u. 148).

[32] *Todos tus donseles* (Nr. 502).

[33] *Soy garridilla y pierdo sazon; Que no es veledero; Vos soys la morada* u. a.

[34] Vgl. die Stellenangaben bei Ureña, *Versificación*, S. 32, Anm. 2.

bers war seine Verwendung durch den Marqués de Santillana in der *Serranilla de la Vaquera de la Finojosa*. Der Marqués übernahm ihn aus dem Cancionero de Baena und verschaffte ihm das endgültige Heimatrecht in der Kunstdichtung. Hinsichtlich der rhythmischen Gestaltung ist bemerkenswert, daß Santillana und — nach seinem Vorbild — auch Juan del Encina das Gleichgewicht zwischen den beiden rhythmischen Varianten erstreben, womit die Vorherrschaft des volkstümlichen Typs zugunsten der *variante culta* gebrochen wird.

Mit der Renaissance im 16. Jahrhundert verschwinden zwar die spezifischen Formen (*serranas*, *serranillas*, *discores* usw.), in denen bis dahin der 6-Silber besonders verwendet worden war; dafür aber entfaltet er sich in den *villancicos*, *romancillos* und in den neu aufkommenden *endechas cultas*, die mit einer *redondilla menor* (in 6-Silbern) beginnen. Zahlreich sind die Dichter, die ihn benutzen. Die Mischung beider Typen ist die übliche Form. Doch geben einzelne Dichter — dem Beispiele Santillanas folgend — der trochäischen Variante den Vorzug; so z. B. Francisco de la Torre, Lucas Fernández und Timoneda. Andere wiederum, wie Álvarez Gato, Gil Vicente und Hurtado de Mendoza halten durch Bevorzugung der daktylischen Variante am traditionellen 6-Silbertyp fest.

Die Tendenz zur vorzugsweise trochäischen Gestaltung tritt im 17. Jahrhundert noch stärker hervor. So besonders in den Villancicos, Letrillas und Romancillos von Lope de Vega, Góngora, Ledesma und Valdivielso. Der 6-Silber erfreut sich in dieser Epoche großer Beliebtheit. Außer in den bereits genannten Formen ist er auch in den Endechas[35] sowie in den *redondillas menores*, die besonders in der dramatischen Dichtung eine Rolle spielen, verbreitet.

Die Vorliebe der neoklassizistischen Dichter für Kurzverse sicherte auch dem 6-Silber eine etwa gleichbleibende Häufigkeit, doch tritt die daktylische Variante wieder in ihre angestammten Rechte. Die Formen, in denen der 6-Silber verwendet wird, sind im wesentlichen die gleichen wie im Siglo de oro. Statt vieler seien als Beispiele *Mis votos* von Sánchez Barbero[36] und *La declaración* von Arriaza[37] genannt, deren rhythmische Untersuchung Interesse bietet. — In sehr volkstümlichem Gewande präsentiert sich die satirische 6-Silber-Dichtung in den sog. *Pasmarotas* des Torres Villarroel.[38]

---

[35] Vgl. die *Endechas* des Conde de Villamediana BAE XLII, S. 158 und die *Redondillas* des Pedro de Quirós (BAE XXXII, S. 421).

[36] BAE LXIII, S. 587.

[37] BAE LXVII, S. 47.

[38] BAE LXI, S. 82–86.

In der Romantik geht der 6-Silber etwas zurück, bleibt aber immer noch ein ziemlich häufiger Vers, wie etwa Zorilla, Avellaneda und Bécquer zeigen. Die Normalform ist die polyrhythmische Verwendung mit Vorherrschen der daktylischen Variante.

Trotz der Vorliebe des Modernismus und der neuesten Zeit für lange Verse vermag sich der 6-Silber häufig als Kombinationsvers, aber auch in selbständiger Verwendung eine vergleichsweise ansehnliche Stellung neben dem durch die Zerlegung des Alexandriners neu belebten 7-Silber zu behaupten. Als Beispiele mögen dienen: Rubén Darío *(La danza macabre; Raza)*, Valle Inclán *(Rosa de Belial; Vitrales* u.a.) Villaespesa *(La rueca)*. Aus der Gegenwartsdichtung sind zu nennen P. Salinas und Jorge Guillén.

Der 7-Silber

Der 7-Silber *(heptasílabo)* präsentiert sich in zwei Haupttypen, die man nach herkömmlicher Terminologie als jambisch (◡ —) und anapästisch (◡ ◡ —), nach rhythmischen Gesichtspunkten aber besser als trochäisch (mit einer Silbe in Anakrusis) bzw. als daktylisch (mit zwei Silben in Anakrusis) bezeichnet, z. B.

El sabio con corona	o óo oo óo	trochäisch
como león semeja,	o óo oo óo	
la verdad es leona,	oo óoo óo	daktylisch
la mentira es gulpeja.	oo óoo óo	

(Sem Tob)

Jede der beiden Varianten kann auch über längere Versfolgen hinweg ausschließlich vorkommen, doch erscheinen gewöhnlich beide beliebig kombiniert, wobei der eine oder der andere Typ vorzuherrschen pflegt.

Von geringerer Bedeutung sind daneben die beiden gemischten Typen. Charakteristisch für sie ist der Akzent auf der ersten Silbe, wodurch eine 5-silbige rhythmische Periode eröffnet wird, die sich entweder in Daktylus und Trochäus (Variante A) oder umgekehrt (Variante B) gliedert, z. B.

A	(De tus rubios cabellos)	
	Dórida ingrata mía,	óoo óo óo
	Hizo el Amor la cuerda	óoo óo óo
	......	

(Gutierre de Cetina, *Anacreontica)*

B	Quien antes non esparze	o óo oo óo
	trigo non lo allega.	óo ooo óo

(Sem Tob)

B ist stets nur unselbständige, meist durch Enjambement bedingte Variante im Rahmen polyrhythmisch verwendeter 7-Silber. Die Variante A versieht gewöhnlich die gleiche Funktion, hat aber — mit deutlichem

Akzent auch auf der 4. Silbe — im Modernismus in geringem Umfang rhythmische Selbständigkeit erlangt.[39]

Geschichtliches: Seit Ambrosius von Mailand als eine der Formen des jambischen Dimeters besonders in der lateinischen Hymnenpoesie belegbar, gehört der 7-Silber — wie in der Provence, in Frankreich und in Italien — so auch in Spanien zu den ältesten Versen, stand hier aber wohl von Anfang an unter fremdem Einfluß. Seine Herkunft ist — wie die seines französischen Seitenstückes, des 6-Silbers — umstritten und wohl nicht aus einer einheitlichen Grundlage zu erklären. Neben der angedeuteten lateinischen Ausgangsform kommt je nach literarischer Gattung, nach Epoche und Verstyp Herleitung aus dem Alexandriner (durch Verselbständigung der Halbverse) und aus dem franz.-prov. 10-Silber (bzw. dem ital. Endecasillabo) der Gliederung 6+4 in Betracht.[40]

I. Als zunächst nur geringfügig überwiegende Versart begegnet der 7-Silber erstmals in den *kharǵas* des 11. und 12. Jahrhunderts, soweit man auf diese Überlieferung weitergehende metrische Folgerungen gründen will. Deutlicher bildet der 7-Silber-Halbvers die metrische Grundform der *Cantares de gesta* des 12. und 13. Jahrhunderts. *Mio Cid* und *Roncesvalles* zeigen nach den Berechnungen von Ramón Menéndez Pidal je 39% Siebensilber gegenüber nur 24% bzw. 26% des nächst konkurrierenden 8-Silbers. Das folgende Jahrhundert bringt in dieser Gattung eine allmähliche Verschiebung zugunsten des 8-Silbers.[41]

Eine gleichlaufende Entwicklung läßt sich auch in der sonstigen Spielmannsdichtung verfolgen. Bis gegen das letzte Drittel des 13. Jahrhunderts bilden der 7- und der 9-Silber die metrischen Grundformen der silbisch noch immer schwankenden Verse, so im *Misterio de los Reyes Magos*, in *María Egipciaca*, im *Libro de los tres Reis de Orient* und in der *Disputa del alma y el cuerpo*. Der *Debate de Elena y María* (um 1280) markiert die neue Entwicklung, indem der 8-Silber (29%) den 7-Silber (27%) aus seiner Führungsstellung verdrängt.[42]

---

[39] Vgl. das bei T. Navarro, *Métrica*, S. 497 mitgeteilte Beispiel aus Salvador Rueda, *Qué viejecita eres*.

[40] Vgl. z. B. Suchier, *Verslehre*, S. 72f. — Der seinem Wesen nach nichtsilbenzählende, wohl erst unter dem Einfluß des italienischen 7-Silbers seit Calderón als Kombination von 7- und 5-Silbern silbisch streng geregelte *verso de seguidilla* wird hier nicht berücksichtigt, da er nicht einen 7-Silbertyp, sondern eine unsymmetrische Zerlegungsform eines fluktuierenden Langverses darstellt. — S. u. Seguidilla.

[41] Das Verhältnis der 8-Silber zu den 7-Silbern ist in den *Infantes de Lara* 32% : 28%, im *Rodrigo* 31% : 30%.

[42] Lediglich in der *Razón de Amor* (um 1205) hatte schon einmal der 8-Silber das Übergewicht über den 7-Silber gewonnen.

Seine größte silbische Korrektheit und seine weiteste Verbreitung im Mittelalter erreicht der 7-Silber als Halbvers des Alexandriners der *cuaderna via* im *mester de clerecia.*[43] Außer bei Berceo ist er aber stets in bald stärkerem, bald geringerem Maße der Konkurrenz des offenbar lebenskräftigeren 8-Silbers ausgesetzt. So kommt es, daß seit dem letzten Drittel des 13. Jahrhunderts entweder der sogenannte Oktosyllabismus auch im Alexandriner-Halbvers der *clerecía*-Dichtung mehr und mehr um sich greift oder der 7-Silber sowie der Alexandriner als Versarten nur noch in geringem Umfang verwendet werden. Ein charakteristisches Beispiel in dieser letzteren Hinsicht bietet die *Historia troyana polimétrica,* wo nur noch zwei relativ kurze Stücke[44] in 7-Silbern bzw. Alexandrinern abgefaßt sind, so daß in der gesamten Dichtung nur 180 Siebensilber mehr als 1000 Achtsilbern gegenüberstehen.

Seinen Höhepunkt als selbständiger Kurzvers findet der alte 7-Silber in den 686 Redondillas der *Proverbios morales* des Rabbi Sem Tob (Santob) um die Mitte des 14. Jahrhunderts.[45] Etwa um die gleiche Zeit erscheint er — ohne größere Bedeutung zu erlangen — z. B. in den Maximen des *Conde Lucanor* (1342) von Don Juan Manuel und im *Libro de buen amor* des Arcipreste. Letzterer verwendet ihn als Alexandriner-Halbvers (wobei sich in einem Fünftel der Fälle der 8-Silber überlagert), als Kombinationsvers zusammen mit anderen Versarten und — wie es scheint — einmal auch selbständig in *Los que la ley avemos* (1059—1066).

Mit dem Ende des 14. Jahrhunderts schließt der erste Abschnitt in der Geschichte des 7-Silbers. Als Kurzvers kommt er außer Gebrauch. Weder der Cancionero de Baena noch die anderen Liedersammlungen des 15. und beginnenden 16. Jahrhunderts verwenden ihn. In gleicher Weise verliert er zu Beginn des 15. Jahrhunderts seine Bedeutung als Halbvers des außer Mode gekommenen Alexandriners des *mester de clerecía.*

Für den frühen Untergang des alten 7-Silbers sind nach Ramón Menéndez Pidal[46] zwei Gründe maßgebend: 1. Trotz seines hohen Alters war der 7-Silber kein einheimischer Vers, sondern stand unter französischem Einfluß. Da er als fremd empfunden wurde, vermochte er sich gegenüber dem volkstümlichen 8-Silber nicht zu behaupten. 2. Dazu kommt ein sprachlicher Vorgang. Seit dem Ende des 13. Jahrhunderts schwindet mehr und mehr der übermäßige Gebrauch der Apokope und der Kontraktion, die im 12. und 13. Jahrhundert unter franz., arab. und katalanischem Einfluß der Literatursprache Spaniens einen oxytonen

[43] Näheres s. u. 14-Silber (Alexandriner) und *cuaderna vía.*

[44] Die Abschnitte IV und V in der Ausgabe von R. Menéndez Pidal.

[45] BAE LVII, S. 331–372.

[46] *Romancero Hispánico,* Madrid 1953, cap. IV, § 3.

Charakter aufgeprägt hatten. Damit gewann das Spanische seine überwiegend paroxytone Akzentuierung auch in der Sprache der Dichtung zurück, wofür der 8-silbige Rhythmus der geeignetere ist.[47]

II. Im zweiten Abschnitt seiner Geschichte ist der 7-Silber Einfuhrgut aus Italien. Als *quebrado* des italienischen 11-Silbers in der petrarchistischen Canzone und in anderen italienischen Formen wird er seit Boscán regelmäßig — bald mit größerem, bald mit geringerem Anteil — als Kombinationsvers verwendet. — Selbständig erscheint er — wohl erstmals — in dem kurzen, in Romancillo-Form abgefaßten Gedicht *Anacreóntica* des Gutierre de Cetina,[48] das eine bislang unbekannte italienische Vorlage nachzuahmen scheint[49] und erheblich vor das Jahr 1554 zu datieren ist.[50] Damit hat es die Priorität gegenüber der für die abendländische Dichtung bedeutungsvollen Neubelebung des 7-Silbers durch die Plejade unter Joachim Du Bellay (*La chanson du vanneur de blé*, 1558) und Ronsard. Irgendwelche Wirkung ist von diesem ersten spanischen Versuch wohl kaum ausgegangen: die reimlosen 7-Silber in den beiden Inés-de-Castro-Tragödien des Jerónimo Bermúdez (1577) folgen unmittelbar portugiesischen bzw. italienischen Vorbildern[51] und die durch ihre Thematik verwandte 7-Silber-Ode *Dafnis, estas pasiones*[51a] des Francisco de la Torre (um 1580 entstanden) hat eine völlig andere Form (15 reimlose 4-Zeiler). Daneben sind bis in die letzten Jahre des 16. Jahrhunderts, wo Góngora mit einigen 7-Silber-Poesien hervortritt,[52] durchgängige 7-Silber-Dichtungen nur ganz vereinzelt zu finden.[53]

Den glänzenden Aufschwung des 7-Silbers begründete am Anfang des 17. Jahrhunderts Esteban Manuel de Villegas durch seine anakreontischen Dichtungen und Übersetzungen (z. T. aus Anakreon selbst).[54] Die Thematik sowie die deutlich polyrhythmische Gestaltung seiner 7-Silber lassen den Einfluß des Italieners Gabriello Chiabrera (1552—1638) erkennen, der — sich an der Plejade, besonders an Ronsard inspirierend — den selbständigen *settenario* nach langer Vergessenheit in

---

[47] Vgl. u. 8-Silber.

[48] BAE XXXII, S. 43f.

[49] Vgl. A. M. Withers, *The sources of the poetry of Gutierre de Cetina.* Philadelphia 1923. (Publications of the Univ. of Pennsylvania).

[50] Rafael Lapesa, *Gutierre de Cetina; Disquisiciones biográficas.* Estudios Hispánicos. Homenaje a Archer M. Huntington. Wellesley/Mass. 1952, S. 311–326.

[51] Vgl. G. S. Morley, RFE XII (1925), S. 398.

[51a] CC 124, S. 35.

[52] Die von den datierbaren früheste stammt aus dem Jahre 1594 und ist eine Totenklage. BAE XXXII, S. 532 (*Moriste, Ninfa bella).*

[53] Stellennachweise bei T. Navarro, *Métrica*, S. 211, Anm. 35.

[54] BAE XLII, S. 552ff.

seiner Heimat wieder in Mode gebracht hatte. — Der andere Markstein in der Geschichte des 7-Silbers sind die *barquillas* in Lope de Vegas *Dorotea* (1632), so benannt — ähnlich wie im Falle der *lira* — nach dem Themawort der 1. Zeile *(Pobre barquilla mia)*. Lope selbst hat diese in Romancillo-Form abgefaßten 7-Silberdichtungen bald als *endechas*, bald als *edilios piscatorios* bezeichnet. In ihnen verbindet sich die ernste Grundstimmung der einheimischen (bisher 6-silbigen) *endecha* mit dem seit Villegas für antike Kurzdichtung bevorzugten 7-Silber, für den Lope damit — fortwirkend bis ins 19. Jahrhundert — das Gebiet der elegischen Dichtung hinzugewann. In rhythmischer Hinsicht herrscht bei Lope der trochäische Typ vor, der diese seine Stellung bei den Neoklassizisten und — stärker noch — bei den Romantikern behauptet.

Die dem 18. Jahrhundert gewidmeten Bände der BAE geben ein Bild von der in dieser Epoche sehr starken Verbreitung des 7-Silbers in den Endechas, Letrillas, Oden, Romanzen und in den neu aufgekommenen *octavillas agudas* (s. d.) bei Arjona, Arriaza, Meléndez Valdés, Moratín, D. Solís, Vaca de Guzmán u. a.

In der Romantik bleibt der 7-Silber ein noch ziemlich häufiger Vers, besonders in polymetrischen Dichtungen wie den damals beliebten *leyendas* und *escalas métricas* sowie in den *octavillas*. Hatten die Neoklassizisten seine rhythmische Gestaltung nach dem Beispiel Metastasios durch den *agudo*-Ausgang bereichert, so werden jetzt — ebenfalls nach italienischem Vorbild — bei Zorilla und anderen auch (reimlose) *esdrújulos* eingestreut.

Der Modernismus belebt im Zusammenhang mit der wieder aufgenommenen Pflege des polyrhythmischen Alexandriners die seit dem Neoklas sizismus stark zurückgedrängten polyrhythmischen Typen des 7-Silbers neu. Beispiele finden sich bei fast allen Dichtern jener Epoche (Martí, Unamuno, A. Machado, Lugones, Darío, Valencia), ohne daß jedoch der 7-Silber als häufiger Vers gelten könnte.

Im 20. Jahrhundert erlebt der 7-Silber einen Aufschwung, der dem in der neoklassischen Periode vergleichbar ist. Hinsichtlich seiner Häufigkeit ist er zu einem der führenden Verse der regelmäßigen Metrik geworden. Pedro Salinas und Jorge Guillén dürften als seine bedeutendsten Vertreter gelten, aber auch García Lorca und viele andere verwenden ihn mit einer gewissen Häufigkeit in den verschiedensten, zum Teil auch neuartigen Strophenformen.

Literatur: Marcel Bataillon, *Avènement de la poésie heptasyllabique moderne en Espagne*. Mélange d'histoire littéraire de la Renaissance offerts à Henri Chamard, Paris 1951, S. 311–325.

Der 8-Silber und der Romanzenvers

Der 8-Silber *(octosílabo)*, auch *verso de arte real, verso de arte menor* und *verso de redondilla mayor* genannt, ist der beliebteste und meistverbreitete Vers der Spanier und gilt daher als ihr Nationalvers. Thematisch ist er nicht gebunden. Infolgedessen stehen ihm alle Anwendungsbereiche des Kurzverses offen, im besonderen die Lyrik, die Dramatik und die Didaktik. Mit der Freiheit geringer silbischer Schwankungen und in gedoppelter Form (8+8) greift er als Metrum der Romanzen *(pie de romance)* auch auf das Gebiet der epischen Dichtung über. Die seit dem Modernismus neu belebten 7- und 9-Silber haben den *octosílabo* in der Kunstdichtung der letzten 70 Jahre etwas zurückgedrängt; in der noch immer beliebten volkstümlichen Romanzendichtung Spaniens und Lateinamerikas hat er jedoch bis heute seine Lebenskraft ungebrochen bewahrt.

Nach der herkömmlichen Auffassung hat der 8-Silber — wie übrigens alle Kurzverse — nur einen wirklich unentbehrlichen Akzent, der bei *llano*-Ausgang auf die vorletzte Silbe fällt: *El verso de redondilla mayor se compone de ocho sílabas de las quales la séptima será siempre larga, y la octava breve.*[55] Auf der Grundlage einer solchen Definition erweist sich seine weitere rhythmische Gestaltung als sehr frei und mannigfaltig, was einen Wesenszug gerade des spanischen 8-Silbers ausmacht. Da ein Vers von dieser Länge normalerweise wenigstens noch *eine* Tonstelle aufweist, ergeben sich zunächst 5 Grundformen, je nachdem ein ausgeprägter Wortakzent auf eine der ersten fünf Silben fällt, z. B.

1. Silbe:	míra por los capitanes
2. „ :	Las huéstes de Don Rodrigo
3. „ :	el cabállo de cansado
4. „ :	sus enemígos vencían
5. „ :	que te lo demánde el diablo.

Rein prosodisch gesehen, existiert auch eine 6. Grundform, die sich mit der Tonstelle am Versende begnügt, z. B.

y sin conmiseraciónes[56]

---

[55] Rengifo, *Arte poética española*, cap. IX. — Sehr entschieden spricht sich im gleichen Sinne aus S. Griswold Morley, *A note on the Spanish octosyllable*, MLN XLI (1926), S. 182–184.

[56] Diese von E. Martínez Torner *(El ritmo interno en el verso de romance.* Bulletin of the Juan Luis Vives Scholarship Trust, London, Nr. 2, April 1946, S. 14ff.) ausgewählten Beispiele sind zitiert nach R. Menéndez Pidal, *Romancero*, Bd. I, S. 91. — Reiches Belegmaterial bietet im Zusammenhang einer Gesamtstudie auch Julio Saavedra Molina, *El octosílabo castellano.* AUCh CII (1944), S. 65–229; auch als Buch, Santiago de Chile 1945.

Dabei handelt es sich jedoch nur um Grundformen, die durch Hinzunahme weiterer Akzente noch vielfältig variiert werden können. In seiner Untersuchung *El octosílabo y sus modalidades*[57] hat Tomás Navarro 64 prosodische Varianten des 8-Silbers nachgewiesen und sie auf drei rhythmische Grundtypen zurückgeführt.

1. Der *trochäische* Typ hat seinen charakteristischen Akzent auf der 3. Silbe. Er beginnt daher mit einem zweisilbigen Auftakt (Anakrusis); die anschließende rhythmische Periode umfaßt zwei Trochäen:[58]

   oo óo oo óo
   El aroma de su nombre,
   el recuerdo de sus ojos,
   y el aroma de su nombre.
   (M. Machado, *La lluvia*)

   Bei Berücksichtigung seiner Wortakzente hat der trochäische Typ weitere 31 Varianten.

   Als Sonderform dieses Typs seien die im ganzen wohl seltenen, aber durch Esproncedas Gedicht *A Matilde* bekanntgewordenen zäsurierten 8-Silber erwähnt.[59] Zur Verdeutlichung der von ihm beabsichtigten Struktur hat sie Espronceda mit Binnenreim in der Zäsur geschmückt, z. B.

   Aromosa blanca vi*ola*
   pura y *sola* en el pensil,
   embalsama regal*ada*
   la albor*ada* del abril.

2. Der *daktylische* Typ ist gekennzeichnet durch einen rhythmischen Akzent auf der 1. Silbe, wobei gleichzeitig die 3. Silbe unbetont bleiben muß. Seine sechs Silben umfassende rhythmische Periode gliedert sich in zwei Daktylen:

   óoo ooo óo
   Vuélveme, vuélveme, moro (Zorilla)

   Weitere 12 prosodische Varianten sind möglich.

3. Das gemeinsame Merkmal der beiden *gemischten* Typen ist der rhythmische Akzent auf der 2. Silbe, der die erste Silbe in die Anakrusis verweist und gleichzeitig die fünfsilbige rhythmische Periode eröffnet.

---

[57] *Estudios Hispánicos, Homenaje a Archer M. Huntington*. Wellesley/Mass., 1952, S. 435–455.

[58] Wie oben S. 6f. ausgeführt, braucht die zweite Klausel in der rhythmischen Periode nicht durch einen ausgeprägten Akzent eingeleitet zu werden.

[59] Zum zäsurierten *octosílabo* hat in anderem Zusammenhang S. G. Morley, *A note on the Spanish octosyllable* (MLN XLI [1926], S. 182–184) Stellung genommen.

Die Unterschiede ergeben sich aus der Reihenfolge der Klauseln innerhalb der rhythmischen Periode.

Gemischter Typ A: Trochäus + Daktylus

o óo ooo óo		
Allí la altiva palmera	(Zorilla)	

Gemischter Typ B: Daktylus + Trochäus

o óoo oo óo	
Y dándole su caballo	(Zorilla)

Der gemischte Typ (A und B) kennt insgesamt 19 prosodische Varianten. — Die angeführten Grundtypen und ihre Varianten können innerhalb der gleichen Dichtung beliebig verwendet werden und tragen so zur rhythmischen Abwechslung sowie zur stimmungsmäßigen Abtönung bei. Ganze Dichtungen in nur einem rhythmischen Typ sind selten. Die Normalerscheinung ist vielmehr der *octosílabo polirrítmico*, d. h. die freie Kombination der verschiedenen Grundtypen innerhalb einer 8-Silber-Folge. Diese Freizügigkeit wird dadurch ermöglicht, daß die rhythmischen Perioden in jedem dieser Grundtypen — wie experimentelle Messungen ergeben haben — annähernd gleiche Dauer haben.[60]

Ein Beispiel aus Góngora möge die polyrhythmische Verteilung der drei Grundtypen veranschaulichen:

Cuatro o seis desnudos hombros	oo	óo	oo	óo	=	troch.
De dos escollos o tres	o	óo	ooo	ó	=	gemischt: A
Hurtan poco sitio al mar,	oo	óo	oo	ó	=	troch.
Y mucho agradable en él.	o	óoo	oo	ó	=	gemischt: B
Cuánto lo sienten las ondas		óoo	ooo	óo	=	daktyl.
Batito lo dice el pie,	o	óoo	oo	ó	=	gemischt: B
Que pólvora de las pietras	o	óoo	oo	óo	=	gemischt: B
La agua repetida es.		óoo	ooo	ó	=	daktyl.

Jeder der drei Grundtypen hat eine ihm eigentümliche Ausdrucksfähigkeit, die ihn zur Übernahme bestimmter Aufgaben befähigt. Der trochäische 8-Silber ist symmetrisch gebaut. Seine rhythmische Periode umfaßt nur vier Silben und ist damit die kürzeste. Der Rhythmus ist langsam und ausgeglichen. Er eignet sich daher für Schilderungen, undramatische Erzählungen und lyrische Themen. Der daktylische Typ hingegen beginnt mit einem rhythmischen Akzent auf der ersten Silbe. In seine rhythmische Periode drängen sich 6 Silben. Er wirkt daher energisch und unruhig. Erregte Stimmungen, emphatische Äußerungen, dramatische Steigerungen, Befehle u. ä. sind sein gemäßer Anwendungsbereich. Die gemischten Typen sind geschmeidiger und eignen sich daher

[60] María Josefa Canellada de Zamora, *Notas de métrica: Ritmo en unos versos de romance.* NRFH VII (1953), S. 88–94.

besonders für den Dialog, z. B. in den langen 8-Silber-Folgen des klassischen Theaters. Freilich, mehr als sehr allgemeine Richtpunkte sind das nicht. Die systematischen Studien über die Frage der inneren Beziehung zwischen der rhythmischen Gestalt und dem Inhalt stehen noch in den Anfängen.[61]

Die Verwendung der einzelnen Typen ist aber nicht immer nur durch das Streben nach Variation und auch nicht immer vom Inhalt her bestimmt. Wie im geschichtlichen Überblick zu zeigen sein wird, hat der 8-Silber eine lange und wechselvolle Geschichte, in deren Verlauf einzelne Epochen bald diese, bald jene Grundform vorziehen.

Hinsichtlich der Häufigkeit steht — meist im Rahmen polyrhythmischer Verwendung — vom Ende des 13. Jahrhunderts bis zur Romantik hin der trochäische Typ an erster Stelle. Mit beträchtlichem Abstand folgen ihm zunächst der gemischte Typ (mit seinen beiden Varianten), dann der daktylische, die zusammen häufig nicht den prozentualen Anteil des trochäischen Typs in den polyrhythmischen 8-Silber-Dichtungen erreichen. Dank seiner Vorrangstellung führt der trochäische Typ auch zusätzliche Bezeichnungen wie *octosílabo trocáico*, *trobadoresco* und *italiano*. Die beiden letzteren Bezeichnungen spielen auf seine Beeinflussung durch fremde Vorbilder an. In Deutschland ist dieser Typ unter den Namen *spanische Trochäen* und *Romanzenvers* bekannt.

Geschichtliches: Als lateinische Grundlage des spanischen 8-Silbers kommt der trochäische Tetrameter (— ◡ — ◡ — ◡ — ◡ // — ◡ — ◡ — ◡ — ◡) in Betracht, der von der quantitierenden in die rhythmische Bauweise übertragen und für den gesanglichen Vortrag bestimmt, durch einen festen Akzent auf der jeweils 7. Silbe jedes Hemistichs gekennzeichnet ist. Dabei ist es im wesentlichen gleichgültig, ob man die katalektische[62] oder die akatalektische[63] Variante zu Grunde legt, da sich der Übergang von der ersten in die zweite besonders beim Gesang ganz natürlich vollzieht, indem die jeweilige Auslautsilbe der am Versende stehenden proparoxytonen Wörter betont wird, also:

Apparebit repentína dies magna dómini.

Dadurch wird das 2. Hemistich der katalektischen Variante, das nach spanischer Zählung ursprünglich ein 6-Silber mit *esdrújulo*-Ausgang war,

[61] Untersuchungsergebnisse, Hinweise und Anregungen bei Frank O. Reed, *The Calderonian octosyllabic* (Univ. of Wisconsin Studies in Language and Literature. Madison/Wisconsin 1924, S. 73–98), bei Tomás Navarro, *El octosílabo y sus modalidades* (a. a. O. S. 441ff.), *Métrica*, S. 47 und passim. — Vgl. auch E. Martínez Torner, a. a. O. S. 14ff.

[62] D. h. unvollständig im letzten Versfuß, z. B. Cras amorum copulatrix inter umbras arborum.

[63] D. h. vollständig im letzten Versfuß, z. B. Abundantia peccatorum solet fratres conturbare.

nun zu einem *octosílabo agudo*. Diese akzentuelle Eigentümlichkeit der katalektischen Variante scheint in der Vorliebe der ältesten Romanzen für die *agudo*-Assonanz nachzuklingen. Selbst wenn es im Lateinischen jene akatalektische Variante, die den *octosílabo llano* vollkommen präfiguriert, nicht gegeben hätte, so hätte sich die paroxytone Form des 8-Silbers auch ganz natürlich aus der *agudo*-Form entwickeln können.

Wie seine Verwendung in den Spottliedern der römischen Soldaten zeigt, war der trochäische Tetrameter schon in klassischer Zeit ein volkstümlicher Vers. Seit Augustinus erscheint er in der liturgischen Dichtung und ist in der mittellateinischen Literatur gut belegbar,[64] auch in Spanien.[65] Die Voraussetzungen für einen Einfluß dieses Verses auf die volkssprachliche Dichtung darf man daher als gegeben betrachten.

Die Beibehaltung der Einheit des Verses konnte zum gedoppelten oder epischen 8-Silber, also zum *pie de romance* führen,[66] während die Verselbständigung der Halbverse den einfachen oder lyrischen *octosílabo* ergab. Nur für diese letztgenannte 8-Silber-Art wird unter Hinweis auf ihren deutlich trochäischen Charakter die Ableitung aus dem Tetrameter allgemein angenommen, während hinsichtlich des Romanzenverses — wie ja auch hinsichtlich der Romanzen selbst (s. d.) — die Meinungen über ihr Alter und damit auch über ihren Ursprung und ihre Herkunft weit auseinander gehen. Der hauptsächliche Grund dafür liegt in dem späten Beginn der schriftlichen Romanzenüberlieferung: *El romance lo conocemos cuando se acerca al término de su evolución hacia el molde silábico, y la cesura se está convirtiendo en pausa, disolviéndose el verso largo en dos cortos, que tienden a regularizarse bajo la influencia del octosílabo lírico.*[67] Entscheidend für die Beurteilung der Ursprungsfragen des Romanzenverses und damit auch des 8-Silbers ist die Stellung, die man zu den Romanzen einnimmt. Entweder betrachtet man sie mit Foulché-Delbosc, D. C. Clarke u. a. als relativ späte Schöpfungen, die nicht wesentlich älter sind als ihre schriftliche Überlieferung. In diesem Falle wird man lyrischen Ursprung der Romanzen annehmen und infolgedessen im Romanzenvers den prov. oder franz. 7-Silber sehen, der

---

[64] S. *Ant.* VI, S. 109ff.

[65] Vgl. Menéndez Pidal, *Romancero* I, S. 106.

[66] Der volkssprachliche Fortsetzer des troch. Tetrameters in Langzeilen, aber in lyrischer Verwendung ist — wenn man von den in ihrem Alter nicht genau fixierbaren *khaŕgas* absehen will — erstmals in den drei *Companho-Gedichten* Wilhelms IX. (1070–1127) belegt, z. B. C'ambedui me son jurat e plevit per sagramen. Vgl. dazu E. Stengel, *Roman. Verslehre*, § 72. — Auf seine im Vergleich zu Spanien nur geringe Bedeutung in der Provence und in Frankreich weist hin G. Lote, *Histoire du vers français*, Paris 1951, tome II, S. 53–54.

[67] Ureña, *Versificación*, S. 15.

im besonderen durch die galizisch-portugiesische Schule nach Kastilien vermittelt wurde. Die gegenteilige, vorzüglich von der spanischen Forschung vertretene Position geht vom epischen Charakter gerade der ältesten Romanzen aus und leitet den Romanzenvers unter Hinweis auf seinen Langvers-Charakter, auf die Assonanz und auf das silbische Schwanken aus der gleichen einheimischen Tradition ab, der auch — eine ältere Phase darstellend — der ametrische Cidvers zugehört. Bis in die römische Zeit zurückgehend mag dieser einheimischen Tradition letztlich der troch. Tetrameter als längster Vers der röm. Volksdichtung zu Grunde gelegen haben. Im Munde des Volkes zunächst verwildernd müßte er seinen charakteristischen trochäischen Gang sowie die geregelte Silbenzahl verloren haben, so daß von ihm lediglich die Gliederung in zwei Halbverse, deren jeder am Ende durch einen starken Akzent markiert ist, erhalten geblieben wäre. Die straffere (wenn auch nicht strenge) silbische Regulierung des Romanzenverses gegenüber dem Cidvers wäre dann zu erklären als Folge einer anderen und gleichzeitig neuen Vortragsweise — nämlich Melodie an Stelle des bloßen Rezitativs —, ferner durch Einfluß des ‚gelehrten' troch. Tetrameters, wie er in kirchlichen Hymnen zu hören war und endlich durch die Einwirkung des lyrischen 8-Silbers einheimischer oder galizisch-portugiesischer Herkunft.

Der folgende Überblick über die Geschichte des 8-Silbers in Spanien soll gleichzeitig auch der Erörterung der Frage dienen, inwieweit man den *octosílabo* als autochthon spanischen Vers betrachten darf und inwieweit fremde Vorbilder an seiner Ausprägung mitgewirkt haben.

Die Entdeckungen und Forschungen der Nachkriegszeit haben die Herkunftsfrage des spanischen 8-Silbers erneut zur Diskussion gestellt. Gegen die bis dahin besonders in der außerspanischen Forschung vorherrschende Anschauung, daß Spanien seinen *octosílabo* durch galizisch-portugiesische Vermittlung aus der Provence oder aus Frankreich bezogen habe, sprechen — wie namentlich die Untersuchungen von R. Menéndez Pidal sowie die rhythmischen Analysen von Tomás Navarro gezeigt haben — wo schon nicht zwingende Beweise, so doch beachtenswerte Momente. Es sind dies:

I. das hohe Alter des *octosílabo*[68] in Verbindung mit der ihm von Anfang an eigenen Volkstümlichkeit;

II. seine starke Vitalität, wie sie sein ständiger Aufstieg im Mittelalter und seine außerordentliche Widerstandskraft gegenüber allen Neuerungen bis zum Ende des 19. Jahrhunderts beweisen;

[68] Der prov. 7-Silber erscheint in selbständiger Verwendung wohl erstmals bei Cercamon, *Car vei fenir a tot dia* (Jeanroy Nr. VII). Der französische 7-Silber ist nicht vor dem 12. Jahrhundert zu belegen. Vgl. Suchier, *Verslehre*, S. 71.

III. seine vom streng trochäischen Gang seines Seitenstückes, des franz.-prov. 7-Silbers, deutlich abweichende rhythmische Gestaltung.

I. Der 8-Silber gehört zu den ältesten Versen der spanischen Dichtung. In den *kharǧas* des ausgehenden 11. und der ersten Hälfte des 12. Jahrhunderts zeigt er sich bereits als stärkster Konkurrent des unter fremdem Einfluß stehenden 7-Silbers. Wichtiger aber noch als sein bloßer Existenznachweis in den ältesten Zeugnissen spanischer Dichtung ist die ebenso frühe Bezeugung seines einheimisch volkstümlichen Charakters. Unter den *kharǧas* befinden sich zwei 4-Zeiler, die durchgehend silbisch korrekt zu sein scheinen. Der eine von ihnen weist sich durch die Verwendung des 9-Silbers und durch seine Vollreime deutlich als Kunstdichtung aus. Der andere hingegen ist in 8-Silbern abgefaßt und hat nicht Reim, sondern Assonanz und zwar nur in den Zeilen gerader Zahl. Der Text lautet nach R. Menéndez Pidal:[69]

Garid vos, ay yermaniellas,
com' contener a mieu mali,
sin el habib non vivreyu
advolaréi demandari.

Nach Thematik und Strophenform dürfte der volkstümliche Charakter dieses 4-Zeilers außer Zweifel stehen.[70] Die korrekte Handhabung des Verses sowie die klare strophische Gestaltung haben Ramón Menéndez Pidal zu der Annahme veranlaßt, daß in diesem 4-Zeiler ein Zeugnis einer um die Wende des 11./12. Jahrhunderts bereits ausgeprägten und verbreiteten lyrischen 8-Silber-Dichtung erhalten sei, die ihrerseits den *octosílabo* als einheimischen volkstümlichen Vers schon in vorliterarischer Zeit zur Voraussetzung habe. In Weiterführung dieser These geht er schließlich in die lateinische Zeit zurück.[71]

Der einheimische Charakter des 8-Silbers wird endlich noch durch zwei weitere Tatsachen gestützt. Mehrere ältere und zeitgenössische

[69] *Romancero* I, S. 86.

[70] Vgl. jedoch H. Lausberg ASTNS 192 (1956), S. 208–209 und W. Ross, *Sind die hargas Reste einer frühen romanischen Lyrik?* ASTNS 193 (1957), S. 129–138. — Dank nüancierterer Unterscheidung vermittelnd W. Mettmann, *Zur Diskussion über die literargeschichtliche Bedeutung der mozarabischen jarchas.* RF 70 (1958), S. 1–29. — Zu dem gesamten Fragenkomplex vgl. Klaus Heger, *Die bisher veröffentlichten Harǧas und ihre Deutungen.* Beiheft ZRPh, Bd. 101, Tübingen 1960. — S. auch unter estribote-Form.

[71] *Cantos románicos andalusíes continuadores de una lírica latina vulgar.* BRAE XXXI (1951), S. 187–270. — Freilich darf man sich bei dieser Argumentation nicht verhehlen, daß die *kharǧas* in metrischer Hinsicht keine vollzuverlässigen Zeugen sind; denn einerseits wissen wir nicht, ob die arabischen und jüdischen Dichter diese romanischen Gedichtteile (soweit sie nicht etwa gar deren Verfasser waren) auch wirklich unverändert übernommen haben;

Forscher haben auch für die spanische Prosa ein Hinneigen zum 8-Silber-Rhythmus nachgewiesen, das den *octosílabo* als *metro más connatural al idioma* (R. Menéndez Pidal) erscheinen läßt.[72] Endlich vermag die grundsätzliche Zulassung der Synaloephe im 8-Silber — auch im *octosílabo* des *mester de clerecía* — einen Anhaltspunkt für den volkstümlichen Charakter dieses Verses zu liefern.[73]

II. Die außerordentliche Lebenskraft, die der spanische 8-Silber zu allen Epochen seiner Geschichte an den Tag gelegt und bis heute bewahrt hat, darf ebenfalls als Indiz seiner einheimischen Herkunft gelten. Weder der starke französische Einfluß auf die *cantares de gesta* des 12. und 13. Jahrhunderts, noch das Einströmen der italienischen Formen im Zeitalter der Renaissance konnten ihn verdrängen.

In *Mio Cid* und *Roncesvalles* überwiegen zwar die 7-Silber-Halbverse (39% : 24% bzw. 39% : 26%), aber in den *Infantes de Lara* und im *Rodrigo* (14. Jahrhundert) hat der 8-Silber-Halbvers die Vorherrschaft des 7-Silbers gebrochen (32% : 28% bzw. 31% : 30%). Vom letzten Drittel des 13. Jahrhunderts an breitet sich der 8-Silber auch in der nicht-epischen Spielmannsdichtung aus, nachdem er schon einmal, gegen 1205, der führende Vers in der *Razón de Amor* gewesen war. Selbst der *mester de clerecía* gibt schon bald nach der Mitte des 13. Jahrhunderts die metrische Reinheit des Alexandriners Berceos auf und gibt dem Vordringen der 8-Silber-Halbverse nach. Die auf etwa 1270 zu datierende *Historia troyana polimétrica* zeigt über 1000 Achtsilber gegenüber nur 180 Siebensilbern. Der *Libro de buen Amor* (1330—1343) und der *Rimado de Palacio* (1385—1404) in seinem vorliegenden Überlieferungszustand lassen den Einbruch des 8-silbigen Halbverses in den Alexandriner der *cuaderna vía* erkennen.[74] Das *Poema de Alfonso XI* aus dem Ende des 14. Jahrhunderts bietet trotz seines epischen Inhalts 4-zeilige 8-Silberstrophen lyrischen Charakters (abab) mit silbischen Unregelmäßigkeiten und gelegentlichen Assonanzen. Beim Arcipreste nähert er sich silbischer Korrektheit. Bei López de Ayala und im Cancionero de Baena sind silbische Schwankungen bereits ziemlich selten. Vervoll-

---

andererseits war wohl gerade die Silbenzahl am meisten der Gefahr einer Veränderung durch die Transkription in fremde Schriftsysteme und durch die schwierige Entzifferung ausgesetzt. Allzu korrekte 8-Silber in den *kharǵas* müssen geradezu verdächtig erscheinen, wenn man bedenkt, wie relativ spät dieser Vers streng silbenzählend wurde.

[72] Vgl. R. Menéndez Pidal, *Romancero* I, S. 84, Anm. 6; Tomás Navarro, *El grupo fónico como unidad melódica*. RFH I (1939), S. 3–19.

[73] Vgl. z. B. Juan Cano, *La importancia relativa del acento y de la sílaba*. RR XXII (1931), S. 232.

[74] H. H. Arnold, *The octosyllabic cuaderna vía of Juan Ruiz*. HR VIII 1940), S. 125–138. — Zum *Rimado de Palacio* s. auch oben S. 27.

kommnet wurde er durch den Marqués de Santillana. Im 15. Jahrhundert überflutet er geradezu die spanische Lyrik und verdrängt seinen einstigen Rivalen, den 7-Silber, fast vollständig. Damit hat er seine Stellung als Nationalvers der Spanier erreicht.

Vergleicht man nun diesen kontinuierlichen Aufstieg des 8-Silbers bis ins 15. Jahrhundert und seine fortdauernde Lebenskraft bis in die Gegenwart mit der mehr oder minder kurzen Lebensdauer jener Verse, die im Mittelalter als Importgut nach Spanien kamen, wie z. B. der 7-Silber, der 9-Silber der *clerecía*, der Alexandriner der *cuaderna vía* und der *arte mayor*, so ist es naheliegend, den Grund für diese Vitalität des 8-Silbers in seiner einheimischen Herkunft zu sehen.

III. Das bedeutet freilich nicht, daß der *octosílabo* auch in seiner Entwicklung immer frei von fremden Einflüssen geblieben wäre. Die von Tomás Navarro in seiner *Métrica española* mitgeteilten Untersuchungsergebnisse über die rhythmischen Tendenzen des 8-Silbers in den einzelnen Epochen der spanischen Literatur scheinen geeignet, die Frage des Verhältnisses zwischen einheimischem und fremdem Anteil ins rechte Licht zu rücken.

In der Frühzeit der spanischen Dichtung ist der 8-Silber der Hauptvers der fluktuierenden lyrischen Dichtung. Seine Verwendung ist polyrhythmisch. Keine der drei Grundformen hat für sich allein das Übergewicht über die beiden anderen. Auffallend gegenüber der späteren Entwicklung ist der hohe Anteil der gemischten und der daktylischen Typen. Diese Form scheint die Urgestalt des streng einheimischen 8-Silbers in Spanien gewesen zu sein, die sich auch unter der späteren trochäischen Überlagerung mit einem in den einzelnen Epochen verschiedenen Anteil fortsetzt. Der trochäische Typ, späterhin meist der führende, wird erst vom *mester de clerecía* bewußt entdeckt und gepflegt. Als erstes Zeugnis dafür hat die *Historia troyana* zu gelten. Von ihren über 1000 Achtsilbern sind 60% trochäisch. Ähnliche, ja noch günstigere Verhältnisse für den trochäischen Typ zeigen die Cantiga *En un tiempo cogí flores*[74a] von Alfons XI. (65%) und die lyrischen Gedichte im *Rimado de Palacio* (über 60%). Dieser plötzliche Aufschwung der trochäischen Form zum führenden Grundtyp gerade im *mester de clerecía*, der fremden Einflüssen auch sonst offenstand, macht die Annahme eines nachhaltigen Einflusses des entsprechenden Verses der Troubadours wohl auf dem Wege über die galiz.-portug. Dichtung zur Gewißheit. Dazu kommt, daß der *clerecía* eine wirkliche Verschmelzung des streng einheimischen 8-Silbers mit dem trochäischen *octosílabo trobadoresco* noch nicht gelingt, da beide noch als zwei wesentlich verschiedene 8-Silber empfunden wurden. Das *Poema de Alfonso XI* zeigt eine Mischung, nicht eine Ver-

[74a] Abdruck z. B. in *Ant.* IV, S. 113.

schmelzung von *juglaría* und *clerecía*. Mit etwa 48% an troch. 8-Silbern bleibt es hinter dem Durchschnitt der *clerecía*-Dichtung zurück. Ähnlich liegen die Verhältnisse bei Juan Ruiz. In seinen *Cánticas de escolares*, *de ciegos* und *de serranas* findet man die Varietät der Typen, wie sie dem streng einheimischen Typ eigentümlich ist, wieder. In den religiösen Cánticas hingegen ist ein starkes Übergewicht des trochäischen Typs zu verzeichnen: In der *Cántica del Ave María* sind es 79%, in der Cántica de loores *Santa Virgen escogida* 77%, in *Miraglos muchos faze* 91%.

Im 15. Jahrhundert wird der *octosílabo trobadoresco* vom einheimischen 8-Silber vollständig assimiliert. Das Schwanken in der Silbenzahl ist selten. Die verschiedenen rhythmischen Typen werden stärker ausgeprägt und bewußt für bestimmte Themen und Situationen angewandt. Damit beginnt für den 8-Silber die Zeit seiner bewußten künstlerischen Entfaltung.

Die drei Cancioneros des 15. Jahrhunderts (Baena, Stúñiga, Palacio) bieten ein buntes Bild. Eine strenge Trennung nach literarischen Gattungen ist nicht möglich. Doch führt im Cancionero de Baena in den rein lyrischen Dichtungen (z. B. 295, 357, 457, 514) der trochäische Typ mit über 80%, in den *Decires*[75] geht sein Anteil zu Gunsten des gemischten Typs auf 50—70% zurück. Der daktylische Typ wird in Einzelfällen völlig verdrängt (z. B. Baena Nr. 5, Palacio Nr. 1, Stúñiga S. 302, 309, 312). In anderen Fällen (z. B. *Planto de las Virtudes* von Gómez Manrique; *Vita Christi* von Iñigo de Mendoza[75a]) erreichen die gemischten und daktylischen Typen den Anteil der trochäischen Form. In den berühmten *Coplas por la muerte de su padre* von Jorge Manrique sind die gemischten und daktylischen Typen gegenüber den trochäischen 8-Silbern im Übergewicht. Das Ansteigen des gemischten und daktylischen Typs bis zu 50% des Gesamtanteils bedeutet eine Rückkehr und ein Wiederanknüpfen an die Formen des ältesten einheimischen 8-Silbers.

Die Einführung der italienischen Formen im 16. Jahrhundert hatte keinen Rückgang der 8-Silberdichtung zur Folge. Verschiedene Gründe,

---

[75] „*El Dezir* (auch Decir) *es una composición más extensa que la canción y, desde luego, menos dotada de condiciones de musicalidad; constituído casi siempre por estrofas de ocho versos, de rimas independientes dentro de cada estrofa, muy pocas veces encadenadas. A veces las estrofas largas alternan con estrofas más breves, de dos a cuatro versos, cuyas rimas dependen, a modo de estribillo, de la estrofa precedente, aunque a veces tambien son independientes. El dezir, a más del tema amoroso, admite los temas político, didáctico, alegórico, etc.*" Francica Vendrell de Millás, *El Cancionero de Palacio*, Barcelona 1945, S. 97. Dortselbst Reimschemen und Stellennachweise. — Vgl. auch Le Gentil, *Les Formes*, S. 180–186 *(Cantigas et Decires)* sowie ibid. im Index s. v. *decir*.

[75a] Canc. Siglo XV; NBAE XXII, S. 68 und NBAE XIX, S. 1.

wie das Erblühen des Verstheaters von Gil Vicente, Torres Naharro, Timoneda und Lope de Rueda, die Ausdehnung der Romanzenform auf die verschiedensten religiösen, historischen und lyrischen Themen und schließlich die patriotische Reaktion gegen die italienischen Neuerungen, wie sie etwa in Castillejos Übersetzung der Horaz-Oden oder in Antonio de Obregóns Übersetzung von Petracas *Trionfi* — beide in 8-Silbern — zum Ausdruck kommt, haben im Gegenteil zu einer weiteren Ausbreitung des 8-Silbers geführt. Die Geschichte seiner rhythmischen Typen zeigt keine wesentlichen Neuerungen gegenüber dem 15. Jahrhundert. Bei Boscán, Encina und Castillejo entspricht der Anteil des trochäischen Typs der Summe der beiden anderen Grundformen. In den Dichtungen der Santa Teresa hat man ein Vorherrschen des trochäischen Typs an den lyrischen Stellen, des daktylischen und gemischten Typs in Dichtungen stark persönlichen und affektiven Charakters festgestellt, wie ein Vergleich von *Vuestra soy, para vos nací* mit *Vivo, sin vivir en mí* zeigen kann.

Für das Siglo de Oro ist nach den Untersuchungen von Tomás Navarro[76] in den polyrhythmisch verwendeten 8-Silbern ein leichter Rückgang des trochäischen Typs, nämlich auf 40—45% zu verzeichnen. An zweiter Stelle folgt der gemischte Typ mit etwa 35% und schließlich der daktylische mit etwa 20%. Aus diesen Zahlen ist zu ersehen, wie lebendig in dieser Glanzperiode der spanischen Dichtung die einheimischen rhythmischen Typen des 8-Silbers gewesen sind. Ihr Anteil überschreitet bereits 50%. Die Bevorzugung einzelner Typen hängt von der Art des behandelten Gegenstandes ab. Daraus erklärt sich auch das bemerkenswerte Ansteigen des daktylischen Typs, der im 15. Jahrhundert schon fast zu verschwinden gedroht hatte. Schließlich waren es wohl auch die Bedürfnisse des Verstheaters mit seinen Dialogen und dramatisch gesteigerten Szenen, die einen sehr geschmeidigen, in seiner Polyrhythmie ausdrucksfähigen 8-Silber forderten.

Im 18. Jahrhundert zeigt die Geschichte des 8-Silbers ein doppeltes Gesicht. Auf der einen Seite setzt sich die im Siglo de Oro erkennbare Entwicklung, die einem Ausgleich der drei rhythmischen Typen entgegenstrebt, fort. So zeigt die *Fiesta de toros en Madrid* von Nicolás Fernández Moratín für den trochäischen Typ 38%, für den gemischten Typ 41%, für den daktylischen Typ 21%. Diese Entwicklung kann als typisch gelten, wenn auch einzelne Dichter, wie etwa Meléndez Valdés in seinen *Romances*, einen höheren Prozentsatz an trochäischen 8-Silbern aufweisen (40—45%). Unabhängig von dieser kontinuierlichen Entwicklung wird auf der anderen Seite ein trochäischer 8-Silbertyp bewußt aus Italien eingeführt. Anlaß dazu war der Erfolg der lyrischen und melo-

[76] *Métrica*, S. 257.

dramatischen Dichtungen des Pietro Metastasio[77]. Dieser *octosílabo italiano* ist streng trochäisch gegliedert, da er von vorneherein für den Gesang bestimmt war. Zur Verdeutlichung ein Beispiel aus Iriartes *Ciego Amor:*

Ciego Amor, en tus cadenas
nunca más me quiero ver;
que eres pródigo en dar penas,
muy avaro en dar plazer.

Er wurde von einzelnen Dichtern wie Iriarte, Moratín, Sánchez Barbero, nicht gerade häufig verwendet.

Die Romantik kommt einem Gleichgewicht der rhythmischen Typen am nächsten. Gleichzeitig achtet sie auch am konsequentesten auf das Verhältnis zwischen Form und Inhalt, indem sie die einzelnen rhythmischen Typen der Situation und Stimmung des Gedichtes anpaßt. In Dichtungen vorwiegend lyrischen Charakters herrscht der trochäische Typ vor, in erzählenden Dichtungen der gemischte Typ. In dramatischen Dichtungen oder Situationen gewinnt der daktylische Typ die Oberhand über den trochäischen. Als Repräsentanten dieses Ausgleichs der Typen und der Anpassung der Formen an den Inhalt können Espronceda, Arolas, Zorilla und auch G. A. Bécquer gelten, bei dem allerdings der trochäische Typ geringfügig vorherrscht (troch. 38,5%, gemischt 35,4%, daktylisch 26,1%).

Die Vorliebe des Modernismus für lange Verse verweist den 8-Silber an die vierte Stelle nach Alexandriner, 11-Silber und 9-Silber. Mit größerer Häufigkeit findet sich der 8-Silber bei Rubén Darío nur vor 1888, dem Erscheinungsjahr von *Azul*, hernach ist er bei ihm ein wenig gebrauchter Vers. Ähnliches gilt für Guillermo Valencia, Amado Nervo, González Martínez und Juan Ramón Jiménez. Da Antonio Machado und Unamuno eine geringere Neigung zum 9-Silber haben, ist bei ihnen der 8-Silber stärker vertreten. A. Machado gibt dem gemischten Typ den Vorzug, bei den anderen Dichtern aber überwiegt wieder der trochäische Typ wie in der Zeit vor der Romantik.

Auch in der neuesten Dichtung ist der 8-Silber — von den Romanzen abgesehen — ein ziemlich seltener Vers. In den lyrischen Romanzen des García Lorca führt der trochäische, in seinen *Romances gitanos* hingegen der gemischte Typ.

Betrachtet man am Ende dieses Überblickes noch einmal die Herkunftsfrage des spanischen 8-Silbers, so spricht vieles dafür, daß der älteste *octosílabo* mit seiner typischen Polyrhythmie bei gleichzeitigem Überwiegen des gemischten und des daktylischen Typs einheimischer

[77] Zu Metastasios Einfluß auf die spanische Dichtung vgl. die bibliogr. Hinweise unter *octava aguda*.

Herkunft ist, zumal er hinsichtlich seiner besonderen rhythmischen Gestalt weder in Galizien-Portugal noch in der Provence oder in Frankreich eine genaue Entsprechung findet. Auf dem Wege über die galizisch-portugiesische Dichtung gelangte er aber schon früh unter den Einfluß des streng trochäischen 7-Silbers der Troubadours und prägte sich an ihm rhythmisch schärfer aus, ohne jedoch seinen angestammten polyrhythmischen Charakter zu verlieren. Seitdem in der *Cancionero*-Dichtung des 15. Jahrhunderts der trochäische Typ und damit der fremde Einfluß auf den spanischen 8-Silber den Höhepunkt erreicht hat, läßt sich ein stetiges Vordringen des gemischten und daktylischen, also des einheimischen Typs verfolgen, was schließlich in der Romantik zu einem annähernden Ausgleich der Anteile der drei rhythmischen Grundformen führt. Die Lebenskraft, die der alte polyrhythmische 8-Silber dabei an den Tag gelegt hat, indem er unter gleichzeitiger Wahrung seiner Eigenständigkeit den *octosílabo trobadoresco* vollkommen assimilieren konnte, kann als weiteres Argument dafür gelten, daß dieser spanischste aller spanischen Verse — *propio y natural de España*, wie schon Argote de Molina sagte — auch wirklich einheimischer Herkunft ist.

Literatur: I. Zusammenfassende Darstellungen: Julio Saavedra Molina, *El octosílabo castellano*. AUCh CII (1944), S. 65–229; auch als Buch mit gleichem Titel, Santiago de Chile 1945. — T. Navarro, *Métrica* s. v. *octosílabo* im *Repertorio de versos*. — Tomás Navarro, *El octosílabo y sus modalidades*. Homenaje a Archer M. Huntington, Wellesley/Mass. 1952, S. 435ff. — D. C. Clarke, *The Spanish octosyllable*. HR X (1942), S. 1–11. — Le Gentil, *Les Formes*, S. 321–362. — A. Carballo Picazo, *Situación actual de los estudios de métrica española: El octosílabo*. Clavileño, Año VII (1956), Nr. 37, S. 8f. — Ursprungsfragen: Vgl. die bibliogr. Hinweise am Ende des Abschnittes über die Romanzen. Ferner: *Ant.* VI, S. 80–89 und 108–112. — Ramón Menéndez Pidal, *Romancero* I, S. 81ff. — E. Stengel, *Roman. Verslehre*, § 72 (in GG II, 1). — Rodrigues Lapa, *Das origens da poesia lírica em Portugal na Idade-Média*. Lisboa 1929, S. 249ff. — Einzeluntersuchungen: H. H. Arnold, *The octosyllabic cuaderna vía of Juan Ruiz*. HR VIII (1940), S. 125–138. — Ders., *Rhithmic patterns in old Spanish verse*. In: Estudios dedicados a Menéndez Pidal, Bd. V, Madrid 1954, S. 151–163. — F. O. Reed, *The Calderonian octosyllabic*. Univ. of Wisconsin Studies in Language and Literature Nr. 20. Madison/Wisconsin 1924, S. 73–98. — D. C. Clarke, *Hiatus, synalepha and line length in Lope de Ayala's octosyllables*. RoPh I (1947/48), S. 347–356.

Der 9-Silber

Der 9-Silber *(eneasílabo)* hat bei Berücksichtigung seiner prosodischen Akzente nach Julio Saavedra Molina[78] 28 Varianten. Diese lassen sich

[78] *Tres grandes metros: El eneasílabo*... AUCh CIV (1946) S. 11–23. Auch als Buch 1946 in Santiago de Chile.

je nach Lage der konstitutiven Akzente im Versinnern auf die folgenden Haupttypen zurückführen:

1. Der *trochäische* Typ. Der konstitutive Versakzent im Versinnern fällt auf die 4. Silbe. Er läßt damit die ersten drei Silben in Anakrusis und leitet die aus zwei Trochäen bestehende rhythmische Periode ein:

ooo óo oo óo
Mas a pesar del tiempo terco,
mi sed de amor no tiene fin;
con el cabello gris me acerco
a los rosales del jardín.
(Rubén Darío, *Canción de otoño en primavera)*

Häufig wird dieser Typ durch einen sekundären Akzent auf der 6. Silbe gestützt. — In der traditionellen Terminologie ist das der jambische 9-Silber.

2. Der *daktylische* Typ. Seine konstitutiven Versakzente fallen auf die 2., 5. und 8. Silbe. Dadurch bleibt die erste Silbe in Anakrusis; die rhythmische Periode besteht aus zwei Daktylen:

o óoo óoo óo
Por siempre descansen en paz:
Y en fúnebre luz ilumine
Sus bodas fatídica tea,
Les brinde deleites y sea
La tumba su lecho nupcial.
(Espronceda, *Estudiante)*

In der herkömmlichen Terminologie wird diese Form als amphibrachysch bezeichnet (◡—◡ ◡—◡ ◡—◡).

3. Die *gemischten* Typen. Als gemischt bezeichnet man sie deshalb, weil sie — im Unterschied zu den beiden vorgenannten Typen — verschiedenartige Klauseln in der rhythmischen Periode miteinander verbinden. Drei Varianten haben sich rhythmisch ausgeprägt:

a) Akzente auf der 3., 5. und 8. Silbe. Alle drei Akzente sind konstitutiv. Die rhythmische Periode besteht der Reihe nach aus einem Trochäus und einem Daktylus:

oo óo óoo óo
Juventud, divino tesoro.
(Rubén Darío, *Canción de otoño en primavera)*

b) Konstitutive Akzente auf der 3., 6. und 8. Silbe. Dieser Typ b unterscheidet sich von dem vorgenannten lediglich durch die umgekehrte Abfolge der Klauseln innerhalb der rhythmischen Periode:

oo óoo óo óo
Ya te vas para no volver. *(ibid.)*

Dieser Typ ist bei Hinzunahme eines weiteren Akzentes auf der ersten Silbe identisch mit einer verbreiteten Form des *eneasílabo de gaita gallega*, wie ihn — mit etwas abweichender rhythmischer Unterteilung — P. Henríquez Ureña[79] definiert: *Dos cláusulas disilábicas con el acento en la primera sílaba, una cláusula trisilábica con el acento en la segunda, y una cláusula disilábica final semejante a las dos primeras. Por ejemplo:*

Cuando / taño y / recipo al / alba ...
Nora / buena/ vengais, a-/bril

Im Schema würde sich diese Auffassung folgendermaßen darstellen:

óo óo oóo óo

Da nun der fakultative Akzent auf der ersten Silbe häufig fehlt und eine amphibrachysche Klausel rhythmisch nicht empfunden werden kann, ist es wohl besser wie folgt abzuteilen:

Cuando / taño y re / cipo al / alba
òo óoo óo óo

womit die Identität mit dem gemischten Typ b ersichtlich ist.

c) Der gemischte Typ c hat konstitutive Akzente auf der 2., 6. und 8. Silbe. Seine rhythmische Periode gliedert sich in eine wegen ihrer Seltenheit charakteristische 4-silbige Klausel, der ein Trochäus folgt:

o óooo óo óo
No ves en la estación de amores,
pintada mariposa breve. (Laverde, *Madrigal)*

Da dieser Vers besonders von Gumersindo Laverde gepflegt wurde, gab ihm Menéndez Pelayo[80] den Namen verso laverdaico. Laverde hat ihn möglicherweise dadurch gewonnen, daß er von dem sapphischen 11-Silber die beiden Anfangssilben wegließ. Jedenfalls ist dieser Typ c identisch mit einem um die beiden Anfangssilben gekürzten *endecasílabo sáfico:*

(Dulce) vecino de la verde selva
(oo) o óooo óo óo

Bis ins 18. Jahrhundert sind die einzelnen Typen undifferenziert und werden in 9-Silberreihen nach Belieben polyrhythmisch verwendet. Erst Neoklassizismus und Romantik haben die einzelnen Typen bewußt ausgeprägt und in durchgängigen Reihen benutzt. Seit der neoklassischen Epoche lassen sich auch Tendenzen zu einer dem Gegenstand angepaßten

---

[79] *Versificación*, S. 188–189.

[80] M. Menéndez Pelayo, *Estudios y discursos de crítica histórica y literaria.* (Ed. nac. 1941), Bd. VI, S. 423.

Bevorzugung bestimmter rhythmischer Typen feststellen. Der trochäische 9-Silber mit seiner kurzen, in 2 Trochäen ruhig dahinfließenden rhythmischen Periode wird besonders zum Ausdruck lyrischer Stimmungen verwendet. Dem Ausdruck der Emphase dient der daktylische Typ, der in seiner rhythmischen Periode 6 Silben mit *esdrújulo*-Akzentuierung umschließt. Die Geschmeidigkeit der gemischten Typen macht sie für Dialoge, Schilderungen und dramatisch gesteigerte Erzählungen geeignet.

Geschichtliches: Der 9-Silber stellt einer zusammenfassenden Darstellung seiner Geschichte gewisse Schwierigkeiten entgegen. Die Frage nach seiner Herkunft ist für die einzelnen Epochen, z. T. auch für die einzelnen Typen verschieden zu beantworten, wenngleich Einigkeit darüber bestehen dürfte, daß er letztlich, bald in direkter, bald in indirekter Weise, auf den franz.-prov. 8-Silber zurückgeht.[81] Für den gemischten Typ b hat Henríquez Ureña die Möglichkeit offen gelassen, daß er als *eneasílabo de gaita gallega* eine katalektische Variante des 10-Silbers sein könnte, so wie etwa der *endecasílabo de gaita gallega* als katalektische Variante des *verso de arte mayor* zu gelten habe. Die Ableitbarkeit des trochäischen 9-Silbers der Modernisten aus dem *decasílabo bipartito* hat in den einzelnen Stufen J. Saavedra Molina am Anfang seiner bereits genannten Studie aufzuzeigen versucht.

Der Verlauf seiner Geschichte spielt sich auf zwei Ebenen ab, nämlich auf einer rein volkstümlichen und auf einer kunstmäßigen, die freilich, wie z. B. im Theater des Siglo de Oro, in wechselseitigen Austausch treten können. Bis gegen die Mitte des 18. Jahrhunderts ist der 9-Silber als Vers der volkstümlichen, vielfach durch silbisches Schwanken gekennzeichneten Dichtung wichtiger denn als Vers der eigentlichen Kunstdichtung. In der Volksdichtung verfügt der 9-Silber vom 13. Jahrhundert an über eine nicht unterbrochene Geschichte, wie Henríquez Ureña an Hand zahlreicher Belege nachgewiesen hat. Die Kunstdichtung kann zwar den ältesten Beleg — eine *kharǧa* — für sich in Anspruch nehmen, aber schon im *mester de clerecía* spielt er eine untergeordnete Rolle und ist entweder das Zufallsprodukt fluktuierender Verse oder das Ergebnis direkter Nachahmung französischer Vorbilder, wie etwa in der *Vida de Santa María Egipcíaca.* In der Kunstdichtung des 16. und 17. Jahrhunderts fristet er ein Randdasein und gelangt lediglich in der Theaterliteratur von Lope bis Calderón als ein bewußt aus der Volksdichtung übernommener Vers zu einer gewissen Bedeutung. Seine eigentliche Geschichte als Vers der Kunstdichtung beginnt erst mit der Differen-

---

[81] Zu Herkunft und Rolle dieses in Frankreich überaus wichtigen Verses vgl. etwa Suchier, *Verslehre,* S. 55ff. (mit Bibliogr. S. 69), W. Suchier, *Die Anfänge des franz. achtsilbigen Verses,* RF 65 (1954), S. 345–359.

zierung und bewußten Pflege seiner einzelnen rhythmischen Typen vom 18. Jahrhundert an. Seine höchste Blüte erreichte er durch Rubén Darío und seine Nachahmer. Sie erstreckt sich auf etwa 20 Jahre bis zum 1. Weltkrieg. Von da an hat er wieder an Beliebtheit verloren.

Dieser allgemeinen Orientierung möge nun in chronologischer Reihenfolge eine etwas nähere Einzeldarstellung folgen.

Den ersten Beleg für den 9-Silber in der spanischen Literatur bietet die *kharǧa* Nr. 9 des Judá Leví, die man in die ersten Jahre des 12. Jahrhunderts datieren darf. Sie besteht aus vier silbisch im wesentlichen korrekten 9-Silbern[81a] mit Vollreimen (abab) und weist sich damit als reine Kunstdichtung aus, die auch hinsichtlich der Versart nicht als einheimisch und volkstümlich gelten kann. In größerem Umfang begegnet der 9-Silber in polymetrischer Verwendung in dem Klerikerwerk *El misterio de los Reyes Magos*, das ebenfalls dem 12. Jahrhundert angehört. Hier herrscht die trochäische Variante vor, aber auch der daktylische Typ ist gut vertreten. In der lyrischen Spielmannsdichtung des 13. Jahrhunderts, die ihn bei Vorherrschen der trochäischen Variante polyrhythmisch verwendet, ist der 9-Silber ein fluktuierender Vers. Ohne irgendwelches System mischt er sich beispielsweise in der *Razón de amor* und in den *Denuestos del agua y del vino* mit 8-Silbern, so daß von einer Kombination dieser beiden Versarten keine Rede sein kann. In der *Vida de Santa María Egipcíaca* und im *Libro de los tres Reis de Orient* ist er der führende Vers. Da es sich hier auch um inhaltliche Nachahmung franz. Vorbilder handelt, ist seine Entlehnung aus dem Französischen nicht zweifelhaft. Bemerkenswert ist sein Fehlen in der *Historia troyana*.

Noch bevor sich der 9-Silber zu einem strengen Silbenvers entwickeln konnte, verschwindet er vom Beginn des 14. Jahrhunderts mehr und mehr aus der Kunstdichtung. Bei Juan Ruiz ist er im Vergleich zu den anderen Versarten nur schwach vertreten und ist noch durchaus fluktuierend. Vom 15. bis zum 18. Jahrhundert gilt er als ein ausgesprochen volkstümlicher Vers, der in dieser Eigenschaft auch von Kunstdichtern gelegentlich — am umfangreichsten im Theater — verwendet wird.

Beispiele bietet im 15. Jahrhundert der Cancionero de Baena[82]. Bei diesen Beispielen handelt es sich vorwiegend um sangbare Lieder volkstümlichen Charakters. Von den 460 Dichtungen des *Cancionero musical de los siglos XV y XVI* sind etwa 100 noch anisosyllabisch gebaut; die meisten davon stützen sich auf eine 9-Silber-Basis. In der Kunstdichtung

[81a] Die verschiedenen Transkriptionen zeigen einige Unsicherheiten. Vgl. ihre Zusammenstellung bei Klaus Heger, *Die bisher veröffentlichten Harǧas und ihre Deutungen*, ZRPh-Beiheft 101, Tübingen 1960, S. 84.

[82] Nr. 19, 43, 314, 566.

dieser Zeit ist der 9-Silber besonders bei Álvarez Gato (gest. 1496) vertreten, der ihn schon fast rein isosyllabisch verwendet.

In der Kunstdichtung des 16. Jahrhunderts führt der 9-Silber ein Randdasein. Bezeichnend ist seine Pflege durch den zweisprachigen Gil Vicente (etwa 1470—1539), der ihn kombiniert mit dem 10-Silber verwendet. Er bietet damit einen wichtigen Anhaltspunkt für die Theorie, daß der *eneasílabo de gaita gallega* als katalektische Variante des 10-Silbers zu gelten habe. Auch Castillejo, der Verfechter der einheimischen Formen gegen die italienischen Neuerungen, greift auf ihn zurück. Sehr spärlich hingegen sind die Spuren des 9-Silbers bei den humanistischen italianisierenden Dichtern des 16. Jahrhunderts.[83]

In der volkstümlichen Lieddichtung hält seine Beliebtheit weiterhin an, wie zahlreiche Beispiele aus der Liedsammlung des Juan Vásquez[84] und aus dem Traktat *De musica* (1577) des Francisco Salinas beweisen.[85]

Am Ende des 16. Jahrhunderts wird er unter dem Namen *nonisílabo* erstmals in einer Poetik erwähnt, und zwar als Kombinationsvers in der *Filosofía antigua poética* (1596) des Alonso López Pinciano. In der berühmten *Arte poética* (1592) des Rengifo hingegen war er übergangen worden, wurde aber in deren Neubearbeitung durch den Bachiller José Vicens (1703) in den Kapiteln VIII und XLV behandelt. Trotz Pincianos Vorgang nennt sich Gonzalo Correas in seiner 1626 erschienenen *Arte grande de la lengua castellana* den ersten, der den 9-Silber erwähnt.[86]

Im Siglo de Oro vermag der 9-Silber seine Stellung als volkstümlicher Vers zu behaupten. Gerne wird er als Kombinationsvers in Tänzen, wie *chacona*, *cachupino*, *sarabanda* und *españoleta* verwendet.[87] Wichtiger aber ist die Tatsache, daß ihm Lope de Vega und Tirso de Molina das Gebiet des Theaters erschlossen haben. Lope bietet Beispiele in *Las mocedades del Bernardo del Carpio*, *El viaje del alma*, *El serafín humano*, *El gran duque de Moscovia*, *Los pastores de Belén* u. a. Tirso zeigt sogar eine besondere Vorliebe für den 9-Silber, so in *Don Gil de las calzas verdes*, *La elección por la virtud*, *La venganza de Tamar*, *El pretendiente al revés* u. a.[88] Diese Blüte des 9-Silbers im spanischen Theater ist aber von geringer Dauer. Calderón verwendet ihn nur noch in seinen früheren Werken, in seinen streng isosyllabischen Alterswerken ist er völlig ver-

---

[83] Stellenangaben bei Ureña, *Versificación,* S. 119ff.

[84] *Villancicos y canciones* (1551).

[85] Stellenangaben bei Ureña, *Versificación*, S. 195, Anm. 1.

[86] ed. E. Alarcos Garcia, RFE-Anejo LVI, Madrid 1954, S. 464.

[87] Zu den Typen der einzelnen Tänze vgl. Emilio Cotarelo y Morí, *Introducción a los entremeses, loas, bailes, jacaras y mojigangas*. NBAE XVII.

[88] Vgl. M. García Blanco, *Algunos elementos populares en el teatro de Tirso de Molina*. BRAe XXIX (1949), S. 413–452; besonders S. 443ff.

schwunden. Von der Mitte des 17. Jahrhunderts an beschränkt sich sein Anwendungsgebiet im Theater im wesentlichen auf kurze Stücke (Entremeses, Sainetes u.ä.). Die Calderón-Schüler Moreto (1618—1669) und Rojas Zorilla (1607—1661) bieten nur noch wenige Beispiele, so der letztere in *Del rey abajo ninguno*. Im letzten Viertel des 17. Jahrhunderts verschwinden die 9-Silber ganz aus der höheren Theaterliteratur und halten sich nur noch in kleineren Stücken (Entremeses) bis über die Schwelle des 18. Jahrhunderts.

Neu in der Geschichte des 9-Silbers im 18. und 19. Jahrhundert ist die stärkere Differenzierung der Typen und ihre bewußte, selbständige Verwendung. Das erste Beispiel für den ausschließlichen Gebrauch eines bestimmten rhythmischen Typs — der trochäischen Variante — bietet der *Tono a Santa Rosa de Viterbo* des Mexikaners Fray Juan de la Anunciación (1. Hälfte des 18. Jahrhunderts). Mit Iriarte (1750—1791) und L. Fernández Moratín (1760—1828) hält der 9-Silber seinen Einzug in die streng silbenzählende Dichtung des Neoklassizismus. Ein bekanntes Beispiel ist die Fabel Iriartes *El abanico, el manguito y el quitasol*. Sie ist ganz überwiegend im gemischten Typ b abgefaßt.

Die Differenzierungstendenz des 18. Jahrhunderts wird im 19. Jahrhundert konsequent fortgesetzt. Zu Beginn des Jahrhunderts prägt sich endgültig der trochäische Typ in der *Filis llorosa* des Andalusiers Dionisio Solís (1774—1834) und der daktylische Typ in der *Venus de Melilla* (1816) des Francisco Sánchez Barbero aus. Bei den Dichtern des 19. Jahrhunderts, besonders der Romantik, lassen sich die einzelnen Typen belegen, so der trochäische Typ bei Echeverría (*Estancias*, 1831), García Gutiérrez (*La vuelta del corsario*), der daktylische Typ besonders ausgeprägt in den 9-Silberstrophen des *Estudiante de Salamanca* (1836) von Espronceda, ferner bei Zorilla (*La entrada de Cristo en Jerusalém*), bei Avellaneda in *La Cruz* und bei M. A. Caro in *La Flecha de oro*. Der *verso laverdaico* (gemischter Typ c) findet sich erstmals bei Sinibaldo de Mas in der Hymne *Al arma, hijos del Cid, al arma*, dann natürlich besonders bei Gumersindo Laverde. Der polyrhythmische Typ, der auf französische Anregung zurückgeht, hat seine Vertreter in Juan María Maury, in J. M. Heredia (*La desesperación*, nach Lamartine), in A. Bello (*Los duendes*, nach V. Hugo) und in französischen Übersetzungen, z. B. des A. Lista. Die Nennung dieser zahlreichen Belege darf aber nicht darüber hinwegtäuschen, daß der 9-Silber im 19. Jahrhundert im Vergleich zu anderen Versen eine durchaus sekundäre Rolle spielte.

Seine höchste Blüte und weiteste Verbreitung in der Kunstdichtung erreicht der 9-Silber um die Jahrhundertwende im Modernismus. Nach Alexandriner und 11-Silber ist er der dritthäufigste Vers. Volkstümliche Tradition und französische Nachahmung fließen im modernistischen 9-Silber zusammen, wobei in der überwiegend polyrhythmischen Verwendung der Typen der stärkere Einfluß Frankreichs zu sehen ist. — Den erstmals von Fray Juan de la Anunciación ausgeprägten trochäischen Typ bringt Rubén Darío durch *El clavicordio de la abuela* (1891) zu neuem Ruhm. Ihm folgen auf diesem Wege Salvador Rueda *(Los insectos)*, Santos Chocano, Valencia, González Prada, Nervo, Gabriela Mistral u. a. — Eine geringere Rolle spielen der daktylische und die gemischten Typen, für deren selbständige Verwendung sich gelegentlich Beispiele finden bei Salvador Rueda *(La paralítica)*, bei Unamuno *(Al pie del molino de viento)*, bei Lugones *(Serenidad)* und bei Gabriela Mistral für den daktylischen Typ — bei González Prada *(Vivir y morir)* und Alfonso Reyes *(Las hijas del rey de amor)* für die gemischten Typen. — Weit üblicher aber als die Pflege einzelner rhythmischer Typen ist im modernistischen 9-Silber die polyrhythmische Verwendung nach dem Vorbild des französischen 8-Silbers. Auch in dieser Hinsicht war es Rubén Darío, der mit der *Canción de otoño en primavera*, mit *Santa Elena de Montenegro* u. a. richtungweisend wirkte. Jacinto Benavente (*Todos somos uno*, 1907), Valle Inclán, Lugones, Nervo, González Martínez, Juan Ramón Jiménez, Alfonso Reyes, Unamuno *(Ávila, Segovia, Burgos* usw.) und A. Machado in *El sol es un globo de fuego*[89] folgten ihm. Bezeichnend für den starken französischen Einfluß auf Rubén Darío ist sein *Responso a Verlaine* (in den *Prosas profanas*), wo er nach dem Vorbild der *Orientales* und der *Feuilles d'automne* Victor Hugos den 9-Silber mit dem Alexandriner verbindet.

In der zeitgenössischen Dichtung hat der 9-Silber wieder an Beliebtheit verloren. Einzelne Beispiele bieten Jorge Guillén *(La Florida, Estación del Norte, Familia, A la intemperie)*, Alberti *(Abril)*, García Lorca *(Baco, Suicidio, Corazón nuevo)*, Carlos Bousoño *(Pequeña oda celeste)*.

Literatur: Julio Saavedra Molina, *Tres grandes metros: El eneasílabo, el tredecasílabo y el endecasílabo.* AUCh CIV (1946), S. 5–125 (*eneasílabo* S. 5–23). Auch als Buch, Santiago de Chile 1946. — M. Menéndez Pelayo, *Noticias para la historia de nuestra métrica. (Sobre una nueva especie de versos castellanos).* In: *Estudios*, Bd. VI, S. 405–444. — Miguel Antonio Caro, *Del verso de nueve sílabas. Sus variedades. Su origen.* Revista de Madrid V (1883), S. 271–284. Abgedr. in *Obras completas*, Bogotá 1928, Bd. V, S. 297–306. — Manuel González Prada, *El verso de nueve sílabas.* In dem von A. González Prada zusammengestellten Sammelband *Nuevas páginas libres*, Santiago 1937, S. 149–192. — Ureña, *Versificación*, S. 90–91, 187–199, 240–245, 284, Anm. 1. — Le Gentil, *Les Formes*, S. 452–454. — T. Navarro, *Métrica*, s. v. *eneasílabo.*

[89] *Del Camino*, V.

Der 10-Silber

Beim 10-Silber hat man zunächst zwei Grundtypen zu unterscheiden, die sich dann rhythmisch noch weiter differenzieren lassen, nämlich den zusammengesetzten 10-Silber *(decasílabo compuesto* oder *bipartito)* und den einheitlichen oder einfachen 10-Silber *(decasílabo simple)*.

I. Der zusammengesetzte 10-Silber verhält sich wie der Zusammenschluß zweier 5-Silber. Seine unverrückbaren Akzente fallen daher auf die 4. und 9. Silbe. Die beiden Halbverse sind durch Reihenschluß (s. d.) getrennt.[90] Wie der 5-Silber kennt der *decasílabo compuesto* eine daktylische und eine trochäische Variante. Hinzu kommt noch ein polyrhythmischer Typ.

a) *Decasílabo compuesto dactílico.* Er gliedert sich in zwei daktylische 5-Silber, die jeweils die 1. und 4. Silbe betonen:

óoo óo // óoo óo
Puedo brindarte dichas sin fin. (Bécquer, *Rima XI)*

b) *Decasílabo trocáico compuesto.* Er gliedert sich in zwei trochäische 5-Silber mit Akzenten auf der 2. und 4. Silbe:

o óo óo // o óo óo
Con vuestros pechos abrís las sendas
que arriba indican los Dioscuros.
(R. Darío, *Los Cisnes* IV)

c) *Decasílabo compuesto polirrítmico.* Er stellt die Kombination der daktylischen und trochäischen Variante dar. Sie kann in zweifacher Weise erfolgen: a) durch Verbindung rhythmisch verschiedener Halbverse, b) durch Aneinanderreihung rhythmisch verschiedener, in sich aber uniformer Ganzzeilen, z. B.

De orgullo olímpico sois el resumen,	o óo óo (—)	:óoo óo	(troch./dakt.)
¡oh, blancas urnas de la armonía!	o óo óo	:o óo óo	(troch./troch.)
Ebúrneas joyas que anima un numen	o óo óo	:o óo óo	(troch./troch.)
con su celeste melanconía.	óoo óo	:óoo óo	(dakt./dakt.)

(Rubén Darío, *ibid.)*

II. Der unzusammengesetzte 10-Silber *(decasílabo simple)* hat einen unverrückbaren rhythmischen Akzent auf der 9. Silbe. Wenigstens *ein* weiterer innerer Akzent ist für sein Zustandekommen erforderlich. Je nach Lage des oder der inneren Akzente lassen sich drei verschiedene rhythmische Typen unterscheiden.

[90] Vgl. den 1. Vers des unter Ic angeführten Beispiels.

a) *Trochäischer* Typ. Er hat mindestens einen, meist aber mehrere rhythmische Akzente im Versinnern. Sie fallen stets auf Silben ungerader Zahl, z. B.

óo óo óo óo óo
Qui por caballero se toviere
(Am Ende des III. Ejemplo des *Conde Lucanor)*

Dieser Typ ist sehr selten.

b) *Daktylischer* Typ. Er ist die gebräuchlichste Variante des 10-Silbers. Seine rhythmischen Akzente fallen auf die 3., 6. und 9. Silbe. Dadurch kommen die beiden ersten Silben in Anakrusis und die rhythmische Periode gliedert sich in zwei Daktylen:

oo óoo óoo óo
No creais invencibles ni bravos. (Jovellanos)

A. Bello bezeichnete diesen Typ als *decasílabo anapéstico* (◡ ◡ — / ◡ ◡ — / ◡ ◡ — / ◡).

Eine im Siglo de oro ausgeprägte und auch im Modernismus gepflegte Sonderform des daktylischen 10-Silbers ist der *decasílabo dactílico esdrújulo*. Seine Besonderheit besteht darin, daß er mit einer dreisilbigen *palabra esdrújula* beginnt. Seine konstitutiven Akzente fallen auf die 1., 6. und 9. Silbe. Häufig trägt auch die 4. Silbe einen fakultativen Akzent.

óoo oo óoo óo
Cálamos forme el sol de sus luces,
sílabas las estrellas compongan.
(Inés de la Cruz, *Loa de la Condesa de Paredes)*

c) Der *gemischte* Typ. Er hat rhythmische Akzente auf der 2., 6. und 9. Silbe. Er erscheint — wohl zufällig — bei Don Juan Manuel. Bewußt ausgeprägt wurde er durch Sinibaldo de Mas, der auch sein bedeutendster Vertreter ist.

o óooo óoo óo
Destruye una tormenta la calma,
al sol roba la noche su brillo
y pierde con el fuego de julio
sus rosas rubicundo el abril.
(Sinibaldo de Mas)

Geschichtliches: Über die Herkunft des spanischen 10-Silbers weiß man, ebenso wie über sein französisches Gegenstück, den 9-Silber, nichts Sicheres. Zwar sind lateinische 10-Silber schon aus dem 8. Jahrhundert und ein lat.-prov. 10-Silber aus dem 10. Jahrhundert zu belegen,[91] doch scheint diese Versart zu selten gewesen zu sein, als daß man sie als

[91] Vgl. Suchier, *Verslehre*, S. 78: L'alba part / umet mar / atra sol.

Ausgangspunkt für die entsprechenden romanischen Silbenverse ansehen könnte. Die in altfranzösischer Zeit sehr seltene und meist auf Refrains beschränkte Verwendung des 9-Silbers macht französischen Einfluß auf den kastilischen 10-Silber unwahrscheinlich. Auf der anderen Seite kann als sicher gelten, daß der 10-Silber für Kastilien kein einheimischer Vers ist. Vergegenwärtigt man sich die Tatsache, daß der *decasílabo* erst im 14. Jahrhundert in Kastilien Fuß zu fassen beginnt, zu der Zeit also, da der *arte mayor* aus Galizien nach Kastilien vordrang, so ist die Annahme erlaubt, daß der spanische 10-Silber aus Galizien-Portugal stammt. Seine häufigste rhythmische Variante mit Akzenten auf der 3., 6. und 9. Silbe ist durch Weglassen der Anfangssilbe leicht aus dem *endecasílabo de gaita gallega* (mit Akzenten auf der 4., 7. und 10. Silbe) abzuleiten, der als Hilfsvers des *arte mayor* eine wichtige Rolle spielt. Geringfügiges Schwanken in der Silbenzahl (so daß 9- und 10-Silber gemischt auftreten), starke Rhythmisierung, Verwendung in *estribillos* und in Tanzliedern weisen ebenfalls auf galizisch-portugiesische Herkunft, wie sie Henríquez Ureña[92] vertritt. Bedenklich ist freilich der Umstand, daß sich unter den 2376 authentischen *versos de arte mayor* des *Laberinto* von Juan de Mena nur 39 Zehnsilber finden. — Auch den *decasílabo bipartito* kann man unter Bewahrung seiner rhythmischen Gestalt durch Anfügung einer rhythmischen Silbe am Anfang aus einer in der galizisch-portugiesischen Dichtung gut belegten 9-Silber-Form ableiten:

mi gallejo está so la rama oo óo óoo óo
su carrilleja Menga le llama ooo óo óoo óo

Der älteste Beleg für einen spanischen 10-Silber stammt aus dem Anfang des 12. Jahrhunderts. Es ist die *kharǵa* Nr. 5 des Judá Leví:

Venit, la fesca iuvencennillo.
Quem conde meu coragión feryllo?[93]

Vor das Jahr 1160 ist der 10-silbige Schlußvers aus dem Zadschal Nr. 82 des Cordobaner Dichters Abden Guzmán zu datieren:

alba, alba es de luz en nuevo día

Henríquez Ureña weist[94] unter Bezugnahme auf Judá Leví darauf hin, daß dessen Verse *con singular exactitud al decasílabo de acento en cuarta de los poetas gallegos* entsprechen. Von den sechs 10-Silbern, die Menéndez Pidal in *Mio Cid* festgestellt hat, kann nur ein einziger, der aus 5+5

[92] *Versificación*, S. 190ff.

[93] Vgl. Menéndez Pelayo, *De las influencias semíticas en la literatura española. Estudios* I, S. 193–217. — Die neueren Transkriptionen — zusammengestellt bei Klaus Heger, a. a. O., S. 69f. — differieren zwar erheblich in Text und Deutung, nicht aber hinsichtlich der Silbenzahl.

[94] *Versificación*, S. 50, Anm. 1.

Silben besteht, allenfalls für die Geschichte des *decasílabo bipartito* herangezogen werden,[95] soweit man diesen einzigen Vers nicht besser als Zufallsprodukt betrachten will.

Die ersten Zeugnisse für die bewußte Verwendung des 10-Silbers in Kastilien fallen in das 14. Jahrhundert. Es ist dies — wegen der schlechten Überlieferung freilich nicht ganz sicher — ein 10-Silber-Cuarteto am Ende des Ejemplo III im *Conde Lucanor* (1335) des Don Juan Manuel. Vereinzelt und als Kombinationsvers kommt der 10-Silber auch sonst in dem genannten Werk vor. Auf das Ende des 14. Jahrhunderts sind die sporadischen 10-Silber im Cosante (s.d.) des Diego Hurtado de Mendoza, almirante de Castilla († 1404)[96] zu datieren. Dem Ende des 14. oder Beginn des 15. Jahrhunderts gehört die *pregunta* des Fray Lope del Monte an. Sie besteht aus drei 8-Zeilern und einer Tornada, in denen durchgängig der zusammengesetzte 10-Silber verwendet wird.[97]

Eine untergeordnete Rolle spielt der 10-Silber in den *versos de arte mayor* des *Laberinto* von Juan de Mena (39 Beispiele).

Das hauptsächliche Anwendungsgebiet des 10-Silbers in älterer Zeit ist die Volksdichtung. Beispiele bieten die *Endechas de Canaria*, die Pisador in seinem *Libro de vihuela* (1552) anführt sowie die *Cantos de molino*, die den 10-Silber als Kombinationsvers verwenden. Ein bekanntes Beispiel dafür ist *Molinito que mueles amores* im 1. Akt des *San Isidro labrador de Madrid* von Lope de Vega. Volkstümlich sind auch die verschiedenen Tanzliedertypen, die vom 16. bis 18. Jahrhundert in Mode waren und den 10-Silber als Kombinationsvers benutzten, wie *españoleta, cachupino, catalineta, marizápalos, minué, Tárraga* u. a.[98] Einzelne dieser Typen fanden auch das Interesse bedeutender Dichter. So verwenden Inés de la Cruz (1651—1691) und Lope de Vega (im Auto *Los Cantares*) die Españoleta, Valdivielso im Auto *El peregrino* die Tárraga.

Wie schon bei anderen Versarten gelegentlich zu erwähnen war, stellt auch für den 10-Silber das Theater die Verbindung her zwischen volkstümlichen Versen und Formen und der Kunstdichtung. Die ältere Comedia verwendet den 10-Silber einerseits in geschlossenen Tanzliedern der oben genannten Arten, andererseits aber auch als freien Kombinationsvers, so z. B. Lope im *Cardenal de Belén*, Tirso de Molina in *La mejor espigadera*, Quiñones de Benavente, der Meister der Entremeses,

---

[95] *Cid* I, S. 90–91.

[96] *Aquel árbol que buelbe la foxa*. Canc. Palacio, ed. Vendrell de Millás, Nr. 16.

[97] *El sol eclipsi la luna llena*. Canc. de Baena Nr. 345.

[98] Zu den Typen der einzelnen Tänze vgl. Emilio Cotarelo y Morí, *Introducción a los entremeses, loas, bailes, jácaras y mojigangas*. NBAE XVII.

in *El vierno y el verano*, *Los gorrones* u.a. Bei Calderón geht der Gebrauch der *versos de gaita gallega* zurück. Die Freiheiten der Kombinationsmöglichkeiten beschränkt er im Sinne regelmäßiger, fester Verbindungen und kombiniert statt der bis dahin üblichen Verbindungen von 9-, 10-, 11- und 12-Silbern mit 5- und 6-Silbern, nur noch silbisch korrekte 10- und 12-Silber mit 6-Silbern. Seit der Mitte des 17. Jahrhunderts verschwinden die unregelmäßigen Kombinationen immer mehr aus der hohen Dichtung, auch aus dem Theater. Von etwa 1725 an ist der 10-Silber, wie ihn Lope, Timoneda, Góngora, Tirso, Calderón und Quevedo verwendet hatten, so gut wie nicht mehr vertreten. Eine Ausnahme bildet Ramón de la Cruz (1731—1794), der ihn als unkombinierten reinen Silbenvers in *Aire de vindemiadoras* im Sainete *La mesonerilla* gebraucht:

Al pasar por un campo de flores
encontré una zagala de perlas.

Mit Neoklassizismus, Romantik und Modernismus erlebt der 10-Silber seine Hochblüte. Beide Grundtypen, der zusammengesetzte und der einfache, oft auch mit Differenzierung ihrer rhythmischen Gestalt, erfahren umfangreiche Pflege.

Die Wiederbelebung des *decasílabo bipartito* nahm vielleicht ihren Ausgang von Moratíns Ode an Jovellanos *Id en las alas del raudo céfiro*. Seine Verwendung in der klassischen Übersetzungsliteratur kam ihm sehr zustatten. Auch Andrés Bello und Menéndez Pelayo erschien der *decasílabo compuesto* als die beste Wiedergabe des lateinischen asklepiadäischen Verses:[99]

Mecenas ínclito, de antiguos reyes
clara prosapia, oh, mi refugio.
(Juan Gualberto González)

In der Romantik verwenden den zusammengesetzten 10-Silber — meist in polyrhythmischer Form — Zorilla in der Einleitung zur *Leyenda del Cid* und in verschiedenen *Serenatas moriscas*, Echeverría in *La Guitarra* (mit *quebrados*), Avellaneda in der Serenata an die Herzogin von Montpensier, Bécquer verschiedentlich in den *Rimas* (z. B. XI, XV).

Der Modernismus übernimmt den in der Romantik ausgeprägten polyrhythmischen Typ des *decasílabo bipartito*, wie Gutiérrez Nájera *(La duquesa Job; El hada verde)*, Salvador Rueda *(Las serpientes; El adiós de las aves)*, Rubén Darío *(Palimpsesto; Montevideo; Ante de todo, gloria a ti, Leda)*, Valle-Inclán *(Rosa hiperbólica; El crimen de Medenica; La tienda del herbolario)* und viele andere Beispiele bei Nervo, Jaimes Freyre, Santos Chocano, Unamuno *(Adiós, España* im *Romancero de destierro*

[99] Vgl. Menéndez Pelayo, *Horacio en España* II, S. 147.

1922) und auch zeitgenössische Autoren zeigen können. In *Hacia tierra baja* kombiniert ihn A. Machado mit dem 5-Silber.

Bedeutender noch war vom 18. Jahrhundert an der Aufschwung, den der unzusammengesetzte 10-Silber nahm. Der im 17. Jahrhundert erstmals von Inés de la Cruz selbständig verwendete daktylische[100] Typ übt eine fast ausschließliche Herrschaft aus. Er erhielt eine Stütze durch den weitreichenden Einfluß Metastasios. Iriarte verwendet ihn in der Fabel *La avutarda*[101] und, mit daktylischen 6-Silbern kombiniert, in *El sapo y el mochuelo.*[102] Das Vorbild des Jovellanos (1744—1811) machte ihn zum Standardvers der patriotischen Hymnen in Spanien und Südamerika, worauf auch heute noch seine allgemeinste Berühmtheit beruht. Aber er begegnet auch in rein lyrischer Verwendung, z. B. bei Nicasio Álvarez Cienfuegos († 1809) in *La pastorcilla enamorada,*[103] bei Lista in *La ausente,*[104] bei Heredia in *Vuelta al Sur.*

Die Romantik hat das Anwendungsgebiet des 10-Silbers, der bis dahin vorwiegend in sangbaren Liedern verwendet worden war, bedeutend erweitert. So findet man ihn in der Gedankenlyrik des Bermúdez de Castro *(La duda; La meditación; Tristezas del crepúsculo).* Espronceda bietet Beispiele an verschiedenen Stellen des *Estudiante de Salamanca* und in *El diablo mundo*, Zorilla in Teilen von *Un testigo de bronce, La azucena silvestre* und in seinen *Leyendas*, Avellaneda in *La Cruz, El beduino, A la estatua de Colón*, Mármol in *La aurora, La tarde, Al Plata.* Die dem daktylischen 10-Silber eigentümliche gewisse Monotonie bewog die Dichter der Romantik, ihn durchgehend nur in kürzeren Dichtungen zu gebrauchen, was auch schon einzelne Neoklassizisten getan hatten. In längeren Gedichten wird er nur an einzelnen Stellen verwendet. Bécquer kombiniert ihn mit 12-Silbern (*Rima* I) und mit 6-Silbern (*Rima* VII und VIII).

Wohl auch begünstigt durch die programmatische Vorliebe einiger französischer Symbolisten für den *vers impair* (frz. 9-Silber), hält im Modernismus die Beliebtheit des *decasílabo* an, wie in großer Zahl die lateinamerikanischen Dichter von Salvador Rueda bis Gabriela Mistral zeigen. In der Hymnendichtung behauptet er seine durch Jovellanos begründete Stellung, so z. B. im *Himno de guerra* von Rubén Darío, in *A la raza* von G. Valencia u. a. Auch feste Kombinationen wie sie Bécquer verwendet hatte, finden ihre Fortsetzung im Modernismus. Seltener ist dabei die alternierende Verbindung von 10- und 12-Silbern

[100] Nach traditioneller Terminologie der anapästische Typ.

[101] BAE LXIII, S. 8.

[102] ibid., S. 19.

[103] BAE LXVII, S. 27.

[104] ibid., S. 354.

(Díaz Mirón, *Ritmos;* Unamuno in verschiedenen Gedichten der Sammlung *Teresa;* González Martínez, *El forastero)*, häufiger die Kombination von 10-Silbern mit 6-Silbern (Rubén Darío, *Salmo III;* Unamuno, *El coco;* Díaz Mirón, *Idilio;* Nervo, *Rincón florido*, wo nach dem Beispiel der Inés de la Cruz die Verszeile jeweils mit einem dreisilbigen *esdrújulo*-Wort beginnt). Mit dem Modernismus ist auch die Blüte des 10-Silbers zu Ende gegangen.

In neuester Zeit ist er sehr selten geworden. Vereinzelte Beispiele begegnen bei García Lorca *(Balada de Santiago; Espigas; Idilios)*, bei César Vallejo *(Redoble fúnebre a los escombros de Durango)*.

Im Vergleich zum daktylischen Standardtyp sind die anderen rhythmischen Varianten des einfachen 10-Silbers wenig bedeutend. Den trochäischen Typ findet man, kombiniert mit 4-Silbern, in *A Dios* von Avellaneda. Möglicherweise diente ihr dabei der *Conde Lucanor* als metrisches Vorbild. Im Modernismus wurde er vereinzelt aufgenommen von González Prada in *Ternarios* und in *Los pájaros azules* sowie von Díez Canedo in *El juguete roto*.

Der gemischte 10-Silbertyp ist ein interessanter Versuch des Sinibaldo de Mas und blieb auf ihn beschränkt (*Pot-pourri* I, 54).

Literatur: Milá y Fontanals, *Del decasílabo y endecasílabo anapésticos.* Obras compl., Barcelona 1893, S. 324–344. — J. Saavedra Molina, *Tres grandes metros : El eneasílabo*... AUCh CIV (1946), S. 11ff. — G. Díaz-Plaja, *Modernismo frente a 98*, Madrid 1951, S. 270—295 passim.

Der 11-Silber

Endecasílabo ist im Spanischen die Sammelbezeichnung für alle Verse, die bei *llano*-Ausgang 11 gezählte Silben aufweisen. Unter diesem gemeinsamen Namen aber sind Verse zusammengefaßt, die hinsichtlich ihrer rhythmischen Gestaltung und ihrer Herkunft sehr verschieden sind. Um sie voneinander zu unterscheiden, hat man sie durch Adjektiva wie *común, enfático, heróico, melódico* u.a. näher bestimmt.[105] Wenig glücklich sind die in den Verslehren des 19. und zum Teil auch des 20. Jahrhunderts gebrauchten Beinamen nach überwiegend oder charakteristisch verwendeten Versfüßen, wie *endecasílabo yámbico, anapéstico* usw., da deren rhythmische Auffassung und infolgedessen auch eine darauf gegründete Klassifikation individuell verschieden ist.[106]

Um Eindeutigkeit in der Bezeichnung des jeweils gemeinten 11-Silbertyps zu erzielen, werden im folgenden die einzelnen rhythmischen Typen (soweit sie nicht Sondertypen darstellen) mit Sigeln bezeichnet, deren

[105] Eine umfassende Zusammenstellung der zahlreichen verschiedenen Typenbezeichnungen des *endecasílabo* bietet D. C. Clarke, *Sketch*, S. 335–336.

[106] S. o. S. 5.

gemeinsamer Buchstabe die Verwandtschaft, deren verschiedene Zahlenindices die rhythmische Differenzierung bezeichnen sollen. Diese Art der Notierung wurde erstmals von Henríquez Ureña in seiner grundlegenden Arbeit über den 11-Silber[107] verwendet. Sie ist hier hinsichtlich der Typengruppe A etwas erweitert, doch wurde dafür Sorge getragen, daß die verwendeten Sigel hier nicht etwas anderes bezeichnen als dort. Die üblichsten traditionellen Bezeichnungen werden bei den einzelnen Typen aufgeführt.

Beim spanischen 11-Silber lassen sich zunächst 2 Typengruppen unterscheiden, die Pio Rajna als *endecasillabo a maiori* und *endecasillabo a minori*[108] bezeichnet hat. Grundlage dieser Einteilung ist die Cäsur. Legt man für das erste Hemistich *llano*-Ausgang zu Grunde, so gliedert die Cäsur den 11-Silber entweder in 7+4 Silben *(a maiori)* oder in 5+6 Silben *(a minori)*. Nach der Definition von Suchier[109] ist die Cäsur „ein rhythmischer Gipfel im Innern des Verses, der in einem stark betonten Wortschluß mit einer syntaktisch gerechtfertigten Pause dahinter besteht." Daraus ergibt sich für die Typengruppe *a maiori*, die im folgenden als A bezeichnet werden soll, daß

1. die 6. Silbe stets einen starken rhythmischen Akzent tragen muß,
2. je nach dem Ausgang des 1. Hemistichs *(agudo, llano, esdrújulo)* die 6., 7. oder 8. Silbe Wortgrenze bildet,
3. diesem Wortschluß eine syntaktisch gerechtfertigte Pause folgt. Diese Pause braucht nicht hörbar in Erscheinung zu treten, da die Cäsur ja bekanntlich auch die Synaloephe zuläßt, aber die Cäsur soll syntaktisch sehr eng zusammengehörige Wörter nicht trennen.

Beispiele:

1. Flérida para mí / dulce y sabrosa
2. „Mañana le abriremos", / respondía
3. y la cándida víctima / levanto.

Analoge Folgerungen ergeben sich für die Typengruppe *a minori*, im folgenden als B bezeichnet, mit dem Unterschied jedoch, daß der entscheidende Versakzent im Versinnern auf die 4. Silbe fällt und Wortgrenze sowie syntaktisch gerechtfertigter Einschnitt bei *llano*-Ausgang des ersten Hemistichs nach der 5. Silbe eintreten.

Beispiele:

1. sueño cruel, / no turbes más mi pecho
2. consuelo sólo / de mi adversa suerte.

---

[107] RFE VI (1919), S. 132–157; in erweiterter Neubearbeitung unter dem Titel *El endecasílabo castellano* in BAAL XIII (1944), S. 725–824.

[108] Auch *a maiore* und *a minore*.

[109] *Verslehre*, S. 115.

Schließlich sei, um falschen Schlüssen aus dieser systematischen und damit notwendig zergliedernden Darstellung vorzubeugen, schon jetzt darauf hingewiesen, daß bestimmte rhythmische Typen in Gedichten oder Strophen zwar auch ausschließlich benutzt werden, daß aber die normale Verwendung des 11-Silbers im Gedicht polyrhythmisch ist, d. h. es werden gewöhnlich verschiedene rhythmische Typen kombiniert. Die in diesen polyrhythmischen Kombinationen ganz überwiegend verwendeten Typen sind die der Gruppe A sowie B_2.

Typengruppe A

Das gemeinsame Kennzeichen der drei hierher gehörigen 11-Silbertypen ist der konstitutive Akzent auf der 6. Silbe mit nachfolgender Cäsur.[110] Verschiedene Theoretiker, darunter auch P. Henríquez Ureña, verzichten hier auf eine weitere Unterteilung in Varianten. Wenn man nur den entscheidenden Akzent auf der 6. Silbe ins Auge faßt, so bezeichnet man diesen 11-Silbertyp als *endecasílabo común, propio, real* oder *italiano*. Diesen reinen Typ A aber gibt es nur vom Standpunkt der Prosodie, z. B.

y sobre la muralla coronada (Lope, *Judit*)

Rhythmisch existiert er nicht, da, wie früher dargelegt, nie mehr als drei Silben in Anakrusis stehen können. Der angeführte Vers würde im Vortrag einen Akzent auf die 2. Silbe legen.

Je nach der Lage des ersten rhythmischen Akzentes auf der ersten, zweiten oder dritten Silbe lassen sich drei Varianten unterscheiden:

Typ A_1: Akzente auf der 1. und 6. Silbe.
óoo oo óo oo óo
Flérida para mí / dulce y sabrosa
Bezeichnung: *endecasílabo enfático*.

Typ A_2: Akzente auf der 2. und 6. Silbe.
o óo oo óo oo óo
Revuelto con el ansia / el rojo velo
Bezeichnung: *endecasílabo heróico*,

Typ A_3: Akzente auf der 3. und 6. Silbe.
oo óoo óo oo óo
despidió contra sí / rayos al cielo
Bezeichnung: *endecasílabo melódico*.

Typengruppe B

Das gemeinsame Kennzeichen der hierher gehörigen 11-Silbertypen ist der konstitutive Akzent auf der 4. Silbe mit nachfolgender Cäsur.

---

[110] Zur Entlastung der Darstellung wird der feste Akzent auf der 10. Silbe als selbstverständlich weggelassen.

Auch hier besteht der reine Typ nur unter dem Gesichtspunkt der Prosodie, nicht unter dem des Rhythmus. Henríquez Ureña bezeichnet ihn mit der Sigel B_1, die wir aus den oben angeführten Gründen beibehalten wollen. Der Typ B_1 würde sich wie folgt definieren: Ein konstitutiver Akzent auf der 4. Silbe sowie 5 unbetonte Silben zwischen der 4. und 10. Silbe, z. B.

Al desempeño / de su profecía.

Rhythmisch existiert dieser reine Typ B_1 genausowenig wie der reine Typ A. Auf irgendeine der 5 prosodisch unbetonten Silben zwischen der 4. und 10. Silbe muß nach den spanischen Betonungsgesetzen, die selbst für die Prosa gültig sind, ein Ton fallen, der die Funktion des Versakzentes übernimmt. Da wegen der unmittelbaren Nähe der konstitutiven Akzente weder die 5. noch die 9. Silbe versrhythmisch betont sein dürfen, fällt der Versakzent auf die 6., 7. oder 8. Silbe. Im obigen Beispiel wird der Nebenton in *pròfecía* zu einer versrhythmischen Hervorhebung der 8. Silbe führen. Der angeführte Vers ist damit rhythmisch nach B_2 einzuordnen.

Typ B_2: Akzente auf der 4. und 8. Silbe.

ooo óo oo óo óo
Cuelga sangriento / de la cama al suelo
el hombro diestro / del feroz tirano

Bezeichnungen: *endecasílabo sáfico* (wegen seiner Ähnlichkeit mit der akzentuierenden Umgestaltung des sapphischen Verses), *endecasílabo yámbico* (da die konstitutiven Akzente auf Silben gerader Zahl fallen) u. a.

Sonderformen

Der Typ B_2 hat zwei Sonderformen ausgeprägt, die sich zwar in seine allgemeine Definition einordnen, darüber hinaus aber die Beachtung zusätzlicher Vorschriften für ihren Bau verlangen. Es sind dies:

1. Der *endecasílabo sáfico* in der sapphischen Strophe.

Für ihn hat A. Bello[111] die folgenden Regeln aufgestellt:
El sáfico es un endecasílabo, que... debe acentuarse, en la cuarta, octava y décima, pero en que se apetece además:
1º *Un acento sobre la primera sílaba;*
2º *Que las sílabas segunda y tercera sean breves* (= unbetont);
3º *Que sean también breves la sexta, séptima y novena sílabas;*
4º *Que el primer hemistiquio termine en dicción grave* (= *palabra llana*);
5º *Que no haya sinalefa en la cesura.*

[111] *Obras compl.*, VI, S. 183 *(De los versos sáfico y adónico).*

Los requisitos 3º y 4º son de necesidad absoluta; todos los otros pueden dispensarse al poeta, pero es menester que use sobriamente de esta licencia, y sobre todo de la que consiste en juntar por medio de la sinalefa los dos hemistiquios.

Ein Beispiel, das all diesen Anforderungen entspricht, ist der Anfangsvers der *Céfiro*-Ode des Villegas:

Dulce vecino de la verde selva.

Die Notwendigkeit dieser strengen Regelung ergibt sich daraus, daß dieser 11-Silber-Typ den vermeintlich klassischen, in Wirklichkeit aber den mittellatein. rhythmischen Sapphicus nachahmen soll.[112] Doch haben sich die Dichter — vor und nach Bello — beim Gebrauch des *sáfico* stets mehr von ihren eigenen rhythmischen Vorstellungen als von abstrakten Regeln leiten lassen, so daß selbst bei formstrengen Autoren die absolut ‚regelrechten' *sáficos* nur ein mehr oder minder starkes Übergewicht gegenüber den freier gestalteten zeigen.[113]

2. Der *endecasílabo a la francesa.* Für ihn gelten folgende Regeln:

   a) Er wird als zusammengesetzter Vers mit Reihenschluß nach der 4. Silbe behandelt. Diese 4. Silbe ist gewöhnlich die tontragende Silbe einer *palabra aguda.* Ist sie jedoch im Ausnahmefall die Tonsilbe einer *palabra llana,* so bleibt deren Nachtonsilbe für die Silbenberechnung unberücksichtigt (epische Zäsur).

   b) Der für den normalen Typ B_2 obligatorische Akzent auf der 8. Silbe darf auch auf die 6. Silbe verlegt werden, wobei die 8. Silbe unbetont bleiben kann.

   Beispiel:

   Copia gentil, imagen de mi amada,
   prenda de amor, pués amor la adquirió.

   (A. Lista, *El retrato*)

   Mit epischer Zäsur:

   Vivan las rosas, / las rosas del amor.

   (Juan Ramón Jiménez, *Mañana de luz)*

Typ B_3: Er ist ausreichend gekennzeichnet durch notwendige Akzente auf der 4. und auf der 7. Silbe. Im Hinblick auf Herkunft und Geschichte erscheint es jedoch angezeigt, zwei Varianten des Typs B_3 zu unterscheiden, obgleich sie in der Praxis nicht immer scharf geschieden sind.

---

[112] Der klass. Sapphicus *Integer vitae scelerisque purus* (´̲ ∪ ´̲ — ´̲ / ∪∪ ´̲ ∪ ´̲ ∪) wurde im Mittellateinischen in Übereinstimmung mit der natürlichen Prosodie wiedergegeben als *íntegor vítae scelerísque púrus* (óoo óo/oo óo óo).

[113] S. u. *estrofa sáfica.*

1. Der reine, italienische Typ B_3, der Akzente nur auf der 4., 7. und 10. Silbe hat, also dreihebig ist, z. B.

   Tus claros ojos / a quién los volviste.
   (Garcilaso, *Égloga I*)

   Bezeichnungen: *endecasílabo dactílico* (so u. a. A. Bello und Navarro Tomás), *endecasílabo anapéstico* (so Milá) u. a.

2. Der galizisch-portugiesische Typ B_3 mit Akzenten auf der 1., 4., 7. und 10. Silbe (also vierhebiger Typ), z. B.

   Pues otra vez de la bárbara guerra
   lejos retumba el profundo latir.
   (J. M. Heredia, *Himno de la guerra*)

   Bezeichnungen: wie oben; dazu zur genaueren Unterscheidung auch: *endecasílabo galaico-portugués*, *endecasílabo de gaita gallega*, *endecasílabo de arte mayor* u. a.

Der *endecasílabo galaico antiguo* nimmt eine Sonderstellung ein. Er scheint als selbständiger Typ nur in der *Balada laudatoria a Valle Inclán* von Rubén Darío verwendet worden zu sein. Er hat einen konstitutiven Akzent auf der 5. Silbe und entspricht dem Zusammenschluß eines 6- und eines 5-Silbers, deren jeder beliebig trochäisch oder daktylisch sein kann (s. d.).

Beispiel:

Del país del sueño / tinieblas, brillos,
donde crecen plantas, / flores extrañas.
(Rubén Darío, *Balada laudat. a Valle Inclán*)

Zum gegenseitigen Verhältnis der Typen

Die Vielzahl der rhythmischen Typen, die sich bei Berücksichtigung der prosodischen Akzente noch erheblich erhöhen würde,[114] legt die Frage nach der Bedeutung der einzelnen Typen in der Geschichte des spanischen 11-Silbers nahe. Zwar ist zu allen Zeiten die polyrhythmische Verwendung, d. h. die Kombination mehrerer Typen, das Normale, doch reduziert sich — von einigen Besonderheiten im Mittelalter und in der neueren Zeit abgesehen — diese Polyrhythmie praktisch auf eine sehr deutliche Bevorzugung zweier Typen: des *sáfico*, (B_2) und des *heróico* (A_2). Neben ihnen spielen die übrigen Typen im allgemeinen eine erheblich geringere Rolle und erlangen erst in bestimmten Dichtungsformen oder innerhalb bestimmter Epochen, gelegentlich auch bei ein-

---

[114] T. Navarro hat beispielsweise in den 376 Elfsilbern der 3. Ekloge des Garcilaso allein 54 verschiedene prosodische Varianten festgestellt. Vgl. T. Navarro, *El endecasílabo en la tercera égloga de Garcilaso*, in RoPh V (1951/52) S. 205–211.

zelnen Dichtern und meist im Zusammenhang mit ihrer selbständigen Verwendung größere Bedeutung. Damit hat, aufs Ganze gesehen, der spanische 11-Silber ein starreres rhythmisches Gepräge als sein italienisches Vorbild.

Neben dem Typ A_2 *(heróico)* finden die anderen Typen der Gruppe A fast nur als gelegentliche Kombinationsverse Verwendung und sind daher von sehr begrenzter Wichtigkeit. Lediglich in den schlecht überlieferten 11-Silbern des Don Juan Manuel, der dem Vorbild Alfons' des Weisen folgt, scheint der Typ A_3 gegenüber den B-Typen zu überwiegen. In der Cántica des Juan Ruiz *Quiero seguir a tí flor de las flores* betonen von 12 Elfsilbern sieben die 4. und 6., bzw. die 4. und 8. Silbe; die übrigen vier 11-Silber sind vom Typ A_3. Freilich ist es sehr umstritten, ob man diese Verse des Arcipreste als 11-Silber betrachten darf (s. u. S. 96 f.). In den 58 *coplas de arte mayor* des *Decir de las siete virtudes* von Francisco Imperial[115] folgen die A-Typen erst an dritter Stelle nach dem *sáfico* und dem *dactílico*. Bemerkenswert ist hier das Überwiegen des Typs A_1 gegenüber den anderen A-Typen. In den 42 *Sonetos fechos al itálico modo* des Marqués de Santillana (1398—1458) nehmen nach dem *sáfico* und dem *dactílico* die einzelnen Typen der Gruppe A zwar auch die 3., 4. und 5. Stelle ein, doch überwiegt der Typ B_2 so stark, daß die übrigen Typen nur in geringem Umfang vertreten sind. Diese einseitige Bevorzugung von B_2, die dem Italienischen nicht eigentümlich ist, ließ sogar Zweifel darüber aufkommen, ob Santillanas Sonette wirklich *al itálico modo* gebaut sind oder ob sie in metrischer Hinsicht nicht vielmehr vom katalanischen 10-Silber eines Auzías March beeinflußt sind. Die Tatsache jedoch, daß die vier dem italienischen 11-Silber eigentümlichen Varianten in erkennbar bewußter Kombination verwendet werden, macht direkte italienische Vorbilder für Santillana wahrscheinlicher. Innerhalb der Typengruppe A läßt sich in den genannten Sonetten nachstehende Reihenfolge aufstellen: 1) A_2 *(heróico)*, 2) A_3 *(melódico)* 3) A_1 *(enfático)*. Beachtenswert ist, wie bei Santillana der Typ A_2 — wie später in der Renaissance — an die Spitze der Gruppe A tritt.

Von der Renaissance an kommt es mehr und mehr zugunsten des Typs A_2 zu einem Ausgleich mit dem Typ B_2, so daß beide zusammen die gleichberechtigten Standardtypen des spanischen 11-Silbers darstellen. Die anderen Typen der Gruppe A sind fortan nur mehr Kombinationstypen im Rahmen der polyrhythmischen Elfsilberdichtung. Da sich ihre Individualität nur auf die jeweilige Lage eines ersten Akzentes im Verseingang gründet, für diesen aber gleichzeitig gewisse rhythmische Freiheiten, auch von den Poetiken, zugestanden werden, wurden diese Typen gewöhnlich gar nicht als eigenständige Varianten empfunden und dem-

[115] Cancionero de Baena Nr. 250.

entsprechend auch nicht selbständig gepflegt und nur in Einzelfällen als vorherrschende Varianten verwendet.

Entschiedener noch als der Typ A_2 in der Gruppe A nimmt der *endecasílabo sáfico* (B_2) im Rahmen der Typengruppe B schon im Mittelalter die führende Stelle ein. Die einzige Ausnahme bilden die nicht völlig zweifelsfreien 11-Silber im *Conde Lucanor*, bei denen die A-Typen anteilmäßig überwiegen. Beim Arcipreste (soweit zuständig), bei Imperial, ganz besonders beim Marqués de Santillana und auch noch bei Boscán und Garcilaso ist der *sáfico* die hauptsächliche Grundlage des spanischen 11-Silbers. Erst von der 2. Hälfte des 16. Jahrhunderts an erlangt der Typ A_2 im Durchschnitt etwa gleichen Anteil wie B_2.

Die Rolle der übrigen B-Typen ist je nach den Epochen verschieden. Die Typen B_1 und B_3 haben in den Anfängen des spanischen 11-Silbers und bis zu Garcilaso hin, der als letzter nach italienischem Vorbild bewußt *alle* A- und B-Typen kombiniert, als Kombinationsverse zu den beiden Standardtypen größere Bedeutung. Unter dem Einfluß der Poetiken, die in ihrem Drang nach Regelhaftigkeit ausschließlich A_2 und B_2 als korrekte 11-Silbertypen gelten lassen, sinken B_1 und B_3 in der Kunstdichtung in die Rolle meist zufälliger Verlegenheitslösungen ab und sind entsprechend selten. Doch hat der in seiner rhythmischen Eigenständigkeit schon vor dem Eindringen des italienischen 11-Silbers erkannte Typ B_3 außerhalb der italienischen Nachahmungen eine eigene Geschichte und erlangt im 18. Jahrhundert und im Modernismus sogar Selbständigkeit.

Die auf der Grundlage des Typs B_2 entwickelte Variante des *sáfico* in der sapphischen Strophe konstituiert sich in ihrer vollkommensten Form bei Villegas im 17. Jahrhundert. — Zum *endecasílabo a la francesa* s. u.

Soweit die Geschichte der einzelnen Typen nicht im folgenden allgemeinen historischen Überblick berücksichtigt werden kann, wird das Wichtigste im Anschluß daran nachgetragen.

Geschichtliches: Die Herleitung des romanischen 10-Silbers, der letztlich auch die Grundlage des spanischen 11-Silbers bildet, aus lateinischen Versarten ist sehr umstritten. So geradlinig und einfach wie Menéndez Pelayo[116] und nach seinem Beispiel Tomás Navarro,[117] die im klassischen Sapphicus die Grundlage für den romanischen 10-Silber mit Akzenten auf der 4. und 8. Silbe, im jambischen Senar die Grundlage für den romanischen 10-Silber mit Akzent auf der 6. Silbe sehen, beurteilt man im allgemeinen dieses Problem nicht.[118]

---

116 *Ant.* X, S. 141ff.

117 *Métrica*, S. 175.

118 Eine bis 1904 reichende Zusammenstellung der verschiedenen Ursprungs-

Für den spanischen 11-Silber können die Ursprungsfragen füglich außer Betracht bleiben, da er — vielleicht abgesehen vom *endecasílabo galaico-portugués*, dem Hilfsvers des *verso de arte mayor* (s. d.) — nirgends auf der iberischen Halbinsel aus einer lateinischen Grundlage entwickelt, sondern zunächst von Frankreich und der Provence, wobei Katalonien und Galizien-Portugal für Kastilien eine Mittlerrolle übernahmen, später von Italien her eingeführt worden ist.

Üblicherweise teilt man die Geschichte des spanischen 11-Silbers in zwei große Abschnitte, die durch Boscáns denkwürdige Unterredung mit dem venezianischen Gesandten Andrea Navagero im Jahre 1526 voneinander getrennt werden. Gewiß tut man dabei Boscán etwas zuviel der Ehre an, denn in metrischer Hinsicht geht er kaum über Santillana hinaus. Hätte ferner Garcilaso Boscán auf seinem neuen Wege nicht bestärkt und dessen Neuerungen durch die Qualität seines überlegenen dichterischen Werkes Widerhall und Ansehen verschafft, so wären Boscáns Versuche wohl ebenso ohne Nachfolge geblieben wie die der Dantisten im 15. Jahrhundert. Schließlich — und auch das ist ein entscheidender Faktor — war die Zeit nunmehr reif geworden für das Ideen- und Formengut der italienischen Renaissance, die ihren Siegeszug durch ganz Europa begonnen hatte. Hinzukommt, daß der *verso de arte mayor*, der nächstkonkurrierende einheimische Vers, der in seiner Blütezeit den Sieg des 11-Silbers der Dantisten verhindert hatte, mit dem neuen Jahrhundert an Bedeutung und Beliebtheit eingebüßt hatte. Der Klassiker des *arte mayor*, Juan de Mena († 1456), hatte keinen ebenbürtigen Nachfolger gefunden. So konnte sich der von Boscán eingeleitete erneute Versuch, den italienischen 11-Silber in Spanien heimisch zu machen, gegen den absinkenden *arte mayor* durchsetzen. Wenn so Boscáns individuelles Verdienst in ein geschichtlich gerechtes Licht gerückt ist, kann man an der üblichen Einteilung der Geschichte des 11-Silbers vor und nach Boscán festhalten, eine Einteilung, die zwar weniger von Boscáns persönlichem Verdienst, um so mehr aber vom Erfolg her gerechtfertigt ist, denn in der Tat verfügt der 11-Silber erst seit Boscán über eine ununterbrochene Geschichte in Spanien.

I. Gemessen an der hervorragenden Stellung, die der 11-Silber seit der Renaissance in der spanischen Dichtung einnimmt, ist seine Rolle im Mittelalter bescheiden.

---

theorien findet man bei W. Thomas, *Le décasyllabe roman et sa fortune en Europe*. Trav. et mém. de l'université de Lille, nouv. série, fasc. 4, Lille 1904, S.21ff. — Zur Orientierung über den derzeitigen Forschungsstand vgl. etwa W. Suchier, *Verslehre*, S. 58–63 (mit Bibliographie S. 69–70) und Michel Burger, *Recherches sur la structure et l'origine des vers romans*. Genève-Paris 1957, bes. S. 107–121.

Die ältesten Zeugnisse für das Vorkommen des 11-Silbers finden sich in der ametrischen Dichtung *(Mio Cid; Roncesvalles)*. Sie können aber nicht als eine bewußte Verwendung betrachtet werden, sondern sind Zufälligkeiten der anisosyllabischen Dichtung. Unter den 52 verschiedenen Versarten des *Cantar de mio Cid* ist der Typ B_2[119] nach Menéndez Pidal mit 6,07% vertreten; der Typ A kommt nur zweimal vor.[120]

In die nicht-epische Dichtung Kastiliens findet der 11-Silber erst relativ spät Eingang, obwohl ihn Alfons der Weise (1223—1284) in seinen galizischen Dichtungen in beträchtlichem Umfang verwendet hatte.[120a] Die ersten, wegen der schlechten Überlieferung freilich wenig sicheren Belege für den 11-Silber in Kastilien begegnen im *Conde Lucanor* (1342) des Don Juan Manuel.[121] Juan Manuel scheint dabei dem Vorbild seines Oheims, Alfons' des Weisen zu folgen.

Umstritten ist auch der Anteil des Juan Ruiz an der spanischen 11-Silberdichtung. Die problematischen Verse finden sich in der Cántica *Quiero seguir a tí flor de las flores*,[122] jeweils am Anfang der 6 Strophen:

Quiero seguir a tí flor de las flores, (11)
Siempre decir cantar a tus loores; (11)
Non me partir de te servir, (9)
Mejor de las mejores. (7)

Es hat zweifellos beträchtliche Schwierigkeiten,[123] neuerdings wieder mit Tomás Navarro, die jeweiligen Anfangsverse der einzelnen Strophen als 11-Silber zu betrachten. Sehr ungewöhnlich müßte um diese Zeit der Binnenreim im 11-Silber sein, sehr ungewöhnlich auch die Kombination von zwei 11-Silbern mit je einem 9- und 7-Silber. Auch die Gestalt der vermuteten 11-Silber gibt zu Bedenken Anlaß. Es könnte sich nur um den bis dahin ausschließlich in der Epik und auch hier nur selten belegbaren französischen 10-Silbertyp mit der Gliederung 4+6 mit Reihenschluß nach der 4. Silbe und damit mit epischer Zäsur handeln, denn tatsächlich verwendet Juan Ruiz eine solche weibliche Zäsur:

Virgen muy santa, yo paso atribulado.

---

[119] Z. B. *En Casteion todos se levantavan.* Vs. 458.

[120] Vs. 1014 und 3539 der *ed. paleogr.*

[120a] Vgl. D. C. Clarke, *Versification in Alfonso el Sabio's Cantigas.* HR XXIII (1955), S. 83–98, bes. S. 88 (mit Bibliographie).

[121] Vgl. die Zusammenstellung *Ant.* X, S. 172.

[122] ed. Alfonso Reyes, Madrid 1926, S. 236; mit etwas anderer Schreibung in CC 17, 1678ff.

[123] Über Herkunft, Alter und Verbreitung der Anschauung, daß Juan Ruiz hier 11-Silber geschrieben habe, unterrichtet Manuel de Sandoval, *Los pretendidos endecasílabos del Arcipreste de Hita.* BRAe XVII (1930), S. 659–663.

Die metrischen Schwierigkeiten, die die genannte Cántica bietet, werden erheblich verringert, wenn man mit Hanssen,[124] P. Henríquez Ureña,[125] Sandoval (a. a. O.) und F. Lecoy[126] statt der schwer nachweisbaren 11-Silber einfach Kombinationen von 5- und 7-Silbern annimmt:

Quiero seguir
a tí flor de las flores,
siempre decir
cantar a tus loores.

Endlich sind für das 14. Jahrhundert noch die aus Portugal übernommenen 11-Silber vom Typ B_3 *(galaico-portugués)* des Admiral Mendoza, z. B. im *Cosante del árbol de amor*[127] erwähnenswert, da sie für die Ausbildung des *arte mayor* von Wichtigkeit sein können.

Im 15. Jahrhundert hat der 11-Silber drei Aspekte.

a) Die 11-Silber an verschiedenen Stellen der *Vicios y virtudes*, im Hymnus *A Nuestra Señora* und in der *Oración a Nuestra Señora en fin de toda la obra (Virgen preciosa)* des Fernán Pérez de Guzmán[127a] scheinen mit ihrem epischen Reihenschluß den französischen 10-Silber zu repräsentieren, z. B.

O sacra esposa del Espíritu Santo,
de quien nasció el sol de la justicia,
o resplandor, o grandiosa letiçia
del parayso e del ynfierno espanto!

(A Nuestra Señora)

Möglicherweise hat Guzmán diese Form des 11-Silbers unmittelbar aus Frankreich übernommen[128], denn der lyrische 10-Silber spielte in Frankreich im 14. und 15. Jahrhundert neben dem 8-Silber eine große Rolle.[129] Zwar zeigt der lyrische 10-Silber in Frankreich die sogenannte epische Zäsur nur gelegentlich, doch ist ihr häufigeres Auftreten bei Guzmán als Folge der Nachahmung einer für eine vorwiegend oxytone Sprache geschaffenen Versart in einer überwiegend paroxytonen Sprache erklärbar. Als Stütze für diese Annahme kann

---

[124] *Los metros de los cantares de Juan Ruiz.* AUCh 1902, S. 200–201.

[125] *El endecasílabo castellano.* RFE VI (1919), S. 138.

[126] *Recherches sur le Libro de buen amor de Juan Ruiz,* Paris 1938, S. 93–96.

[127] Z. B.: Ya se demuestra sallidlas a ver
vengan las damas la fruta coxer.
(Canc. de Palacio, Nr. 16)

[127a] Canc. Siglo VX, NBAE XIX, S. 587ff. passim, S. 704 (Nr. 305) u. S. 705.

[128] Diese Anschauung vertritt im besonderen P. Le Gentil *(Les Formes,* S. 402ff.). M. Burger neigt hingegen zu der Annahme, daß Guzmán diesen Typ aus Galizien-Portugal übernommen habe, wo er schon seit Alfons dem Weisen belegbar ist *(Recherches,* S. 130 und S. 59).

[129] Suchier, *Verslehre,* S. 60.

etwa die kastilische Übersetzung der Werke des Katalanen Auzías March durch Baltasar de Romaní (1539) gelten. Bei dem Versuch, die provenzalischen 10-Silber des Originals auch in der Übersetzung beizubehalten, nimmt Romaní in sehr beträchtlichem Maße seine Zuflucht zur epischen Zäsur. Die Probe, die Martín de Riquer[130] aus Romanís Übersetzung mitteilt zeigt 5 epische Zäsuren bei 8 Versen.

b) Zu einem stärkeren Anteil bringt es der *endecasílabo galaico-portugués* (B_3). Er ist gut vertreten in den anonymen volkstümlichen Dichtungen des Cancionero Herberay und lebt auch heute noch in Volksliedern fort:

Tanto bailé que me dió calentura.

Sehr bedeutend ist seine — allerdings unselbständige — Verwendung als katalektische Variante des *arte mayor* (s. d.), der ja im 15. Jahrhundert seine Hochblüte erreicht.

c) Schließlich hält mit den Versuchen der sogenannten Dantisten der italienische 11-Silber im gleichen 15. Jahrhundert erstmals seinen Einzug in Spanien. Diese Versuche sind noch zaghaft und unpräzis bei dem gebürtigen Genuesen Francisco de Imperial.[131] An 11-Silbertypen verwendet er in den 58 coplas seines *Decir de las siete virtudes* an erster Stelle den *sáfico* (B_2), dann den dem *arte mayor* nahestehenden *endecasílabo galaico-portugués* (B_3) und schließlich die A-Typen, unter Bevorzugung des *enfático* (A_1). Entscheidend für die Beurteilung des 11-Silbers bei Imperial sind aber zwei Tatsachen: 1. als Strophenform für seine 11-Silber verwendet er die für den *arte mayor* charakteristische *copla* ABAB:BCCB. 2. Seine 11-Silber sind silbisch ungenau und stark vom *arte mayor* durchsetzt.[131a] Tomás Navarro[132] nimmt daher an, daß Imperial gar keine silbisch korrekte Nachahmung des italienischen 11-Silbers angestrebt habe. Vielmehr sei es ihm darauf angekommen, zu zeigen, daß der italienische 11-Silber nicht weniger geschmeidig ist als der *arte mayor*. Er habe ihn deshalb auch in *coplas de arte mayor* verwendet.

Mit größerem Recht als Imperial darf man den Marqués de Santillana als den Vater des *género italiano* in Spanien bezeichnen. Die Fortschritte in der Handhabung des 11-Silbers sind gegenüber Imperial beträchtlich. Santillana sucht seine metrischen Vorbilder unter den italienischen Petrarchisten selbst. Nach ihrem Beispiel kombiniert er

---

[130] *Resumen*, S. 51.

[131] Vgl. Rafael Lapesa, *Notas sobre Micer Francisco Imperial*. NRFH VII (1953), S. 337–351; bes. S. 350f.

[131a] Vgl. Edwin E. Place, *Present status of the controversy over Francisco Imperial*. Speculum XXXI (1956), S. 478–484, bes. S. 483.

[132] *Métrica*, S. 133.

die italienischen 11-Silbertypen, allerdings mit Überwiegen des Typs B_2. Den Typ B_3, der sich in seiner italienischen Form nur auf die Akzente der 4., 7. und 10. Silbe beschränkt und damit vom 4-hebigen Hilfsvers des *arte mayor* verschieden ist, führt er erstmals in Spanien ein. Erstmals auch wird durch Santillana der 11-Silber in ansehnlichem Umfang und gleichzeitig in silbischer Korrektheit in Spanien präsentiert.[133] Von den drei *versos de arte mayor*, die sich in seinen Sonetten finden, ist nicht sicher, ob sie dem Autor oder der Überlieferung zuzuschreiben sind. Silbische Schwankungen in so geringer Zahl finden sich übrigens auch bei Garcilaso.[134] Endlich gab Santillana seinen 11-Silbern *al itálico modo* die italienischste Gedichtform schlechthin: die Form des Sonetts. Trotz all dieser Vorzüge blieben Santillanas 11-Silber in einer Zeit der Hochblüte des *arte mayor* ohne Nachfolge.

II. Erst etwa 70 Jahre nach dem Tod Santillanas gewinnt der 11-Silber endgültig Heimatrecht in Spanien und wird zum klassischen Vers der Kunstdichtung. Dieser neue Abschnitt seiner Geschichte nimmt seinen Anfang in der Unterhaltung Boscáns mit Navagero zu Granada im Jahre 1526, deren Schilderung in dem Brief Boscáns an die Duquesa de Soma erhalten ist.[135] Ausdrücklich gedenkt dort Boscán auch der entscheidenden Rolle Garcilasos. Andere Dichter, wie Sâ de Miranda, Diego Hurtado de Mendoza, Hernando de Acuña schlossen sich der neuen Richtung an und trugen zu ihrem baldigen und bleibenden Siege bei. Die Anhänger des die Tradition verkörpernden *arte mayor* leisteten allerdings erheblichen Widerstand. Die bedeutendsten unter ihnen sind Cristóbal de Castillejo, der sich in seiner Schrift *Contra los que dejan los metros castellanos y siguen los italianos* in polemischem Ton mit den italianisierenden Neuerern auseinandersetzt, und Gregorio Silvestre, der sie in der *Visita de amor* in burlesker Form persifliert. Das an den rhythmisch klar geprägten *arte mayor* gewöhnte Ohr vieler Spanier empfand — nicht zu unrecht — Boscáns frühe Proben des 11-Silbers als rhythmisch unbefriedigend. Alfonso García Matamoros gibt in seinem Traktat *De adserenda Hispanorum eruditione* diesem Empfinden Ausdruck, wenn

[133] Vgl. Mario Penna, *Notas sobre el endecasílabo en los sonetos del Marqués de Santillana.* In: Estudios dedicados a Menéndez Pidal, Bd. V, Madrid 1954, S. 253–282.

[134] Vgl. H. Keniston, *Garcilaso de la Vega. A critical study of his life and works.* New York (Hispanic Society of America) 1922, S. 277–349. — Hinweise zur Beseitigung dieser silbischen Unregelmäßigkeiten gibt A. Valbuena Prat, *Historia de la literatura española*, 5. Aufl., Barcelona 1957, Bd. I, S. 517, Anm. 1.

[135] Die einschlägige Stelle ist abgedruckt *Ant.*, X, S. 68.

er schreibt: *At quorumdam auribus dulcius* (sc. als die neuen 11-Silber) *sonant Ioannes Mena, Bartholomaeus Naharro, Georgius Manricus, Carthagena et illustrissimus marchio Ignatius Lopez Mendozius.* Er findet die *italici numeri magis artificiosi quam suaves et canori.*[136] Selbst Lope scheint bestimmten Ausdrucksmöglichkeiten der alten ›einheimischen‹ Verse nachzutrauern, wenn er im 2. Teil der *Filomena* (1621) schreibt:

Despues que con los versos extranjeros,
En qien Lasso y Boscan fueron primeros,
Perdimos la agudeza, gracia y gala
Tan propia de españoles
. . . . (BAE XXXVIII, S. 490)

Dennoch setzte sich der 11-Silber noch im 16. Jahrhundert durch und vermochte sich durch alle Jahrhunderte und durch alle Neuerungsbestrebungen hindurch als der klassische Vers der spanischen Kunstdichtung bis heute zu behaupten.

Zu einzelnen Typen und Varianten

Wenn oben gesagt wurde, daß seit der 2. Hälfte des 16. Jahrhunderts ein Ausgleich zwischen B_2 und A_2 geschaffen wurde und daß beide zusammen die Grundlage der meisten spanischen 11-Silber bilden, so heißt das nicht, daß deswegen alle anderen Typen verschwunden wären und schließt auch nicht aus, daß im Einzelfall ein anderer als die beiden Standardtypen die führende Rolle in einem Gedicht spielt. Über die vordergründige Funktion der rhythmischen Variierung hinaus ist bei guten Dichtern die Bevorzugung bestimmter Typen oder die Art ihrer Kombination ein bewußt oder unbewußt gewähltes Ausdrucksmittel, das in innerer Beziehung zur dichterischen Aussage steht. Doch ist dieses weite Feld metrischer Forschung noch so wenig bestellt, daß man allgemein zusammenfassende Aussagen, wie sie im Rahmen dieses Überblicks erforderlich wären, darüber nicht machen kann.[137]

Typen A:

Hinsichtlich der Typengruppe A möge das auf S. 92f. Mitgeteilte als Orientierung genügen.

Typen B:

Der Typ B_1, der je nach der Lage eines rhythmischen Akzentes auf dem Nebenton der 6. oder 8. Silbe oder aber der 7. Silbe vom Standpunkt

---

[136] Zitiert nach Morel-Fatio, *L'arte mayor et l'hendecasyllabe.* Romania 23 (1894), S. 222–223.

[137] Anregungen vermitteln z. B. die Ausführungen über den *valor expresivo* einiger Betonungstypen des *endecasílabo* im 16. und 17. Jahrhundert bei Dámaso Alonso, *Poesía española. Ensayo de métodos y límites estilísticos.* Madrid[3] 1957, S. 60f., 94ff., 106f., 279ff.

des Rhythmus nichts anderes ist als ein unscharf ausgeprägter Typ B_2 bzw. Typ B_3, ist zwar in der Zeit der Anfänge des 11-Silbers und mit abnehmender Häufigkeit auch nach Boscán bis zu seinem völligen Verschwinden zu Beginn des 19. Jahrhunderts vorhanden, wird aber, trotz seines Vorkommens in der italienischen Dichtung, bis herauf zu Maury (1826) von keiner spanischen Poetik als zulässige Gestaltung des 11-Silbers anerkannt. Rengifo und Pinciano erwähnen ihn überhaupt nicht, andere Praeceptisten lehnen ihn ausdrücklich als *deficiente* ab. Erst Rubén Darío und nach ihm Unamuno, Juan Ramón Jiménez, die beiden Machado u. a. verwenden den Typ B_1 in Erkenntnis seiner rhythmisch unscharfen Eigenart bewußt als gleichberechtigten Kombinationsvers.

Typ B_2 und Sonderformen:

Nachdem oben — entsprechend seiner Bedeutung — bereits eingehender vom Typ B_2 zu handeln war, bleiben hier nur einige Hinweise zu seinen beiden Sonderformen zu geben.

a) *Der sáfico in der sapphischen Strophe* ist so eng mit dieser Gedichtform verbunden, daß er zusammen mit ihr dargestellt wird (s. u. *estrofa sáfica*).

b) *Endecasílabo a la francesa.* Seine unsichere Vorgeschichte reicht bis in die ametrische Periode hinab. Zu seinem gelegentlichen Auftauchen im 15. und 16. Jahrhundert s. o. S. 97 f. Ohne Rücksicht auf seine spanische Tradition nimmt ihn Alberto Lista (1775—1848) in unmittelbaren Nachahmungen französischer Vorbilder und unter ausschließlicher Beschränkung auf die männliche Zäsur wieder auf. Er kombiniert ihn mit oxytonen 9-Silbern in *La vergüenza* und verwendet ihn durchgängig in *El retrato.*[138] — Unter Ausnutzung der Möglichkeit epischer Zäsur — wie am Ausgang des Mittelalters — erscheint er wieder in *Mañana de luz* von Juan Ramón Jiménez.

Typ B_3

I. Zum Vorkommen des Typs B_3 im Mittelalter wurden bereits oben im allgemeinen geschichtlichen Abschnitt einige Hinweise gegeben. Erstmals auf der iberischen Halbinsel wurde er in Galizien-Portugal unter dem Einfluß der dortigen Volksdichtung vom Typ der *gaita gallega*, wie sie z. B. besonders in den *muinheiras*[139] vertreten ist, zu der charak-

[138] Beide Gedichte sind in seinen *Poesías inéditas* (ed. J. M. de Cossío), Madrid 1927, S. 245 und 250. — Vgl. auch D. C. Clarke, *On the versification of Alberto Lista.* RR XLIII (1952), S. 109–116.

[139] *Cando te vexo d'o monte n'altura.* Über den 11-Silber in Galizien und Portugal vgl. Milá y Fontanals, *De la poesía popular gallega* und *Del decasílabo y endecasílabo anapésticos* im Bd. V der *Obras completas.* — H. R. Lang,

teristischen vierhebigen Variante ausgeprägt, die man ihrer Herkunft wegen als *endecasílabo galaico-portugués* bezeichnet. Ihre wichtigste Rolle in der älteren Zeit spielt sie als katalektische Variante des *verso de arte mayor*. Zusammen mit diesem kommt sie nach der Mitte des 16. Jahrhunderts außer Mode und wird von den Poetiken des Siglo de oro ausdrücklich aus der Kunstdichtung verbannt. Während dieser Zeit begegnet sie — meist leicht fluktuierend — in der volkstümlichen Lieddichtung der *gaita gallega*, in den verschiedenen Tanzliedtypen, besonders im *minué*. Die Comedia der Blütezeit nimmt solche Liedchen als Einlagen gelegentlich auf, so z. B. Lope de Vega im 1. Akt des *San Isidro labrador de Madrid*[140] und Tirso de Molina in *Don Gil de las calzas verdes*.[141] Nachdem sie sich am Ausgang des 17. Jahrhunderts in der volkstümlichen Lieddichtung mehr und mehr zu einem eigenständigen, nunmehr auch silbisch korrekten 11-Silbertyp ausgeprägt hat, findet sie seit dem frühen 18. Jahrhundert wieder Aufnahme in der Kunstdichtung, freilich nur sehr zögernd und in sehr geringem Umfang. Den ersten Schritt in dieser Richtung machten wohl zwei Lateinamerikaner, der Peruaner Peralta Barnuevo in seiner Comedia *Triunfo de amor y poder*, wo einige kurze Versfolgen einheitlich im *endecasílabo galaico-portugués* abgefaßt sind und der Mexikaner Fray Juan de la Anunciación in den beiden Gedichten *Al rayar la aurora* und *Al pasearse una dama por el jardín*. Erst im fortgeschrittenen 18. Jahrhundert faßt er auch in der Kunstdichtung Spaniens wieder Fuß, so wohl erstmals[142] in den Fabeln *La criada y la escoba* und *El ricacho metido a arquitecto* von Iriarte,[143]

Das Liederbuch des Königs Denis von Portugal, Halle 1894, S. CXIV, CXVI–CXVII. — Th. Braga und C. Michaelis de Vasconcellos, *Geschichte der portugiesischen Literatur*, in GG II, 2, §§ 20,26. — Hanssen, *Zur spanischen und portugiesischen Metrik*, Valparaiso 1900, und *Los versos de las cantigas de Santa María del rey Alfonso X*, AUCh 1901. Isabel Pope, *Mediaeval Latin background of the thirteenth-century Galician lyric*. Speculum II (1934), S. 3–25. — D. C. Clarke, *Versification in Alfonso el Sabio's Cantigas*. HR XXIII (1955), S. 83–98 (mit bibliographischen Hinweisen). — Zur Ursprungsfrage, s. auch unter *arte mayor*.

[140] *Molinito que mueles amores.*

[141] *Molinico, ¿por qué no mueles? — Porque me beben el agua los bueyes.* Vgl. Ureña, *Los versos de gaita gallega en las danzas. Versificación*, S. 227ff. und M. García Blanco, *Algunos elementos populares en el teatro de Tirso de Molina*. BRAe XXIX (1949), S. 413–453; bes. S. 443ff.

[142] Im Villancico *La gaita zamorana* des Torres Villarroel (BAE LXI, S. 69f.) kann noch nicht von einer selbständigen Verwendung dieses 11-Silbertyps gesprochen werden, da er nur in Liedzitaten erscheint.

[143] BAE LXIII, S. 18 und 21.

ferner bei Moratín an verschiedenen Stellen der Chöre seiner *Padres del Limbo* und bei J. M. Heredia im *Himno de la guerra* (1826).[144]

Bei den Romantikern kommt er wieder völlig außer Gebrauch und begegnet in dieser Zeit — wie es scheint — nur einmal bei dem versuchsfreudigen Sinibaldo de Mas in *Pot-pourri* I, 59.

Seine höchste, wenngleich kurze Blüte erlebte der *endecasílabo galaico-portugués* im Modernismus. Sie nahm ihren Ausgang von Rubén Daríos Gedicht *Pórtico*, das er der Sammlung *En tropel* (1892) von Salvador Rueda vorangestellt hat. Das Erscheinen dieses vielbeachteten Gedichtes löste eine heftige Diskussion darüber aus, ob Darío als Erfinder dieses Verses zu gelten habe. Darío selbst gab Menéndez Pelayo recht, der dessen *verso dactílico* mit dem 11-Silbertyp der *gaita gallega* (und damit mit dem *endecasílabo galaico-portugués)* identifizierte. Daríos Beispiel wurde vielfach nachgeahmt, so von Salvador Rueda verschiedentlich in *Familia sublime*, von González Prada *(Minúsculas)*, Gabriela Mistral *(Palabras serenas; Ausencia; Ruth)*, Alfonso Reyes *(Balada de los amigos muertos)* u. a.

II. Der erstmals von Santillana eingeführte rein italienische, also dreihebige Typ B_3 hat in Spanien nur geringe Bedeutung erlangt. Als Kombinationsvers im Rahmen der polyrhythmischen Verwendung des 11-Silbers begegnet er noch gelegentlich bei den Petrarchisten der ersten Hälfte des 16. Jahrhunderts (Boscán, Garcilaso, Sâ de Miranda u. a.). Infolge der damals noch wirksamen Gewöhnung an den vierhebigen 11-Silber des *arte mayor* lag es nahe, von den drei unbetonten Eingangssilben des italienischen Typs B_3 die erste oder die zweite mit einem stärkeren Akzent zu versehen, z. B.

Cuàndo quisiéres, cual póbre pastór
(Mendoza, *Cómo podré cantar*).

Damit aber gelangte der beabsichtigte italienische Typ in zu große Nähe des vierhebigen *endecasílabo galaico-portugués*, des Hilfsverses des *arte mayor*. Gerade eine solche Verwandtschaft wollten jedoch die sich der neuen Kunst bewußten Dichter vermeiden. Auch die Praeceptisten, von Cascales *(Tablas poéticas*, 1617) bis Maury, lehnen den Typ B_3 sowohl in seiner vier- wie in seiner dreihebigen Form ab. So kommt es, daß mit dem Ende des 16. Jahrhunderts die italienische Variante des Typs B_3 praktisch aus der spanischen Dichtung verschwindet. Die verstreuten Beispiele, die sich bei Cervantes, Góngora und späteren Dichtern finden, sind wohl eher als Versehen oder unsorgfältige Handhabung des 11-Silbers denn als Fortleben der italienischen Variante zu betrachten.

[144] P. Henríquez Ureña, *La versificación de Heredia.* RFH IV (1942), S. 171–172.

Erst bei Rubén Darío, der wie Santillana und Boscán bewußt alle in Italien üblichen 11-Silbertypen kombiniert, tritt auch die italienische Variante des Typs B_3 wieder als gleichberechtigter Kombinationsvers auf.

Die zeitgenössische Dichtung hat den Typ B_3 in seinen beiden Varianten so gut wie völlig aufgegeben. Jorge Guillén ist vielleicht der einzige, der ihn — meist mit kürzeren Versen kombiniert — in nennenswertem Umfang verwendet, so z. B. im 3. Teil von *Anillo*, in *Noche encendida*, *El cigne*, *Interior*. Bei Alberti findet er sich in *Madrid por Cataluña*, bei Miguel Hernández in *Eterna sombra*. Doch handelt es sich hier um isolierte Fälle.

Literatur: P. Henríquez Ureña, *El endecasílabo castellano*. RFE V (1919), S. 132–157; erweiterte Neufassung in BAAL XIII (1944), S. 725–828. — Rubén del Rosario, *El endecasílabo español*. San Juan de Puerto Rico, Monografías de la universidad (Estudios hispánicos 4), 1944. — Julio Saavedra Molina, *Tres grandes metros:* ... el endecasílabo. AUCh CIV (1946), S. 63–122; auch als Buch, Santiago de Chile 1946. — Dámaso Alonso, *Elogio del endecasílabo*. In: De los siglos oscuros al de oro. Madrid 1958, S. 178–182. (Auch in *Ensayos sobre poesía española*, Madrid 1944.) — A. Carballo Picazo, *Situación actual de los estudios de métrica española: El endecasílabo*. Clavileño, Año VII (1956), Nr. 37, S. 10ff. (Kurze *bibliographie raisonnée*).

A. Bello, *Del verso yámbico endecasílabo. De los versos sáfico y adónico.* In: *Obras compl.* VI. S. 174–187. — M. Milá y Fontanals, *Del decasílabo y endecasílabo anapésticos*. In: *Obras compl.*, Barcelona 1893, S. 324–344. — A. Morel-Fatio, *L'arte mayor et l'hendécasyllabe dans la poésie castillane du XVe siècle et du commencement du XVIe siècle*. Romania XXIII (1894), S. 209–231. — M. Menéndez Pelayo, *El endecasílabo en la poesía castellana.* In: *Estudios* Bd. II, S. 111–118 (nur bis 1550); ferner *Ant.* X, cap. XLIII und XLIV sowie im Index s. v. *endecasílabo*. — Joaquín Balaguer, *El endecasílabo de arte mayor y el endecasílabo italiano*, in *Apuntes para una historia prosódica de la métrica castellana*, RdL-Anejo 13, Madrid 1954, S. 161–188.

Dámaso Alonso, *La simetría en el endecasílabo de Góngora*. RFE XIV (1927), S. 329–346; jetzt auch in *Estudios y ensayos gongorinos*, Madrid 1955, S. 117ff. — Tomás Navarro, *El endecasílabo en la tercera égloga de Garcilaso*. RoPhil V (1951/52), S. 205–211. — Mario Penna, *Notas sobre el endecasílabo en los sonetos del Marqués de Santillana*. In: Estudios dedicados a Menéndez Pidal, Bd. V (Madrid 1954), S. 253–282.

Der 12-Silber

Der 12-Silber *(dodecasílabo)* als regelmäßiger Silbenvers ist begrifflich und sachlich zu trennen von dem zwar ebenfalls überwiegend 12-silbigen, nach Herkunft und Wesen aber anisosyllabischen *verso de arte mayor* (s. d.). Der Unterschied zwischen beiden ist nicht immer am einzelnen Vers festzustellen. Vielmehr muß man in Zweifelsfällen das ganze Gedicht untersuchen: zeigen dann die 12-Silber silbisches Schwanken und eine deutliche Bevorzugung des daktylischen Rhythmus, so handelt es sich um *versos de arte mayor*. Wird hingegen im ganzen Gedicht die Silbenzahl streng beobachtet, so liegt eine 12-Silberdichtung vor. Von diesem Standpunkt aus sind die späten Nachahmungen des *arte mayor*, z. B. bei Iriarte, Moratín, Espronceda u. a. als 12-Silber zu betrachten, da sie als reine Silbenverse behandelt werden. Zwar sind die drei Varianten des symmetrischen 12-Silbers im *arte mayor* enthalten und haben sich historisch auch daraus entwickelt, aber umgekehrt erschöpfen sich die silbischen und rhythmischen Möglichkeiten des *arte mayor* nicht in den Formen des regelmäßigen 12-Silbers.

Nach der Lage der Einschnitte im Versinnern lassen sich zwei Typenklassen des 12-Silbers unterscheiden:

A) die *symmetrischen* Typen, die sich in 2 gleichlange Hemistiche von je 6 Silben gliedern,

B) die *unsymmetrischen* Typen mit den Gliederungen 4+4+4, 7+5, 5+7 und 8+4 Silben.

A) Symmetrische Typen

1. Der *trochäische* Typ. Er besteht aus zwei trochäischen 6-Silbern. Seine rhythmischen Akzente fallen auf die Silben ungerader Zahl.

óo óo óo : óo óo óo

Antes que la luna delatarnos pueda
todos a los botes y a embarcarnos ya
(García Gutiérrez, *El capitán negrero* I, 1)

2. Der *daktylische* Typ. Er besteht aus zwei daktylischen 6-Silbern, deren jeder mit einer Silbe in Anakrusis beginnt. Die rhythmische Periode wird daher von je einem Daktylus gebildet. Die Akzente liegen auf der 2. und 5. Silbe jedes Hemistichs.

o óoo óo : o óoo óo

El metro de doce son cuatro donceles,
donceles latinos de rítmica tropa; (A. Nervo)

3. Der *polyrhythmische* Typ. Er stellt die beliebige Kombination von trochäischen und daktylischen Halb- und Ganzversen dar.

De frase extranjera el mal pegadizo	dakt./dakt.
hoy a nuestro idioma gravemente aqueja;	troch./troch.
pero habrá qien piense que no habla castizo	troch./dakt.
si por lo anticuado lo usado no deja.	troch./dakt.

(Iriarte, *El retrato de Golilla)*

B) Unsymmetrische Typen

1. *Dodecasílabo ternario*. Jede Erinnerung an Reihenschluß oder Zäsur nach der 6. Silbe ist aufgegeben. Statt in zwei gleichlange

Halbverse gliedert sich dieser Typ in drei (notwendig trochäische) 4-Silber. Die Akzente fallen daher auf die 3., 7. und 11. Silbe.

oo óo oo óo oo óo
Voy, señores, a contarles un suceso (Sinibaldo de Mas)

2. *12-Silber mit der Gliederung in 7+5 Silben.* Zäsur nach der 7. Silbe, Akzente auf der 6. und 11. Silbe. Seine sonstige rhythmische Gestaltung ist frei und richtet sich nach den Möglichkeiten, die der 7-Silber und der 5-Silber bieten. Er wird gelegentlich auch *dodecasílabo de seguidilla* genannt, da er die für die Seguidilla typische Verbindung von selbständigen 7- und 5-Silbern in einem 12-silbigen Vers zusammenschließt.

Metro mágico y rico que al alma expresas
llameantes alegrías penas arcanas
(Darío, *Elogio de la seguidilla)*

3. *12-Silber mit der Gliederung in 5+7 Silben.* Umkehrung des vorgenannten Typs, jedoch wahrscheinlich französischer Herkunft. Akzente auf der 4. und 11. Silbe. Das erste Hemistich ist häufig daktylisch, das zweite gewöhnlich trochäisch.

Momia que duermes tu inamovible sueño
desde hace siglos, debes oir mi voz
(Santos Chocano, *Momia incaica)*

4. *Der 12-Silbertyp mit der Gliederung in 8+4 Silben* ist nur durch ein Beispiel in der *Gramática castellana* (II 8) Antonios de Nebrija belegt.

Geschichtliches: Der symmetrische 12-Silber ist mit seinen drei Varianten im *arte mayor*, soweit dieser 12-silbig ist, enthalten. Für die ältere Zeit ist daher seine Geschichte identisch mit der des *arte mayor* (s. d.). Seit der Mitte des 16. Jahrhunderts gerät dieser, verdrängt von dem neuen italienischen 11-Silber, für mehr als zwei Jahrhunderte in Vergessenheit und mit ihm auch der symmetrische 12-Silber, der sein Hauptelement darstellte.

Erst gegen Ende des 18. Jahrhunderts konstituiert sich der symmetrische 12-Silber im Zuge der Bemühungen um eine Wiederbelebung des *arte mayor* als selbständiger reiner Silbenvers. In der Romantik und im Modernismus gelangt er zusammen mit den unsymmetrischen 12-Silbertypen zu einer gewissen Blüte. In der nachmodernistischen Dichtung hat er wieder stark an Bedeutung und Beliebtheit verloren, so daß er heute ein seltener Vers ist.

Zu den einzelnen Typen:

A) 1. Der *daktylische* Typ war schon im *arte mayor* die führende Variante. Als selbständiger, durchgängiger Vers ganzer Dichtungen fand er erstmals bei L. F. de Moratín *(Al Príncipe de la Paz),*[145] bei Arriaza und Lista (El amor[146] u. a.) Verwendung. Freilich hatte Moratín nicht das Bewußtsein, einen eigenständigen 12-Silber geschaffen zu haben; vielmehr hielt er seine silbisch durchaus korrekten 12-Silber für *versos de arte mayor.* Er schrieb sie in altertümlicher Sprache und nannte sie *versos antiguos.* — In der Romantik ist der daktylische Typ die häufigste 12-Silbervariante. Beispiele bieten Bermúdez de Castro *(Dios),* Zorilla *(El niño y la luna; A Venecia),* Mármol *(Sol de mayo),* Avellaneda *(Las siete palabras, Serenata de Cuba).* Im Modernismus geht seine Beliebtheit zwar zugunsten des polyrhythmischen Typs zurück, doch ist er noch gut vertreten bei Gutiérrez Nájera, Rubén Darío (z. B. *La canción de los pinos),* Unamuno, A. Machado und A. Nervo, der den 12-Silber in *El metro de doce* besungen hat. In nachmodernistischer Zeit kam er außer Mode.

A) 2. Der *polyrhythmische* Typ, ebenfalls gut vertreten im alten *arte mayor,* ist erstmals deutlich ausgeprägt in der *Comedieta de Ponça* des Marqués de Santillana. Santillanas Vorgang, der auf eine streng silbische Festlegung des *arte mayor* hinzielte, blieb in der Blütezeit dieses Verses ohne Nachfolge. Erst Iriarte repräsentiert erstmals wieder den polyrhythmischen Typ *(El lobo y el pastor; El retrato de Golilla).*[147] Wie Moratín, so glaubte auch er, *versos de arte mayor* geschrieben zu haben, wobei er sich auf das Vorbild Santillanas berufen konnte. — In der Romantik spielt er eine wichtige Rolle neben der daktylischen Variante, wie die *coplas de arte mayor* in Hartzenbuschs *Los amantes de Teruel* und umfängliche Passagen in Esproncedas polymetrischem *Estudiante de Salamanca* als Beispiele zeigen können. — In der 12-Silberdichtung des Modernismus nimmt er die erste Stelle ein. Besonders sind es Rubén Darío (z. B. *Era un aire suave; El faisán)* und Valle Inclán (verschiedentlich in *La pipa del Kif,* u. a.), die ihn pflegten. Rubén Darío hat den polyrhythmischen Typ um eine Neuerung bereichert, indem er — erstmals in *Los motivos del lobo* — mehrfach das erste Hemistich auf *palabra aguda* enden ließ. Diese Neuerung ist zum durchgängigen Prinzip erhoben in Daríos *Líbranos, Señor.* In *Viñas paganas* von Alfonso Reyes wird der *agudo*-Ausgang auf beide Halbverse ausgedehnt. Unter den in der zeitgenössischen Dichtung selten gewordenen 12-Sil-

---

[145] *A vos, el apuesto complido garzón;* BAE II, S. 583.
[146] BAE LXVII, S. 361.
[147] BAE LXIII, S. 10 und 13.

bern ist der polyrhythmische Typ der relativ häufigste. In größerem Umfang wurde er gepflegt von García Lorca *(Elegía, Invocación al laurel, Gacela de la terrible presencia).*

A) 3. Am spätesten hat sich der *trochäische* Typ, der als Variante des *arte mayor* nicht selten ist, zur Selbständigkeit entwickelt. Er begegnet erstmals in einer Lieddichtung des romantischen Dramas *El capitán negrero* (I, 1) von García Gutiérrez. Wirklich bewußt wird er aber erst im Modernismus verwendet: Rubén Darío *(Flirt, El canto errante)*, Salvador Rueda *(Las arañas y las estrellas)*, Santos Chocano, A. Nervo.

Die einzelnen Typen des unsymmetrischen 12-Silbers sind verschiedener Herkunft. Seine relativ größte Rolle spielt er in der Romantik und im Modernismus, d. h. in den gleichen Epochen, in denen auch der symmetrische 12-Silber Verbreitung fand.

B) 1. Der *dodecasílabo ternario* weist auf volkstümlichen Ursprung. Seine Vorformen finden sich in alten, anisosyllabischen *estribillos*, in Tanzliedern u. ä. Das früheste Zeugnis seiner bewußten Verwendung ist eine anonyme Tonadilla des 18. Jahrhunderts *El chasco del perro.*[148] — Im 19. Jahrhundert ist er nur bei zwei Autoren nachgewiesen: Sinibaldo de Mas in der Octava aguda *Voy, señores* und als Kombinationsvers in dem Gedicht *El otoño* (1883) des Ventura Ruiz Aguilera. Seinen größten Aufschwung erlebt er im Modernismus. Als durchgängigen Vers verwenden ihn Unamuno *(No eres tuya; Credo poético;* beide in *Poesías*, 1907) und Salvador Rueda *(Torre de las rimas)*. Mit anderen Typen und Versen mischen ihn Darío *(La canción de los osos)*, Jaimes Freyre *(El camino de los cisnes)* und Santos Chocano *(Añoranza)*. In der Gegenwartsdichtung taucht er auf in *Mariana Pineda* von García Lorca (1. Szene: *Parecía el hilo rojo entre sus dedos*).

B) 2. Der hinsichtlich seiner Verbreitung wichtigste unter den unsymmetrischen Typen ist der 12-Silber mit der Gliederung 7+5. Diese Gliederung findet ihre nächste Parallele in der Seguidilla, die in ihrer üblichen Form als 4-Zeiler nach dem Schema a7 b5 c7 b5 dargestellt wird. Der von verschiedenen Gelehrten behauptete Zusammenhang des Seguidilla-Verses mit dem *arte mayor* wird von Tomás Navarro aus rhythmischen Gründen in Abrede gestellt.[149] In älterer Zeit und noch in den ersten Jahrzehnten des

---

[148] José Subirá, *La tonadilla escénica*, Madrid 1928, II, S. 287, zit. nach T. Navarro, *Métrica*, S. 312.

[149] *Métrica*, S. 161, Anm. 47.

17. Jahrhunderts schrieb man die Seguidilla in 2 Langzeilen zu je 12 Silben, wobei freilich die Silbenzahl in gewissem Umfang schwanken konnte. Wie aus dem mitgeteilten Reim- bzw. Assonanzschema hervorgeht, besteht Gleichklang nur zwischen den Ausgängen der 5-Silber. Eine solche Reimanordnung erklärt sich — ähnlich wie bei der Romanzenstrophe — am besten dadurch, daß man als ursprüngliche Form der Seguidilla *pareados* von Langzeilen annimmt. Unter Einbeziehung des *dodecasílabo de seguidilla* würde der in 7+5 gegliederte 12-Silber bis in die *kharǵas* des XI. und XII. Jahrhunderts zurückreichen und seine Geschichte würde sich decken mit der der Seguidilla (s. d.) und ihrer Vor- und Frühformen. — Als frühestes Beispiel für die bewußte und silbisch korrekte Anwendung des in Rede stehenden 12-Silbertyps führt T. Navarro[150] einige *estribillos* aus den *Nocturnos* der Sor Juana Inés de la Cruz an. — Seine bedeutende Verbreitung von der Mitte des 19. Jahrhunderts an verdankt er der Verwendung durch Zorilla. Erstmals findet er sich bei Zorilla in einer *Serenata* des Buches *La flor de los recuerdos* (1859). Hier ist der Zusammenhang mit der Seguidilla deutlich erkennbar, da die 12-Silber der Serenata in eine *seguidilla compuesta* ausklingen. Später machte ihn Zorilla zu einem seiner Lieblingsverse. Sein Vorbild wirkte auf Avellaneda (*A las cubanas*, 1860), Bécquer, Rosalía de Castro u. a. — Im Modernismus bleibt dieser 12-Silbertyp weiterhin in Mode. Viele der bekanntesten Dichter, besonders Südamerikas, wie Darío, José Asunción Silva, Díaz Mirón, J. Freyre, A. Nervo, M. Machado und Alfonso Reyes haben auf ihn zurückgegriffen. Darío zeigt eine gewisse Vorliebe für ihn, wie seine Sonette an Walt Whitman und Díaz Mirón, wie ferner *A Colón* und das *Elogio de la seguidilla* erkennen lassen. Salvador Rueda verwendet ihn in größeren Dichtungen, wie in der *Cadena de las rimas*, *El mantón de Manila* u. a.[151] In der Gegenwartsdichtung hat er seine Bedeutung verloren.

B) 3. Von geringer Bedeutung als selbständiger Vers ist der 12-Silber der Gliederung 5+7. Die ersten Versuche dieser Art gehen auf Sinibaldo de Mas zurück. In größerem Umfang haben ihn Santos Chocano in den 90 Versen seiner *Momia incaica* sowie Unamuno in *Cantos sin hilo de mi niñez dorada* verwendet. Er dürfte eine direkte Nachahmung des französischen 10-Silbers in der Gliederung 4+6 Silben sein, mit der Besonderheit jedoch, daß die

[150] *Métrica*, S. 262.

[151] Vgl. Juan Antonio Tamayo, *Salvador Rueda o el ritmo*. Cuadernos de literatura contemporanea, Madrid, Heft 7 (1943), S. 3–35, bes. S. 19ff.

schon stets als Lizenz gestattete sogenannte epische Zäsur zum Prinzip erhoben und wie in einem unzusammengesetzten Vers auf die Silbenzahl angerechnet wird. Seine Vorläufer hat er in den *endecasílabos a la francesa* (s. d.), z. B. *O sacra esposa del Espíritu Santo* (Pérez de Guzmán); *cuanto bien tengo son pensamientos vanos* (Romaní, 15. Jahrhundert). Die durch ihre Gliederung 5+7, 5+7 verwandt erscheinende *seguidilla inversa* kommt vor allem wegen ihrer Seltenheit als Ausgangsform kaum in Betracht.

Literatur: S. u. *Verso de arte mayor* und u. *Die Seguidilla und ihre Formen.* — G. Díaz Plaja, *Modernismo frente a 98,* Madrid 1951, S. 280ff.

Der 14-Silber (Alexandriner)

In Spanien ist der 14-Silber praktisch identisch mit dem Alexandriner. Zu seiner traditionellen Gestalt kamen im 18. und 19. Jahrhundert zwei Sonderformen hinzu, die durch eine neuartige Behandlung des Reihenschlusses von der üblichen Form abweichen. Zwar gibt es seit Vicuña Cifuentes und González Prada auch einen *tetradecasílabo* in trochäischer und daktylischer Variante, d. h. einen 14-Silber, der nichts mit dem Alexandriner zu tun hat, doch ist er bislang eine metrische Kuriosität, die hier übergangen werden darf.[152]

Der Alexandriner ist in seiner Normalform ein 14silbiger Langvers, der sich aus zwei 7-Silbern als Halbversen zusammensetzt. Die beiden Halbverse sind durch Reihenschluß getrennt, der weder Synaloephe noch Kompensation zuläßt. Da beide Halbverse oder auch nur einer von ihnen nach Belieben *agudo-*, *llano-* oder *esdrújulo-*Ausgang aufweisen können, hat der Alexandriner bei numerischer Zählung mindestens 12 und höchstens 16 Silben.

Allen Varianten des traditionellen Alexandriners sind die unverrückbaren, starken Akzente auf der 6. und 13. Silbe sowie der streng beachtete Reihenschluß zwischen den beiden Halbversen gemeinsam. Die weitere rhythmische Gestaltung ergibt sich 1. aus der Lage des die rhythmische Periode eröffnenden Akzentes auf der 1., 2. oder 3. Silbe jedes Halbverses, 2. aus der Möglichkeit, zwei rhythmisch verschieden gestaltete Halbverse zu einem Langvers zu verbinden.

Soweit der Alexandriner aus zwei rhythmisch gleich gebauten Halbversen besteht, hat er, wie der 7-Silber, drei rhythmische Varianten:

a) der *gemischte* Alexandriner *(alejandrino mixto)*, so benannt, weil er in seiner rhythmischen Periode zwei verschiedene Klauseln mischt. Er hat Akzente auf der 1. und 6. Silbe jedes Halbverses. Er beginnt ohne

[152] Er wird von Tomás Navarro, *Métrica*, unter den Nummern 425, 426, 479 besprochen.

Anakrusis. Der Akzent auf der 1. Silbe leitet daher die rhythmische Periode ein, die entweder aus Daktylus + Trochäus oder aus Trochäus + Daktylus besteht.

	óoo óo óo : óoo óo óo		
	oder: óo óoo óo : óo óoo óo		
	era de muchas guisas	ome revolvedor	(Berceo)
oder:	vido grandes compañas	(fermoza criazón)	(Berceo)

b) der *trochäische*[153] Alexandriner *(alejandrino trocaico)*. Er hat Akzente auf der 2. und 6. Silbe jedes Halbverses. Die 1. Silbe steht in Anakrusis, der Akzent auf der 2. Silbe eröffnet die rhythmische Periode, die aus 2 Trochäen besteht.

o óo óo óo : o óo óo óo		
Finó el rastrapaia	de tierra bien cargado	(Berceo)

c) der *daktylische*[154] Alexandriner *(alejandrino dactílico)*. Er hat Akzente auf der 3. und 6. Silbe jedes Halbverses. Der Akzent auf der 3. Silbe läßt 2 Silben in Anakrusis und eröffnet die rhythmische Periode, die aus einem Daktylus besteht.

oo óoo óo : oo óoo óo		
Demostróli la carta	que en punto tenía	(Berceo)

Weitere 6 rhythmische Varianten entstehen dadurch, daß Halbverse verschiedener rhythmischer Form zu einem Langvers zusammengeschlossen werden.

Zum gegenseitigen Verhältnis der Typen

Der spanische Alexandriner ist von seinen Anfängen bis zur Gegenwart ganz überwiegend polyrhythmisch. Lediglich die Romantik und hier besonders Zorilla und seine Anhänger bilden durch die programmatische Bevorzugung und Verselbständigung der trochäischen[155] Variante eine Ausnahme, die aber nur etwa 40 Jahre lang wirksam ist. Durch Rosalía de Castro (1837—1885) wird die daktylische[156] Variante verselbständigt. Der Modernismus kehrt unter Hinzufügung gewisser Neuerungen, die auf den romantischen und symbolistischen Alexandriner Frankreichs zurückgehen, zur alten Polyrhythmie zurück.

Wenn auch die einzelnen Alexandrinertypen infolge ihrer relativ späten und zudem nicht lange währenden Verselbständigung für die Geschichte der Metrik von geringer Bedeutung sind, so darf doch als sicher gelten, daß sie bei guten Dichtern schon seit der *clerecía* als stilistische

[153] nach der traditionellen Terminologie: der jambische Alexandriner.
[154] nach der traditionellen Terminologie: der anapästische Alexandriner.
[155] nach der alten Terminologie: jambischen.
[156] nach der alten Terminologie: anapästische.

Kunstmittel in den Dienst des dichterischen Ausdrucks gestellt wurden: „*Respecto a la variedad dactílica importa advertir que, contra la ordinaria impresión de rapidez y energía de esta clase de ritmo, el alejandrino de tal tipo, al equilibrar la duración de su período trisílabo con la que presentan los de cuatro y cinco sílabas en los demás tipos, adquiere carácter especialmente lento, suave y musical. La expresión reforzada y rápida corresponde en el metro alejandrino a las variedades mixtas.*“[157]

Sonderformen des Alexandriners

1. *Alejandrino a la francesa.* Nach dem Willen seines Erfinders Iriarte ist der *alejandrino a la francesa* ein unzusammengesetzter 13-Silber,[158] der den traditionellen Reihenschluß in eine bloße Zäsur verwandelt hat. Die 6. Silbe muß entweder die tontragende Silbe einer *palabra aguda* sein (der keine weitere Silbe zur Ergänzung hinzugefügt wird) oder die tontragende Silbe einer *palabra llana*, deren Auslautvokal jedoch mit dem vokalischen Anlaut der folgenden Silbe durch Synaloephe gebunden werden muß.

    En cierta catedral una campana había
    que sólo se tocaba algun solemne día

    (Iriarte, *Fab. VII*)

    Vicuña Cifuentes[159] und T. Navarro[160] sprechen dem *alejandrino a la francesa* den Charakter einer wirklichen Neuerung gegenüber dem traditionellen Alexandriner ab. In der Tat ist er als mögliche Gestaltungsform im traditionellen Alexandriner enthalten, denn nichts, außer allenfalls syntaktischen Gründen, hindert, den *alejandrino a la francesa* mit Reihenschluß zu lesen. Man erhält damit einen normalen 14-silbigen Alexandriner, in welchem dem *agudo*-Ausgang eine Silbe hinzuzuzählen und bei *llano*-Ausgang Hiat zwischen den beiden Halbversen zu setzen ist. Wenngleich Bello[161] die trochäische[162] Gestaltung als die erstrebenswerte empfiehlt, ist der *alejandrino a la francesa* tatsächlich polyrhythmisch und unterscheidet sich also auch hierdurch nicht vom traditionellen Alexandriner. Dennoch aber kann

[157] T. Navarro, *Métrica*, S. 61. — Dortselbst einige Beispiele für die Beziehung zwischen Inhalt und rhythmischer Form aus Berceo und aus dem Arcipreste.

[158] Sinibaldo de Mas hat diesen Typ unter dem Namen *tridecasílabo* gepflegt.

[159] *Sobre el imaginario verso yámbico de trece sílabas*, in *Estudios de métrica española*, Santiago de Chile, 1929 S. 13–75.

[160] *Métrica*, Nr. 256 und Anm. 21.

[161] *Arte métrica* in *Obras compl.* VI, S. 158.

[162] nach Bellos Terminologie: jambische.

man ihn mit Bello und P. Henríquez Ureña[163] als Sonderform gelten lassen, denn er war eine Neuerung im Bewußtsein der Dichter, die ihn gepflegt haben; das zeigt die konsequente Vermeidung des *esdrújulo*-Ausgangs im 1. Halbvers und die regelmäßige Schaffung der Bedingungen für die Synaloephe bei *llano*-Ausgang des ersten Halbverses. Einschränkenden Regeln dieser Art ist der traditionelle Alexandriner nicht unterworfen.

2. *Alejandrino ternario.* Der dreigeteilte Alexandriner ist ein 13-Silber ohne Reihenschluß und ohne Zäsur, mit Akzenten auf der 4., 8. und 12. Silbe. Anstatt des einstigen Reihenschlusses finden sich drei Einschnitte *(coupes)*, die den Vers in drei 4-silbige Gruppen und in eine Silbe am Schluß gliedern. Damit hat der für den traditionellen Alexandriner typische Akzent auf der 6. Silbe, seine Bedeutung verloren.

Hace sonar ' un ruiseñor ' en lo invisib ' le (Darío)

Dieser seit Rubén Darío in Kombination mit traditionellen Alexandrinern gelegentlich vorkommende Typ hat vom Alexandriner kaum mehr als den Namen. Dadurch, daß die 6. Silbe gewöhnlich prosodisch unbetont ist, ist sein französisches Vorbild weniger in Victor Hugos *alexandrin ternaire*, der den prosodischen Akzent auf der 6. Silbe regelmäßig bewahrt,[164] zu suchen als vielmehr im Alexandriner der französischen Symbolisten.[165]

Geschichtliches: Der Alexandriner leitet seinen Namen her aus seiner Verwendung in den französischen Bearbeitungen des Alexanderstoffes.[166]

Gekennzeichnet durch starkes silbisches Schwanken, begegnet der Alexandriner in Spanien schon in den ältesten Denkmälern der ametrischen Periode, wie z. B. im *Misterio de los Reyes Magos*, in der *Disputa del alma y el cuerpo* und in bedeutendem Umfang im *Cantar de Mio Cid.* Im *Cid* bildet er den *verso de eje*, d. h. den prozentual häufigsten Silbenvers, um den sich die anderen Versarten wie um eine Achse gruppieren. Von den 987 Versen des *Cid*, die Menéndez Pidal untersucht hat, sind 270 Verse Alexandriner. Nach ihnen kommen unmittelbar die dem Alexandriner durch ihre Silbenzahl nächststehenden Verse mit 15 Silben (216 Verse) und mit 13 Silben (187 Verse). Mit großem Abstand folgen

---

[163] *Sobre la historia del alejandrino.* RFH VIII (1946), S. 9.

[164] *Malheur à vous! Malhéur à moi! Malheur à tous!*

[165] *A me peigner ' nonchalamment ' dans un miroir* (Mallarmé). Vgl. Suchier, *Verslehre*, S. 66–67.

[166] In Frankreich taucht der wohl erst im Laufe des 15. Jahrhunderts so benannte Alexandriner erstmals in der Karlsreise auf. — Vgl. E. Stengel, *Romanische Verslehre*, § 60.

dann erst die übrigen.[167] Diese Sachlage legte die Vermutung nahe, daß der Alexandriner vielleicht auch bei den 13- und 15-Silbern beabsichtigt, aber aus unzureichendem technischem Können, vielleicht aber auch wegen des Nachwirkens einer einheimischen ametrischen Tradition dieses Verses nicht voll verwirklicht wurde. — S. jedoch u. S. 121 f.

Dieses frühe Auftreten des Alexandriners in Spanien gibt zu der Frage Anlaß, ob hier unbedingt an eine Entlehnung aus dem Französischen gedacht werden muß.[168] Man darf nicht übersehen, daß die repräsentative Epik Frankreichs, deren Einfluß in Spanien aus chronologischen Gründen in Frage käme, in 10-Silbern[169] abgefaßt ist. Menéndez Pidal datiert den *Cantar de Mio Cid* auf 1140. In Frankreich aber erlangt der Alexandriner erst nach der Mitte des 12. Jahrhunderts wirkliche Bedeutung als epischer Vers. Seine Rolle in der mittelalterlichen Lyrik Frankreichs ist gering.[170] Wenn man nun auch infolge mancherlei Unsicherheiten in den Datierungen auf diese chronologischen Gründe nicht schwören kann, so ist doch die Annahme nicht von der Hand zu weisen, daß der älteste spanische Alexandriner selbständig aus den gleichen, wie immer umstrittenen lateinischen Grundlagen[171] wie in Frankreich entwickelt worden ist. Für eine einheimische Entwicklung spricht neben dem für alle einheimischen Verse Spaniens charakteristischen Schwanken der Silbenzahl auch der ausgesprochen polyrhythmische Charakter des spanischen Alexandriners, der im Gegensatz steht zur ganz überwiegend trochäischen[172] Gestaltung des mittelalterlichen Alexandriners in Frankreich. Selbst der Alexandriner der *clerecía*, für den französischer Einfluß außer Zweifel steht, zeigt auffälligerweise keinerlei ersichtliche Bevorzugung der für den französischen Alexandriner typischen trochäischen[173] Variante. Am natürlichsten ließe sich diese Tatsache dadurch erklären, daß die *clerecía* zwar die Beachtung der genauen Silbenzahl und auch die Strophenform von Frankreich übernommen hat, für den Vers selbst aber auf die einheimische polyrhythmische Form des eigenen Alexandriners zurückgriff, so daß der französische Einfluß in der *clerecía* nicht zur Ent-

---

[167] Vgl. Menéndez Pidal, *Cid* I, S. 87.

[168] Vgl. zu diesem Problem K. Voretzsch, *Spanische und französische Heldendichtung.* Modern Philology, Bd. XXVII (1930), S. 397–409 (mit Bibliogr.)

[169] Nach spanischer Zählweise: 12-Silber.

[170] Vgl. Suchier, *Verslehre*, S. 64.

[171] Zur Ableitung des Alexandriners aus lateinischen Versen vgl. z. B. A. Bello, *Sobre el origen de las varias especies de verso usadas en la poesía moderna.* (In: *Obras compl.* VI, S. 421–443, bes. S. 438ff.), Suchier, *Verslehre*, S. 63–64, M. Burger, *Recherches*, S. 134f.

[172] nach traditioneller Terminologie: jambischen.

[173] nach älterer Terminologie: jambischen.

lehnung eines neuen Verses, sondern lediglich zur silbischen Regulierung eines einheimischen Verses geführt hätte.

Seine höchste Blüte und stärkste Verbreitung im Mittelalter fand der Alexandriner in der Dichtung des *mester de clerecía* im 13. und 14. Jahrhundert. Er ist — in einreimige, vierzeilige Strophen, die sogenannte *cuaderna vía*, zusammengefaßt — der bei weitem bevorzugte Vers der *clerecía*, vom *Libro de Alexandre* (1. Hälfte des 13. Jahrhunderts) bis zum *Libro de la miseria del hombre* (Ende des 14. Jahrhunderts). Seine namhaftesten Vertreter sind Gonzalo de Berceo und López de Ayala. Sie sind gleichzeitig die beiden einzigen Dichter dieser Epoche, die den Alexandriner in umfangreichen Dichtungen mit nahezu vollkommener silbischer Korrektheit gebrauchen,[174] während die übrigen Werke des *mester de clerecía* ein mehr oder minder starkes Schwanken in der Silbenzahl des Alexandriners zeigen.[175]

Als mit dem Beginn des 15. Jahrhunderts der *mester de clerecía* zu Ende gegangen war, verlor auch der mit ihm eng verbundene Alexandriner seine Bedeutung. Drei Jahrhunderte lang führt er ein Schattendasein als halb vergessener Vers. Die Cancionero-Dichter des 15. Jahrhunderts inspirierten sich neu an provenzalischen Vorbildern und lehnten den Alexandriner, nicht zuletzt wegen seiner fast ausschließlichen Bindung an die starre und wenig kunstvolle Strophenform der *cuaderna vía*, ab. Als bemerkenswerte Kuriosität taucht er erstmals wieder 1564 in der von Gil Polo verfaßten Fortsetzung zu Montemayors *Diana enamorada* auf (in der Canzone am Ende des 4. Buches). Jede Erinnerung an den Alexandriner der *cuaderna vía* scheint hier erloschen: Gil Polo verwendet ihn kombiniert mit 7-Silbern und gibt ihm, im Gegensatz zur alten Polyrhythmie, ein durchgehend trochäisches Gepräge. Schließlich bezeichnet er selbst seine Alexandriner als *versos franceses.*[176] Französischer Einfluß ist in Anbetracht des großen Aufschwungs, den der Alexandriner seit etwa 1555 durch die Plejade erfuhr, naheliegend. Er dürfte wohl auch maßgebend gewesen sein für die Entwicklung des ersten spanischen Alexandrinersonetts, das sich in der Einleitung zu der Comedia *Doleria* (1572) des Pedro Hurtado de la Vera findet.[177]

Nicht bedeutender ist die Rolle des Alexandriners im Siglo de oro, wo er in Carvallos Poetik (*Cisne de Apolo*, 1602) unter Bezugnahme auf Gil Polo als *verso francés* erwähnt und von einigen wenigen Dichtern

[174] Zum Abweichen Ayalas von der silbisch korrekten Alexandrinerform im Schlußteil des *Rimado de Palacio* vgl. oben S. 27.

[175] Nähere Angaben finden sich oben in dem Abschnitt *Zum Isosyllabismus im Mittelalter*, S. 25 ff.

[176] NBAE VII, S. 465.

[177] S. u. Alexandrinersonett.

wie Pedro Espinosa (1578—1650) im *Soneto a la Virgen*, von Alonso Carillo (1611), Ambrosio de Salazar (1614) und von Inés de la Cruz (als *estribillos* in zwei Villancicos) in kaum nennenswertem Umfang verwendet wird.

Im letzten Viertel des 18. Jahrhunderts lebt der Alexandriner bei den neoklassizistischen Dichtern wieder auf. In größerem Umfang wird er in seiner polyrhythmischen Form erstmals wieder 1774 in *El poeta filósofo* von Cándido María Trigueros gebraucht. Wie sehr damals der Alexandriner aus dem Bewußtsein der Dichter geschwunden war, zeigt der Umstand, daß Trigueros glaubte, eine neue Versart, die er als *pentámetros* bezeichnete, erfunden zu haben. Philologendichtung ist der in der längst vergessenen *cuaderna vía* abgefaßte *Loor a Gonzalvo de Berceo* (1780) von Tomás Antonio Sánchez in seiner Ausgabe der Werke Berceos. Für die Zukunft bedeutungsvoller als diese gelehrt-antiquarischen Versuche ist die Pflege des Alexandriners durch Iriarte in seinen *Fábulas literarias* von 1782.[178] Auf Iriarte geht auch die Ausprägung des *alejandrino a la francesa* zurück *(La campana y el esquilón)*. In noch engerer Anlehnung an die französische Alexandrinerform ließ Moratín der Jüngere seine *alejandrinos a la francesa* auch am Versschluß auf *palabra aguda* enden in dem Epigramm *A una señorita francesa*.[179]

Durch Romantik und Modernismus gelangt der Alexandriner unter französischem Einfluß zu einer neuen, bedeutenden Blüte. Die romantische Epoche des Alexandriners hat ihren hervorragendsten Vertreter in Zorilla, der 1838 seine ersten Alexandrinerdichtungen *(A María)* veröffentlicht. Er erhebt die zuerst von Alberto Lista[180] wiederbelebte trochäische Variante zum Programm. Dieser nach ihm als *alejandrino zorillesco* benannte streng trochäische Typ beherrscht etwa 40 Jahre lang die spanische Alexandrinerdichtung und wird erst durch die polyrhythmischen und auch syntaktisch freieren Formen des Alexandriners bei Gavidia und Darío seit den 80er Jahren allmählich abgelöst. Typische Vertreter des streng trochäischen Alexandriners sind außer Zorilla selbst z. B. Gabriel García Tassara, Ventura Ruiz Aguilera, Mármol und Salvador Bermúdez de Castro (1817—1883), welch letzterer allerdings den ersten Halbvers gelegentlich auch daktylisch gestaltet.

Die anderen Alexandrinervarianten spielen daneben eine sekundäre Rolle. So begegnet die *daktylische* Variante erstmals selbständig in einem Gedicht der Sammlung *En las orillas del Sar* (1884) von Rosalía de Castro. Der *alejandrino a la francesa* findet seine Fortsetzung durch Sinibaldo de Mas (1809—1868). Verschiedene Dichter, die sonst über-

---

[178] *La parietaria y el tomillo*, BAE LXIII, S. 7.

[179] BAE II, S. 606.

[180] *El deseo* (1822), BAE LXVII, S. 362.

wiegend den trochäischen Typ pflegen, versuchen sich in einzelnen Dichtungen in der polyrhythmischen Kombination, so Echeverría, Avellaneda, Gutiérrez u. a.

Im Modernismus gehört der Alexandriner zu den führenden Versarten. Er ist in dieser Periode gekennzeichnet durch die bewußte Benützung seiner einzelnen Varianten, besonders durch die Wiederbelebung der polyrhythmischen Verwendung, die in der Romantik stark in den Hintergrund gedrängt war, sowie durch neuartige Behandlung des Verhältnisses zwischen metrischer und syntaktischer Struktur nach dem Vorbild des romantischen und symbolistischen Alexandriners in Frankreich.

Als erster unter den Neuerern ist Francisco Gavidia aus San Salvador zu nennen. Er begann 1882 systematisch den romantischen Alexandriner Frankreichs nachzuahmen, wobei es ihm vor allem darum ging, für den spanischen Alexandriner, der sich hinsichtlich der Syntax bisher an die metrische Zweiteilung gehalten hatte, größere Freiheiten in der syntaktischen Struktur des Verses zu erzielen. Anregungen dieser Art hatte schon vor ihm Sinibaldo de Mas in seinem *Sistema musical de la lengua castellana* (1832) gegeben, ein Werk, das in modernistischen Kreisen sehr gut bekannt war. Größere Bedeutung gewannen Gavidias Versuche, die auf ein Enjambement *(encabalgamiento)* zwischen den Halbversen hinauslaufen, in den *Cantos de vida y esperanza* (1906) von Rubén Darío. Darío bewahrt die grundsätzliche metrische Struktur des Alexandriners, beseitigt aber nicht selten jede Art von syntaktischem Einschnitt im Reihenschluß, indem er ihn zwischen Artikel und Substantiv, Substantiv und Adjektiv usw. fallen läßt, z. B.

De los magnates, dé los : felices de esta vida

oder ihn vollends in das Wortinnere verlegt, wobei auch Verlagerung des prosodischen Akzentes erforderlich werden kann, z. B.

Del ruiseñor primá-veral y matinal *(Nocturno)*
Y en tanto el Medité-rranéo me acaricia.
(Valdemosa: Quiero expresar...)

Erreicht wird dadurch eine größere Geschmeidigkeit des Alexandriners, die aber nicht selten auf Kosten der natürlichen Prosodie geht und die Gefahr einer völligen Auflösung der Alexandrinerform enthält.[181]

---

[181] Zur Behandlung des Reihenschlusses im modernistischen Alexandriner vgl. Tomás Navarro, *La división de esca/parme.* RFE XIII (1926), S. 289–290, J. Saavedra Molina, *Tres grandes metros* ... AUCh CIV (1946), S. 26ff., Roger D. Bassagoda, *Del alejandrino al verso libre,* BAAL XVI (1947), S. 92–101 (mit zahlreichen Beispielen) und Dámaso Alonso, *Poetas españoles contemporáneos,* Madrid 1952, S. 60–65 (mit einer interessanten ästhetischen Würdigung dieser Erscheinungen in der Anm. 14, S. 61ff.)

Die trochäische Variante herrscht, wie in der Romantik, so auch in der Frühzeit des Modernismus vor, ausschließlich z. B. bei Gutiérrez Nájera, Salvador Rueda u. a. Auch A. Machado verwendet in seinem gesamten Werk fast ausschließlich die trochäische Variante. Ein deutlicher Wandel zu Gunsten der polyrhythmischen Form tritt mit Daríos *Prosas profanas* (1896) ein. Sie ist von da an die gebräuchlichste rhythmische Gestalt des modernistischen Alexandriners, wie Darío in seinen späteren Werken, Lugones, Jaimes Freyre, Ramón Jiménez, Gabriela Mistral u. a. zeigen. Der Ruhm der daktylischen Variante wurde durch Daríos *Sonatina* begründet, die verschiedenen Dichtern (Salvador Rueda, Santos Chocano, Nervo) für einzelne Dichtungen als metrisches Vorbild diente. Vorbereitet durch das syntaktische *encabalgamiento* zwischen den beiden Halbversen, begegnet erstmals bei Darío in der *Elegía pagana* und im *Nocturno I* der *alejandrino ternario* als gelegentlicher Kombinationsvers.[182] Selbständigkeit hat er nicht erlangt. Der *alejandrino a la francesa* wurde in modernistischer Zeit gepflegt von Rubén Darío in dem Sonett *Los piratas* (in *El Canto errante*, 1907), von Unamuno in einigen Sonetten des *Rosario de sonetos líricos* (1910), u. a.

In neuester Zeit ist die Beliebtheit des Alexandriners merklich zurückgegangen. Aus einzelnen Dichtungsformen, wie z. B. dem Sonett, ist er fast völlig verdrängt. Die polyrhythmische Verwendung des Alexandriners herrscht vor, doch läßt sich vielfach auch eine Rückkehr zum trochäischen Typ der Romantik feststellen. Von den allzu kühnen und nicht immer glücklichen Neuerungen des Modernismus, besonders hinsichtlich der Behandlung des Reihenschlusses, rückt man ab, indem man, wie schon Victor Hugo in seinen *alexandrins ternaires* dafür Sorge trägt, daß der feste Versakzent auf der 6. Silbe auf eine auch prosodisch deutlich betonte Silbe fällt. Durchgehend daktylisch sind die Alexandriner in den die alte *cuaderna vía* (s. d.) evozierenden *Tetrástrofos a nuestro señor Santiago* des Dictinio de Castillo Elejabeytia.

Literatur: Gesamtdarstellungen: A. Marasso Roca, *Ensayo sobre el verso alejandrino.* BAAL VII (1939), S. 63–127. — P. Henríquez Ureña, *Sobre la historia del alejandrino,* RFH VIII (1946), S. 1–11. — Julio Saavedra Molina, *Tres grandes metros: ... el tredecasílabo...* AUCh CIV (1946), S. 24–62. — Zum mittelalterlichen Alexandriner: Ureña, *Versificación,* S. 16ff. (mit reicher Bibliogr. in den Fußnoten). — A. Carballo Picazo, *La situación de los estudios de métrica española.* Clavileño, Año VII (1956), Nr. 40, S. 54ff. (kritische Bibliographie). — C. Barrera, *El alejandrino castellano.* BHi XX (1918), S. 1–26. — P. Henríquez Ureña, *La cuaderna vía.* RFH VII (1945), S. 45–47. — G. Cirot, *Sur le ‚mester de clerecía'*. BHi XLIV (1942),

[182] Vgl. die Listen von *versos ternarios* aus Darío und anderen Dichtern bei J. Saavedra Molina, a. a. O. S. 26ff.

S. 5–16. — G. Cirot, *Inventaire estimatif du mester de clerecía*. BHi XLVIII (1946), S. 193–209. — J. Saavedra Molina, *El verso de clerecía. Boletín de filología* (Chile), Bd. VI, (1950/51), S. 253–346. — H. H. Arnold, *Rhithmic patterns in old Spanish verse*. In: Estudios dedicados a Menéndez Pidal, Bd. V, Madrid 1954, S. 151–163. — Vgl. auch u. *cuaderna vía*. — Zum neuen und modernistischen Alexandriner: E. Díez-Canedo, *Relaciones entre la poesía francesa y la española desde el Romanticismo*. Revista de Libros (Madrid) VIII (1914), S. 55–65. — Erwin K. Mapes, L'influence française dans l'oeuvre de Rubén Darío, Paris 1925, S. 126 ff. — Francisco Maldonado de Guevara, *La función del alejandrino francés en el alejandrino español de Rubén Darío*. RdL IV (1953), S. 9–58. — Ders., *Unamuno y el verso alejandrino*. RdL IV (1953), S. 383–386. — Roger D. Bassagoda, *Del alejandrino al verso libre*, BAAL XVI (1947), bes. S. 92–101. — G. Díaz-Plaja, *Modernismo frente a 98*. Madrid 1951 (hier bes. der Alexandriner bei Rosalía de Castro, S. 281 ff.). — Julio Vicuña Cifuentes, *Sobre el imaginario verso yámbico de trece sílabas*. In: Estudios de métrica española, Santiago de Chile 1929, S. 13–75; *El verso anapéstico de trece sílabas*, ibid. S. 151–156. — S. auch unter Alexandrinersonett.

Mit dem 14-Silber endet die Reihe der gebräuchlichen regelmäßigen Versarten. Vereinzelt in der Romantik, dann vorübergehend etwas häufiger bei verschiedenen Dichtern des Modernismus (besonders in Lateinamerika) erscheinen auch längere, isosyllabisch gebaute Verse, die bis zum 22-Silber reichen. Sie lassen sich nach zwei Strukturtypen unterscheiden:

1. zusammengesetzte Langverse, die durch den Zusammenschluß zweier bislang selbständig behandelter Verse entstehen, z. B. *heptasílabo* + *octosílabo* = *pentadecasílabo compuesto;*
2. einheitliche Langverse, die sich rhythmisch als mehrfache Wiederholung der gleichen Klausel erweisen, wie z. B. der folgende daktylische 18-Silber:

o óoo óoo óoo óoo óoo óo
El nido amoroso de granzas y plumas del árbol colgado
(Salvador Rueda, *La tronada*)

Von den nach analogen Prinzipien gebauten *versos libres* unterscheiden sie sich lediglich durch die Beibehaltung einer bestimmten Silbenzahl. — Da die hier einschlägigen Beispiele kaum über das Stadium des sporadischen Versuches hinausgelangt sind, möge zur gegenständlichen Orientierung ein Hinweis auf T. Navarro, *Métrica*, S. 510—514, zur bibliographischen Unterrichtung ein Hinweis auf die Bibliographie von A. Carballo Picazo, s. v. *versos* im *Indice* genügen.

DIE NICHT-SILBENZÄHLENDE DICHTUNG IM MITTELALTER UND IN DER POESIA TRADICIONAL[1]

Auch in Frankreich und Italien[2] — so darf man als sicher annehmen — ging dem strengen Isosyllabismus eine ametrische Periode voraus, die freilich — wenigstens für den Bereich der anspruchsvolleren Dichtung — mit dem Beginn der literarischen Zeit im wesentlichen abgeschlossen war, so daß nur vereinzelte schriftliche Belege und nur gewisse Relikte in der Metrik den früheren Zustand bezeugen bzw. erschließen lassen. Im mittelalterlichen Spanien hingegen reicht der als archaisch angesehene Anisosyllabismus bis weit in die literarische Zeit hinein und ist auch in bedeutenden Literaturdenkmälern umfangreich belegbar. Er hat zusammen mit seinen schwierigen und weitläufigen Problemen, die von der Überlieferungsfrage bis zur Deutung des ihm zugrundeliegenden Bauprinzips und damit auch seiner Herkunft reichen, das besondere Interesse der Forschung gefunden, ohne daß man jedoch zu einer allgemein überzeugenden Klarheit über sein Wesen gekommen wäre.

Angesichts der leicht zugänglichen und ebenso gründlichen wie umfassenden Untersuchungen, die zum epischen Vers sowie zu den fluktuierenden lyrischen Versarten vorliegen, mögen hier einige orientierende Angaben genügen, die sich auf den frühen epischen und lyrischen Vers sowie auf den *verso de arte mayor* beschränken.[3]

---

[1] Die hiermit ausgedrückte Einschränkung schließt die ebenfalls anisosyllabischen *versos libres* sowie die Versuche einer nach antikem Vorbild quantitierenden Gelehrtendichtung aus. — Zum *verso libre* vgl. die S. 45 f. gegebenen Hinweise. Über die *versos cuantitativos* unterrichtet Tomás Navarro, *Historia de algunas opiniones sobre la cantitad silábica española.* RFE VIII (1921), S. 30–57 (mit Bibliographie).

[2] Als bekanntes Zeugnis für eine frühe silbisch schwankende Dichtung in Frankreich sei das Eulalialied genannt. — Für Italien kann man etwa hinweisen auf G. Bertoni, *La più antica versificazione italiana*, Giornale storico della letteratura italiana CXIII (1939), S. 256–261, wo es u. a. heißt: „*Prima, in Italia, la poesia volgare era ametrica, il che non vuol dire senza ritmo, ma bensì senza sillabismo fisso.*" — Vgl. auch den ebenso gehaltvollen wie anregenden Aufsatz von Cl. Margueron, *Note sur l'oscillation syllabique dans la poésie italienne du XII*^e^ *siècle.* Neophilologus XXXV (1951), S. 80–91 (mit sehr reicher Bibliogr.).

[3] Andere, ihrer vermutlichen Herkunft nach ebenfalls anisosyllabische Verse, die sich später aber praktisch zu Silbenversen gewandelt haben, werden dort besprochen: so der Romanzenvers beim 8-Silber und der *verso de seguidilla* beim 12-Silber bzw. im Zusammenhang mit der Seguidilla-Form.

Der epische Vers

Der epische Vers *(verso épico juglaresco)*, nach seinem ersten und bedeutendsten Vorkommen im *Cantar de Mio Cid* auch oft als *Cid-Vers* bezeichnet, ist ein zusammengesetzter, durch Reihenschluß gegliederter Langvers. Untersucht man ihn nach den gleichen Methoden wie einen Silbenvers, so ergibt sich, daß er in den Extremen zwischen 10 und 20 Silben schwankt, am häufigsten aber eine Ausdehnung von 14, 15 und 13 Silben aufweist, die sich — wiederum in der Reihenfolge der Häufigkeit — in Halbvers-Verbindungen von 7+7, 7+8 und 6+7 Silben gliedern.[4] Fügt man noch hinzu, daß jeder Halbvers am Ende einen festen und ausgeprägten Versakzent aufweist, so sind alle objektiven und unbestrittenen Merkmale dieses Verses genannt. Es ist klar, daß diese Tatsachen auf verschiedene Weise gedeutet werden können.

Vor allen weiteren Überlegungen ist die Frage nach der Zuverlässigkeit des überlieferten Textes zu stellen. Sie wurde von der Forschung nicht immer positiv beantwortet, doch hat sich — besonders seit den Untersuchungen von R. Menéndez Pidal (1908) — im allgemeinen die Anschauung durchgesetzt, daß die Ametrie in der spanischen Heldenepik auf die Verfasser, nicht auf Unachtsamkeit oder Unverständnis der Kopisten zurückgeht. Ein wichtiges Argument war dabei, daß Verse, die im *Cid* mehr als einmal vorkommen, jedesmal wieder in ametrischer Form erscheinen, eine Wiederholung, die bei Annahme von Kopierfehlern unwahrscheinlich ist. Emendationen großen Stils mit dem Ziele der Wiederherstellung einer präsumptiven metrischen Regelmäßigkeit erscheinen daher ungerechtfertigt.

Eine andere Frage ist natürlich, ob der Dichter zwar einen regelmäßigen Silbenvers erstrebte, aber aus mangelnder Kunstfertigkeit nicht verwirklichen konnte. Gedacht wurde hierbei vor allem an den Alexandriner (7+7), der den *verso de eje* im *Cid* bildet. Doch ist dagegen in Betracht zu ziehen, daß die repräsentative Epik Frankreichs, die aus chronologischen Gründen die spanische hat beeinflussen können, nicht in Alexandrinern, sondern in französischen 10-Silbern der Gliederung 4+6, denen spanische 12-Silber der Gliederung 5+7 entsprächen, abgefaßt sind.[4a] Ferner ist es nicht sehr wahrscheinlich, daß ein Dichter von den künstlerischen Fähigkeiten des Cid-Autors formal so unbegabt ge-

---

[4] Nach R. Menéndez Pidal stellt sich in *Mio Cid* und *Roncesvalles* der Anteil der 6–9silbigen Halbverse wie folgt dar:

	7	8	6	9
Mio Cid	39%	24%	18%	6%
Roncesvalles	39%	26%	13%	10%

Aus: *Tres poetas primitivos*, Col. Austral. Nr. 800 (1948), S. 54.

[4a] S. o. S. 109 f.

wesen wäre, daß ihm bei einigem Bemühen nicht eine getreuere Wiedergabe des Silbenverses geglückt wäre. Auf jeden Fall hätte er wohl allzu starke Abweichungen von der Norm, wie sie tatsächlich in nicht geringer Zahl auftreten, zu vermeiden gewußt.

Differenzierter, aber nur auf der Grundlage stärkerer Textveränderungen möglich, ist der Versuch von Ch. V. Aubrun, den Cidvers auf den 11-Silber, den Alexandriner und einen ebenfalls 14-silbigen Vers der Gliederung 6+8 (alles nach spanischer Zählweise) zurückzuführen.[5] — Wenig überzeugend sind die Kompromißlösungen, die als wesentliche Grundlage die schwer beweisbare Unfähigkeit des Dichters ansetzen und im Cidvers eine verunglückte Mischung von französischen 10-Silbern mit Alexandrinern oder zwar erstrebte, aber noch nicht gelungene 8-Silber-Halbverse oder endlich eine Kreuzung zwischen germanischer Langzeile und französischem Alexandriner sehen.

Die geringe Wahrscheinlichkeit eines französischen Einflusses auf die Metrik des *Cid* legt die Vermutung spanischer Herkunft dieses Verses nahe. Rückt man dabei mit Ramón Menéndez Pidal die führende Stellung, die die Verse von 14, 15 und 13 Silben einnehmen, in den Vordergrund der Betrachtung, so wird man im Cidvers einen aus der gleichen lateinischen Grundlage wie in der übrigen Romania stammenden, aber autochthon entwickelten Alexandriner (s. d.) sehen, dessen gleichzeitig polyrhythmisches wie ametrisches Gepräge als einheimisch spanisch gelten kann, wie das Fortleben dieser beiden Eigentümlichkeiten in der volkstümlichen Romanzendichtung, aber auch in verschiedenen lyrischen Gattungen zu zeigen scheint.

Im Rahmen der auf syllabischer Grundlage aufbauenden Thesen ist die letztgenannte wohl die wahrscheinlichste, da sie ohne Textumgestaltung, ohne logischen Bruch und in Übereinstimmung mit analogen Erscheinungen in der sonstigen spanischen Dichtung eine Erklärung für die Besonderheit des Cidverses geben kann. Freilich ein grundsätzlicher Zweifel erhebt sich auch hier. Da man das Wesen des Cidverses tatsächlich nicht kennt, ist mit der Möglichkeit zu rechnen, daß die Zählung seiner Silben ein untaugliches Mittel darstellt und daß infolgedessen das damit erzielte Ergebnis zufällig ist und nichts über das eigentliche Wesen dieses Verses auszusagen vermag. Einige Proben haben mir gezeigt, daß eine silbische Auszählung etwa des Nibelungenliedes ebenfalls Verse bestimmter Länge (und zwar sogar die Silbenzahl des Alexandriners!) sowie bestimmte Halbvers-Verbindungen in deutlicher Führung erscheinen ließe — und doch würde mit einem solchen Resultat für die Erkenntnis des Nibelungenverses nicht nur nichts gewonnen, sondern sein Wesen ausgesprochen verkannt.

[5] S. u. den Literaturangaben.

Der Verzicht auf eine syllabische Betrachtungsweise eröffnet eine andere Art von Perspektiven und Problemen. Als erstes wird man sich hier wohl die folgende Frage vorzulegen haben: Wenn der einheimisch-spanische Versbau auf die Einhaltung einer gleichbleibenden Silbenzahl nicht angewiesen war, durch welche Mittel konnte er dann den für jeden Vers unentbehrlichen Rhythmus sicherstellen? Die Antwort darauf hängt entscheidend davon ab, ob man sich den Cidvers als gesprochenen Vers (allenfalls mit instrumentaler Begleitung) oder als (wie auch immer) gesungenen Vers vorstellt. Betrachtet man ihn als Sprechvers, so reichen für seine rhythmische Organisation die Tonstellen am Reihen- und Versschluß allein nicht aus, vielmehr müssen noch weitere prosodisch tragbare Tonstellen — ihre Zahl wird seit Delius verschieden angegeben[6] — hinzutreten, die ähnlich wie die Hebungen im germanischen Vers bei weitgehender Freiheit hinsichtlich der Zahl der unbetonten Silben (‚Freiheit in der Senkung‘) den Rhythmus allein tragen. Im Zusammenhang mit dieser Betrachtungsweise wurde die Möglichkeit westgotischer Herkunft in Erwägung gezogen. — Demgegenüber ist bei einem dem lateinischen Psalmodieren ähnlichen Singvortrag ohne Rücksicht auf die Silbenzahl der Rhythmus ausreichend durch den musikalisch hervorgehobenen Reihen- und Versschluß markiert. Da nun die einzigen unumstrittenen Merkmale des Cidverses ohne die geringste Manipulation diesen Bedingungen entsprechen, hat H. Gavels These viel für sich, die Vorbild und Ursprung des Cidverses in den Psalmen der Kirche sieht, zumal die materiellen und historischen Voraussetzungen für eine solche Wirkung des kirchlichen Psalmenvortrages als gegeben betrachtet werden können.[7]

Der epische Vers erscheint mit den wesentlich gleichen Eigenschaften im *Cantar de Mío Cid* und im Fragment *Roncesvalles;* in den Bruchstücken der *Infantes de Lara* und der *Mocedades de Rodrigo* ist der 8-Silber-Halbvers in deutlichem Vordringen, ohne daß deswegen jedoch die alte Ametrie beseitigt würde. Mit der Auflösung des alten Heldenepos in Kurzformen, wie sie die genannten *Mocedades de Rodrigo* aus der zweiten

[6] Wie die divergierenden Zahlen in Einklang zu bringen sind, zeigt T. Navarro, *Métrica,* S. 35, Anm. 16. — Dort auch eine experimentalphonetische Untersuchung der ersten fünf Verse des Cid mit folgendem Ergebnis: a) *dos tiempos marcados en cada hemistiquio*; b) *períodos de duración análoga, aunque de distinto número de sílabas;* c) *pausas entre los hemistiquios y entre los versos, más breves las primeras que las segundas;* d) *período de enlace de hemistiquios y de versos, de extensión semejante a la de los períodos ordinarios. La mayor o menor rapidez de la lectura afecta al valor de las cifras, pero no altera sus proporciones.*

[7] *De coro, decorar.* In: Homenaje a R. Menéndez Pidal, Madrid 1925, Bd. I, S. 148, Anm. 1.

Hälfte des 14. Jahrhunderts ankündigen, verschwindet auch der alte epische Vers.

Literatur: Ramón Menéndez Pidal, *Cantar de Mio Cid.* 1. Aufl. 1908, 2. Aufl. Madrid 1944–46, Bd. I, S. 76–103; mit bibliographischen Nachträgen und kurzen Besprechungen der wichtigsten neueren Thesen in Bd. III, S. 1174–1176. — Ders., *Roncesvalles, un nuevo cantar de gesta español del siglo XIII.* RFE IV (1917), S. 105–204, bes. S. 123–138. — Ders., *Romancero Hispánico.* Teoría e historia, Madrid 1953, Bd. I, Kap. IV. — Ders., *La chanson de Roland y el neotradicionalismo. (Orígenes de la épica románica).* Madrid 1959, s. v. *verso épico* im *Indice ... de temas.* — Ausführlichere kritische Würdigung neuerer Hypothesen bei S. G. Morley, *Recent theories about the meter of the Cid.* PMLA XLVIII (1933), S. 965–980. — J. Horrent, *Roncesvalles. Étude sur le fragment de cantar de gesta conservé à l'Archivo de Navarra (Pampelune).* Paris 1951, S. 66–86 (mit Bibliographie in den Anmerkungen). — Ch. V. Aubrun, *La métrique de Mio Cid est régulière.* BHi XLIX (1947), S. 332–372. — Ders., *De la mesure des vers anisosyllabiques médiévaux: Le cantar de Roncesvalles.* BHi LIII (1951), S. 351–374. — H. H. Arnold, *Rhithmic patterns in Old Spanish vers.* Estudios dedicados a Menéndez Pidal, Bd. V, Madrid 1954, S. 151–163.

Der Romanzenvers

Der Romanzenvers wird im Zusammenhang mit dem 8-Silber besprochen. Weitere Hinweise dazu auch bei den Strophenformen unter *Romanze.*

Der ametrische lyrische Vers des 13. Jahrhunderts

Der lyrische Vers *(verso lírico juglaresco)*, wie er im 13. Jahrhundert in den kürzeren Spielmannsdichtungen mehr oder minder lyrischen Charakters, besonders in den *debates*, erscheint, läßt bei syllabischer Betrachtungsweise ein dem alten epischen Vers vergleichbares Verhalten erkennen, mit dem Unterschied jedoch, daß trotz oft beträchtlicher Länge der Verse im einzelnen[8] — als Basis der 9-Silber[9] oder der 8-Silber[10] anzusetzen ist. Soweit es sich dabei um Nachahmungen französischer Vorbilder handelt, werden deren isosyllabische 8-Silber (nach frz. Zählung) der einheimischen Ametrie angepaßt. Dabei halten sich Nachahmungen auf 9-Silber-Basis enger an die Metrik ihrer Vorlagen, während ein Vorherrschen des 8-Silbers in Nachdichtungen dieser Art

[8] Besonders in der *Vida de Santa María Egipcíaca* und im *Libro de los tres Reis de Orient.*

[9] Z. B. In der *Vida de Santa María Egipcíaca* und in *Eya velar* in Berceos *Duelo de la Virgen.*

[10] Z. B. in der *Razón de amor* und in *Elena y María.*

entweder regional bedingt ist oder davon herrührt, daß nicht mehr ein französisches Original, sondern bereits eine spanische Bearbeitung das unmittelbare Vorbild abgab.[11]

Wie beim Cidvers, so gruppieren sich beim lyrischen Vers dieser Epoche die nächstlängeren und nächstkürzeren Verse um den *verso de eje*, so daß sich nach R. Menéndez Pidal z. B. für die 8-Silber-Basis in *Elena y María* die Reihe $8, {}_7, {}^9, {}_6, {}^{10}, {}^{11}$, für die 9-Silber-Basis in *Santa María Egipcíaca* die Reihe $9, {}^{10}, {}_8, {}^{11}, {}_7$ ergibt.[12]

Der lyrische Vers des 13. Jahrhunderts, der z. B. in *Elena y María* zwischen 5 und 15 Silben schwankt, geht im Laufe des 14. Jahrhunderts in einen fluktuierenden Vers mit nur geringer silbischer Schwankungsbreite über, die nicht selten durch die Anakrusis ausgeglichen wird. In der Volksdichtung behält er diesen leicht fluktuierenden Charakter durch die Jahrhunderte bei[13], während er in der Kunstdichtung besonders unter provenzalischem Einfluß im 15. Jahrhundert zu streng silbenzählenden Versarten differenziert wird. Zur Orientierung darüber vgl. die einzelnen Silbenverse, wo bei den bedeutenderen in den jeweiligen geschichtlichen Abschnitten auf diese ihre Ausbildungsphase hingewiesen wird.

Literatur: R. Menéndez Pidal, *Elena y María*. RFE I (1914), S. 93–96 (berücksichtigt auch *Santa María Egipcíaca*). — Ders., *Algunos caracteres primordiales de la literatura española*. BHi XX (1918), S. 205–232 (Metrische Bemerkungen zu *Elena y María, Razón de amor, María Egipcíaca, Tres Reis de Orient, Cántica del velador*). — Ders., *Romancero* I, cap. IV. — Ureña, *Versificación*, bes. S. 25ff. — Ders., *Problemas del verso español. La versificación fluctuante en la poesía de la Edad Media* (1100–1400). Cursos y Conferencias, Buenos Aires Bd. IX (1936), S. 491–505.

Der verso de seguidilla

S. unter 12-Silber und unter *Die Seguidilla und ihre Formen.*

Der verso de arte mayor

Der *verso de arte mayor* ist neben dem Cid-Metrum der wohl am meisten diskutierte Vers der spanischen Metrik. Wegen seiner Vielgestaltigkeit, die ihn bald als zusammengesetzten, bald als einheitlichen, bald als silbenzählenden, bald als anisosyllabischen, nur durch ‚Hebungen' geregelten Vers erscheinen läßt, wird er der Proteus unter den spanischen

[11] Vgl. R. Menéndez Pidal, *Elena y María*. RFE I, (1914), S. 95–96.

[12] A. a. O., S. 94 u. 95.

[13] Vgl. dazu die klassisch zu nennende Darstellung der unregelmäßigen Metrik durch P. Henríquez Ureña, *La versificación irregular en la poesía castellana*, 2. Aufl., Madrid 1933.

Versen genannt. Je nach den Anschauungen über Ursprung und Wesen dieses Verses, je nach den Dichtern, die man dabei besonders ins Auge faßt, sehen seine Definitionen sehr verschieden aus. Unter Heranziehung der neutralen und damit am wenigsten präjudizierenden Definition von Michel Burger[14] kann man ihn fassen als einen — auf jeden Fall ursprünglich[15] — durch Reihenschluß gegliederten Langvers, dessen Hemistiche innerhalb festliegender Grenzen mit dem Ziele eines annähernden Ausgleiches hinsichtlich der Länge des Gesamtverses silbisch schwanken und sich wechselseitig beeinflussen können. Wegen des Fluktuierens der Silbenzahl können die obligatorischen Endakzente der jeweiligen Halbverse keinen gleichbleibend festen Platz haben, sondern fallen — in der Reihenfolge der Häufigkeit auf die 5. oder 4., selten auf die 6. Silbe. Das bedeutet, daß der einzelne Halbvers von einem 6-, 5- oder 7-Silber gebildet wird, der nun seinerseits die drei im Spanischen möglichen Versausgänge zeigen kann.

In der vor Juan de Mena liegenden Ausbildungsphase begegnen endlich als vereinzelte, aber für das Herkunftsproblem möglicherweise wichtige Ausnahmen *versos de arte mayor*, deren erster Halbvers seinen festen Akzent auf der 3. statt auf der 4. Silbe hat, z. B.

Porque cesen tan grandes dolores[16]
Quanto somos más dignos de pena[17]
Ha el omne asoluto poder[18]

Hält man sich gegenwärtig, daß diese Erscheinung ausschließlich auf das erste Hemistich beschränkt ist, daß die 3. Silbe stets die Tonsilbe einer *palabra llana* ist und daß endlich Verse dieser Kategorie numerisch immer zehn Silben zählen, so liegt es nahe, diese Abweichung von der Norm als lyrische Zäsur zu erklären, wie sie im prov. 10-Silber der Gliederung 4+6 vorkommt, dessen Einfluß sich hier ja auch durch Gliederung und Silbenzahl bemerkbar zu machen scheint.[19] Das dritte der angeführten Beispiele ist die genaue rhythmische Entsprechung eines

---

[14] *Recherches*, S. 35.

[15] „*La originaria separación completa o independencia de los hemistiquios en este verso* (= arte mayor), *como en el alejandrino, se ve claramente en las poesías de los primeros poetas del arte mayor, en la cual dos acentos rítmicos aparecen a veces separados solamente por la cesura: A donde bivió cinco mill años . . .*“ D. C. Clarke, *El esdrújulo en el hemistiquio de arte mayor.* RFH V (1943), S. 273.

[16] Rimado de Palacio, 813; BAE LVII, S. 452.

[17] Pérez de Guzmán, Canc. siglo XV, Nr. 271, Strophe 122.

[18] Canc. de Baena, Nr. 522, Strophe 20.

[19] Vgl. zu den Problemen solcher Verse Le Gentil, *Les Formes*, S. 387ff u. Burger, *Recherches*, S. 37, Anm. 1.

prov. 10-Silbers mit lyrischer Zäsur; die beiden anderen entsprechen dem gleichen Vers auf der zusätzlichen Grundlage der *ley de Mussafia*.

Sieht man von diesem vereinzelten Sonderfall ab, so ergeben sich auf Grund der zulässigen Variabilität vor und nach dem letzten Akzent jedes Halbverses hinsichtlich der Silbenzahl die folgenden neun Möglichkeiten, die Tomás Navarro[20] zusammengestellt und aus den Materialien von Foulché-Delbosc und Saavedra Molina belegt hat.

1. Der Halbvers ist ein 6-Silber:

A	e ví despojados
B	o flor de saber
C	de nuestro retórico

2. Der Halbvers ist ein 5-Silber:

D	dávida santa
E	ovo logar
F	no governándome

3. Der Halbvers ist ein 7-Silber:

G	Aristóteles cerca
H	en aquellos que son
I	e non veo los príncipes

Mit Ausnahme des 4-silbigen Hemistichs (mit betonter 3. Silbe), das nur als erster Halbvers vorkommen kann, können alle anderen an 1. oder an 2. Stelle beliebig miteinander kombiniert werden. Theoretisch kann daher der *arte mayor* zwischen acht[21] und sechzehn[22] numerischen Silben schwanken. In der Praxis wurden zwar nicht alle Möglichkeiten des Reihen- und Versschlusses ausgeschöpft, aber die Zahl der tatsächlich vorkommenden Varianten ist — besonders in der Zeit vor Juan de Mena — beträchtlich, wobei die einzelnen Autoren in individuell verschiedener Weise bald diesen, bald jenen Kombinationen den Vorzug geben. Juan de Mena beschränkt sich auf 36 Halbverskombinationen, von denen aber zwei für sich schon 80% aller Fälle ausmachen, wie die folgende Übersicht aus Tomás Navarro[23] zeigt:

A-A	Suplico me digas	de donde veniste	54%
D-A	Fiz de mi duda	complida palabra	26%
A-B	Sus pocos plazeres	según su dolor	5%
D-B	Desque sentida	la su proporción	3%

(Alle Beispiele aus Juan de Menas *Laberinto*)

Das Paradigma macht deutlich, daß im *Laberinto* die 12-silbige Form des *arte mayor* in der Gliederung 6—6 (mit jeweiligem *llano*-Ausgang) bei weitem an der Spitze steht. Bemerkenswert ist, daß an zweiter

[20] T. Navarro, *Métrica*, S. 92.

[21] Zwei 5-Silber-Hemistiche mit jeweiligem *agudo*-Ausgang.

[22] Zwei 7-Silber-Hemistiche mit jeweiligem *esdrújulo*-Ausgang.

[23] *Métrica*, S. 93.

Stelle — wenngleich mit Abstand — der 11-silbige *arte mayor* in Gestalt des *endecasílabo galaico-portugués* mit der Gliederung 5+6 (mit jeweiligem *llano*-Ausgang) folgt.[24] Erheblich geringer ist der Anteil der beiden anderen Kombinationstypen. Die übrigen 32 vollends teilen sich in die restierenden 12% (etwa 285 Verse) und stellen daher nur gelegentliche Lösungen dar.

Was die Art der Abgrenzung der beiden Hemistiche betrifft, so betrachten fast alle Theoretiker von Antonio de Nebrija (1492) bis heute den Reihenschluß als ursprünglich und regelrecht. Von den Älteren hält einzig Francisco de Salinas[25] (1577) den *arte mayor* für einen unzusammengesetzten Vers, wobei er sich auf die von ihm aus der Erinnerung mitgeteilte Melodie des Anfangsverses des *Laberinto* stützt. Wohl unabhängig von ihm — jedenfalls auf anderem Wege — gelangen A. Bello und in seiner Nachfolge A. Caro zur gleichen Anschauung, indem sie im *arte mayor* einen grundsätzlich einheitlichen, durch bloße Zäsur gegliederten 12-Silber sehen *(verso anfibráquico dodecasílabo)*, der den Reihenschluß nur als gelegentliche Lizenz zulasse.[26] Bellos These, wohl durch die rein 12-silbigen *versos de arte mayor* des ausgehenden 18. sowie des 19. Jahrhunderts angeregt und durch ausgewählte Beispiele aus Juan de Mena[27] scheinbar legitimiert, ist in dieser Form schon deswegen nicht haltbar, weil sie gerade einer der charakteristischsten Seiten des *arte mayor* — der Zulässigkeit des silbischen Schwankens — nicht gerecht wird. Die Zäsur mit Synaloephe und Kompensation ist ja immer nur unter der Voraussetzung nachweisbar, daß der Vers eine feste Silbenzahl einhalten will. Nur insoferne man je nach Epochen oder Dichtern diese Voraussetzung als gegeben betrachten kann, ist die These von einer bloßen Zäsur im *arte mayor* überhaupt denkbar. Die Zäsur wäre aber in jedem Falle als eine spätere, durch die Tendenz zum Isosyllabismus beeinflußte Entwicklungsstufe zu betrachten. — Einen neuartigen Versuch, Juan de Menas augenscheinliche Willkür bei der Verwendung von Reihenschluß und Zäsur in ein System zu bringen, hat Joaquín Balaguer[28] unternommen. Ausgehend von der besonders in den alten Poetiken nachdrücklich hervorgehobenen Zweiteilung des *arte*

[24] Vgl. unter 11-Silber-Typ B_3.

[25] *De musica*, Salamanca 1577, S. 329 (ed. Macario Santiago Kastner, Kassel–Basel 1958).

[26] A. Bello, *Arte métrica* in *Obras compl.* VI, S. 168ff.

[27] Z. B. Ni sale la fúlica de la marina (Kompensation)
Con mucha gran gente en la mar anegado (Synaloephe)

[28] *Apuntes para una historia prosódica de la métrica castellana*, Madrid 1954, Anejos de Revista de Literatura, Heft 13, S. 90ff.

mayor, die den Halbversen fast den Charakter der Selbständigkeit zuerkennen — *adónico doblado* nennt Nebrija den *arte mayor* — sieht Balaguer in den Ausgleichserscheinungen dieses Verses die gleiche Technik, die unter den Bezeichnungen Synaphie und Kompensation (s. d.) den silbischen Ausgleich zwischen dem 8-Silber und seinem hypermetrischen *quebrado* schafft, z. B.

1. Los infantes de Aragón
   qué | se fizieron
2. Que quiere subir e | se falla en el aire

(Juan de Mena)

Wie die Kompensation zwischen dem 8-Silber und seinem *quebrado* nichts an der Selbständigkeit des ersteren ändert, so wird auch durch Verwendung des gleichen Ausgleichsprinzips im *arte mayor* dessen wesenhafte Zweiteilung nicht in Frage gestellt. Im Regelfalle beeinflussen sich daher — wie beim *octosílabo* und seinem *quebrado* — die beiden Halbverse nicht. Wenn aber ein silbischer Ausgleich stattfindet, dann erfolgt er auf der Grundlage der angeführten Technik. Dabei ist natürlich zu berücksichtigen, daß die Halbverse von verschiedener Länge sein dürfen. Balaguers These, die hier nicht in ihren Einzelheiten ausgebreitet werden kann, ist geeignet das Problem des Verhältnisses zwischen Reihenschluß und Zäsur in neuem Lichte erscheinen zu lassen.

Ein strittiges Problem ist die akzentuelle Gestaltung des *arte mayor* und deren Bedeutung für die Erkenntnis seines Wesens. Den divergierenden Auffassungen, die sich in vielen Nuancen zwischen der Gleichsetzung mit einem nur durch Hebungen geregelten Vers[29] auf der einen und einem reinen 12-Silber mit beliebiger Akzentgestaltung auf der anderen Seite bewegen, liegt der folgende Sachverhalt zu Grunde. An erster Stelle unter den akzentuellen Varianten des *arte mayor* ist — wie R. Foulché-Delbosc in seiner grundlegenden Studie gezeigt hat[30] —

---

[29] So z. B. Ureña, *Versificación*, S. 22–24 und 66–71; G. J. Geers, *Algo sobre versificación española*, Neophilologus XV (1930), S. 178–183 und Juan Cano, *La importancia relativa del acento* ... RR XXII (1931), S. 223–233.

[30] *Étude sur le Laberinto de Juan de Mena*. RH IX (1902), S. 75–138. — Foulché-Delbosc steht mit seiner These auf der Grundlage der von Nebrija begründeten Tradition, der sich auch Rengifo, Cascales und P. Sarmiento angeschlossen hatten. Am Anfang des IX. Kap. im II. Buch seiner *Gramática castellana* definiert Nebrija den *arte mayor* als *adónico doblado*, d. h. also als den Zusammenschluß eines Daktylus und eines Spondeus (—◡◡— — oder rhythmisch: óoo óo). — Zu Nebrijas Rolle für die Erforschung des *arte mayor* vgl. J. Balaguer, *Apuntes*, S. 25ff. und D. C. Clarke, *Nebrija on versification*. PMLA LXXII (1957), S. 27–42; zum *arte mayor* bes. S. 36ff. — Einen

diejenige zu nennen, die vier Versakzente zu gleichen Teilen so auf die Hemistiche verteilt, daß die (innere) rhythmische Periode jeweils von einem Daktylus gebildet wird:

óoo óo	dávida santa
o óoo óo	e ví despojados
oo óoo óo	Aristóteles cerca

Der rhythmische Kern dieses sogenannten Idealtyps läßt sich demnach durch die Formel ∽ óooó ∽ darstellen. Ohne den damit festgelegten rhythmischen Charakter zu ändern, können dem ersten und dem letzten Akzent zwei, eine oder keine Silbe vorangehen bzw. folgen.[31] Das starke Überwiegen dieses rhythmischen Typs besonders bei dem am gründlichsten untersuchten Juan de Mena darf aber nicht dahingehend ausgelegt werden, daß 4 ausgeprägte Akzente sowie der daktylische Rhythmus unbedingte Voraussetzung für das Zustandekommen jedes einzelnen *verso de arte mayor* wären, denn dagegen spricht eine nicht zu übersehende Zahl von Beispielen. Diese entgegen ihrer natürlichen Betonungsweise in das rhythmische Schema eines vermeintlich ausschließlichen Idealtyps einzuordnen — wie es A. Morel Fatio vorgeschlagen hat[32] — ist allenfalls bei reiner Gesangsdichtung möglich, bei anspruchsvoller Sprechdichtung — wofür der *arte mayor* überwiegend verwendet wird — jedoch kaum denkbar, soweit es sich nicht nur um die immer statthafte stärkere Hervorhebung von nebentonigen Silben oder von Enklitika handelt.

Eine gewisse Individualität hat der trochäische Typ im 6-Silber-Hemistich erlangt:

fablan las estorias	óo oo óo
menos en la lid	óo oo ó
gente babilónica	óo oo óoo

Daneben aber gibt es — bei den einzelnen Dichtern verschieden stark vertreten — auch Varianten, bei denen offensichtlich nur der Akzent am Reihen- bzw. Versende beachtet wird, während die weitere rhythmische

Überblick über die Behandlung des *arte mayor* in den Poetiken bieten z. B. A. Morel-Fatio, *L'arte mayor et l'hendécasyllable*... Romania XXIII (1894), S. 209ff und E. Díez Echarri, *Teorías*..., S. 186ff.

[31] Rein deskriptiv verfahrend kann man sagen, daß die Möglichkeiten des Versausganges *(agudo, llano, esdrújulo)* beim *arte mayor* auch am Verseingang genützt werden dürfen. Eine solche Erklärung darf aber nicht genetisch gedeutet werden.

[32] „Je ne vois donc d'autre moyen, pour rétablir l'unité rythmique, que de faire porter le *frappé* sur la cinquième syllabe atone, comme dans la poésie lyrique française où le *frappé* porte sur la quatrième atone" (gemeint ist der Fall der lyrischen Zäsur). On scandera donc: Una doncellá tan mucho fermosa. A. a. O. S. 218.

Gestaltung sehr frei ist, indem ein zusätzlicher ausgeprägter Akzent entweder überhaupt fehlt oder an einer beliebigen Stelle des Verses erscheint.

Zu Charakter und stilistischer Verwendung dieses Verses s. u. *copla de arte mayor*.

Geschichtliches. Die Vielgestaltigkeit des *arte mayor* erlaubt es, alle Ursprungshypothesen mit ausreichendem Material sowohl zu begründen als auch zu widerlegen. Wenngleich selbstverständlich alle Einzelheiten dieser oft verwickelten und nuancierten Thesen den unten zu nennenden Spezialuntersuchungen zu überlassen sind, so mögen hier doch wenigstens andeutungsweise einige allgemein orientierende Hinweise erfolgen, die erkennen lassen, in welchen hauptsächlichen[33] Richtungen der Ursprung dieses Verses gesucht wird.[34]

Die wohl längste und gleichzeitig ausführlichste Vorgeschichte gibt ihm Michel Burger in dem Kapitel *De l'asclépiade mineur au vers d'arte mayor*.[35] Der genannte lateinische Vers ist in seiner quantitierenden Form besonders aus Horaz bekannt, z. B.

Maecenas atavis edite regibus (— — — ◡ ◡ — / — ◡ ◡ — ◡ ◡̲)

Er gliedert sich — wie ersichtlich — in zwei Halbverse von je sechs (numerischen) Silben, die nach dem Übergang vom quantitierenden in das akzentuierende System im Mittelalter die entscheidende Tonstelle jeweils auf der 5. Silbe (wenn sie auf ein 3-silbiges Wort ausgingen) oder auf der 4. Silbe (wenn sie auf ein 2-silbiges Wort ausgingen) hatten, z. B.

4'' + 4'' Sed mox decípitur per elegántiam
5' + 5' Perscrutabant, úbi nasceretur Chrístus.
(zit. nach M. Burger, *Recherches*, S. 123 u. 124)

Unter Berufung auf parallele Erscheinungen in anderen Versarten zeigt M. Burger, wie „chaque hémistiche de 4 syllables *sdrucciolo*, 4'', peut devenir *piano*, 4', et chaque hémistiche de 5 *piano*, 5', peut devenir *sdrucciolo*, 5''." Da nun die einzelnen Hemistiche beliebig miteinander verbunden werden können, sind damit die vier Grundformen des *arte mayor* vorweggenommen, die sich — unter Verzicht auf die variablen Halbversausgänge — wie folgt präsentieren: 5+5, 5+4, 4+5, 4+4. (Die Zahlen geben die jeweils letzte Tonstelle an.) Da Verse dieser Struktur außer in Spanien als volkstümliche Formen auch in den *Laude*

[33] Allzu abliegende Hypothesen, die heute nicht mehr im Gespräch sind, wie etwa die von Amador de los Ríos angenommene Verwandtschaft des *arte mayor* mit der hebräischen Dichtung, bleiben hier unberücksichtigt.

[34] Über den Stand der Ursprungsfragen unterrichtet mit bibliographischen Angaben Le Gentil, *Les Formes*, S. 408ff.

[35] *Recherches*, S. 122–130.

des mittelalterlichen Italien in allen Varianten,[36] in Frankreich, Provence und Portugal unter Beschränkung auf bestimmte Typen nachweisbar sind, sei die Grundlage des *arte mayor* als gemeinromanisch zu betrachten. In seiner ursprünglichen, noch nicht durch Rücksicht auf standardisierte Akzentuierungsschemen und bestimmte Silbenzahlen regulierten Form erscheine er bei Jacopone da Todi und Imperial, während ihn Santillana zum reinen 12-Silber der Gliederung 6+6 gemacht habe, indem er — bei beliebiger Akzentverteilung im Halbversinnern — wie die Provenzalen alle Varianten, die nicht die jeweils 5. Silbe betonten, ausschloß. — Der faktische Zusammenfall einzelner Typen dieses vielgestaltigen Verses mit bestimmten Formen des akzentuierenden jambischen Trimeters und des akzentuierenden daktylischen Hexameters habe diesen beiden Versarten Einflußmöglichkeiten auf die Gestaltung des künftigen *arte mayor* eröffnet.

Der Vorzug dieser These ist, daß sie in überschaubarer Weise eine Ableitung des spanischen *arte mayor* aus gemeinromanischen (und damit also auch einheimisch-spanischen) Grundlagen ermöglicht. Ob allerdings eine solche Ableitung angesichts des ausdrücklichen Zeugnisses des Marqués de Santillana, daß der *arte mayor* zuerst in Portugal und Galizien gepflegt worden sei (womit zweifellos seine Übernahme von dort festgestellt werden soll) erstrebenswert ist, mag dahingestellt bleiben. Bei Annahme einheimischer Grundlage verwundert schließlich das relativ späte Auftauchen dieses Verses, der zuverlässig erst am Ende des 14. Jahrhunderts faßbar ist (wenngleich auch darüber die Meinungen auseinander gehen).

Dem *Carácter indígena del arte mayor* ist auch das so betitelte Kapitel in J. Balaguers Studie über diesen Vers gewidmet.[37] Allerdings scheint hier der Begriff *indígena* lediglich als Gegensatz zu *transpirenaico* gefaßt zu sein, denn entgegen der sonstigen Übung in der metrischen Forschung wird hier nicht zwischen galizisch-portugiesisch und kastilisch unterschieden, indem einerseits durch Berufung auf Santillana die galiz.-port. Herkunft dieses Verses ausdrücklich akzeptiert, sein ‚einheimischer' Charakter aber unterschiedslos bald durch ursprünglich typisch galiz.-port. Eigentümlichkeiten wie die *ley de Mussafia*, bald durch das Fortwirken von Techniken des *Cantar de Mio Cid* und der Romanzen begründet wird, die — wie etwa die Rolle des paragogischen *-e* — als typisch kastilisch gelten. Balaguers oben angeführte These zu Synaphie und Kompensation, die er gerade in diesem Zusammenhang entwickelt, kann nicht als Beweis für den einheimischen Charakter des *arte mayor*

[36] John Schmitt, *La metrica di Fra Jacopone*. Studi medievali I (1905), S. 513–560.

[37] *Apuntes*, S. 81–104.

angeführt werden, denn mit Ursprünglichkeit haben diese relativ späten, erst nachträglich geschaffenen, rein kunstpoetischen Regelungen, die ihre Blüte im 15. Jahrhundert erleben, nichts zu tun (s. o. S. 24 f.). Sie sind ein Behelf, die fluktuierenden Verse dem mit größter Wahrscheinlichkeit nicht-einheimischen Isosyllabismus anzupassen. Für einheimische Herkunft des *arte mayor* spräche allenfalls sein Fluktuieren, nicht aber der Versuch und die Methode, dieses zu beseitigen oder doch zu regulieren.

Isabel Pope neigt in Anlehnung an die Arbeiten von John Schmitt dazu, als lat. Grundlage des *arte mayor* den Sapphicus — allenfalls die Verdoppelung von dessen zweitem Hemistich — zu betrachten, hält aber hinsichtlich des kastilischen *arte mayor* an dessen Übernahme aus der galiz.-port. Dichtung fest.[38] —

Santillanas Zeugnis im Verein mit den charakteristischen Akzenten und dem daktylischen Gang des *arte mayor* dient Menéndez Pelayo[39], Fr. Hanssen[40], Carolina Michaelis de Vasconcellos[41] und P. Henriquez Ureña[42] als Grundlage für eine Ableitung aus den fluktuierenden 11-Silbern der *gaita gallega* (Typ B_3), wie er z. B. in den in Galizien-Portugal volkstümlichen *muinheiras* erscheint. Die nahe Verwandtschaft möge die Gegenüberstellung der beiden folgenden Verse zeigen:

11-Silber Typ B_3:	Soy garridilla	e pierdo sazón
arte mayor 6—6 :	Yo soy garridilla	e pierdo sazón.

Nicht erklärt werden durch diese Theorie — wie T. Navarro[43] hervorgehoben hat — die zahlreichen, rein trochäischen Hemistiche, die eine andere Grundlage zu erfordern scheinen. Nebrijas *adónicos doblados* (óoo óo; s. u. 5-Silber) und die darauf gegründeten Thesen erfassen ebenfalls nur die daktylische Variante des *arte mayor*. Umgekehrt spricht die überwiegend daktylische Gestaltung gegen seine Ableitung aus dem mittellateinischen (trochäischen) 12-Silber *(Noctis sub silentio tempore brumali)* bzw. dem *décasyllabe césuré à cinq*. Zu dieser letzteren Annahme neigten in unterschiedlichem Maße Clair Tisseur[44], E. Stengel[45] und Morel-Fatio.

Tomás Navarro schlägt eine Kompromißlösung vor, die den historischen wie den rhythmischen Anforderungen gerecht werden soll. Unter

---

[38] Isabel Pope, *Mediaeval Latin background of the thirteenht-century Galician Lyric*. Speculum IX (1934), S. 3–25, bes. S. 11–12.

[39] *Ant.* X, S. 173–179.

[40] *El arte mayor de Juan de Mena.* AUCh CXVIII (1906), S. 179–200.

[41] *Canc. da Ajuda*, Bd. II, Halle 1904, S. 89–94 u. 927.

[42] *Versificación*, S. 22–24 und S. 66–71.

[43] *Métrica*, S. 97.

[44] *Modestes observations sur l'art de versifier*, Lyon 1893, S. 69ff.

[45] *Roman. Verslehre*, S. 34 u. KJB III, S. 11.

Berufung auf Santillana sucht er den unmittelbaren Vorläufer des *arte mayor* in Galizien-Portugal, wo er dessen charakteristische Varianten bereits im 13. Jahrhundert in einer Cantiga des Julyão Bolseyra[46] vereint findet: *La cantiga de Bolseyro anticipa el modelo de la copla y metro de arte mayor que habían de recoger y cultivar con sorprendente fidelidad los poetas castellanos de los siglos XIV y XV. Su base es sin duda el dodecasílabo compuesto del latín medieval. Un tercio de sus hemistiquios responde al originario ritmo trocaico. La acentuación dactílica de los restantes y la eliminación de la anacrusis en algunos de ellos debe obedecer a la asociación de tal dodecasílabo con los ritmos y cadencias de las danzas gallegas. Los dos componentes indicados habían sido separadamente previstos en las hipótesis anteriores. A lo largo de su desarrollo, el nuevo producto acentuó la preponderancia del elemento musical, dactílico, sin prescindir del sello correspondiente a su base románica.*[47]

Ihm gegenüber verteidigt P. Le Gentil seine schon früher[48] *in extenso* dargelegte These, die den franz.-prov. 10-Silber zugrundelegt, mit Hinweisen auf die Hemistiche mit Akzent auf der 3. Silbe im *Rimado de Palacio*, auf die *authentiques décasyllables á césure épique* des Fernán Pérez de Guzmán, auf Juan de Padilla und Imperial. Er macht darauf aufmerksam, „*qu'on pourrait..., en jouant des diverses césures épique, lyrique et enjambante, scander les vers de João Bolseyro comme des décasyllabes*" und hebt mit Nachdruck hervor, daß es neben der aus der ‚gelehrten' Dichtung bekannteren Form des franz.-prov. 10-Silbers 4+6, aus der der italienische und spanische *endecasílabo* hervorgegangen ist, auch den volkstümlichen 10-Silber der Gliederung 5+5 gibt,[49] der bei weiblichem Ausgang der Halbverse identisch sei mit der Normalform des *arte mayor.*[50] „*Quant au rythme, chacun sait que le décasyllable lyrique était partout chanté aussi bien sur une mélodie en mode dactilique que sur une mélodie en mode trochaïque.*"[51]

Die von Nebrija eingeleitete Diskussion ist bis heute nicht abgeschlossen, da eine übereinstimmende Klarheit noch nicht erzielt wurde. Das

---

[46] Canc. da Vaticana, Nr. 668; abgedr. bei D. C. Clarke, *The copla de arte mayor*, HR VIII (1940), S. 211–212, die als erste im vorliegenden Zusammenhang auf dieses Gedicht hingewiesen hat.

[47] *Métrica*, S. 98–99.

[48] *Les Formes*, S. 408–439 *(Les origines de l'arte mayor)*.

[49] Vgl. dazu etwa Suchier, *Verslehre*, S. 62.

[50] Als Beispiel mögen etwa die beiden folgenden Verse dienen, die A. Morel-Fatio (a. a. O., S. 209) untereinanderstellt:

Arras est escole de tous biens entendre (13. Jh.)
Al muy prepotente Don Juan el Segundo (Juan de Mena).

[51] Le Gentil *Discussions sur la versification espagnole médiévale — à propos d'un livre récent*. RoPh XII (1958). S. 21.

ist nicht verwunderlich, wenn man bedenkt, daß der *arte mayor* seiner Silbenzahl nach mehrere Langversarten umschließt, daß er verhältnismäßig spät faßbar ist und daß er in Kastilien zu einer Zeit in Mode kam, da die poetische Technik zwar programmatisch den Isosyllabismus erstrebte, aber in den Einzelfragen der Silbenzählung, der Behandlung von Zäsur, Reihenschluß und Anakrusis noch große Unsicherheiten zeigte.

Selbst in der Frage nach den ersten kastilischen Belegen für diesen Vers gehen die Meinungen auseinander. Seit F. Hanssen[52] haben verschiedene Forscher, unter ihnen in letzter Zeit Tomás Navarro, die frühesten Zeugnisse für den *arte mayor* in den *Ensiemplos* des *Conde Lucanor*[53] sowie in verschiedenen Cánticas des Arcipreste sehen zu können geglaubt. Doch macht der sehr schlechte Überlieferungszustand des *Conde Lucanor* alle metrischen Schlußfolgerungen, wo nicht illusorisch, so doch höchst unsicher. Bei der von Hanssen angezogenen Cántica *Cerca la Tablada* (1022ff.) und ebenso bei der von Tomás Navarro zitierten Stelle *Omíllome*, *Reyna* und *Myercoles á terçia* (1046—1058) handelt es sich wohl eher um Lieddichtung auf Kurzversbasis.[54] Als erster eindeutiger Beleg, in welchem sich dieser Vers auch gleichzeitig mit seiner typischen Strophenform, der *copla de arte mayor*, verbindet, wird also auch weiterhin der *Deytado sobre el cisma de occidente* im *Rimado de Palacio* des Canciller López de Ayala[55] zu gelten haben.

Er leitet gleichzeitig den Aufstieg dieses Verses ein, der — stark vertreten im Canc. de Baena — gegen Mitte des 15. Jahrhunderts seinen klassischen Höhepunkt im *Laberinto* des Juan de Mena und seine höchste silbische Regelmäßigkeit bei Santillana erreicht. In der ersten Hälfte des 16. Jahrhunderts ist er zwar noch weit verbreitet, aber es sind die kleineren Dichter die ihn pflegen, teilweise in gewolltem Gegensatz zu den neuen italienischen Formen. Nach der Mitte des 16. Jahrhunderts verschwindet er mehr und mehr aus dem lebendigen Gebrauch der Dichter und erscheint vom Beginn des 17. Jahrhunderts bis zu seiner Wiederbelebung — nunmehr als streng silbenzählender 12-Silber — im späteren 18. Jahrhundert nur noch gelegentlich und in archaisierender

---

[52] *El arte mayor de Juan de Mena*, AUCh 1906 und *Los metros de los cantares de Juan Ruiz* AUCh 1902.

[53] ‚*Son más de una docena los dísticos del Conde Lucanor que representan el arte mayor, sin confusión alguna con el endecasílabo ni con el alejandrino.*' T. Navarro, *Métrica*, S. 71, mit Stellenangaben in Anm. 11.

[54] Vgl. die analogen Erwägungen zur Frage des 11-Silbers in *Quiero seguir*, S. 96 f. und F. Lecoy, *Recherches sur le Libro de buen amor de Juan Ruiz*, Paris 1938, S. 87–88.

[55] La nao de Sant Pedro pasa grant tormenta. *Ant.* IV, S. 119.

Absicht. Zur näheren Unterrichtung siehe unter *copla de arte mayor* und unter 12-Silber.

Literatur: A. Morel-Fatio, *L'arte mayor et l'hendécasyllabe dans la poésie castillane du XVe siècle et du commencement du XVIe siècle*. Romania XXIII (1894), S. 209–231. — Menéndez Pelayo, *Estudios* II, S. 111–118; *Ant.* X, S. 173–179. — R. Foulché-Delbosc, *Étude sur le Laberinto de Juan de Mena*. RHi IX (1902), S. 75–183, bes. S. 81ff. — John Schmitt, *Sul verso de arte mayor*. Rendiconti della R. Accademia dei Lincei. Classe di scienze morali ... XIV (1905), S. 109–133 und *La metrica di Fra Jacopone*, Studi Medievali I (1905), S. 513–560. — Fr. Hanssen, *El arte mayor de Juan de Mena*. AUCh CXVIII (1906), S. 179–200. — J. Saavedra Molina, *El verso de arte mayor*. AUCh CIII (1945), S. 5–127; auch als Buch, Santiago de Chile 1946. — Ch. V. Aubrun, *De la mesure des vers anisosyllabiques médiévaux. Le „Cantar de Roncesvalles"*. BHi LIII (1951), S. 351–374, bes. S. 255ff. — P. Le Gentil, *Les Formes*, S. 363–439 und *Discussions sur la versification espagnole médiévale — à propos d'un livre récent*. RoPh XII (1958), S. 19ff. — Joaquín Balaguer, *Apuntes*, S. 25–188. — T. Navarro, *Métrica*, bes. S. 91–99. — Michel Burger, *Recherches*, S. 30–46. und 122–130. — C. D. Clarke, *The copla de arte mayor*. HR VIII (1940), S. 202–212; *El esdrújulo en el hemistiquio de arte mayor*. RFH V (1943), S. 263–275 und *Notes on Villasancino's versification*. HR XIII (1945), S. 185–196. — Edwin J. Webber, *Arte mayor in the early Spanish drama*. RoPh V (1951/52), S. 49–60.

DRITTER TEIL

DIE METRISCHEN KOMBINATIONEN

Vorbemerkungen

Unter *metrischer Kombination* soll die Verbindung von Verszeilen zu einer rhythmisch organisierten selbständigen Sinneinheit verstanden werden. Dieser Oberbegriff, der hier an die Stelle der sonst üblichen Bezeichnung *Formen der Strophe* tritt, umgreift ohne logischen Bruch in gleicher Weise die strophische wie die nicht-strophische Dichtung freier und fester Form.

Vom Standpunkt der Entwicklungsgeschichte ist die metrische Kombination das Primäre gegenüber dem Einzelvers, der zwar eine rhythmische Einheit darstellt, aber gewöhnlich keine inhaltliche Selbständigkeit besitzt.[1] „Das Dichten eines Volkes beginnt nicht mit der Zeile, sondern mit der Strophe, nicht mit der Metrik, sondern mit der Musik."[2] Die Rolle der Musik für die Erkenntnis der Struktur metrischer Kombinationen darf aber weder unterschätzt, noch übertrieben werden. In vielen Fällen vermag sie entscheidendes Licht in die Ursprungsfragen der Dichtungsformen zu bringen, das freilich durch die Uneinigkeit der Musikwissenschaftler in grundlegenden Teilfragen soweit getrübt wird, daß man sich kaum entschließen kann, die musikalischen Grundtypen, wie Hymnen-, Sequenz-, Rondel-Typ usw. als Einteilungsprinzip für eine Darstellung der spanischen Metrik zu wählen. Das bedeutet aber nicht, daß man die Musik prinzipiell außer Acht lassen dürfte. Eine ganze Gruppe von metrischen Kombinationen, nämlich die sogenannten *Formen mit festem Bau* wie *villancico, canción* u. a. können nur vom musikalischen Standpunkt aus in ihrer Struktur und damit in ihrer formalen Besonderheit erfaßt werden. Auf der anderen Seite ist aber auch nicht zu verkennen, daß sich neben den Belegen für strenge Übereinstimmung zwischen metrischem und musikalischem Bau auch schon sehr früh ge-

[1] Nur in Ausnahmefällen, wie z. B. bei Sprichwörtern, Leitsätzen, Refrains u. ä., kann auch die alleinstehende Verszeile ein selbständiges Sinnganzes darstellen. Doch häufig sind auch solche Wendungen dem größeren Sinnzusammenhang einer metrischen Kombination entnommen.

[2] Wilh. Meyer, *Gesammelte Abhandlungen zur mittellateinischen Rhythmik*, Berlin 1905, Bd. I, S. 51.

genteilige Beispiele finden, in denen das metrische Schema eine gewisse Unabhängigkeit gegenüber der musikalischen Struktur behauptet.[3] Ja es fehlt schon im Mittelalter nicht an vereinzelten Zeugnissen, in denen, wie Gennrich sagt,[4] ein Nachgeben der Musik gegenüber dem metrischen Schema zu beobachten ist. Als weiteres Indiz für die Selbständigkeit der metrischen gegenüber der musikalischen Struktur kann die Tatsache gelten, daß viele metrische Kombinationen mit mehreren Melodien verbunden wurden. Je mehr sich vollends die Dichtung von ihrer ursprünglichen engen Bindung an die Musik löst und zur Sprechdichtung wird, was für die einzelnen Gattungen zu sehr verschiedenen Zeiten geschieht — am frühesten in der geistlich-lehrhaften, am spätesten in der lyrischen Dichtung — desto eigenständiger und wichtiger wird die metrische Struktur, die in der reinen Sprechdichtung schließlich nicht nur äußerliches Merkmal, sondern auch das Formprinzip der Strophe ausmacht. In dem Hegemoniestreit zwischen Musik und Metrik scheint mir H. Spankes ausgleichender Standpunkt richtungweisend zu sein, wenn er sagt: „Das Wesen der Form ist überall dort, wo sich mit einem metrischen Typ mehrere verschiedene musikalische Formen verbinden können, im Metrischen zu suchen. Das Musikalische tritt nur dann an die erste Stelle, wenn es die metrische Form bestimmt[5]".

Aus der unüberschaubaren Menge von metrischen Kombinationen, die im Laufe der spanischen Dichtungsgeschichte verwendet wurden, kann hier natürlich nur eine Auswahl von bedeutenderen Formen geboten werden. Aber eine allzu rigorose Beschränkung, etwa zugunsten einer breiteren Darstellung einiger weniger Hauptformen, schien im Hinblick auf den informativen Charakter dieser Darstellung nicht angezeigt, da sie den Erfordernissen der Universitätspraxis entsprechend auf einen umfangreicheren Kreis von Fragen Auskunft geben soll.

---

[3] Zur Verdeutlichung eine Gegenüberstellung von zwei Beispielen. Die griechischen Buchstaben bezeichnen die musikalische, die lateinischen die metrische Struktur.

	αβ	α : α	αβ	αβ
Rondeau:	AB	a : A	ab	AB
	αβ	γ : γ	αβ	αβ
Virelai:	AB	c : c	cb	AB

Vgl. F. Gennrich, *Grundriß einer Formenlehre des mittelalterlichen Liedes als Grundlage einer musikalischen Formenlehre des Liedes.* Halle/Saale 1932, S. 64 und S. 70f.

[4] A. a. O. S. 68–69.

[5] H. Spanke, *Beziehungen zwischen romanischer und mittelalteinischer Lyrik mit besonderer Berücksichtigung der Metrik und Musik.* Abhandlungen der Gesellschaft der Wissenschaften zu Göttingen, Phil.-Hist. Klasse, 3. Folge, Nr. 98, Berlin 1936, S. 142.

Für die Anordnung des Stoffes boten sich verschiedene Möglichkeiten, deren jede ihre Vorzüge und Nachteile hat. Die Entscheidung fiel für einen Kompromiß zwischen historisch-genetischer und formal-praktischer Darstellungsweise. Wie man in der Phonetik den gleichen Laut, je nachdem man ihn unter dem Gesichtspunkt seiner Artikulationsstelle, seiner Artikulationsart, der Führung des Luftstromes, der Lippenstellung usw. bald dieser, bald jener Kategorie zuteilt, so läßt sich auch ein und dieselbe metrische Kombination je nach dem Blickpunkt, unter dem man sie betrachtet (Herkunft, musikalische Struktur, Reimanordnung, Vollreim oder Assonanz, Verszahl, Versart, isometrischer oder metabolischer Bau, Art und Rolle des Refrains) verschiedenen Gruppen zuweisen. Welchen dieser Gesichtspunkte man im Einzelfalle für den entscheidenden hält, ist oft subjektiv und hängt auch ab von der Art der aufgestellten Kategorien.

In einer ersten Gruppe werden im folgenden die unstrophischen Reihen und reihenartigen Formen, die Laisse und ihre möglichen Deszendenten, die Romanze und ihre Sonderarten behandelt. Sodann folgen nach numerischem Prinzip die sogenannten freien Strophen vom 2- bis zum 12-Zeiler, soweit sie durch die Zahl ihrer Verse hinreichend erfaßt werden können. Eine dritte Gruppe bilden endlich die Formen fester Bauart. Hier schien eine historisch-genetische Anordnung angebracht. Es stehen daher die aus dem Bauprinzip des *estribote* ableitbaren oder doch mit ihm verwandten mittelalterlichen Formen beisammen. Ihnen folgt die Darstelluug der Renaissance-Canzone, ihrer Ableitungen, Auflösungsformen und Verwandten. In einigen Fällen mag die Zuweisung in die eine statt in die andere Gruppe strittig sein. Doch sorgen Querverweise dafür, daß dem Benutzer daraus kein Schaden erwächst.

UNSTROPHISCHE, REIHENARTIGE FORMEN

Die Laisse

Mit *Laisse*[6] oder *Tirade* — ein spanischer Fachausdruck dafür fehlt — bezeichnet man den nicht-strophischen Zusammenschluß von gleichartigen, durch gleichbleibende Assonanz gebundenen epischen Versen zu Perioden beliebiger Ausdehnung. Eine neue Assonanz markiert den Beginn einer neuen Laisse. Das metrische Schema stellt sich also wie folgt dar:

1. Laisse: aaaaaaa usw.
2. Laisse: bbbbbbb usw.

---

[6] *Laisse* ist dem Altfranzösischen entnommen und bedeutet „Hundekoppel"; *tirade* ist neufranzösisch.

Dem entspricht, wie man in Analogie zu den französischen Laissen erschließen kann, folgende musikalische Struktur:

aaaaaaaaa usw.

Jede der stets gleichbleibenden Tonreihen endet auf einen Halbschluß, die letzte in jeder Laisse auf einen Ganzschluß oder allenfalls auf eine besondere, kadenzierte Tonreihe. Man darf sich den Vortrag der Laissen vielleicht ähnlich vorstellen wie das Psalmodieren in der Kirche.

Geschichtliches: Die sehr primitive metrische und musikalische Struktur der Laisse läßt auf ein sehr hohes Alter schließen. F. Gennrich sieht in ihr ein Relikt des *Litaneiprinzips*, das in die Zeiten zurückweist, in denen die »Musikkultur noch auf der Stufe der Halbkulturvölker stand"[7]. Nach W. Suchier, der sie mit H. Spanke für jünger hält, sei sie durch Erweiterung aus der einreimigen lyrischen Strophe, wie sie sich in den *chansons à toile* findet,[8] hervorgegangen, möglicherweise angeregt durch die kirchliche Vortragspraxis bei der Psalmodie.[9] Die Entscheidung in dieser Frage wird Ansichtssache bleiben.

Trotz des unbestreitbaren literarischen Einflusses der franz. *Chansons de geste* auf die überlieferte span. Heldendichtung kann für die Laisse in Spanien einheimischer Ursprung aus den gleichen vorromanischen oder romanischen Grundlagen angenommen werden, da der ametrische epische Vers, der die spanischen Laissen bildet, gegenüber dem streng silbenzählenden Vers der *Chanson de geste* als der ältere erwiesen ist.

Die überschaubare Geschichte der Laisse in Spanien ist ziemlich kurz. Im Gegensatz zu Frankreich ist sie in Spanien ausschließlich an das nationale Heldenepos gebunden und verschwindet mit diesem um die Wende des 14. zum 15. Jahrhundert. Die bedeutendsten Zeugnisse für die Verwendung der Laisse sind der *Cantar de Mio Cid* (1140) und das Fragment *Roncesvalles* (um 1220). In *Mio Cid* reicht der Umfang der Laissen von 3 Versen (z. B. Laisse Nr. 71, 73) bis gegen 200 Verse (z. B. Laisse Nr. 138). Daneben finden sich aber auch viele Laissen von annähernd gleicher Ausdehnung. Die Laissenlänge wird durch die Gedankenführung — jede Laisse entspricht einem in sich abgeschlossenen Gedankenkomplex — sowie durch künstlerische Absichten geregelt. Je bewegter und dramatischer die jeweilige Situation ist, desto kürzer sind die Laissen. Umgekehrt dehnen sie sich bei Schilderungen und erzählenden Berichten weit aus. Assonanz- und damit Laissenwechsel tritt gewöhnlich ein: vor und nach direkten Reden, innerhalb direkter Reden

[7] *Grundriß*, S. 36. — Vgl. ibid. S. 40f. sowie F. Gennrich, *Der musikalische Vortrag der altfranzösischen Chansons de Geste*. Halle 1923.

[8] Nach Spanke wäre diese sog. „Romanzenstrophe" vorromanisch.

[9] Suchier, *Verslehre*, S. 180.

dann, wenn die sprechende oder angesprochene Person wechselt und schließlich in Schilderungen, wenn sich Stilhöhe oder Schauplatz ändern.

Literatur: R. Menéndez Pidal, *Cantar de Mio Cid*, Madrid[3] 1944, Bd. I, S. 76—136, bes. S. 107ff. — Ders., *Roncesvalles, un nuevo cantar de gesta español del siglo XIII*. RFE IV (1917), S. 123–128. — J. Horrent, *Roncesvalles. Étude sur le fragment de cantar de gesta conservé à l'Archivo de Navarra (Pampelune)*. Paris 1951, S. 66–86.

Die Romanze

„*El romance es el género poético más general, más constante y más característico de la literatura española*.“[10] Die zahlreichen thematischen und formalen Veränderungen, die die Romanze im Laufe ihrer vielhundertjährigen Geschichte erfahren hat, machen eine allen Besonderheiten gerechtwerdende einheitliche Definition dieser heute noch in der gesamten spanischen Welt lebendigen Dichtungsform unmöglich. Vereinfachend und auf die (vermutlichen) Ausgangsformen zurückgreifend kann man jedoch die folgenden metrischen Merkmale als wesentlich hervorheben:

1. die (gewöhnlich) durch die ganze Romanze hindurch gleichbleibende Assonanz in den Versen gerader Zahl, während gleichzeitig die Verse ungerader Zahl ohne Reimentsprechung sind;[11]
2. die Verwendung des 8-silbigen Romanzenverses;[12]
3. die beliebige Länge.

---

[10] Riquer, *Resumen*, S. 24.

[11] Bei dieser Definition wird von der üblichen Art, die Romanzen in Kurzzeilen zu drucken, ausgegangen. Genetisch richtiger wäre es vielleicht, sie in Langzeilen zu schreiben, wie das Nebrija, Salinas und in neuerer Zeit seit Jakob Grimm verschiedene gelehrte Herausgeber getan haben. Die Notierung in Langzeilen läßt durch die sich daraus ergebende Assonanzfolge **a a a a** usw. den ursprünglichen Zusammenhang mit der epischen Laisse hervortreten und erklärt dadurch auch das eigenartige Assonanzschema der Romanze. Denn die Tatsache, daß nur die Zeilen gerader Zahl Assonanz aufweisen, ist durch die Zerlegung des langen Romanzenverses (16-Silber mit Schwankungen) in seine beiden Halbverse bedingt, wobei naturgemäß die Assonanz immer nur am Ende jedes zweiten Hemistichs stehen konnte, während die jeweils ersten Halbverse — nunmehr die Zeilen ungerader Zahl — ohne Assonanzbeziehung blieben. Doch wird die Ableitung der Romanzenform aus der epischen Laisse heute zwar überwiegend, aber nicht einhellig angenommen.

[12] Auch hier wird von der üblichen Anordnung in Kurzzeilen ausgegangen. — Es sei daran erinnert, daß der Romanzenvers zu den fluktuierenden Versarten zählt. Geringfügige Schwankungen in der Silbenzahl sind daher — besonders im Mittelalter und in der volkstümlichen Romanzendichtung —

Wohl nicht zum formalen Wesen der Romanze gehört hingegen die außerhalb des Theaters sehr häufige Gliederung in 4-Zeiler *(cuartetas)*. Doch auch in diesem Falle muß die Assonanz über die 4-zeilige Gliederung hinweg stets die gleiche bleiben. Wechselt sie hingegen nach jeder *cuarteta*, so spricht man nicht mehr von Romanzen, sondern von *cuartetas asonantadas* (s. d.).

Beispiel:	Schema:	
Quién hubiese tal ventura	a	
sobre las aguas del mar,		b
como hubo el conde Arnaldos	c	
la mañana de San Juan!		b
Con un falcón en la mano	d	
la caza iba a cazar,		b
vió venir una galera	e	
que a tierra quiere llegar.		b
Las velas traía de seda,	f	
la ejarcia de un cendal,		b
marinero que la manda	g	
diciendo viene un cantar		b
que la mar facía en calma,	h	
los vientos hace amainar,		b
los peces que andan n'el hondo	i	
arriba los hace andar,		b
las aves que andan volando	k	
n'el mástel las faz posar;		b
allí fabló el conde Arnaldos,	l	
bien orréis lo que dirá:		b
— Por Dios te ruego, marinero,	m	
dígasme ora ese cantar.		b
Respondióle el marinero,	n	
tal respuesta le fué a dar:		b
— Yo no digo esta canción	o	
sino a quien conmigo va.		b

Die ältesten Melodien gliedern sich in Einheiten von 16 Noten; so bei Salinas, *De Musica* (1577), S. 342 u. 411.[12a] Daneben gibt es musikalische Perioden von 32 Noten, besonders im *Cancionero musical de Palacio,* niemals aber solche von 8 Noten. Damit wird erwiesen, daß die kompositionelle und gedankliche Einheit in der Romanze nicht der 8-Silber ist. Diese wird vielmehr entweder durch einen oder durch zwei 16-Silber

nicht selten. Werden jedoch prinzipiell andere Versarten als der 8-Silber verwendet, so liegen besondere Abarten der Romanze vor, die eigene Bezeichnungen wie *Romancillo, endecha* und *romance heróico,* tragen.

[12a] Faksimile-Nachdruck hgg. von Macario Santiago Kastner, Kassel-Basel 1958 (Documenta musicologica, I. Reihe Bd. XIII).

gebildet. Im letzteren Falle wäre es daher berechtigter von *pareados* statt von *cuartetas* zu sprechen. — Eine Melodien-Auswahl findet sich am Ende des 1. Bandes des *Romancero hispánico* von R. Menéndez Pidal (besorgt von Gonzalo Menéndez Pidal).[13]

Seit Ende des 15. Jahrhunderts begegnen nicht selten Romanzen mit lyrischen Anfügungen bzw. Einschüben, die vom *pareado* bis zu vollständigen lyrischen Gedichtformen reichen können und gewöhnlich in Reimbeziehung zur Romanze stehen. Auf diese und andere Besonderheiten wird im geschichtlichen Abschnitt hingewiesen.

Geschichtliches. Das Wort *romance* geht zurück auf das Adverb *romanice* (‚auf Romanisch') und bezeichnet ursprünglich die romanische Volkssprache im Unterschied zum Latein der Kleriker,[14] bald aber auch Vulgarisierungen aus dem Lateinischen und schließlich jede Art von literarischer Produktion in der Volkssprache. Während es in Frankreich schon seit Chrestien de Troyes[15] die literarische Gattung des Romans bezeichnet, bleibt es in Spanien, wo es auf die verschiedensten Dichtungsformen angewendet wird, in seiner Bedeutung noch lange unbestimmt. Erstmals wird es im heutigen Sinne unter Bezugnahme auf das Jahr 1437 in den *Viajes* des Pedro Tafur und bald darauf im *Prohemio* des Marqués de Santillana (um 1445) gebraucht. Von der Mitte des 15. Jahrhunderts an erlangt es mit zunehmender Ausschließlichkeit seine jetzige Bedeutung.[16]

Die Erörterung der verwickelten Ursprungsprobleme der Romanzen ist eine Aufgabe der Literaturwissenschaft (Stilistik, Motivgeschichte, Komparatistik usw.) und gehört nicht in den Rahmen dieser Darstellung, zumal der Beitrag, den die Metrik dazu leisten kann, im ganzen recht

---

[13] Vgl. E. Martínez Torner, *Indicaciones prácticas sobre la notación musical de los romances*. RFE X (1923), S. 389–394 und *Ensayo de clasificación de las melodías de romance*. Homenaje a R. Menéndez Pidal, Madrid 1925, Bd. II, S. 391–402. — Zum Verhältnis zwischen Musik und Metrik in der Romanze vgl. aus neuerer Zeit Daniel Devoto (Annales musicologiques IV, 1956), der zum Problem der *cuarteta*-Gliederung wie folgt Stellung nimmt: „Nous nous trouvons en présence d'un mouvement quaternaire qui, sans être strophique, a une réelle base musicale." (S. 92).

[14] In dieser Bedeutung lebt es heute noch fort in der Bezeichnung für das Rätoromanische *(romontsch, roumanche)*, sowie in Spanien selbst im Sinne von ‚echt kastilisch', ‚klar verständlich' (z. B. *en buen romance)*. Auf diese Doppelbedeutung spielt Juan de Valdés an, wenn er sagt: *pienso que los llaman romances porque son muy castos en su romance*. — Vgl. auch die Diss. von P. Voelker, *Die Bedeutungsentwicklung des Wortes Roman*, abgedr. in ZRPh X (1886), S. 485–525.

[15] *Cligès* (um 1170) Vs. 23.

[16] Näheres bei R. Menéndez Pidal, *Romancero* I, S. 3ff.

bescheiden ist. Denn wohl vermag der metrische Befund anderweitig begründete Herleitungstheorien zu untermauern, aber er kann von sich aus keinen eindeutigen oder gar zwingenden Weg weisen. Das ist verständlich, wenn man bedenkt, daß die textliche Romanzenüberlieferung — für die Metrik die einzig sichere Grundlage — erst im 15. Jahrhundert beginnt, zu einer Zeit also, da bereits die verschiedensten Einflüsse auf die Gestaltung der überlieferten Form gewirkt haben können. Die Metrik befindet sich daher in diesen Fragen stets in der Abhängigkeit von den literarischen Ursprungstheorien; dies um so mehr als die Uneinheitlichkeit des metrischen Bildes auch der schriftlich überlieferten Romanzen verschiedene Auslegungen zuläßt. Selbst wenn man die vollreimenden Romanzen — mit umstrittener Berechtigung — als spätere Entwicklungen aus der Betrachtung ausschließt, so bleiben doch unter den assonierenden Formen immerhin noch solche mit durchgehender Assonanz neben anderen, die die Assonanz mit größerer oder geringerer Häufigkeit nach erkennbaren oder nicht erkennbaren Prinzipien wechseln. Je nach der Grundeinstellung, die man zum Urpsrungsproblem einnimmt, wird man das entscheidendere Gewicht bald auf diese, bald auf jene Romanzenart legen.

Die Vertreter der epischen Deszendenz, wie A. Bello, Milà y Fonatanals, Menéndez Pelayo, H. Morf und Menéndez Pidal (um nur die wichtigsten zu nennen), berufen sich auf die sogenannten epischen Romanzen, die nicht nur gegenständlich, sondern auch metrisch eine nahe Verwandtschaft mit der Laissentechnik des Heldenepos erkennen lassen. Im einzelnen handelt es sich um folgende Übereinstimmungen:

1. die gleichbleibende Assonanz in den Versen gerader Zahl, die dem Versende der epischen Langzeilen entsprechen, bei gleichzeitigem Fehlen der Assonanz in den Versen ungerader Zahl;[17]
2. das sehr alte paragogische *-e* bei *agudo*-Ausgang der Assonanz;
3. die willkürliche Mischung von Assonanz und Vollreim;
4. das — allerdings nur geringfügige — Schwanken in der Silbenzahl der Verse;

[17] Wechsel von längeren Assonanzreihen kommt allerdings auch in den epischen Romanzen vor. Er widerspricht nicht einer Ableitung aus der Laissentechnik, wenn er nach den gleichen Prinzipien wie im Heldenlied erfolgt (direkte Rede usw.; vgl. Laisse) oder wenn er dadurch bedingt ist, daß die Romanze mehrere Laissen eines Epos umfaßt. Wo diese Gründe zur Erklärung nicht ausreichen, ist zu prüfen, ob nicht eine Kontamination vorliegt, d. h. ein nachträglicher Zusammenschluß zweier ursprünglich verschiedener Romanzen. Wesentlich aber ist, daß in all den genannten Fällen die Assonanz in unregelmäßigen Abständen wechselt und nicht von *cuarteta* zu *cuarteta*. — Vgl. R. Menéndez Pidal, *Romancero* I, S. 136f.

5. die Übereinstimmung von metrischer und syntaktischer Gliederung, die ohne Ansatz zu regelmäßiger Strophenbildung in beliebiger Weise syntaktische Einheiten entweder aus zwei oder aus vier Halbversen (d. h. also aus einem oder zwei Langversen) bildet;
6. die nicht festgelegte Länge der Romanzen.

Die Gegner der „epischen“ Theorie (Cejador y Frauca, P. Rajna, Geers, Voßler u. a.) vertreten im einzelnen sehr verschiedene Ursprungshypothesen. Nur drei von ihnen, H. R. Lang, Griswold Morley und D. C. Clarke, stützen sich mit gewissem Nachdruck auch auf metrische Kriterien. Anhaltspunkte für die nicht-epische Herkunft der Romanzen bieten:

1. der andersgeartete Romanzenvers, der schwerlich auf organische Weise aus dem ametrischen Vers des *cantar de gesta* hervorgegangen sein kann;
2. die fast einhellige Auffassung des Romanzenverses als eines selbständigen 8-Silbers durch die alten Poetiken (mit bemerkenswerter Ausnahme Nebrijas) und durch die Schreibweise der Überlieferung (in Kurzzeilen);
3. die Verwendung von 8-Silber-*Desfechas*[18] (auch mit *quebrados*) schon in den überlieferungsmäßig ältesten Romanzen. (Die *Desfecha* verwendet fast ausschließlich die gleiche Versart wie die Komposition, an deren Ende sie angehängt wird);
4. das Vorkommen des Assonanz- bzw. Reimschemas, das für die Romanze als typisch gilt, in der frühen portugiesischen Lyrik (Cancioneiro da Vaticana);[19]
5. die sogenannten *romances novelescos*, für die der häufige Wechsel jeweils nur sehr kurzer Assonanzreihen typisch ist. Hier hält auch R. Menéndez Pidal eine einstige strophische Ausgangsform für wahrscheinlich.

Wenn sich auch die literarischen Ursprungstheorien unvereinbar gegenüberstehen, so ist auf metrischem Gebiete ein Kompromiß immerhin denkbar, indem man eine doppelte Herkunft der Romanzenform aus epischen und aus lyrischen Grundlagen annimmt, was an sich auch ihrem episch-lyrischem Charakter nicht widerspricht. Infolge gegenseitiger Beeinflussung könnte die lyrische Ausgangsform sich durch Verzicht auf Vollreim und strophische Gliederung der Laissenform angepaßt

---

[18] „*Desfecha. A technical term apparently denoting a composition intented as a summary or conclusion of another poem* ...“ H. R. Lang, *Las formas estróficas y términos métricos del Canc. de Baena*, Estudios ... in memoriam A. Bonilla y San Martín, Madrid 1927, Bd. I, S. 509.

[19] Belege bei D. C. Clarke, *Remarks on the early romances and cantares*. HR XVII (1949), S. 96ff.

haben, während umgekehrt die epische Ausgangsform den regulierteren lyrischen Vers übernommen hätte.

Welcher von den beiden Ausgangsformen die Priorität zukommt, muß dahingestellt bleiben. Nach bisheriger, durch Parallelen in anderen romanischen Sprachen gestützter Anschauung mußte der regelmäßigere Vers, wie ihn die Romanzen aufweisen, als jüngere Entwicklungsstufe gegenüber der Ametrie des *cantar de gesta* angesehen werden. Doch heute scheinen die Ansichten über das Alter des Anisosyllabismus in eine Krise zu treten. In Auswertung des neu-entdeckten *kharǵa*-Materials stellt E. García Gómez[20] die These auf, daß das silbenzählende Prinzip in den *Muwaššahas* durch die *kharǵas* bedingt sei. Da andererseits diese *kharǵas* — wenigstens zum Teil — der Lyrik der einheimischen romanischen Bevölkerung entnommen zu sein scheinen, müßte diese bereits damals (9./10. Jahrhundert) über eine silbenzählende volkssprachliche Dichtung verfügt haben. Auf die umwälzenden Folgen dieser These für die Beurteilung dieses Grundproblems der spanischen Metrik hat P. Le Gentil[21] hingewiesen. Wenn sie sich als stichhaltig erweist — wozu vor allem die Stellungnahme der Arabisten abzuwarten ist — dann könnte auch die Romanze, als einem nunmehr sehr alten Isosyllabismus näherstehend, wenigstens vom metrischen Standpunkt aus sogar älter sein als das Epos, wie das aus ganz anderen Gründen schon Cejador y Frauca vermutet hatte. In diesem Falle wäre ihre Ableitung aus der Lyrik wahrscheinlicher.

Von allen Theorien über den Ursprung der Romanzen ist die „epische“ bei weitem am besten und am umfassendsten begründet. Das hat seine Ursache nicht zuletzt darin, daß sie Gelehrte vom Rang eines Milá y Fontanals, Menéndez Pelayo und Menéndez Pidal entwickelt und mit reichster Dokumentation ausgebaut haben, während im Vergleich dazu alle übrigen Theorien — abgesehen davon, daß sie sich in die verschiedensten Richtungen aufspalten — kaum mehr als skizziert erscheinen. Aufgabe der oben mitgeteilten metrischen Überlegungen ist es, den kritischen Sinn auch gegenüber dem in sich geschlossenen System der epischen Theorie wachzuhalten, Gründe und Gegengründe zu würdigen und den Weg für künftige neue Erkenntnisse, die etwa aus den *kharǵa*-Forschungen hervorgehen könnten, offen zu halten. Doch nun genug der Theorien.

Die textliche Überlieferung der Romanzen beginnt im 15. Jahrhundert. Als in diesem Sinne älteste gilt die Romanze *Gentil dona, gentil*

---

[20] *La lírica hispano-árabe y la aparición de la lírica románica.* Al-Andalus XXI (1956), S. 303ff.

[21] *Discussions sur la versification espagnole médiévale — à propos d'un livre récent.* RoPh XII (1958). S. 9.

dona[22] des Katalanen Jaume de Olesa aus dem Jahre 1421. Sie ist ihrerseits eine *refundición*. Ihre Erhaltung trägt alle Züge der Zufälligkeit an sich.[23] Es besteht Einigkeit darüber, daß der schriftlichen Fixierung der Romanze und ihrer Übernahme in die Kunstdichtung eine Phase mündlicher Überlieferung vorangegangen ist, doch gehen die Meinungen über die Dauer dieser Vorgeschichte auseinander. Ihre Extreme reichen von Cejador y Frauca, der die Romanzen vor die *cantares de gesta* setzen möchte, bis zu Foulché-Delbosc, der ihre Entstehung möglichst nahe an den Beginn ihrer schriftlichen Aufzeichnung heranrücken will. Die Frage ist nicht generell zu beantworten; vielmehr hat man je nach Inhalt und Art der Romanzen verschiedenes Alter anzunehmen. Datierungsmöglichkeiten bieten diejenigen Romanzen, die entweder auf Zeitereignisse anspielen oder solche überhaupt zum Inhalt haben, da man annehmen darf, daß sie erstmals in unmittelbarem zeitlichem Zusammenhang mit den Begebenheiten aufgekommen sind, auf die sie Bezug nehmen. An Hand dieser *romances tradicionales noticieros* gelangt Menéndez Pidal bis in die zweite Hälfte des 13. Jahrhunderts zurück. Die anderen Romanzenarten sind zum Zwecke ihrer Datierung nach inneren Kritierien und nach Wahrscheinlichkeitsgründen in Beziehung zu den *romances noticieros* zu setzen.[24]

Etwa seit der Mitte des 15. Jahrhunderts tauchen die Romanzen in den Cancioneros auf. Die Einführung der Buchdruckerkunst (1474) führt zu rascher schriftlicher Verbreitung dieser Dichtungsform, zunächst durch die *pliegos sueltos*, bald aber auch in zunehmendem Maße durch die Cancioneros selbst. Im Cancionero musical und im Cancionero General (1511) erscheinen sie bereits in bemerkenswerter Anzahl. Gleichzeitig wächst das Interesse der Kunstdichtung an dieser Gattung. Eine Eigentümlichkeit, die sich vielleicht durch den Einfluß eben dieser Kunstdichtung erklärt, ist gegen Ende des 15. Jahrhunderts der systematische Ersatz der Assonanz durch den Vollreim.[25] Er bleibt bis um die Mitte

---

[22] Abdruck und Studie bei Ezio Levi, *El romance florentino de Jaume de Olesa*. RFE XIV (1927), S. 134–160. — Vgl. auch Leo Spitzer, *Notas sobre romances españoles: I. Observaciones sobre el romance florentino de Jaume de Olesa*... RFE XXII (1935), S. 153ff.

[23] Eine Zusammenstellung der 17 frühesten schriftlich überlieferten Romanzen findet sich bei S. Griswold Morley, *Chronological list of the early Spanish ballads*, HR XIII (1945), S. 273–287. — Vgl. auch W. G. Atkinson, *The chronology of Spanish ballad origins*. MLR 1937, S. 44–61.

[24] Vgl. R. Menéndez Pidal, *Romancero* I, Kap. V und folgende.

[25] Dabei werden auch ursprünglich assonierende Romanzen in Vollreimform gebracht, wie die Nr. 437 und 463 des Canc. General erkennen lassen. — Die Tendenz zur Bevorzugung des Vollreims ist aber schon in den Romanzen

des 16. Jahrhunderts in Mode,[26] weicht aber in der zweiten Jahrhunderthälfte wieder mehr und mehr der herkömmlichen Assonanz, so daß vollreimende Assonanzen im Romancero General von 1600 schon Einzelerscheinungen sind. Die Reaktion auf diese Episode des Vollreims hat insoferne einen formalen Fortschritt herbeigeführt, als man sich von der sorglosen Mischung von Assonanz und Vollreim, wie sie den *cantares de gesta* und den alten Romanzen eigentümlich ist, abwandte und zielbewußt die korrekte Assonanz erstrebte.

Ebenfalls schon am Ende des 15. Jahrhunderts treten zwei weitere Besonderheiten in Erscheinung: 1. die Tendenz zur *cuarteta*-Gliederung, was aus dem zunehmend lyrischen Charakter der Romanze in dieser Epoche erklärbar ist;[27] 2. die Anfügung kurzer lyrischer Kompositionen *(villancicos, canciones)* als Ausklang *(desfecha)*.

Das Renaissance-Jahrhundert ist in der Geschichte der Romanze eine Zeit der Konsolidierung und der Vorbereitung auf die Hochblüte dieser Dichtungsform im Siglo de oro. Die neue Geisteshaltung findet auch in der Romanze ihren Niederschlag und führt zu einer stärkeren Individualisierung in der poetischen Konzeption sowie zur Erweiterung ihrer Thematik. Hand in Hand damit steigt, besonders im letzten Drittel des Jahrhunderts, die Romanzenproduktion. Kurz vor 1550 erscheint in Antwerpen der erste Cancionero de romances.[28] Seit dem *Diálogo de Nacimiento* (1512) des Torres Naharro begegnet die Romanze, zunächst als gesungene Einlage oder in Redondillas umgewandelt, stets aber ohne eigentliche dramatische Funktion, im spanischen Theater. Es vergehen aber noch 75 Jahre bis die Romanze neben der Redondilla und den italienischen Formen als dramatische Form Eingang ins Theater findet. Das vielleicht erste Beispiel dafür bietet — 7 Jahre nach der Reform des Juan de la Cueva — die *Farsa del obispo Don González* des sonst wenig bekannten Don Francisco de la Cueva y Silva[29] vom Jahre 1587. Dieses

des frühen 15. Jahrhunderts festzustellen. Vgl. D. C. Clarke, *Remarks* ..., S. 89ff.

[26] Beispiele bieten Juan del Encina, Gil Vicente, Torres Naharro, Montemayor, Timoneda, San Juan de la Cruz.

[27] Einen Versuch, die *cuarteta*-Gliederung als Einfluß des französischen Volksliedes musikgeschichtlich zu begründen, unternimmt W. J. Entwistle, *La chanson populaire française en Espagne*, BHi LI (1949), S. 255–257.

[28] Nach R. Menéndez Pidal, *Cancionero de romances impreso en Amberes sin año*, Madrid² 1945, S. V, ist er zwischen 1547 und 1549 zu datieren. — Verzeichnis der alten Romanzensammlungen bei F. Wolf, *Studien zur Geschichte der spanischen und portugiesischen Nationalliteratur*, Berlin 1859, S. 314ff.

[29] Vgl. Diego Catalán, *Don Francisco de la Cueva y Silva y los orígenes del teatro nacional*. NRFH III (1949), S. 130–140, bes. S. 138.

Datum ist für die Zukunft um so entscheidender, als im Siglo de oro die Geschichte der Romanze aufs engste mit der Comedia verbunden ist, wo sie vor der Mitte des 17. Jahrhunderts die Vorherrschaft der Redondilla brechen wird.

In formaler Hinsicht erreicht das 16. Jahrhundert eine endgültige Fixierung des Verses (in der Kunstdichtung) in Form des streng silbenzählenden 8-Silbers. Die *aguda*-Assonanz wird zugunsten der zweisilbigen *llana*-Assonanz stark eingeschränkt. Seit Gabriel Lobo Lasso de la Vega (1589) setzt sich die *cuarteta*-Gliederung als bewußt erstrebte Kompositionseinheit durch.[30]

Bei der Ausschmückung der Romanze mit lyrischen Anfügungen oder Einschüben werden neben den traditionellen Formen auch die aus Italien eingeführten 7- und 11-Silber in Form von *Pareados* (7+11; 11+11) herangezogen und in regelmäßigen Abständen sowie mit Reimbindung zur Romanze eingeschoben bzw. angehängt.

Den Höhepunkt der formalen Vollendung und die weiteste Verbreitung (besonders durch das Theater) erlangte die Romanze in der Zeit vom ausgehenden 16. Jahrhundert bis gegen die Mitte des 17. Jahrhunderts. Ihre unbestreitbar größten Meister sind Lope de Vega,[31] Góngora und Quevedo. Aber es gibt kaum einen bedeutenden Dichter des Siglo de oro, der die Romanze nicht gepflegt hätte. Die metrischen Fortschritte beruhen auf einer konsequenten Regulierung: Vollreime werden überhaupt nicht mehr oder nur durch weite Abstände getrennt, zugelassen. Die *aguda*-Assonanz wird nur noch in der satirischen und in der religiösen Romanze — dort als Mittel des komischen Effekts, hier mit Rücksicht auf die Musik — geduldet; aus allen anderen Romanzenarten verschwindet sie. Der syntaktische Bau der als obligatorisch geltenden *cuarteta*-Gliederung wird geschmeidiger gestaltet, indem entweder ein Satz mehr als eine *cuarteta* umfaßt oder umgekehrt zwei Sätze von je 16 Silben in einer *cuarteta* Platz finden. Letzteres ist besonders eine Technik der dramatischen Wechselrede im Theater.

Die Einfügung längerer lyrischer Gedichte kommt außer Gebrauch. Mit gewisser Häufigkeit begegnet nur noch der kurze *estribillo* (meist Pareado aus 11-Silbern).[32]

Inhaltlich umfaßt die Romanze des Siglo de oro alle literarischen Gebiete. Auf ihre Vormachtstellung im Theater wurde bereits hingewie-

---

[30] Vgl. S. Griswold Morley, *Are the Spanish romances written in quatrains?* RR VII (1916), S. 42–48.

[31] Bis 1618 hat sich bei Lope der prozentuale Anteil der Romanzen in seinen Comedias verdoppelt (von 21,7% [vor 1604] auf 40,7%). — Vgl. P. Henríquez Ureña, *Los jueces de Castilla*, RFH VI (1944), S. 286.

[32] Z. B. Don Quijote II, Kap. LVII.

sen. Die epische Romanze wurde besonders durch Lope de Vega erneuert. Für die übrigen Romanzenarten mögen der Kürze halber die Typenbezeichnungen stehen: *romances amorosos, moriscos, pastoriles, satíricos, villanescos, caballerescos, religiosos, picarescos, rufianescos*. Einen besonderen Ruhmestitel des Siglo de oro stellen jene subjektiven Romanzen dar, die L. Pfandl „als eindeutig individuelle und seelisch-autobiographische Persönlichkeits- oder Ich-Dichtung" bezeichnet.[34] Endlich wäre — wenn auch nicht unmittelbar zu unserem Thema gehörig — die hervorragende Rolle der geschichtlichen Romanze als unerschöpfliche Inspirationsquelle des nationalen Theaters zu erwähnen.

Nachdem sich Anzeichen beginnenden Verfalls schon in der zweiten Hälfte des 17. Jahrhunderts bemerkbar gemacht hatten, erlangt die Romanzenliteratur ihren Tiefstand im 18. Jahrhundert. Die volkstümlichen Romanzen entarten in einer Weise, daß die Regierung mit Druckverboten gegen sie einschreitet (1767 und öfters).[35] Die literarischen Kreise wenden ihren Blick nach Frankreich, angezogen vom Theater der französischen Klassik, von der französischen Aufklärung und nicht zuletzt begünstigt durch die Bourbonenherrschaft im eigenen Land. Der Regelgeist Boileaus beherrscht das offizielle literarische Leben von Luzáns *Poética* (1737) bis Hermosillas *Arte de hablar* (1820), der unter Ferdinand VII. als offizielles Lehrbuch in ganz Spanien eingeführt wurde. Die Romanze war weithin zum Gegenstand der Verachtung geworden. Immerhin nahmen sich ihrer einige bedeutende Dichter — nicht selten aus einer nationalen Reaktionsstimmung heraus — an, so Huerta, E. G. Lobo, Meléndez Valdés, Cienfuegos, Quintana, Lista und überraschenderweise auch Nicolás F. de Moratín. Ohne nennenswerte formale Neuerungen gaben sie die Romanze an die folgende Epoche weiter.

Die Vorliebe für die Lyrik sowie das neu aufkommende Interesse der Dichter für historisch-nationale und pseudohistorische Stoffe *(leyendas)* in der Romantik boten der Romanze ein weites Feld und sicherten ihr eine sehr umfangreiche Pflege auf diesen Gebieten. Dichter wie der Duque de Rivas,[36] Bermúdez de Castro, Zorilla und Avellaneda führten sie zu einer neuen Blüte.

Andererseits hatte der Rückgriff auf den Formenreichtum der alten Comedia sowie der Drang nach metrischen Neuschöpfungen im Theater allgemein ein Zurückgehen der Romanze in der dramatischen Literatur zur Folge. Eine gegenteilige — ausnahmehafte — Erscheinung stellen zwei Stücke von Bretón de los Herreros dar *(Los dos sobrinos; A mi*

---

[34] L. Pfandl, *Spanische Romanzen*, Halle 1933, S. 16.

[35] R. Menéndez Pidal, *Romancero* II, S. 249.

[36] Z. B. *El moro expósito;* BAE C, S. 97–271.

Madrid): sie sind durchgehend in Romanzen abgefaßt, wobei sich ihre einzelnen Akte auf je eine Assonanz stützen.

Die überkommene strenge *cuarteta*-Einteilung wird im Sinne einer Rückkehr zur älteren zweizeiligen Gliederung häufig durchbrochen. Die *romances con estribillo* werden weiterhin gepflegt.

Trotz des augenfällig geringen Interesses Rubén Daríos war die Romanze als Form lyrischer Dichtung bei den Modernisten des Mundo Hispánico sehr beliebt. Als Meisterwerke der Romanzendichtung dieser literarischen Bewegung gelten: *La tierra de Alvargonzález* von A. Machado, *Romancero del destierro* von Unamuno und *Romances de Río de Enero* von Alfonso Reyes. Von anderen Dichtern seien genannt: Salvador Rueda (*Romancero*), Lugones (*Romances de Río Seco*) und M. González Prada (*Baladas peruanas*).

Die wesentlichste, erstmals von Rubén Darío versuchte Neuerung des Modernismus auf dem Gebiete der Romanze führte von dieser weg. In den 51 Versen von Daríos Gedicht *Por el influjo de la primavera*[37] wechselt die Assonanz mit jeder neuen, strophenähnlichen Sinnperiode. Diese einzelnen Perioden werden mit je einem *quebrado* schwankender Silbenzahl abgeschlossen. Darío fand hierin nur sehr gelegentliche Nachahmung, so etwa durch Gabriela Mistral (*La espera inútil*) und M. Machado (*Don Carnaval*), wo nun vollends — wohl unter dem Einfluß der populären *cuarteta asonantada* (s. d.) — die Assonanz von *cuarteta* zu *cuarteta* wechselt, während in Rhythmus und Stimmung der Charakter der Romanze fühlbar bleibt.

Auch in der Dichtung der Gegenwart behauptet die Romanze ihre Lebenskraft. „*Entendemos que el siglo XX es un extraordinario siglo romancista ...* 1° *Por el gran número de poetas que usan el romance.* 2° *Por la calidad de estos poetas; ya que ninguno de los buenos falta en la lista de romancistas.* 3° *Por el valor de la poesía que produjeron empleando esta forma; no es que la usaran para temas menores, es que les sirvió para lo mejor de su obra, en repetidos casos.*“[38] Als Meisterwerk gilt der *Romancero gitano* von García Lorca. In Ansehen stehen die *Romances del 800* (1929) von Fernando Villalón. Auch auf Guilléns *Cántico* darf in diesem Zusammenhang verwiesen werden, da dessen letzter Teil ganz aus Romanzen besteht.

---

[37] In *Cantos de vida y esperanza.*

[38] Pedro Salinas, *El romancismo en el siglo XX.* In: Estudios Hispánicos. Homenaje a Archer M. Huntington. Wellesley/Mass. 1952, S. 525. — In der hier genannten Studie werden im einzelnen kurz gewürdigt: Darío, J. R. Jiménez, A. Machado, M. de Unamuno, J. Guillén, F. García Lorca, R. Alberti, E. Prados, F. Villalón, P. Baroja. Eine große Zahl weiterer Romanzendichter der Gegenwart wird S. 525 genannt. — S. auch R. Menéndez Pidal, *Romancero* II, S. 436ff.

In formaler Hinsicht tritt an die Stelle der *cuarteta* gelegentlich die ältere Zweier-Gruppierung, z. B. bei García Lorca *(El lagarto está llorando)*. Die Verwendung von *quebrados* in der Romanze findet sich nach dem Vorbild Daríos verschiedentlich bei Guillén (*Alborada; Tarde muy clara* u. a.). *Romances con estribillo* begegnen häufig bei García Lorca.

Literatur: R. Menéndez Pidal, *Romancero hispánico.* 2 Bde. Madrid 1953. (Umfassende Gesamtdarstellung, die gleichzeitig alle wichtigen Theorien kritisch bespricht.) — P. Rajna, *Osservazioni e dubbi concernenti la storia delle romanze spagnuole.* RR VI (1915), S. 1–41. — J. Saroihandy, *Origine française des vers de romances espagnoles.* Mélanges de philol. offerts à F. Brunot. Paris 1904, S. 311–322. — R. Foulché-Delbosc. *Essai sur les origines du romancero.* Paris 1912. — W. J. Entwistle, *La chanson populaire française en Espagne.* BHi LI (1949), S. 253–268. — G. J. Geers, *El problema de los romances.* Neophilologus V (1920), S. 193–199. — J. F. Cirre, *El romance en la poesía española.* Revista de Indias, Bogotá, VI (1940), S. 89–123. — S. Griswold Morley, *Are the Spanish Romances written in quatrains?* RR VII (1916), S. 42–48. — G. Cirot, *Le mouvement quaternaire dans les romances.* BHi XXI (1919), S. 103–142. — B. F. Swedelius, *Is the Spanish Romance always quaternary?* MLN XXXIX (1934), S. 443–444. — Daniel Devoto, *Poésie et musique dans l'oeuvre des vihuelistes: Les romances.* Annales musicoligiques IV (1956), S. 89–96 (berücksichtigt vor allem die musikalische Seite der Romanze; Bibliographie). — G. Cirot, *Cantares et romances, simple aperçu.* BHi XLVII (1945), S. 1–25 und 169–186. — D. C. Clarke, *Remarks on the early romances and cantares.* HR XVII (1949), S. 89–123. — D. C. Clarke, *Metric problems in the Cancionero de romances.* HR XXIII (1955), S. 188–199. — Ludwig Pfandl, *Spanische Romanzen.* Sammlung romanischer Übungstexte 21, Halle/Saale 1933 (mit gut orientierender Einleitung und bibliographischen Hinweisen). — Pedro Salinas, *El romancismo y el siglo XX.* Homenaje a Archer M. Huntington, Wellesley/Mass. 1952, S. 499–527.

Besondere Formen der Romanze

a) Romance pareado. S. u. *pareado*

b) Romancillo

Romancillo ist die metrische Bezeichnung für Romanzen aus Versen von weniger als 8 Silben. Im einzelnen hat es folgende Merkmale:

1. durchgehende Assonanz in den geraden Zeilen bei gleichzeitigem Fehlen der Assonanzbindung in den Zeilen ungerader Zahl;
2. gewöhnlich *cuarteta*-Gliederung;
3. Verwendung von gleichlangen Versen (4-, 6- oder 7-Silber);[39]
4. beliebige Länge.

---

[39] Diese isometrische Form unterscheidet die Romancillo-Cuarteta von der Standardform der Seguidilla, die 5- und 7-Silber kombiniert.

Beispiel: Schema:

Hermana Marica,	a
mañana, que es fiesta,	b
no irás tu a la amiga	c
ni yo iré a la escuela.	b
Pondraste el corpiño,	d
y la saya buena,	b
cabezón labrado,	e
toga y albanega;	b
y a mí me pondrán	f
mi camisa nueva,	b
sayo de palmilla,	g
media de estameña.	b
.....	

(Góngora)

In terminologischer Hinsicht ist zu bemerken, daß verschiedene Metriken unter Romancillo speziell die 6-silbige Romanze verstehen, während sie die 7-Silber-Romanze nach ihrer typischen Verwendung in der Endecha[40] als *romance endecha* oder auch kurz als *endecha* bezeichnen. — Romanzen aus 4-Silbern sind selten und nicht alt.

Geschichtliches: Als Ableitung aus der Romanze hätte das Romancillo Anteil an deren umstrittener Ursprungsgeschichte. Sein unepischer Charakter, die Verwendung von Versen, die noch kürzer sind als der 8-Silber und endlich der häufig anzutreffende, in regelmäßigen Abständen wiederkehrende *estribillo* lassen jedoch eher an eine lyrisch-strophische Ausgangsform denken, die bei Bewahrung des kürzeren Verses die typische Romanzenform erst später übernommen hat, ähnlich wie die *romances novelescos.*

Das erstmalige Auftauchen des Romancillo in der *Serranilla de la Zarzuela*[41] (wohl aus dem frühen 15. Jahrhundert) charakterisiert es als Form volkstümlicher Dichtung. Dazu paßt auch das Schwanken in der Silbenzahl (6- und 7-Silber), das Henríquez Ureña den Gedanken an eine Vorform der Seguidilla nahelegte.[42] Erst im letzten Drittel des 16. Jahrhunderts findet es zaghafte Aufnahme in den Cancioneros der Kunstdichtung.[43] Im Romancero General von 1600 ist es als metrische Form verschieden benannter Dichtungen schon mehr als dreißigmal vertreten.

---

[40] Die *endecha* ist ein elegisches Gedicht. Wie es scheint, bezieht sich ihr Name vor allem auf ihren Inhalt. Als metrische Formen verwendet sie überwiegend das 7- oder auch das 6-silbige Romancillo, daneben — seltener — *redondillas* und *versos sueltos.*

[41] Yo me iva, mi madre, // a Villa Reale.

[42] *Ureña, Versificación,* S. 31.

[43] Erstmals wohl im Cancionerillo de la Biblioteca Ambrosiana, 1589.

Seine eigentliche Entfaltung und Verbreitung fällt aber in das 17. Jahrhundert. In der Hand der Kunstdichter wird es silbisch streng geregelt, so daß aus der einstigen Schwankungsform einerseits das 6-silbige, andererseits das 7-silbige Romancillo (auch Endecha genannt) hervorgeht. Zunächst unter Bevorzugung der 6-silbigen Form findet es hauptsächlich Verwendung in der leichtfüßigen anakreontischen Dichtung und in der melancholischen Endecha. Es dient aber auch zur Aufnahme satirischer und sogar religiöser Inhalte. Die wichtigsten Dichtungsarten, die das Romancillo als metrische Form benutzen, sind neben der bereits genannten Endecha die *letras*, *letrillas* und *barquillas*, welch letztere ihren Namen von den berühmten 7-Silber-Romancillos des Lope de Vega ‚*Pobre barquilla mía*' herleiten.[44] Lope, Góngora, Quevedo u. a. haben es in bedeutendem Umfang gepflegt.[45] Als lyrische, meist gesungene Einlage gewinnt es seit Lope[46] Heimatrecht im Theater des Siglo de oro.

Im 18. Jahrhundert lange Zeit unbeachtet, erlebt es im letzten Drittel infolge der Wiederbelebung des anakreontischen Genres durch Cadalso eine neue Blüte. Es ist die Standardform der zahlreichen *Odas anacreónticas*, *letrillas*, *idilios*, *cantilenas* und *romances menores* bei Cadalso, Iglesias de la Casa, Meléndez Valdés, Forner, Sánchez Barbero u. a.[47] Eine Romancillo-Dichtung von geradezu epischen Ausmaßen ist die *Himnodía o fastos del Cristianismo* des Vaca de Guzmán.[48]

In der Romantik geht seine Bedeutung stark zurück. Beispiele bieten etwa Zorilla *(Inconsecuencia)* und Avellaneda *(A una mariposa)*. Das Gleiche gilt für die Folgezeit. Bemerkenswert ist das 4-Silber-Romancillo *Una noche / tuve sueño* von Rubén Darío — wohl das erste seiner Art — sowie der Rückgriff García Lorcas auf die alte fluktuierende und mit *estribillo* ausgestattete Form des Romancillo im *Canto nocturno de los marineros andaluces*.

c) Romance heróico

Romance heróico ist die Bezeichnung für die Romanze aus 11-Silbern. Das Adjektiv *heróico* spielt auf die hauptsächliche Verwendung dieser Romanzenart in der hohen Dichtung (Tragödie, Epik u. ä.) an.[49] Das Romance heróico hat folgende Merkmale:

---

[44] BAE XVI, Nr. 1781–1784. — Vgl. auch oben S. 60.

[45] Vgl. BAE XVI, S. 601ff.

[46] Als Beispiel diene *Fuente Ovejuna*, Vs. 457ff.

[47] Vgl. BAE LXI, S. 268–275, 307–318, 415ff.; BAE LXIII, S. 93–131, 320–322.

[48] BAE LXI, S. 319–353.

[49] Vgl. *endecasílabo heróico*. — Eine Sammelbezeichnung für die Romanzen aus Langversen gibt es nicht. Je nach der verwendeten Versart spricht man von *romances eneasílabos*, *decasílabos*, *dodecasílabos* und *alejandrinos*. Diese

1. durchgehende Assonanz in den geraden Zeilen bei gleichzeitigem Fehlen der Assonanzbindung in den Zeilen ungerader Zahl;
2. gewöhnlich *cuarteta*-Gliederung;
3. Verwendung des 11-Silbers als Versart;
4. beliebige Länge.

Beispiel:	Schema:
¡Cuán sosegada, cuán tranquilamente	A
Los dias pasarán en el secreto	B
Retiro que prevengo por asilo	C
A los recios naufragios que padezco!	B
¡Cuánto, ay de mí, retarda á mi esperanza	D
El Todopoderoso este consuelo,	B
Y entre cuántas zozobras fluctuando	E
El alma está con dudas y deseos!	B
Apresura tu curso, oh nueva vida;	F
Pues que nacer de nuevo me contemplo	B
Aquel dia que á mí me restituya,	G
Rotos de la ambicion los duros hierros.	B
. . . . .	

García de la Huerta (BAE LXI, S. 225)

Auf verschiedene Neuerungen des Modernismus, die sich auf die Gliederung sowie auf die Mischung verschiedener Versarten erstrecken, wird im geschichtlichen Abschnitt hingewiesen.

Geschichtliches: Im Romance heróico, einer Schöpfung der Mitte des 17. Jahrhunderts, verbindet sich eine italienische Versart mit einer einheimisch-traditionellen Dichtungsform. Es ist damit einerseits ein bemerkenswertes Zeugnis für die Lebenskraft der Romanzenform, die, obgleich als 8-silbige Romanze bereits im Abstieg begriffen, einer solchen Erneuerung fähig war, andererseits ein Beweis für die zum Abschluß gelangte, völlige Assimilierung des in der Renaissance aus Italien eingeführten 11-Silbers. Das Aufkommen des Romance heróico bedeutet nach den Worten von Tomás Navarro „*el paso más definitivo del metro italiano para compenetrarse con la tradición castellana.*"[50]

Fernando Valenzuela bietet in seinem Lobgedicht *A San Juan de Dios*,[51] wenn nicht den ältesten, so doch einen der frühesten Belege. —

letzteren wurden zuerst von Zorilla in *Colón* versucht und machten in gewissem Umfang Schule im alexandrinerfreudigen Modernismus (z. B. *Los pájaros de Cuba* von S. Rueda, *La canción del camino* von Santos Chocano u. a.). Lediglich die 11-Silber-Romanze als die gebräuchlichste und bedeutendste unter ihnen hat neben ihrer rein metrischen Bezeichnung (*r. endecasílabo)* noch einen besonderen Namen.

[50] T. Navarro, *Métrica*, S. 241.

[51] BAE XLII, S. 448.

Als erster Theoretiker behandelt es Caramuel unter Anführung von Beispielen im 2. Teil des *Primus Calamus, der Rhythmica* (1665).[52]

Die Blütezeit des Romance heróico erstreckt sich von der Neuklassik bis in den Modernismus. Bei den neoklassizistischen Dichtern ist es die beherrschende Form in der Tragödie und im epischen Gedicht. Von den zahlreichen Beispielen, die Huerta, Jovellanos, Cienfuegos, Lista, Quintana u. a. bieten seien nur zwei hervorgehoben: das epische Gedicht *Granada rendida* des Vaca de Guzmán, das 1779 den Preis der spanischen Akademie errang, und die Tragödie *La viuda de Padilla* (1814) von Martínez de la Rosa, die ausschließlich in Romances heróicos abgefaßt ist, wobei jeder Akt auf einer einzigen Assonanz läuft.[53]

Zwar nicht mehr beherrschend, aber immer noch sehr beliebt ist das Romance heróico in der Romantik, besonders im Theater[54] und in epischen Gedichten,[55] aber auch in der Lyrik (häufig bei Zorilla).

Der Modernismus zeigt das Romance heróico in hoher Blüte und weiter Verbreitung vor allem in Latein-Amerika. Hier hatte es sich erstmals um 1680 bei Sor Juana Inés de la Cruz angekündigt. Zu Beginn des 19. Jahrhunderts (A. Bello) und in der romantischen Epoche hatte es festen Fuß gefaßt. Der Argentinier Lugones (1874—1938) schrieb die rund 3500 Verse seiner Dichtung *A los ganados y las mieses* in Romances heróicos und verwendete die gleiche Form in den Cantos *Al Plata* und *A los Andes*. Mit wechselnder Häufigkeit findet es sich bei Darío, Salvador Rueda, A. Nervo u. a. Nach vereinzelten Beispielen bei Bécquer pflegen einige modernistische Dichter das Romance heróico in metabolischer Form, indem sie gewöhnlich 7- und 11-Silber, aber auch andere Lang- und Kurzverse (z. B. 9 — 5 — 11 — 7) kombinieren. Schließlich begegnen auch Abweichungen von der üblichen *cuarteta*-Form, so die *sexteto*-Gliederung, z. B. in *A Emilio Ferrari* von Darío (abcbDB) und die *terceto*-Gliederung, z. B. in Unamunos *Música* (Abc : Dec : Fgc).

In nachmodernistischer Zeit ist das Romance heróico nicht häufig. Soweit es verwendet wird (z. B. verschiedentlich in *Mariana Pineda* von Lorca und in der *Antígona* von J. M. Pemán), ist eine Rückkehr zur Standardform festzustellen. Von den metabolischen Bauarten scheint nur die Kombination von 11- und 7-Silbern fortzuleben (Lorca, *Balada triste* u. a.).

---

[52] Stellenangabe und Einzelheiten bei Díez Echarri, *Teorías*, S. 205.

[53] e-o, a-o, a-a, e-a, e-o.

[54] Z. B. *La copa de marfil* von Zorilla; *Munio Alfonso* von Avellaneda; *La muerte de César* von Ventura de la Vega.

[55] Z. B. Duque de Rivas, *El moro expósito;* Espronceda, *Despedida del patriota griego* ...; Bermúdez de Castro, *El pensamiento*.

FORMEN DER FREIEN STROPHEN

Der 2-Zeiler

Der Pareado

Der Pareado umfaßt zwei Verse mit der Reimstellung aa (bb cc usw.). An die Verwendung bestimmter Versarten ist er nicht gebunden. Sein Bau kann sowohl isometrisch als auch metabolisch sein. Die übliche Reimform ist der Vollreim; die Assonanz (in längeren Reihen meist mit Vollreim untermischt) beschränkt sich im wesentlichen auf einige frühe Denkmäler sowie auf volkstümliche Sprichwörter.

Nur ausnahmsweise wurden Pareados aus Kurzversen graphisch als Langverse dargestellt. So erscheinen z. B. die 7-Silber-Pareados der *Disputa del alma y el cuerpo* (12. Jahrhundert) in Alexandrinerform (mit Zäsurreim).[1]

In thematischer Hinsicht ist der Pareado überwiegend eine Form der nicht-lyrischen (erzählenden, didaktischen, epigrammatischen und dramatischen) Dichtung.

Geschichtliches: Das substantivierte Adjektiv *pareado* steht für *verso pareado* ‚gepaarter Vers', ‚Reimpaar'. Ob der Pareado zu den Strophenformen gehört, ist eine theoretische Streitfrage von nebensächlicher Bedeutung. Zwar wird er vielfach als *estrofa mínima* definiert, aber in der Praxis aller Zeiten weist er nur selten die für den Strophencharakter wesentliche syntaktische und gedankliche Geschlossenheit auf.

Wenngleich eine so primitive Form wie der Pareado ohne weiteres spontan entstanden sein kann — und in Bezug auf das isolierte Reimpaar in *estribillos, refranes* u. ä. braucht ein anderer, außerspanischer Ursprung wohl kaum gesucht zu werden — so steht doch fest, daß die Pareado-Reihen in Spanien immer dann, wenn sie zu einiger literarischer Bedeutung gelangten, unter ausländischem Einfluß gestanden haben.[2] Durch Nachahmung französischer metrischer (und zum Teil auch thematischer) Vorbilder erklärt sich die Blüte des in Reihen verwendeten Pareado in der nicht-epischen Spielmannsdichtung des 13. Jahrhunderts sowie seine Neubelebung im 18. Jahrhundert und im Modernismus. Nach Italien weisen durch Verwendung italienischer Versarten die isometrischen und metabolischen Pareados aus 11- und 7-Silbern, wie sie in den Comedias des Siglo de oro auftreten.

Da sich die Geschichte des Pareados je nach der verwendeten Versart verschieden darstellt, erscheint es angezeigt, auf die bemerkenswertesten Arten getrennt einzugehen.

---

[1] Ed. R. Menéndez Pidal in *Revista de Archivos, Bibliotecas y Museos*, IIIª Epoca, IV (1900), S. 451f.

[2] Vgl. P. Meyer, *Le couplet de deux vers*. Romania XXIII (1894), S. 1–35.

1. *Die Kurzvers-Pareados.* Aus der erzählenden höfischen sowie der didaktischen Dichtung Frankreichs übernommen und — wie in Frankreich — in unstrophischen Reihen verwendet, sind sie die metrische Form, in der sich im 12. Jahrhundert das *Misterio de los Reyes Magos* und die *Disputa del alma y el cuerpo* präsentieren. Beide gehören zwar der *clerecía* an, zeigen aber starken Einfluß der Spielmannsdichtung. Während in der Folgezeit der *mester de clerecía* den Pareado zugunsten der *cuaderna vía* zurückdrängt, führt ihn die Spielmannsdichtung des 13. Jahrhunderts in der *Razón de amor*, in *Santa María Egipcíaca*, in *Elena y María* und im *Libro de los Tres Reis de Orient* zu der höchsten Blüte, die er je erreicht hat. Die verschieden stark fluktuierenden Verse haben den 7- und 9-Silber als hauptsächliche Grundlage, in der *Razón de amor* in größerem Umfang auch den 8-Silber. Im Gegensatz zum *Misterio de los Reyes Magos* und zur *Disputa*, wo der Vollreim mit wenigen Ausnahmen durchgeführt ist, herrscht hier die Assonanz vor. Die ersten als ursprünglich regelmäßig zu vermutenden 8-Silber-Pareados bietet die Poesía XI der *Historia troyana polimétrica* (um 1270).[3] Auf eine gewisse Vitalität des Pareado in der erzählenden Dichtung des 15. Jahrhunderts läßt das Eindringen des Reimpaares in die Romanzen schließen.[4]

Auf die lyrische Dichtung der Cancioneros hat dieser *pareado narrativo* — von sehr seltenen Ausnahmen abgesehen[5] — keinerlei Wirkung ausgeübt. Hingegen findet sich in der Lyrik oft der isolierte 2-Zeiler als *estribillo*, besonders in den Villancicos; in strophischer Verwendung erscheint er im *cosante* (s. d.). An seine gnomische Funktion, wie sie im *Conde Lucanor* und im *Libro de los ejemplos* des Clemente Sánchez de Vercial (etwa 1400—1420) zutage tritt, knüpft seine gelegentliche Verwendung als kurzer Sinnspruch in den *Decires* und anderen längeren Dichtungsformen an.[6]

Der Modernismus hat den 8-Silber-Pareado seiner völligen Vergessenheit entrissen, wie etwa Juan Ramón Jiménez *(La creación)*,

---

[3] Vgl. Menéndez Pidal, *Tres poetas primitivos*. Colección Austral, Nr. 800, S. 103–111 (Auszug aus *Historia troyana en prosa y verso*. RFE-Anejo XVIII, Madrid 1934).

[4] Durán widmete dieser Romanzen-Art eine eigene Abteilung im Romancero general (vol. II, Apéndice III, BAE XVI) unter der Rubrik *Romances de varias clases, hechos en versos pareados*. — Vgl. D. C. Clarke, *Sketch*, S. 289, Nr. 28. — Dieselbe, *The Spanish octosyllable*, HR X (1942), S. 1–11. — Dieselbe, *Remarks on the early romances and cantares*. HR XVII (1949), S. 94ff.

[5] Z. B. Canc. Siglo XV, Nr. 563, 564; Canc. Palacio Nr. 154 (ab Vers 32).

[6] Vgl. Le Gentil, *Les Formes*, S. 21 mit Stellennachweisen in den Anmerkungen.

Martínez Sierra *(Bendiciones)* und besonders Jorge Guillén *(Sábado de gloria; Noche del gran estío; Aquel jardín)* zeigen. — Eine interessante Neuerung stellen die 3-Silber-Pareados in Guilléns *Otoño, pericia* dar. In der gleichmäßigen Länge ihrer Reihen von jeweils 5 Pareados sowie durch die durchgängige Verwendung von nur zwei Reimelementen (aa bb aa bb aa) sind sie eine Kompromißform zwischen Reihe und Strophe.

2. *Der Pareado 11+11 oder 11+7.* Zunächst in unselbständiger Verwendung bilden die Pareados in italienischen Versarten — zu 3 oder 4 Paaren zusammengeschlossen — die bevorzugte Form des Abgesanges in der petrarchistischen Canzone des ausgehenden 16. und im 17. Jahrhundert und erscheinen oft — regellos verstreut — in der *Silva.* Isoliert werden sie für Sinnsprüche, Grabinschriften, Epigramme u. ä. benutzt. In Reihenform begegnen sie in didaktischen und moralischen Dichtungen, so z. B. in den *Ejercicios devotos* des Mexikaners Palafox y Mendoza (1600—1659) und erlangen unter der Bezeichnung *silva de consonantes* entweder in der strengen Bauart aA bB cC dD usw. oder in beliebiger Anordnung der 11- und 7-Silber eine gewisse Bedeutung in den Comedias von Alarcón, Moreto u. a. Bei Lope de Vega sind sie allerdings selten.[7]

Für den dramatischen Pareado des 18. Jahrhunderts, der besonders in den Dialogpartien der Tragödien beliebt ist, gaben die *rimes plates* der klassischen Tragödie Frankreichs das Vorbild ab. Das erste Beispiel dafür bietet in Latein-Amerika der Peruaner Peralta Barnuevo in *La Rodoguna* (1708?), die dem gleichnamigen Werk Corneilles nachgeahmt ist, im span. Mutterland José Cadalso mit seiner Tragödie *Sancho García* (1771). Doch auch außerhalb der unmittelbaren französischen Nachahmung (Racine, Voltaire) behauptet sich die Pareado-Reihe in isometrischer und metabolischer Form im neoklassischen Theater, so z. B. im *Agamenón vengado* des García de la Huerta (1734 bis 1787), der als Vorwurf eine spanische Prosa-Übersetzung der *Elektra* von Sophokles benutzte. — Auch die Satire bedient sich gelegentlich des Pareado, so z. B. Cadalso und Arriaza.

In der Romantik verliert er seine Bedeutung als dramatische Form, begegnet aber öfters in Dichtungen erzählenden Charakters, so z. B. in der Leyenda *El abad Duncario* von Arolas und in Teilen des *Ángel caído* von Echeverría.

---

[7] Sie erscheinen bei Lope erst nach 1620 und übersteigen nie 6%. Vgl. S. G. Morley and C. Bruerton, *The chronology of Lope de Vega's Comedias with a discussion of doubtful attributions* ... New York (The Modern Language Association of America) 1940, S. 99.

3. *Der Alexandriner-Pareado.* Nach französischem Vorbild wohl erstmals in Reihenform von Iriarte *(La campana y el esquilón)* verwendet, wird er, neu angeregt durch Baudelaire, Verlaine u. a., seit Darío *(Coloquios de los Centauros)* im Zuge der allgemeinen Vorliebe für den Alexandriner zu einer ziemlich beliebten Form bei den modernistischen Dichtern. Beispiele bieten G. Valencia *(Leyendo a Silva)*, A. Machado *(A orillas del Duero)*, González Martínez *(La canción de las sirenas)* u. a. — In assonierender Form findet er sich erstmals bei Rosalía de Castro *(En la orilla del Sar)*. — Nach dem Modernismus ist sein Gebrauch zurückgegangen.

Das Perqué

Das Perqué in seiner authentischen Form besteht aus einer Redondilla oder einem 5-Zeiler am Anfang (manchmal auch noch am Ende) und einer beliebigen Anzahl von 8-Silber-Pareados. Die Pareado-Reihe beginnt und endet mit je einem reimlosen Vers. Der erste Pareado steht in Reimbindung zur Redondilla. Die besondere Eigenart der Pareados im Perqué besteht darin, daß die metrisch zusammengehörigen Reimpaare (aa bb cc usw.) jedesmal durch syntaktischen Einschnitt getrennt werden (ab : bc : cd : de usw.), wobei jeder der so entstandenen 2-Zeiler durch *por qué, porque* oder ein anderes, anaphorisch wiederkehrendes Element eingeleitet wird.

Beispiel:	Schema:	
Pues no quiero andar en corte	a	5-Zeiler
nin lo tengo por deseo,	b	
quiero fer un devaneo	b	
con que haya algún deporte	a	
y qualque consolación:	c	
¿Por qué en el lugar de Arcos	reimlos	
no usan de confesión?	c	Reimbindung mit 5-Zeiler
¿Por qué la dis (putación)	c	
faze pro a las devegadas?	d	
¿Por qué malas peñoladas	d	
fazen falsos los notarios?	e	
. . . .	e	
. . . .	f	
56 ¿Por qué pide gran mantón	f	Schluß
él que tiene chico cuerpo?	g	
¿Por qué parece huerco	g	
él que anda despojado?	reimlos	

(Diego Hurtado de Mendoza, almirante, Canc. Palacio Nr. 1)

Im Laufe seiner Geschichte hat das Perqué verschiedene Veränderungen erfahren, die im 17. Jahrhundert schließlich zu seiner völligen Auflösung führten. Der eigenartige Widerstreit zwischen syntaktischer und metrischer Gestaltung macht es in thematischer Hinsicht geeignet für die Satire, für die Darstellung zwiespältiger Stimmungen (z. B. in Liebesmonologen), aber auch für allegorische und rätselartige Inhalte.

Geschichtliches: Den ersten Beleg für Wort und Sache bietet das mit *Perqué* überschriebene Gedicht des Diego Hurtado de Mendoza, almirante de Castilla,[8] das den Cancionero de Palacio eröffnet. Der unkastilische Lautstand des Wortes weist auf katalanisch-provenzalische oder — mit geringerer Wahrscheinlichkeit — auf italienische Herkunft; doch wurde eine entsprechende Dichtungsform in den Literaturen der drei genannten Sprachen bisher nicht nachgewiesen. Die kastilische Form *porqué* als Gedichtbezeichnung begegnet erst im 16. Jahrhundert.[9] Bei Cervantes taucht das Perqué — und zwar in seiner reinen Form — auf unter dem Namen *aquelindo*.[10]

Von der Frage- in die Begründungsform wandelt sich das Perqué bei Juan de Torres.[11] Die unter gewöhnliche Reimpaare eingestreuten Perqué-Pareados im *Razonamiento* des Alfonso Enríquez[12] und in der *Metáfora en metros* des Diego Núñez de Quirós[13] bewahren vom Perqué lediglich die typische syntaktische Behandlung der Reimpaare.

Seine weiteste Verbreitung fand das Perqué — nunmehr in Frage und Antwort gegliedert — im 16. Jahrhundert, so z. B. in dialogisierten Liebesklagen bei Juan del Encina, Ximénez de Urrea und Alonso Núñez de Reinoso sowie verschiedentlich im *Cancionero de romances de Amberes*, wo Garcí Sánchez de Badajoz auch die ersten Beispiele für den Einschub von *estribillos* in das Perqué bietet.[14]

Während Cervantes das Perqué noch einmal in seiner alten Form belebt (s. o.), erscheint es bei Lope de Vega in endgültiger Auflösung. Es ist durch Verzicht auf alle sonstigen typischen Züge dieser Dichtungsform zu einer bloßen Reihe von Pareados geworden, die, mit je einem reimlosen Vers beginnend und endend, die syntaktische Konstruktion dem metrischen Bau entgegensetzen.[15] Dieselbe Form verwendeten Alonso de Barros und Cristóbal Pérez de Herrera in den umfangreichen *Proverbios morales* in BAE XLII, 231 ff. und 241 ff.

---

[8] † um 1405.

[9] Vgl. T. Navarro, *Métrica*, S. 195, Anm. 17.

[10] *El rufián dichoso*, Primera jornada (Escucha, la que viniste).

[11] Canc. de Palacio, Nr. 73; die ersten 6 Pareados erinnern durch ihre Untermischung mit reimlosen Versen an die Art der *Silva*.

[12] Canc. de Palacio, Nr. 154.

[13] Canc. General, Nr. 950.

[14] Stellennachweise bei T. Navarro, *Métrica*, Nr. 122.

[15] Z. B. *El Argel fingido* III (Monolog des Leonido *¿Loco me decís que estoy?*); *Amor con vista* II (Monolog der Fénis *Ya no tiene mi fortuna*) u. a.

Nach langer Vergessenheit kehrt das alte Perqué — nunmehr in 11-Silbern — wieder bei der zeitgenössischen Mexikanerin Guadalupe Amor.[16]

Literatur: Tomás Navarro, *Métrica*, Nr. 36, 59, 122, 176 u. 470 Anm. (Tomás Navarro hat als erster das Perqué als selbständige Form behandelt und dargestellt).

Der 3-Zeiler

Der 3-Zeiler *(terceto)* zeigt im Laufe seiner vom Mittelalter bis in die Gegenwart reichenden Geschichte mannigfache Formen. Zu wirklicher Bedeutung ist aber nur das von Boscán eingeführte *terceto dantesco* gelangt, das seinerseits den Ausgangspunkt für die meisten jüngeren Varianten bildet.

Das Terceto im Mittelalter

Der im Mittelalter in isometrischem und metabolischem Bau sowie mit verschiedenen Reimanordnungen auftretende 3-Zeiler aus Kurzversen (gewöhnlich 8- oder 6-Silbern) hat sich in Spanien kaum zu strophischer Eigenständigkeit entwickelt. Er scheint daher in dieser Funktion nur sehr selten; so in den *Cient trinadas a loor de la Virgen María* (a^4 a^4 a^8) des Fernán Pérez de Guzmán[17] und im *Tractado de la doctrina* (a^8 a^8 a^8 mit *estribillo*) des Pedro de Veraguë.[18] Bemerkenswert ist in beiden Fällen die Einreimigkeit, die die älteste Reimform des romanischen 3-Zeilers darstellt.[19] Für den strophischen 3-Zeiler aus isometrischen 6-Silbern mit dem Reimschema aab bietet Don Álvaro de Luna († 1453) ein Beispiel im Cancionero de Palacio, Nr. 3. In isolierter Form oder untermischt mit 2- und 4-Zeilern begegnet er auch in der Spruchdichtung.

Im wesentlichen aber beschränkt sich seine Rolle auf die unselbständige Verwendung entweder als Kompositionselement in längeren Strophen (z. B. im 12-Zeiler) oder als Thema *(cabeza)* in den Villancicos. In dieser letzteren Funktion hat er seine größte Verbreitung gefunden. P. Le Gentil hat für die 3-Zeiler-Typen in den *cabezas* eine aufschlußreiche Chronologie aufgestellt und Parallelen zu verwandten Formen in Frankreich gezogen.[20]

[16] *Poesías completas*, México 1951, S. 4; zit. nach Navarro, *Métrica*, S. 468, Anm. 8.

[17] Cancionero Siglo XV, Nr. 302.

[18] BAE LVII, S. 373–378.

[19] In Langversen begegnet sie mehrfach schon beim ältesten Troubadour und ist die gewöhnliche Form des altfranzösischen strophischen 3-Zeilers. Ihr Vorbild hat sie in entsprechenden mittellateinischen Strophenformen oder — nach anderer Ansicht — im *zéjel* (Zadschal). — Vgl. A. Jeanroy, *Les origines de la poésie lyrique en France*, 3. Aufl. Paris 1925, S. 364–377 und H. Chatelain, Recherches sur le vers français au XVe siècle, Paris 1908, S. 116.

[20] *Les Formes*, S. 21–23.

Vielleicht schon im frühen 15. Jahrhundert durch den „Dantisten" Imperial eingeführt[21] und bei Gómez Manrique in der Form aba cdc efe usw. belegbar,[21a] begegnet noch vor der Renaissance das in der Reimstellung wohl italienischen Vorbildern folgende Terceto, jedoch in Kurzversen und — wie es scheint — niemals in der für die *terza rima* Dantes charakteristischen Reimverkettung. — Die ersten *tercetos encadenados* in 11-Silbern finden sich als Kompositionselemente in den Sonetten des Marqués de Santillana.

Das Terceto dantesco

Das *terceto dantesco*, auch *terza rima*, *tercia rima*, *terceto encadenado*, *cadenas* oder meist ganz einfach *terceto* genannt, ist ein isometrischer 3-Zeiler aus 11-Silbern mit dem festliegenden Reimschema ABA BCB CDC usw. Es reimen also innerhalb der Strophe jeweils der erste und der dritte Vers, während der mittlere das Reimelement für die jeweils folgende Strophe abgibt. Es entsteht dadurch jene innige Strophenverknüpfung (Verkettung), auf die die Bezeichnungen *cadenas* oder *terceto encadenado* Bezug nehmen. Da kein Reim ohne Entsprechung bleiben darf, endet die *terceto*-Dichtung entweder auf ein Cuarteto mit alternierenden Reimen (YZYZ) oder auf einen isolierten Vers, der mit der mittleren Zeile der vorhergehenden Strophe reimt (YZY Z).

Obgleich die Tercetos — ähnlich wie die Pareados — stets in längeren Folgen auftreten,[22] wird in Übereinstimmung mit der einmütigen Forderung der Praeceptisten des Siglo de oro[23] streng auf den Zusammenfall von gedanklicher und strophischer Einheit geachtet und so ihre strophische Eigenständigkeit unterstrichen.

Beispiel:	Schema:
Yo cuidé, dulce bien del alma mia,	A
Que primero con muerte al cuerpo ausente	B
Desamparara en tierra sola y fría,	A
Y que el rigor pudiera del presente	B
Dolor humedecer en vuestros ojos	C
La pura claridad y luz ardiente;	B
. . . .	
(Schluß) . . . . ía	X
. . . .	

[21] Vgl. A. Vegue Goldoni, *Los sonetos „al itálico modo" de Don Iñigo López de Mendoza, Marqués de Santillana*, Madrid 1911, S. 10.

[21a] Canc. Siglo XV, Nr. 372 (S. 54).

[22] *„Sirve para tratar larga materia"*, schreibt Sánchez de Lima im *II° diálogo* seiner *Arte poética en romance castellano* (1580) — ed. R. de Balbín Lucas, Madrid 1944 — S. 60.

[23] Vgl. E. Díez Echarri, *Teorías*, S. 238.

La esquiva soledad y mi porfía, X
La tristeza y temor de mi cuidado Y
Me dividen de vos, oh alma mia! X
Muera pues quien de vos está apartado, Y
Acábese en la vida la memoria; Z
Que á un prolijo dolor desesperado Y
Mal puede venir bien que le dé gloria. Z

(Herrera, *Elegía IV)*

Der hauptsächliche Anwendungsbereich des *terceto encadenado* ist die episch-didaktische Dichtung. Bis zum Modernismus hin ist es eine der führenden Strophenformen in den poetischen Episteln und in der ernsten Satire. Auch in der Elegie und in der Bukolik ist es weit verbreitet. Seinem Charakter nach ist es eine Form der hohen Dichtung, was die Poetiken des Siglo de oro, die alle das *terceto* behandeln, übereinstimmend hervorheben.[24] Das schließt natürlich nicht aus, daß beispielsweise Góngora *tercetos burlescos*[25] geschrieben hat, denn der Kontrast zwischen leichtem Inhalt und anspruchsvoller Form ist ein geläufiges Stilmittel der Kunstdichter. Wie für die Form selbst, so hatte Italien auch für die thematische und stilistische Verwendung des Tercetos die entscheidenden Vorbilder geliefert. Dante hatte seine didaktische, Lorenzo der Prächtige und Francesco Berni seine humoristisch-parodistische Tradition begründet. Ariost hatte es erstmals als Form der Satire verwendet. Doch beschränkt sich das Terceto in Spanien fast ausschließlich auf die ernste, hohe Dichtung. Auch im Theater des Siglo de oro fand es Verbreitung, vorzüglich in Monologen und an sonstigen hervorgehobenen Stellen.

Geschichtliches: Das *terceto encadenado* wurde von Boscán aus Italien eingeführt, wo es Dante, wenn auch vielleicht nicht erfunden, so doch durch seine *Divina Commedia* zu Ruhm und weiter Verbreitung geführt hatte. Boscán präsentiert es in erheblichem Umfang in zwei ausgedehnten Episteln und in zwei anderen Dichtungen, die er — ebenfalls nach italienischem Vorbild — *capítulos* überschrieb.[26] Garcilaso benutzte die neue Form in seinen beiden Elegien an den Herzog von Alba und an Boscán[27] sowie in großen Teilen seiner zweiten Ekloge. Durch Hurtado de Mendoza, Gutierre de Cetina, Herrera, Barahona

---

[24] Vgl. die bei Díez Echarri, *Teorías*, S. 238 zusammengestellten Belege.

[25] BAE XXXII, S. 458.

[26] Im 3. Buch der *Obras* (ed. W. I. Knapp, Madrid 1875, S. 377ff). — *Capitolum* war die Überschrift der einzelnen *Canti* in den alten Codices der *Divina Commedia* und wurde dann zu der allgemeineren Bedeutung ‚*Terzinendichtung*‘ erweitert. Vgl. z. B. Bernis *Capitoli*.

[27] BAE XXXII, S. 23–27.

de Soto u. a. konsolidiert sich das Terceto noch im 16. Jahrhundert als bevorzugte Strophenform in den oben angeführten Themenkreisen und Gattungen und behauptet diese Stellung bis zu *Raimundo Lulio* (1875) und *La selva oscura* (1879) von Nuñez de Arce,[28] die als die letzten Zeugnisse der repräsentativen *terceto*-Dichtung in Spanien gelten. Dazwischen liegen — um nur einige Höhepunkte zu nennen — die vielgerühmte *Epístola moral a Fabio*[29], Quevedos *Epístola satírica y censoria* an den Conde-Duque de Olivares[30], die Elegien *El deleite y la virtud* und *De las miserias humanas* von Meléndez Valdés[31] und manche andere bedeutende Werke in *terceto*-Form. Ein spätes Zeugnis für die Lebendigkeit der rein didaktischen Tradition des Tercetos sind *Las reglas del drama* (1791) von Manuel José Quintana.[32]

In die dramatische Literatur war es 1577 durch Jerónimo Bermúdez eingeführt worden und gehörte schon vor Lope de Vega zum festen Formenbestand der Comedia.[33] Das Theater der Blütezeit hielt — mit allerdings abnehmender Tendenz — an dieser Tradition fest (Cervantes, Guillén de Castro, Lope de Vega, Tirso de Molina u. a.). Da die Verwendung des Tercetos gewöhnlich besonderen stilistischen Absichten entspringt[33a], ist sein prozentualer Anteil im Vergleich zu den anderen Strophenformen — besonders seit Beginn des 17. Jahrhunderts — meist gering: bei Cervantes liegt er z. B. zwischen 16,6% *(El Trato de Argel)* und 0,7% *(La Entretenida)*[34], bei Lope zwischen 21,9% *(Hechos de Garcilaso)* und 1,1% *(Rústico del cielo)*.[35]

Im Modernismus geht die Pflege des klassischen Tercetos zugunsten alter und neuer Varianten bedeutend zurück. Immerhin wird es von Darío bis *Visión* (in *Canto errante*, 1907), ferner verschiedentlich von

---

[28] Vgl. M. Menéndez Pelayo, *Estudios*, IV, S. 344.

[29] *Fabio, las esperanzas cortesanas*. BAE XXXII, S. 387–389 und in den meisten Anthologien. — Zur Frage ihrer Verfasserschaft (Francisco de Rioja, Fernández de Andrade, Rodrigo Caro) vgl. A. Valbuena Prat, *Historia de la literatura española*, 5. Aufl. Barcelona 1957, Bd. II, S. 265 und die dort angeführte Literatur.

[30] *No he de callar*. BAE LXIX, S. 37–39.

[31] BAE LXIII, S. 249–252.

[32] BAE XIX, S. 75–81.

[33] Vgl. die Übersichtstafel von S. Griswold Morley in *Homenaje a Menéndez Pidal*, Madrid 1925, Bd. I, S. 350–351.

[33a] „Son los tercetos para cosas graves", sagt Lope de Vega im *Arte nuevo* (BAE XXXVIII, S. 232).

[34] Vgl. die Übersichtstafel bei R. Schevill y A. Bonilla, *Obras compl. de Cervantes, Comedias y entremeses*, Bd. VI (Introducción), Madrid 1922, im Anschluß an S. [163].

[35] Vgl. die Übersicht bei Morley-Bruerton, *Chronology*, S. 405–406.

Valencia und González Martínez verwendet. Auch in der nachmodernistischen Dichtung, besonders Latein-Amerikas, finden sich noch Beispiele, die von der Vitalität dieser Strophenform zeugen.[36]

Andere Formen des italienischen Tercetos

Wie in Italien die Terzine Dantes nicht die einzige Form des 3-Zeilers war, so begegnen auch in Spanien einige weitere Arten des strophischen Tercetos.[37] Da sie aber über vereinzelte oder zeitlich eng begrenzte Verwendung nicht hinausgekommen sind, mögen einige kurze Hinweise genügen.

a) Schon vor Einführung der danteschen Terzine findet sich eine Form des Langvers-Tercetos, die auf die Reimverkettung zwischen den Strophen verzichtet *(terceto independiente)*. Das übliche Schema ist ABA CDC EFE usw. Diese Form ist erstmals nachweisbar bei Gómez Manrique und wurde in der Folgezeit in gewissem Umfang von Timoneda, Lope de Vega[38], Juan María Gutiérrez (1809—1878) und Lugones gepflegt. Auch andere Reimanordnungen, wie ABB CDD EFF (Lope) kommen vor.

Hierher gehören ferner die einreimigen Tercetos AAA BBB CCC usw. Während ihr Auftauchen im Siglo de oro[39] als Anlehnung an eine mittelalterliche Reimfolge des Tercetos anzusehen ist, stehen die im Modernismus häufigen *tercetos monórrimos* (z. B. Díaz Mirón, Darío, González Martínez u. a.) wohl unter französischem Einfluß.

b) Der Argentinier Juan María Gutiérrez verwendet in *El ave en la mar* — wohl zum ersten Mal — assonierende, metabolische *tercetos independientes* nach dem Schema: ABa CDc EFe und fand darin vereinzelt Nachfolge bei den Modernisten, die sein Schema durch Einführung neuer Versarten (11 — 7 — 5) und durch andere Reim- bzw. Assonanzfolgen weiter variierten.

c) Im Zuge allgemeinerer Bemühungen, die Systeme der italienischen Strophen- und Dichtungsformen auf die einheimische 8-Silberdichtung zu übertragen, schuf Lope de Vega in seiner Comedia *La inocente Laura* das *terceto octosílabo*. Es unterscheidet sich vom klassischen *terceto encadenado* lediglich durch die Versart. Im Neoklassizismus haben Iriarte in *El caminante y la mula de alquiler* (Fáb. XVIII), in der Romantik Hartzenbusch in der Fabel *El murciélago* und im Modernismus Ramón Basterra in *Las cimas* auf diese Form

[36] Einzelnachweise bei T. Navarro, *Métrica*, S. 465.

[37] Nicht berücksichtigt wird hier das Terceto als Kompositionselement im Sonett usw.

[38] Vgl. Morley-Bruteron, *Chronology*, S. 103

[39] Cancionero de Evora, Nr. 58 und 59.

zurückgegriffen. Bei den modernistischen Dichtern fand es einigen Anklang und wurde durch Einführung von 9- und 6-Silbern, durch *agudo*-Reime und Assonanz mit und ohne Strophenverkettung vielfältig variiert. Dieser Variantenreichtum hat aber den Modernismus nicht überlebt.

Literatur: P. Le Gentil, *Les Formes*, S. 21–23 (mit einigen bibliogr. Hinweisen). — T. Navarro, *Métrica*, s. v. *terceto* im *Indice de estrofas*.

Der 4-Zeiler

Die Redondilla

In ihrer Normalform ist die Redondilla ein in allen Versen vollreimender 4-Zeiler aus Kurzversen, gewöhnlich 8-Silbern. Hinsichtlich der Reimanordnung gibt es zwei Varianten:

1. die Redondilla in umschlungenen Reimen *(r. abrazada):* abba. Dieser Typ wird wegen seines fast ausschließlichen Vorkommens seit dem Siglo de oro von verschiedenen modernen Metrikern als die einzige, eigentliche Redondillaform angesehen;
2. die Redondilla in alternierenden Reimen *(r. cruzada):* abab. Dieser Typ ist der ältere von den beiden. Diejenigen Metriker, die ihn nicht als Form der Redondilla betrachten, bezeichnen ihn entweder mit dem Gemeinwort für alle 4-Zeiler aus Kurzversen als *cuarteta* oder in Analogie zu der entsprechenden Strophenform in 11-Silbern (ABAB) als *serventesio*, da dieses Reimschema für die 10-Silberstrophen des altprovenzalischen Sirventes üblich war.

Die Reimelemente wechseln von Strophe zu Strophe. — Ohne größere Bedeutung zu erlangen, treten beide Typen auch in *quebrado*-Form auf. Dabei erweist sich die Variante abab für die Versbrechung, die sich nur auf die geraden Zeilen erstreckt (a^8 b^4 a^8 b^4) als geeigneter. Das vielleicht erste Beispiel dafür bietet der Marqués de Santillana:

Recuérdate de mi vida a 8
Pues que viste *b* 4
Mi partir e despedida a 8
Ser tan triste. *b* 4

Seltener ist dagegen die Verwendung von quebrados im Typ abba. Hier bietet ein vielleicht erstes Beispiel Gil Vicente im *Auto de la Sibila Casandra* in der Form a^4 b^8 b^8 a^8.

Zur graphischen Anordnung sei bemerkt, daß in alten Texten die Redondilla gelegentlich auch als Zweizeiler aus Langversen dargestellt ist. So erscheinen z. B. in einer Handschrift die 7-Silber-Redondillas der *Proverbios morales* des Rabbi Sem Tob als Alexandriner mit Zäsur-Reimen[40], ohne daß aber deswegen die Redondilla als strophische Einheit bezweifelt zu werden braucht.

Hinsichtlich der Thematik gibt es für die Redondilla praktisch kaum eine andere Begrenzung als die, welche durch die Verwendung von Kurzversen bezüglich der Stilhöhe natürlicherweise gegeben ist. In ihrer Blütezeit diente sie besonders, wie Rengifo sagt, „*para componer comedias y diálogos*". Lope de Vega empfiehlt sie im *Arte nuevo* speziell für *cosas de amor.*[40a] Im 13. Jahrhundert und in der Romantik ist sie als Strophenform der erzählenden Dichtung beliebt.

Geschichtliches: Sprachlich gesehen ist *redondilla*, ähnlich wie frz. *rondel*, *rondeau* und ital. *ritondello*, unter Anfügung eines Verkleinerungssuffixes aus vlat. *retundus* 'rund' abzuleiten und bezeichnet — wenigstens wortgeschichtlich — einen Rundtanz bzw. eine Liedform, die zu einem solchen Tanz gesungen wurde. Doch hat das spanische Wort wohl nicht an dieser für Frankreich und Italien gültigen semantischen Entwicklung teilgenommen, sondern wurde vermutlich — vielleicht in Anlehnung an das italienische *ritondello* — erst im 16. Jahrhundert geschaffen. Diese Vermutung scheint mir durch Rengifo, der als erster eine Worterklärung von *redondilla* versucht, gestützt zu werden. Nach ihm heißen die Redondillas so „*por la uniformidad que llevan en el canto, porque como se canta la primera, se cantan las demás ... o porque se cantan en los corros donde bailan, como dice Tempo de sus Redondillas Italianas.*"[41] Wäre die Redondilla tatsächlich eine alte Tanzform in Spanien gewesen, dann wäre ihr Name nicht erst so spät belegbar und Rengifo hätte es in diesem Falle auch nicht nötig gehabt, sich bei seiner Erklärung ausdrücklich auf Antonio da Tempo und dessen *Redondillas Italianas* zu berufen. Offenbar aber kannte er die Redondillas in der Funktion von Tanzliedern nur aus Italien, nicht aber aus Spanien und hält daher als andere Erklärungsmöglichkeit — und zwar an erster Stelle — den Hinweis auf die Wiederkehr der jeweils gleichen Melodie in den einzelnen Strophen bereit.

Das Wort *redondilla* selbst ist nicht vor dem 16. Jahrhundert zu belegen und bezeichnet damals in sehr allgemeiner Weise vollreimende, strophische Formen in Kurzversen, die weder hinsichtlich der Art der zu verwendenden Kurzverse noch hinsichtlich Reimschema oder Strophenlänge genau bestimmt waren. Statt vieler sei nur die Definition des Sánchez de Lima (1580) angeführt: „*Las coplas redondillas constan*

---

[40] Vgl. die Proben aus Sem Tob bei A. Zauner, *Altspanisches Elementarbuch*, Heidelberg² 1921, S. 168-171.

[40a] *(Son los tercetos para cosas graves,)*
Y para las de amor las redondillas. (BAE XXXVIII, S. 232.)

[41] García Rengifo, *Arte poética espanola* (1592), Kap. XXII, 23–24.

de ocho, nueve, diez y onze pies (= Verse) y se pueden combinar a gusto del poeta, siempre que no vayan más de dos consonantes juntos."[42] Rengifo[43] bezeichnet die Typen abab und abba als *cuartetas, cuartillas* und *redondillas de cuatro versos*, während er die Allgemeinbezeichnung *Redondilla* vorwiegend für Strophen von 5 und mehr Zeilen, so auch für die *coplas de arte menor* und wahrscheinlich auch als Versbezeichnung (8-Silber) gebraucht. Für die auch heute noch diskutierte Streitfrage, ob der Typ abab als Redondilla zu gelten hat, ist das Zeugnis des Argote de Molina (1575) von gewisser Bedeutung, der einen 4-Zeiler dieses Reimschemas im *Conde Lucanor* ausdrücklich als Redondilla bezeichnet. Die theoretische Forderung nach ausschließlicher Verwendung des 8-Silbers in der Redondilla wird von Carvallo (1602) erhoben.[44] In Antonomasie bezeichnete man daher den 8-Silber auch als *verso de redondilla (mayor)*.

Auf das hohe Alter der Redondilla weisen Argote de Molina[45] und Sánchez de Lima[46] hin.

Die Frage nach Ursprung und Herkunft ist für die ältere sowie für die jüngere Redondilla am besten gesondert zu behandeln.

I. Verschiedene Forscher, darunter Rodrigues Lapa[47] und Tomás Navarro sehen in den beiden Varianten abab und abba, die sie als gleichermaßen authentische Formen der Redondilla betrachten, eine bereits in der vorhergehenden mittellateinischen Dichtung belegbare Zerlegungsform des Oktonar-Distichons, bei dem außer den Versausgängen auch die Reihenschlüsse jeweils untereinander gereimt wurden. Das Ergebnis dieser Zerlegung war also zunächst das Reimschema abab *(r. cruzada)*, das sicherlich die ältere Variante darstellt. Diese läßt sich in 9-Silbern — wenn auch nicht mit völliger Sicherheit[48] — schon in der *kharğa* Nr. 9 des Judá Leví (1075—1140) nachweisen, begegnet als Strophenform der erzählenden Dichtung verschiedentlich in der *Historia troyana polimétrica*

[42] *El arte poetica en romance castellano*, Diál. II; ed. Balbín Lucas, Madrid 1944, S. 50. — Weitere Definitionen der Redondilla, wie sie die Poetiken des 16. und 17. Jahrhunderts bieten, sind zusammengestellt bei Díez Echarri, *Teorías* ..., S. 206ff.

[43] *Arte poética*, Kap. IV.

[44] *Cisne de Apolo*, Diál. II, § V. — Vgl. Díez Echarri, *Teorías*, S. 206–207. — Neben den 8-Silber-Redondillas gab es auch solche aus kürzeren Versen, besonders aus 6-Silbern. Sie werden unter dem Namen *redondilla menor* von Rengifo und Correas behandelt. Vgl. Díez Echarri, a. a. O. S. 207.

[45] *Discurso*, Anfang. Abgedr. in *Ant.* IV, S. 65f.

[46] *Diál.* II; ed. cit. S. 48.

[47] *Das origens da poesia lírica em Portugal na Idade-Média.* Lisboa 1929, S. 299ff.

[48] Le Gentil, *Les Formes*, S. 25 (in der Anmerkung).

(um 1270), ferner durchgängig in den über 700 (siebensilbigen) Redondillas der *Proverbios morales* des Rabbi Sem Tob (um 1350) und findet die auf Jahrhunderte hinaus umfangreichste Bezeugung ihrer Verwendung als selbständige Strophe in den 2455 alternierenden 4-Zeilern des *Poema de Alfonso XI.*[49] Während sonst ihr Gebrauch als selbständige Strophenform bis in das letzte Drittel des 16. Jahrhunderts auf Einzelfälle beschränkt ist, spielt sie als Kompositionselement in längeren Strophen sowie als Eingangsthema oder als *finida*[50] in Gedichten fester Form seit den Cantigas Alfons' des Weisen[50a] eine bedeutende Rolle. In der Terzinendichtung bildet sie den üblichen Abschluß.

Die Variante abba taucht hingegen erst im Laufe des 14. Jahrhunderts auf[51] und tritt — in der Hauptsache weiterhin als unselbständiges Kompositionselement — im 15. und 16. Jahrhundert in Konkurrenz zum Typ abab, ohne jedoch schon in dieser Zeit eine Vorrangstellung gegenüber der älteren Variante zu erlangen. Sie in dieser Periode einer im ganzen noch geringen Bedeutung mit Tomás Navarro als Modifikation des Typs abab zu betrachten, erscheint durchaus zulässig, zumal wenn man die im Spanien des ausgehenden Mittelalters allgemein wirksame Tendenz zur Bevorzugung des umschlingenden Reimes (abba) in Rechnung stellt.[52]

Gewisse grundsätzliche Bedenken erheben sich allerdings gegen die Ableitung der Variante abab aus dem Oktonar-Distichon insoferne, als hier gemäß dem lateinischen Vorbild ein strenges Alternieren weiblicher und männlicher Versausgänge ($a^{w}b^{m}a^{w}b^{m}$) zu erwarten wäre, eine Erscheinung, die bis Gil Vicente überhaupt fehlt. Einige Schwierigkeiten verursacht ferner die Tatsache, daß gelegentlich auch 4-, 6- und 9-Silber als Versarten verwendet wurden, die schwerlich aus einem Oktonar-Distichon abgeleitet werden können.

II. Die neuere Redondilla ist aus der Halbierung eines 8-Zeilers hervorgegangen. Diese Teilung kann durch den oben besprochenen älteren 4-Zeiler begünstigt worden sein. Strittig ist, ob in dem zwar letztlich

---

[49] BAE LVII, S. 477–551.

[50] *Finida.* „Like the Provençal *tornada* ..., the *finida* serves as a conclusion to a poem, and with the *tornada* and kindred forms, such as the *envoi*, the *desfecha*, the *estribote* and others, this stanza was originally, in all probability, a sequence to a musical composition..." H. R. Lang, *Las Formas*, S. 514f.

[50a] Vgl. D. C. Clarke, *Versification in Alfonso el Sabio's Cantigas.* HR XXIII (1955), S. 83–98.

[51] Erstmals vielleicht — in unselbständiger Verwendung — im *Libro de buen amor* des Arcipreste de Hita in den *cánticas de loores* 1668f. u. 1673f. — Später z. B. in *La tu noble esperança* im *Rimado de Palacio* (BAE LVII, S. 454).

[52] *„étant donné que le quatrain embrassé a été particulièrement goûté au Sud des Pyrénées, on pourrait penser que abab abab a donné naissance à abba abba"*, sagt P. Le Gentil im Zusammenhang mit dem 8-Zeiler (*Les Formes*, S. 39).

provenzalischen, aber zu verschiedenen Zeiten und auf verschiedenen Wegen nach Kastilien gelangten 8-Zeiler mit D. C. Clarke[53] die *copla de arte menor* (s. d.) und damit eine gal.-port. Form oder mit Tomás Navarro die *copla castellana* (s. d.) bzw. *copla mixta*[54] — beides spätprovenzalische Formen — zu sehen ist.

Für Clarkes These spricht neben anderen Belegen besonders das von ihr angezogene Gedicht *Ya la gran noche passava* des Marqués de Santillana,[54a] das (3-reimige) *coplas de arte menor* im Wechsel zeigt mit Redondillas vom Typ abba und damit gleichsam die Redondilla in ihrer Entstehungsphase zu präsentieren scheint. Auch wird man nicht ausschließen, daß in Einzelfällen Redondillas aus *coplas de arte menor* hervorgegangen sind. Eine allgemeine Ableitung der Redondilla aus der *copla de arte menor* ist jedoch aus chronologischen und strukturellen Gründen unwahrscheinlich. Seit der Mitte des 15. Jahrhunderts hat die *copla de arte menor* ihre Bedeutung verloren und wird von der *copla castellana*, die damals in Mode kommt, resorbiert. Erst deren Auflösung in zwei selbständige 4-Zeiler im letzten Viertel des 16. Jahrhunderts führt zu dem plötzlichen Aufschwung der Redondilla. Auch in struktureller Hinsicht bot die (4-reimige) *copla castellana* für die Schaffung der Redondilla ungleich günstigere Bedingungen, da ein Sinneinschnitt nach der 4. Zeile genügte um die metrisch voneinander bereits unabhängigen Strophenhälften vollends zu verselbständigen.

Die Hochblüte der Redondilla (abba) als selbständiger Strophe in Lyrik und Theater beginnt nach 1575. Da und dort war sie in der dramatischen Dichtung schon im frühen 16. Jahrhundert aufgetaucht, so bei Gil Vicente, der von 1502 bis 1536 schrieb,[55] ferner im *Coloquio de las damas valencianas* (1524) des Valencianers Juan Fernández Heredia[55a], im anonymen *Auto de la Assumption de Nuestra Señora*[56] sowie in verschiedenen Farsas des Gil Polo. In der Lyrik hingegen ist ihre Stellung um diese Zeit noch sehr unbedeutend. Cristobal de Castillejo und Boscán

[53] *Redondilla and copla de arte menor*. HR IX (1941), S. 489–493.

[54] *Copla mixta* ist die Sammelbezeichnung für 8-Silber-Strophen variabler Ausdehnung (7-11 Zeilen), die auf 2, 3 oder 4 Reimen laufend sich in unsymmetrische Halbstrophen (4+3; 4+5; 5+6) gliedern. — Vgl. T. Navarro, *Métrica*, im *Indice de estrofas*.

[54a] *Ant*. IV. S. 312.

[55] Bei Gil Vicente „*the single redondilla is used for entire plays*.“ S. Griswold Morley, *Strophes in the Spanish Drama before Lope de Vega*. In: Homenaje a R. Menéndez Pidal, Bd. I, Madrid 1925, S. 513.

[55a] Die Attribution ist nicht sicher. Nach Paz y Melia wäre der Verfasser Luis Margarit. Vgl. McPheeters in Symposium X (1956), S. 158.

[56] L. Rouanet, *Colección de autos, farsas y coloquios del siglo XVI*, Barcelona — Madrid 1901, Bd. IV, S. 437–462.

verwenden sie überhaupt nicht, Garcilaso nur in 4 Gedichten; gelegentlich findet sie sich bei Sâ de Miranda und Jorge de Montemayor. Der einzige, der sie damals in größerem Umfang gebraucht, ist Diego Hurtado de Mendoza in seinen *cartas*.[57]

Ihr Triumph im Theater beginnt mit Juan de la Cueva. In seinem *Tutor* (1579) bilden die Redondillas 92% der verwendeten Strophenformen. In der *Isla bárbara* des Miguel Sánchez sind es 95,5%.[58] Sie bleibt eine beherrschende Strophenform bei Lope,[59] Tirso, Guillén de Castro und Montalbán und findet auch in der Lyrik umfangreiche Pflege, z. B. durch Baltasar del Alcázar und Inés de la Cruz. Bei Calderón hat sie ihre Vormachtstellung an die Romanze abgetreten.

Im Neoklassizismus beschränkt sich die Redondilla im wesentlichen auf Tonadillas, Epigramme und Gelegenheitsdichtung und sinkt damit — wenigstens im spanischen Mutterland — zu fast völliger Bedeutungslosigkeit ab.

Zu neuem Leben erwacht sie im Theater und in den Leyendas der Romantik. In den Dramen von Zorilla, García Gutiérrez und Hartzenbusch sowie in den Comedias von Bretón de los Herreros und Ventura de la Vega erreicht sie eine Stellung, die der im späteren Siglo de oro vergleichbar ist. In den Dichtungen *El cerco de Zamora* und *La favorita del Sultán* des Padre Arolas ist die Redondilla die ausschließliche Strophenform. Häufig begegnet sie in den Leyendas des Zorilla. In der subjektiven Lyrik ist sie hingegen von geringerer Bedeutung. Espronceda verwendet sie nur selten, Bécquer gar nicht. Neben der vorherrschenden Standardform abba tritt auch die *redondilla cruzada* auf. Beide Varianten werden bewußt und in künstlerischer Absicht von Avellaneda gebraucht, die den Typ abab nur in Gedichten (z. B. *A mi jilguero*, *La serenata del poeta* u. a.), den Typ abba nur in ihren dramatischen Werken[60] (z. B. *Recaredo*, *Catilina* u. a.) verwendet.

In Lateinamerika, wo sich die Redondilla seit Inés de la Cruz als lyrische Strophenform konstanter erhalten hat als im Mutterland, ist sie auch bei den älteren Dichtern des Modernismus — den Cubanern Martí und Julián del Casal, den Mexikanern Díaz Mirón und Gutierrez

[57] Vgl. D. C. Clarke, a. a. O. S. 492–493.

[58] Vgl. die Übersicht bei *Strophes*, Morley, S. 530–531.

[59] Der prozentuale Anteil der Redondilla in Lopes Comedias stellt sich bis 1618 (nach Morley-Bruerton, *Chronology* wie folgt dar: vor 1604: von 7,4 bis 99,6%; von 1604 bis 1609; zwischen 41,6 und 90,6%; von 1610 bis 1618: zwischen 26,3 und 75,6%. — Zitiert nach P. Henríquez Ureña, *Los jueces de Castilla*, RFH VI (1944), S. 286.

[60] Vgl. Edwin Bucher Williams, *The life and dramatic works of Gertrudis Gómez de Avellaneda*. Philadelphia 1924 (Publications of the univ. of Pennsylvania), S. 110ff. *(Versification of the plays)*.

Nájera sowie in den Jugendwerken Rubén Daríos — noch ziemlich häufig. Dagegen nimmt sie beim späteren Darío, bei A. Nervo, González Martínez, Lugones, G. Valencia, A. Machado und Juan Ramón Jiménez bedeutend ab.

In der nachmodernistischen Dichtung scheint sie wieder an Beliebtheit zu gewinnen. Als Neuerungen bzw. als Rückgriff auf vergessene Formen sind J. Guilléns Versuche bemerkenswert. Er verwendet beide Varianten in assonierender Form (z. B. *Los nombres; Naturaleza viva*), sowie vollreimende 7-Silber-Redondillas mit *quebrados* $a^7 b^4 a^7 b^4$ (z. B. *Tu realidad*).

Literatur: D. C. Clarke, *Redondilla and copla de arte menor*. HR IX (1941), S. 489–493. — D. C. Clarke, *Miscellaneous strophe forms*. HR XVI (1948), S. 146–148.— Ureña, *Versificación*, S. 40–41. — S. Griswold Morley, *Strophes*, S. 505–531. — Le Gentil, *Les Formes*, S. 24–26; 339; 380. — Navarro, *Métrica* im Strophen-Index s. v. *redondilla*.

Die cuarteta asonantada

Die *cuarteta asonantada*, auch *copla* oder *cantar* genannt, ist ein isometrischer 4-Zeiler aus 8-Silbern (oder kürzeren Versen), der in den Zeilen gerader Zahl Assonanz, in den ungeraden Zeilen reimlose Verse zeigt. Von der Romanze ist sie formal nur dann klar geschieden, wenn sie entweder isoliert vorkommt[61] oder die Assonanz von Strophe zu Strophe wechselt. Bei strophischer Verwendung zeigt sie jedoch häufig auch durchgehende Assonanz und unterscheidet sich in diesen Fällen von der Romanze nur durch ihren strengen Strophismus sowie durch ihren anderen Inhalt.[62] Doch sind angesichts der gegenseitigen Beeinflussung von Romanze und *cuarteta* die Grenzen oft fließend.[63]

Beispiel:		Schema:
	No extrañéis, dulces amigos,	a
	que esté mia frente arrugada;	b
	yo vivo en paz con los hombres	c
	y en guerra con mis entrañas.	b

(A. Machado, *Prov. y cantares XXIII)*

[61] Z. B. in Epigrammen, als Thema in *villancicos* und *glosas*, in der Spruchdichtung u. ä.

[62] Zur Verdeutlichung ein Beispiel. In der *Venus de Melilla* des Sánchez Barbero (BAE LXIII, S. 584) sind unter andere Strophenformen 11 *cuartetas* mit der gleichbleibenden Assonanz e-e eingestreut. Obgleich formal identisch mit der Romanze, würde man sie unter den gegebenen Umständen nicht als solche bezeichnen, da sie — im Gegensatz zur Romanze — ausgesprochen strophischen Charakter haben, wie aus der Kombination mit anderen Strophenformen hervorgeht und weil das ganze Gedicht seinem Inhalt nach keine Romanze ist. Der Verfasser konzipierte es als *cantata*.

[63] S. u. Romanze.

Geschichtliches: Letztlich dürfte die *cuarteta asonantada* durch Zerlegung eines assonierenden Langzeiler-Pareados entstanden sein. Seit ihrem ersten Auftreten in der *kharǵa* Nr. 4 (Garid vos, ay yiermaniellas) zeigt sie lyrischen Charakter und kann daher nicht aus der nach überwiegender Ansicht epischen Grundlage (Laisse) der Romanzen abgeleitet werden. Einzelne Forscher sehen sogar in ihr den Ausgangspunkt für die Romanze.[64]

Ihr hohes Alter und ihr volkstümlicher Charakter werden — soweit man diesen Beleg als vollgültigen Beweis gelten lassen will — durch die oben angeführte *kharǵa* bestätigt. Auf verwandte lyrische Formen im Cancioneiro da Vaticana hat D. C. Clarke,[65] auf vereinzelte Spuren der kastilischen *cuarteta* im 14. und 15. Jahrhundert[66] hat Tomás Navarro hingewiesen.[67] Die Dürftigkeit der Belege erklärt sich wohl daraus, daß die *cuarteta* als trivial volkstümliche Form galt und deshalb von den Kunstdichtern vernachlässigt wurde. Daß sie jedoch in der Volksdichtung verbreitet gewesen sein muß, scheint ihre im 16. und 17. Jahrhundert ziemlich häufige Verwendung als Thema in *villancicos* und *glosas* zu beweisen.

Als eigenständige Form der Kunstdichtung — also nicht mehr nur in der Funktion eines übernommenen Themas — erscheint sie (vielleicht erstmals) in verschiedenen Epigrammen des Francisco de la Torre (2. Hälfte des 16. Jahrhunderts).[68]

Einen größeren Aufschwung erlebt sie im 18. Jahrhundert. Meist satirischen Inhalts, ist sie eine beliebte Strophenform in den Tonadillas. Von bekannten Dichtern, die sie pflegen, ist neben Sánchez Barbero und A. Lista[69] vor allem Francisco Gregorio de Salas zu nennen. Er machte die *cuarteta* zu einer der bevorzugten Formen seiner Epigramme und verwendete sie fast ausschließlich in seiner humoristischen Dichtung *Ajuar o muebles que vió el autor en varias casas.*[70]

Neben der zu neuer Blüte gelangten Romanze spielt die *cuarteta* in der Kunstdichtung der Romantik eine im ganzen geringe Rolle. Von den namhaftesten Dichtern dieser Epoche scheinen sie Espronceda, der Duque de Rivas und Avellaneda überhaupt nicht, Zorilla *(A Gabriela, cantares y quejas)*, Bécquer *(Rima XXIII)* und Rosalía de Castro nur vereinzelt gepflegt zu haben. In bedeutenderem Umfang ist sie hingegen

[64] S. u. Romanze.

[65] *Remarks on the early romances and cantares.* HR XVII (1949), S. 96ff.

[66] Alfons XI., Don Juan Manuel, Juan Ruiz. — Canc. Barbieri.

[67] *Métrica*, Nr. 23 und 95.

[68] BAE XLII, S. 566–567, Nr. VI, VIII-XII; Trad. de Juan Owen, Nr. VI.

[69] *La jardinera*, BAE LXVII, S. 355.

[70] BAE LXVII, S. 542ff.

bei Dichtern wie Ventura Ruiz Aguilera und Antonio de Trueba vertreten.[71]

Im Modernismus führt die Hinwendung zu volkstümlichen Formen besonders bei den andalusischen Dichtern zu einer bemerkenswerten Verbreitung auch der *cuarteta*. So erscheint sie in *Bajo la parra* (1877) von Salvador Rueda, in großer Zahl in den Comedias und Sainetes der Brüder Álvarez Quintero sowie in längeren Folgen oder verstreut im Werke A. Machados.

Die Seguidilla und ihre Formen

a) Grundtypen

Ähnlich wie im Falle der Romanze, so ist auch für die Seguidilla eine einheitliche Definition, die allen im Laufe ihrer langen Geschichte aufgetretenen Besonderheiten Rechnung trägt, nicht möglich. Geht man von ihrer silbisch streng regulierten Form aus, so lassen sich zwei Haupttypen unterscheiden.

1. *Die Seguidilla simple*. Sie ist eine vierzeilige Strophe, in der 7- und 5-Silber alternieren, wobei jeweils nur der 2. und 4. Vers durch Assonanz (oder auch durch Reim) gebunden sind. Die Reimelemente wechseln von Strophe zu Strophe.

Beispiel: Schema:

Lavaréme en el Tajo	a 7
muerta de risa,	b 5
que el arena en los dedos	c 7
me hace cosquillas.	b 5

(Lope de Vega)

Anstelle des ersten 7-Silbers findet sich häufig ein 6-Silber.

2. *Die Seguidilla compuesta*. Sie ist hinsichtlich der ersten vier Verse identisch mit der Seguidilla simple, nimmt jedoch noch einen dreizeiligen *estribillo* von 5-7-5 Silben hinzu. Die beiden 5-Silber des *estribillo* müssen miteinander assonieren (oder reimen), haben jedoch keine Reimbeziehung zur vierzeiligen Strophe. Der 7-Silber des *estribillo* hat keine Assonanz-(Reim)-Bindung mit irgendeiner Verszeile, außer wenn er eine wörtliche Wiederholung der dritten Zeile der eigentlichen Strophe ist. Der *estribillo* ist vom Strophenkörper stets durch einen deutlichen syntaktischen Einschnitt getrennt.

Beispiel: Schema:

Hablaré en seguidillas,	a 7
Verso de moda;	b 5

[71] Zu ihrer außerordentlichen Verbreitung in der Volksdichtung, vgl. T. Navarro, *Métrica*, S. 541.

Que con eso me excuso c 7
De gastar prosa; b 5
Y así conviene, d 5
Porque salga el suceso e 7
Claro y corriente. d 5

(Torres Villarroel, BAE LXI, S. 77)

e 7 = c 7:

Por las tierras de Soria a 7
va mi pastor. b 5
¡Si yo fuera una encina c 7
sobre un alcor! b 5
Para la siesta, d 5
si yo fuera una encina, e 7 = c 7
sombra le diera. d 5

(A. Machado)

Die ältere sowie die volkstümliche moderne Seguidilla zeigen häufig ein geringfügiges Schwanken in der Silbenzahl ihrer Verse. An die Stelle der 7-Silber können dabei 6- oder 8-Silber treten, und statt der 5-Silber begegnen sehr häufig 6-Silber. Größere Schwankungsbreiten sind ausgeschlossen, da sonst die Seguidilla entweder mit der *copla de pie quebrado* (8+4) oder mit dem Romancillo zusammenfiele. Die silbisch streng regulierte Form der Seguidilla (7-5-7-5) setzt sich erst bei Calderón und den Dichtern nach ihm endgültig durch. Die Seguidilla compuesta, im 17. Jahrhundert noch selten, ist die charakteristische Seguidilla-Form des 18. Jahrhunderts.

Die Assonanz überwiegt bei weitem gegenüber dem Vollreim. Verschiedene Forscher betrachten sie als ursprünglich und für die Seguidilla wesenhaft, so daß sie vollreimende Formen aus der Geschichte der Seguidilla ausschließen. Demgegenüber hebt aber neuerdings Tomás Navarro hervor, daß das Wesen dieser Dichtungsform in der Verwendung des typischen Seguidilla-Verses beruhte. Dieser sei ein silbisch schwankungsfähiger, dreihebiger 12-Silber, der sich in zwei verschieden lange Halbverse gliedert. Von seinen drei Versakzenten entfallen zwei auf den ersten, stets längeren Halbvers, einer auf das zweite, stets kürzere Hemistich. Diese rhythmische Gestaltung unterscheide den Seguidilla-Vers vom vierhebigen *verso de arte mayor*, aus dem man ihn bisher abzuleiten pflegte, aber auch von allen anderen 12-Silberarten.[72] Infolgedessen könne die Seguidilla selbst aus keiner anderen bekannten Form abgeleitet werden und es sei einheimisch-volkstümliche Herkunft anzunehmen. Da von diesem neuen Standpunkt aus die Reimart keine wesentliche Rolle mehr spielt, kann man auch die vollreimenden 7- und 5-Silber-Kombinationen in einigen *kharǵas* als Formen der Seguidilla betrachten.

[72] T. Navarro, *Métrica*, S. 159–162.

Zur graphischen Anordnung sei bemerkt, daß bis in die ersten Jahrzehnte des 17. Jahrhunderts die Seguidilla simple auch in zwei Langzeilen geschrieben wurde.[73] Es ist dies zweifellos die ursprünglichere Form, denn ohne Rücksicht auf die graphische Anordnung gibt sich der Seguidilla-Vers durch die syntaktische Behandlung seiner Gliederung in 7 + 5 Silben als zusammengesetzter Langvers zu erkennen. Daher treten auch in der kurzzeiligen Anordnung der Seguidilla der 7- und 5-Silber jeweils als sinngemäß zusammengehöriges Verspaar auf.[74]

An bestimmte Inhalte ist die Seguidilla nicht gebunden.[75] Sie dient vorwiegend der leichteren Dichtung volkstümlicher Inspiration, doch begegnet sie auch als ernstes Genre, so z. B. in den *Cancioneros espirituales* Lopes und Valdivielsos. Neben ihrer strophischen Verwendung in längeren Dichtungen tritt sie auch als isolierter 4-Zeiler sowie als *estribillo* zu Endechas und Villancicos auf.

Ihrer Herkunft nach ist die Seguidilla ein Tanzlied. Die älteste bekannte Seguidilla-Melodie ist das Stück Nr. 132 im Cancionero Musical. Für die Seguidilla als strophische Form scheinen sich aus der Musik keine sicheren Anhaltspunkte gewinnen zu lassen.[76]

Geschichtliches: Für die Bedeutungserklärung des erstmals 1599 belegten und schon von Correas[76a] untersuchten Wortes *seguidilla* — letztlich einer Ableitung aus lat. *sequi* — ist auszugehen von dem Begriff des Folgens. Strittig bleibt jedoch, worauf dieses Folgen zu beziehen ist. Fr. Hanssen, der *seguidilla* über älteres *seguida* aus altportug. *seguir* ‚Lied mit erborgter Melodie' ableitet, setzt den Begriff des Folgens in Beziehung zur Musik.[77] H. R. Lang hingegen glaubt, daß *seguidilla,* ähnlich wie *desfecha*, *finida* u.a., ursprünglich ein Anhängsel bezeichnete, das als Abschluß der eigentlichen Dichtung folgte. Beide Auffassungen lassen sich durch Tatsachenmaterial stützen. Einerseits gibt es viele Seguidillas, die auf bereits vorhandene, bekannte Melodien gesungen wurden, andererseits wird seit dem 16. Jahrhundert die Seguidilla gerne nach Art eines *estribillo* als Abschluß einer Dichtung in anderen Versarten verwendet.[78]

Erstmals findet sich die — fluktuierende — Seguidilla-Form in einigen

---

[73] Vgl. z. B. die Seguidillas in Cervantes' *Rinconete y Cortadillo* (1612).

[74] Vgl. die oben angeführten Beispiele.

[75] Vgl. Gonzalo Correas, *Arte grande de la lengua castellana* (1626), ed. E. Alarcos García, Madrid 1954, S. 447f.

[76] Vgl. Le Gentil, *Les Formes*, S. 444; T. Navarro, *Métrica*, S. 162, Anm. 48.

[76a] *Arte grande*, ed. cit., S. 447.

[77] Fr. Hanssen, *La seguidilla*. AUCh CXXV (1909), S. 697f.

[78] H. R. Lang, RR I (1910), S. 340–341 und *Las Formas*, S. 520–521.

kharǵas des 11./12. Jahrhunderts.[79] Bis zum Ende des 15. Jahrhunderts erscheint sie in der Kunstdichtung nur vereinzelt, besonders in der galizisch-portugiesischen Dichtung (Meendinho, Martim Codax, Alfonso el Sabio, Don Pedro de Portugal). Das erste Beispiel einer kastilischen Seguidilla bietet Álvarez Gato (1430—1496).[80] Die Seguidilla fehlt im Cancionero de Baena, hingegen findet sie sich in den Cancioneros Herberay, Barbieri u. a.

Im Laufe des 16. Jahrhunderts wird sie etwas häufiger. Timoneda, Horozco, Montesino, Sâ de Miranda, Santa Teresa, San Juan de la Cruz u. a. verwenden sie gelegentlich, mit Vorliebe als Themen von Villancicos.[81] Auch über den Sieg des Isosyllabismus um die Mitte des 16. Jahrhunderts hinaus bewahrt die Seguidilla noch etwa hundert Jahre lang ihren fluktuierenden Charakter: ein Indiz für ihre volkstümliche Herkunft und ihr hohes Alter. In der mündlichen Volksdichtung dürfte sie auch im Mittelalter in allen Gegenden der iberischen Halbinsel verbreitet gewesen sein. Die Kunstdichtung hatte sie aber noch nicht als selbständige Dichtungsform erkannt und schätzen gelernt und bediente sich ihrer daher nur gelegentlich.

Mit der Wende des 16. zum 17. Jahrhundert trat hierin ein völliger Wandel ein. In dem 1599 gedruckten *Guzmán de Alfarache* des Mateo Alemán ist erstmals ihr Name belegt. Es heißt dort: „*Las seguidillas arrinconaron a la zarauanda...*“[82] Da die Sarabande um 1580 in Spanien bekannt wurde und da erfahrungsgemäß ein jeweils neu aufkommender Modetanz den älteren zu verdrängen pflegt, kam Sbarbi[83] zu dem Schluß, daß die Seguidilla eine Schöpfung des ausgehenden 16. Jahrhunderts sei, denn nur als wirkliche Neuheit hätte sie die Chance und die Kraft haben können, die ebenfalls noch nicht alte Sarabande zu verdrängen. Für Sbarbis Ansicht schien das späte Auftauchen der Bezeichnung *seguidilla* zu sprechen, ferner ihr plötzlicher Aufschwung und schließlich eine Stelle im 2. Teil des Don Quijote: „*Pues ¿qué cuando se humillan* (sc. los poetas) *a componer un género de verso que en Candaya se usaba entonces, a quien ellos llamaban ‚seguidillas‘?*“[84], die Sbarbi in seinem Sinne aus-

---

[79] *Kharǵa* Nr. 3, 13, 15 sowie 33 (Typ der seltenen *seguidilla inversa*) bei Klaus Heger, *Die bisher veröffentlichten Harǵas und ihre Deutungen.* Beiheft ZRPh 101, Tübingen 1960. — Vgl. auch T. Navarro, *Métrica,* S. 30f.

[80] *Quita allá, que no quiero.* Canc. Siglo XV, Nr. 115.

[81] Stellennachweise und teilweiser Textabdruck bei T. Navarro, *Métrica,* S. 157–159 u. S. 222–223. — Sehr reiches Material und bibliogr. Hinweise bei Ureña, *Versificación,* S. 163ff.

[82] Teil I, Buch 3, Kap. 7 »*Bibliotheca Romanica* Bd. 183/187, S. 299).

[83] *El Refranero general español,* Madrid 1875, Bd. IV, S. VIIIf.

[84] Kap. XXXVIII.

legte. Dieser Auffassung widersprechen aber nicht nur die inzwischen aufgefundenen Belege für die Seguidillas *ante litteram* im ganzen Mittelalter, sondern auch das ausdrückliche Zeugnis des Gonzalo de Correas, der sich in seinem *Arte grande* von 1626 als erster Theoretiker eingehend mit der Seguidilla beschäftigt. Er bezeichnet sie als „*poesía muy antigua*", die unter anderen Namen *(folías; cabezas de cantares)* längst bekannt und volkstümlich war, bevor „*nuevamente se les ha pegado el nombre a las seguidillas*". Er wundert sich über ihr Fehlen in den Poetiken vor ihm und sucht dafür folgende Erklärung: „*quizá como tan triuales, i qe no pasan de una copla, no repararon* (sc. las poéticas) *o no hizieron caso dellas, por donde en mi opinion cayeron en mui gran culpa, i ansi pareze qe qedaban olvidadas* (sc. en las poéticas)." Und weiter: „*Desde el año 1600 a esta parte han revivido. ... i se las ha dado tanta perfezion, siguiendo siempre una conformidad, qe pareze poesía nueva.*"[85] Correas bestätigt damit einerseits das hohe Alter der Seguidilla, andererseits ihren Aufschwung seit 1600. Diesen wird man vielleicht einer neuen musikalischen Gestaltung und einer neuen, erfolgreichen Tanzform zuschreiben dürfen, die sich im ausgehenden 16. Jahrhundert mit der alten Seguidilla-Form verbanden.

Ihren Höhepunkt und ihre weiteste Verbreitung in der Kunstdichtung erreichte die Seguidilla in der Zeit von 1600 bis 1675. Mit Lope de Vega erwirbt sie sich einen bedeutenden Platz im Theater des Siglo de oro, besonders in den Entremeses. Entgegen der oben zuletzt angeführten Bemerkung Correas' über die Regelmäßigkeit dieser Dichtungsform und im Gegensatz zu den durchwegs isosyllabischen Beispielen, die er für die Seguidilla seit 1600 gibt, überwiegt bis um die Mitte des 17. Jahrhunderts auch in der Kunstdichtung deutlich der fluktuierende Typ. So bei Lope, Tirso, Valdivielso, Quiñones de Benavente und den meisten anderen Dichtern, die vor 1650 schreiben. Nur Calderón bildet hier eine bemerkenswerte Ausnahme. Bei ihm erlangt die Seguidilla mit zunehmender Ausschließlichkeit ihre silbisch korrekte, endgültige Form (7-5-7-5), die sich bis zum Modernismus in der Kunstdichtung, in hohem Maße sogar auch in der Volksdichtung behauptet.

Etwa in die 30er Jahre des 17. Jahrhunderts dürfte das Aufkommen der Seguidilla compuesta fallen. Correas (1626), der viele Beispiele für verschiedene Seguidilla-Arten bringt, erwähnt sie noch nicht. Dagegen findet sich ein Beispiel bei Ruiz de Alarcón († 1639).[86] Im 17. Jahrhundert ist sie unbedeutend.

---

[85] *Arte grande*, ed. Viñaza; mit einigen orthographischen Abweichungen in der Ausgabe von E. Alarcos García, S. 447. — Die wichtigsten Stellen sind auch abgedruckt bei Díez Echarri, *Teorías*, S. 212f.

[86] „*Venta de Viveros...*" im 2. Akt von *Las paredes oyen*.

Die Beliebtheit und weite Verbreitung der Seguidilla im 18. Jahrhundert gründet sich zu nicht geringem Teil auf ihre vorzügliche Verwendung in den zur Mode gewordenen Tonadillas, einer Art von musikalischem Entremés.[87] Bemerkenswert ist das starke Überwiegen der 7-zeiligen Form. Außerhalb der Tonadillas wird die Seguidilla simple fast völlig verdrängt. Das wohl erste umfangreiche Denkmal der Seguidilla compuesta ist die *Vida de San Benito de Palermo* (1746?) von José Benegasi. Torres Villarroel, der fruchtbarste Seguidilla-Dichter des 18. Jahrhunderts, pflegt neben der 4-zeiligen überwiegend die 7-zeilige Form, A. Lista die letztere ausschließlich. A. Bello behandelt in seiner Metrik (1835) nur diese Form.

In der Romantik bleiben die Verhältnisse im wesentlichen gleich: die Seguidilla mit deutlichem Überwiegen ihrer 7-zeiligen Gestalt bleibt in Spanien eine häufige Dichtungsform (Duque de Rivas, Espronceda, Zorilla, Avellaneda, Bécquer u.a.), in Lateinamerika ist sie hingegen noch selten.

Die modernistischen Dichter Lateinamerikas und Spaniens pflegen beide Hauptformen der Seguidilla; so z. B. Gutiérrez Nájera in *La cena de Noche Buena* und M. Machado unter den Bezeichnungen *sevillanas*, *serranas*, *alegrías* die 4-zeilige Seguidilla; der junge Darío, A. Nervo und A. Machado *(Canciones del Alto Duero)* die Seguidilla compuesta. Als Neuerung kann man die *seguidillas simples [arromanzadas]* mit durchgehender Assonanz (nach dem Vorbild der Romanzen) bezeichnen, die wohl als erster der Cubaner José Martí in größerem Umfange verwendete *(Príncipe enano; Brazos fragantes* u. a.). Der Kolumbaner José Asunción Silva *(Mariposas)*, Salvador Rueda *(Ojas rodando)* und in nach-modernistischer Zeit García Lorca *(Balada de un día de julio)* haben diese Anregung fortgeführt. Die alte fluktuierende Seguidilla-Form lebt wieder auf in *El abuelo* und *Venecia* von Alfonso Reyes. Hier erscheinen gelegentlich 6-Silber anstelle der üblichen 5-Silber.

Aus der Gegenwartsdichtung scheint die Seguidilla compuesta verschwunden zu sein. Statt dessen wird die 4-zeilige Seguidilla mit einem kurzen *estribillo*, der manchmal nur ein einziges Wort ist, versehen. In anderen Fällen wird nach mehreren Strophen jeweils ein *estribillo* eingeschoben. Beispiele der verschiedenen Arten bei García Lorca *(Ribereñas)*, Guillén *(Navidad)* und dem Mexikaner Carlos Pellicer *(Muerte sin fin*, 5. Teil).

b) Andere Spielarten der Seguidilla

Neben den beiden Grundtypen der Seguidilla sind die übrigen von

---

[87] Wie sehr sie damals in Mode war, zeigen die oben als Beispiel für die Seguidilla compuesta angeführten Verse des Torres Villarroel.

geringer, zeitlich begrenzter Bedeutung. Drei von ihnen gehören in das Siglo de oro, eine in die Zeit des Modernismus.

1. Die *dreizeilige* Seguidilla-Form entspricht einem verselbständigten *estribillo* der Seguidilla compuesta (5-7-5).

Beispiel: Schema:

Callad un poco,	a5
que me matan llorando	b7
tan dulces ojos.	a5

(Lope, *Los pastores de Belén)*

Diese Form war zu Beginn des 17. Jahrhunderts ziemlich häufig. — Der Sevillaner Joaquín Romero Murube (geb. 1904) hat sie der Vergessenheit entrissen und in einigen Gedichten (z. B. *La canción de las trenzas)* wieder verwendet.

2. Die *seguidilla chamberga* setzt sich zusammen aus einer Seguidilla simple, der drei Pareados mit jeweils verschiedener Assonanz angehängt werden. Jeder Pareado wird von einem 3- und einem 7-Silber gebildet.

Beispiel: (seg. simple) Schema: (a7 b5 c7 b5)

Que el hombre	d3
es de prendas mayores;	d7
le vemos	e3
para todo dispuesto;	e7
por grande	f3
no hay favor que no alcance.	f7

García Rengifo nennt diese Form im 52. Kap. seiner *Arte poética* (1592). Daraus ist auch das Beispiel entnommen. Sie ist eine Form der Volksdichtung und begegnet in der Kunstdichtung nur selten.

3. Die *seguidilla real* ist eine 4-zeilige Seguidilla mit der Bauart 10-6-10-6. Sie hat Assonanz in den Kurzversen.

Beispiel: Schema:

Sin farol se venía una dueña	a10
guardando el semblante,	b6
porque dice que es muy conocida	c10
por las Navidades.	b6

(Inés de la Cruz)

Sor Juana Inés de la Cruz hat diese Form erfunden und ihr den Namen gegeben.

4. Die *seguidilla gitana* hat nach P. Le Gentil[88] mit der Seguidilla nur den Namen gemeinsam. Nach ihm ist sie eine 5-zeilige, nach Tomás

[88] *Les Formes,* S. 442, Anm. 189.

Navarro[89] eine 4-zeilige Strophe, in der die Verse 1, 2 und 4 von 6-Silbern, der Vers 3 meist von einem 11-Silber, gelegentlich auch von einem 10- oder 12-Silber gebildet wird.[90] Es assonieren die Zeilen gerader Zahl.

Beispiel:	Schema:
Las que se publican	a 6
no son grandes penas;	b 6
las que se callan y se llevan dentro	c 11
son las verdaderas.	b 6

(M. Machado)

Die *seguidillas gitanas* begegnen in der Dichtung des Modernismus (M. Machado, Salvador Rueda u. a.).

Literatur: J. M. Sbarbi, *El refranero general español*. Bd. IV, Madrid 1875, S. VII–XV. — Fr. Hanssen, *La seguidilla*. Santiago de Chile 1909; auch in AUCh CXXV (1909), S. 697–796. — Ureña, *Versificación*, s. v. *seguidilla* im *Indice de temas*. — D. C. Clarke, *The early Seguidilla*. HR XII (1944), S. 211–222 (mit reicher Bibliographie). — Le Gentil, *Les Formes*, S. 440—449. — T. Navarro, *Métrica*, besonders S. 157–162.

Die cuaderna vía

Die *cuaderna vía*, von älteren Metrikern auch *tetrástrofo monórrimo alejandrino* genannt, ist eine vierzeilige Alexandrinerstrophe, die jeweils auf einem einzigen Vollreim läuft.

Beispiel:	Schema:
Gonzalvo fue su nomne, qui fizo este tractado,	A 14
En Sant Millán de Suso fue de ninnez criado,	A 14
Natural de Berceo, ond Sant Millan fue nado:	A 14
Dios guarde la su alma del poder del pecado.	A 14

(Berceo, *Vida de San Millán*, copla 489)

Geschichtliches: Der Name der *cuaderna vía* taucht erstmals in der Form *quadernería* in der copla 2 des *Libro de Alexandre* auf. Der *Libro de Apolonio* bezeichnet sie als *nueva maestría*. Nach D. C. Clarke ist sie die erste Strophenform, die „*with conscious adherence to set pattern*" in Kastilien verwendet wurde.[91]

Ihre von der älteren Forschung teilweise vorsichtig vermutete,[92] teil-

---

[89] *Métrica*, S. 450.

[90] Durch Zerlegung des Langverses kann die 5-zeilige Strophe entstehen.

[91] D. C. Clarke, *Sketch*, S. 279ff.

[92] Milá y Fontanals, *De la poesía heróico-popular*, Barcelona 1874, S. 465. — A. Morel-Fatio, *Recherches sur le texte et les sources du Libro de Alexandre*. *Romania IV* (1875), S. 53.

weise abgelehnte[93] Herkunft aus der französischen und provenzalischen Dichtung erscheint, besonders seit Menéndez Pidal[94], kaum mehr zweifelhaft. Zu ihrer Stützung lassen sich folgende Tatsachen anführen:

1. Die typische, einreimige Verbindung von 4 Alexandrinern gibt es vor der *cuaderna vía* nur in Frankreich und in der Provence, nicht aber in der mittellateinischen Dichtung, die diese Strophenform nur als Kombination von 12-Silbern kennt.[95]
2. Der in Rede stehende Strophentyp ist in Frankreich seit Ende des 12. Jahrhunderts häufig genug um eine Wirkung auf Spanien ausüben zu können.[96]
3. Wie später im *mester de clerecía*, so wird dieser Strophentyp auch in Frankreich in ernster, moralischer oder hagiographischer Dichtung verwendet.
4. Die nachgewiesene inhaltliche Abhängigkeit verschiedener Dichtungen des *mester de clerecía* von französischen Vorbildern legt die Vermutung nahe, daß mit den thematischen Anregungen auch solche formaler Natur übernommen wurden.
5. Die verhältnismäßig kurze Lebensdauer der *cuaderna vía*, ihre Bindung an die sogenannte gelehrte Dichtung und ihr spurloses Verschwinden seit Anbruch des 15. Jahrhunderts können ebenfalls als Indizien für ihre ausländische Herkunft gelten.

Die *cuaderna vía* ist die hauptsächliche und typische Strophenform des *mester de clerecía* im 13. und 14. Jahrhundert. In ihr sind — neben den Werken Berceos, der sie berühmt gemacht hat — abgefaßt: der *Libro de Alexandre*, der *Libro de Apolonio*, die *Vida de San Ildefonso*, das *Poema de Fernán González*, der IV. Teil der *Historia troyana polimétrica* (ed. R. Menéndez Pidal), zum größten Teil der *Libro de buen amor* des Arcipreste de Hita, schließlich am Ende des 14. Jahrhunderts der *Rimado de Palacio* des Pero López de Ayala und der *Libro de la miseria del hombre.*[97]

Nach dieser Blütezeit kommt sie aber mit dem Ende des 14. Jahrhunderts rasch und vollständig außer Mode. Von den Sammlungen des

[93] A. Restori, *Osservazioni sul metro ... del Poema del Cid*, Propugnatore XX, 1. Halbband (1887), S. 125 und S. 130. — Menéndez Pelayo, *Ant.* I, S. 158–161.

[94] *Poesía juglaresca y juglares*, Madrid 1924, S. 353–355.

[95] Vgl. die bei Menéndez Pelayo a.a.O. abgedruckten Beispiele.

[96] Stellennachweise bei Menéndez Pidal, a.a.O. S. 354, Anm. 1. — Vgl. ferner G. Naetebus, *Die nicht-lyrischen Strophenformen des Altfranzösischen.* Leipzig 1891, S. 56f. und Suchier, *Verslehre* S. 181.

[97] Mit Ausnahme der *Historia troyana* und des *Libro de la miseria* sind alle angeführten Texte in BAE LVII vereint.

15. Jahrhunderts zeigt lediglich der Cancionero de Baena unter der Nummer 518b einige wenige Strophen in der *cuaderna vía*. Sie gehören aber noch dem vergangenen Jahrhundert an, denn sie sind nichts anderes als die coplas 1291—1296 und 1298 aus dem *Rimado de Palacio* Ayalas.[98] Ihre Funktion in der ernsten und ‚gelehrten' Dichtung übernahm die *copla de arte mayor*.

Erst der Modernismus hat die *cuaderna vía* ihrer rund 500 Jahre dauernden, völligen Vergessenheit entrissen und sie — besonders in Lateinamerika — neu belebt. Die Anregung dazu ging wohl aus von dem Argentinier Ricardo Jaimes Freyre (1870—1933), dem Theoretiker des Modernismus und Mitbegründer der *Revista de America*. Seinem Beispiel folgten die Mexikaner González Martínez (1871—1952) *(A una estrella ignorada)* und Alfonso Reyes (in Teilen seines *Cuento alemán);* ferner der nach Argentinien ausgewanderte Pérez de Ayala *(La paz del sendero)* u. a. Aus der unmittelbar gegenwärtigen Dichtung des spanischen Mutterlandes sind hier die *Tetrástrofos a nuestro señor Santiago* von Dictinio del Castillo Elejabeytia zu nennen.

Literatur: *Ant.*, I, S. 155—161. — R. Menéndez Pidal, *Poesía juglaresca y juglares*. Madrid 1924, S. 353ff. — Zu den Versproblemen der cuaderna vía, s. u. Alexandriner.

Das cuarteto

In weiterem Sinne ist *cuarteto* die Gemeinbezeichnung für jedweden 4-Zeiler aus Langversen. Im besonderen aber versteht man darunter den 4-Zeiler aus 11-Silbern. Unter den zahlreichen Varianten, die durch Reimart *(llano, agudo*, Assonanz, *versos sueltos* an bestimmten Stellen usw.), durch zwei Arten der Reimanordnung sowie durch verschiedenartige Untermischung mit 7-Silbern zustandekommen, sind — auch in historischer Sicht — zwei Grundtypen als Ausgangsformen hervorzuheben. Es sind dies:

1. Der vollreimende isometrische 4-Zeiler aus 11-Silbern mit den Reimfolgen ABAB und ABBA bzw. — als *estrofa aguda* gebaut — AÉAÉ. Eine erstmals von Rengifo (1592) vorgenommene Unterscheidung nach *cuartete* (ABBA) und *serventesio* (ABAB), die auch von modernen Metrikern gelegentlich übernommen wurde, hat sich nicht allgemein durchgesetzt.

Beispiel: Schema:

Ya Mitata no existe: derrocadas	A
Sus casas, templos y su muro hermoso,	B
Sólo ruinas se ven, piedras gastadas,	A
Y un desierto extendido y pavoroso.	B

(Noroña, *Al desierto de Mitata)*

[98] Vgl. H. R. Lang, *Las Formas*, S. 509.

Un Pastorcico solo está penado, A
ajeno de placer y de contento, B
y en su pastora puesto el pensamiento, B
y el pecho del amor muy lastimado. A

(San Juan de la Cruz)

2. Der metabolische 4-Zeiler aus 11- und 7-Silbern in freier Anordnung, den man in der modernen Metrik als *cuarteto-lira* bezeichnet. Zu ihm gehören als Sonderformen die *estrofa sáfica* und die *estrofa de la Torre*. Da alle diese metabolischen Formen historisch zu der Gruppe der *canciones aliradas* gehören, werden sie im dortigen Zusammenhang besprochen.

Geschichtliches: Das selbständige[99] isometrische 11-Silber-Cuarteto verfügt erst seit dem letzten Viertel des 18. Jahrhunderts über eine zusammenhängende Geschichte. Vorher beschränkt sich seine Verwendung auf vereinzelte Fälle, von denen jeder für sich eine Erklärung des Ursprungs- und Herkunftsproblems erfordert. Wohl erstmals ist es bei Fray Luís de León belegt, der es in seinem Gesamtwerk zweimal verwendet, nämlich als isolierten 4-Zeiler im *Epitafio al túmulo del príncipe don Carlos*[100] und strophisch in der Übertragung des Psalmes *Coeli enarrant*[101]. Naheliegend scheint es, hier an eine Übernahme aus Italien zu denken, das ja nicht nur mit der Nachahmung antiker Dichtungsformen, sondern auch mit poetischen Psalmenübertragungen vorangegangen war und über einen 4-Zeiler aus 11-Silbern verfügte, der als eine der verschiedenen Ausformungen des altprov. Sirventes zu gelten hat *(serventesio tetrastico)*. Doch ist eine solche Annahme nicht zwingend, denn einerseits war dieser 4-Zeilertyp im damaligen Italien bedeutungslos (und wurde daher auch von Boscán und Garcilaso nicht übernommen), andererseits waren gerade in der Übersetzungsliteratur der Spanier dieser Epoche die Strophen-Experimente so systematisch und zahlreich, daß besonders eine so einfache Form wie das isometrische Cuarteto unabhängig von Italien neu erfunden werden konnte.[102] Luís de León hat diesem Versuch keine Folgen gegeben, indem er seine sonstigen Psalmenübertragungen in *lira*-Formen bzw. in danteschen Terzinen abfaßte. — Anonym sind die als *Redondillas* betitelten vier (profanen) Cuartetos von der Bauart ABBA ACCA ADDA AEEA, die die unmittelbare Quelle

[99] Die Fälle, in denen das *cuarteto* lediglich Bauelement ist, wie im Sonett, am Ende der Terzinenreihe usw., bleiben hier außer Betracht.

[100] BAE XXXVII, S. 17.

[101] ibid., S. 48.

[102] Einen Einblick in die Bemühungen und Methoden der Nachbildung antiker Formen im späten 16. Jahrhundert in Spanien gewährt Dámaso Alonso, *Vida y obra de Medrano*, Madrid 1948, I, S. 237ff.

bilden, für die von San Juan de la Cruz um eine Strophe erweiterte, sonst aber in völlig gleicher Bauart abgefaßte *a-lo-divino*-Dichtung *Un Pastorcico solo está penado.*[103] Das in der jeweils 1. und 4. Zeile aller Strophen gleichbleibende Reimelement und die damit bewirkte Strophenverknüpfung lassen — trotz der Versart — wohl weniger an Italien als an die provenzalisch geprägte Cancionero-Tradition denken. — 1632 veröffentlicht, aber wohl erheblich früher entstanden sind endlich die fünf in *endecasílabos falecios* abgefaßten alternierenden Cuartetos des *Coro de venganza*, der den Abschluß des vierten Aktes in Lopes *La Dorotea* bildet.

Nach diesem letzten, wohl nach Italien weisenden Zeugnis verliert sich die Spur der Cuartetos bis sie in den *Poesías asiáticas* des Conde de Noroña (1760—1815) wieder und erstmals in bedeutendem Umfang auftreten. In der seiner Sammlung vorangestellten *Advertencia*[104] teilt der Dichter mit, daß er bei der Übertragung anfangs den *verso suelto* verwendet, dann aber auf fremden Wunsch zum Reim bzw. zur Assonanz gegriffen habe. Zur Wahl der Strophenformen äußert er sich nicht. Es ist schwer zu sagen, inwieweit ihn dabei die orientalischen Originalformen, ihre englische Wiedergabe, nach der er gearbeitet hat, und die 4-zeilige alternierende Alexandrinerstrophe Frankreichs beeinflußt haben. Am wenigsten wahrscheinlich ist ein Rückgriff auf die sehr schwache einheimische Tradition dieser Form. Mit dem Aufschwung des Cuartetos, zu dem außer Noroña unter anderen Arriaza, Lista, Martínez de la Rosa und A. Bello beitragen, stellen sich (neben der bei weitem vorherrschenden Form ABAB und der mit Abstand folgenden Variante ABBA) auch bald die meisten für die Folgezeit wichtigen Neuerungen ein. So bietet Noroña selbst das vermutlich früheste Beispiel für den nach Romanzenart nur in den Zeilen gerader Zahl und mit gleichbleibendem Gleichklang assonierenden Cuarteto-Typ *(cuarteto arromanzado);*[105] Martínez de la Rosa läßt die Verse 1 und 3 reimlos und bindet die Verse 2 und 4 durch Vollreim in seinem *Himno epitalámico.* Arriaza führt den *agudo*-Reim in den Zeilen gerader Zahl ein (AÉAÉ),[106] was an das regelmäßige Alternieren dieser beiden Versausgänge im Französischen erinnert.

In der Romantik erreicht das 11-Silber-Cuarteto den Höhepunkt seiner Verbreitung. Thematisch nicht an bestimmte Gattungen gebunden, steht es in dieser Epoche (wohl unter französischem Einfluß) an der

---

[103] Beide Texte (mit kurzem Kommentar) abgedruckt bei Manuel Blecua, *Notas sobre poemas del siglo XVI.* RFE XXXIII (1949), S. 379.

[104] BAE LXIII, S. 470f.

[105] Z. B. *Al sepulcro de Zayde.* BAE LXIII, S. 472.

[106] *El propósito inútil* (mit gleichbleibendem agudo-Reim); *El ciprés* (mit wechselnden Reimen). BAE LXVII, S. 49 und 81.

Spitze aller lyrischen Strophenformen. Der Typ ABAB überwiegt weiterhin gegenüber ABBA. Unter den weiteren Varianten ist die *agudo*-Form (AÉAÉ) bei Espronceda und seinen Zeitgenossen besonders beliebt.

In der modernistischen Dichtung kann sich das Cuarteto, wenngleich nicht mehr als häufigste, so doch als eine der führenden Strophenformen behaupten. Berühmtheit erlangten Díaz Miróns Cuartetos (ABAB) *A Gloria*, die Rubén Darío in *Tu cuarteto es cuádriga de águilas bravas* besungen hat.[106a] Stärker als in der Romantik tritt, besonders bei González Martínez, A. Nervo und Gabriela Mistral, die Variante ABBA in Erscheinung, ohne aber die Vorherrschaft des Typs ABAB zu brechen. Die *agudo*-Variante kommt fast ganz außer Gebrauch, hingegen ist das *cuarteto arromanzado* ziemlich häufig.

Auch in der zeitgenössischen Dichtung zählt das Cuarteto — meist in der Form ABAB — zu den gebräuchlichen Strophenarten.

Der 5-Zeiler

Die Quintilla

Mit *Quintilla* bezeichnet man den vollreimenden 5-Zeiler aus 8-Silbern. In ihrer selbständigen und endgültigen Form, die sie um die Wende des 15. zum 16. Jahrhundert erlangt, läuft sie stets auf zwei Reimen, die so angeordnet sein müssen, daß 1. nie mehr als zwei gleiche Reimelemente unmittelbar zusammentreffen, 2. am Strophenende der Paarreim vermieden wird,[107] 3. kein Vers ohne Reimentsprechung bleibt. Von den auf Grund dieser Regel möglichen Kombinationen haben sich als gebräuchlich die folgenden vier durchgesetzt:

1. ababa　　3. abaab
2. abbab　　4. aabba

Diese Typen werden je nach Epochen und Dichtern mit wechselnder Vorliebe für das eine oder andere Schema in längeren Quintilla-Dichtungen entweder einheitlich oder vermischt verwendet, worauf im geschichtlichen Abschnitt hinzuweisen ist.

Beispiel:　　Schema:

Madrid, castillo famoso　a
que al rey moro alivia el miedo,　b
arde en fiestas en su coso　a
por ser natal dichoso　a
de Alimenón de Toledo.　b

(N. F. de Moratín, *Fiesta de toros en Madrid)*

[106a] Vgl. A. Coester, *Díaz Mirón's famous quatrain*. Hisp. XI (1928), S. 320–322.

[107] Als Bestandteil (Basis) einer längeren Strophe ist der 5-Zeiler jedoch nicht an diese Regeln gebunden.

An bestimmte Inhalte ist die Quintilla nicht gebunden. Ähnlich wie die nahe verwandte Redondilla findet sie in der lyrischen und erzählenden, besonders aber in der dramatischen Dichtung, hier vor allem in lyrischen und erzählenden Partien, Verwendung.

Geschichtliches: Der Name *quintilla* ist erstmals in den *Tablas poéticas* (1617) des Cascales belegt. Die erste ausführliche Beschreibung von ihr bietet unter der Bezeichnung *redondilla de cinco versos* oder auch einfach *redondilla* García Rengifo in seiner *Arte poética española* (1592), Kap. XXII.

Bezüglich der Herkunft nimmt man an, daß die Quintilla im 15. Jahrhundert durch Halbierung des 9- und 10-Zeilers der Gliederung 4+5 und 5+5 (*copla real*, s. d.) entstanden ist. Dieser Vorgang wurde ausgelöst oder wenigstens begünstigt durch die Rolle des 5-Zeilers als Thema oder *Finida* in der *canción trovadoresca* (s. d.). Hier konnte sich das Bewußtsein vom 5-Zeiler als einer in sich geschlossenen Strophenform organisch entwickeln. In einer ersten Phase prägten sich an den genannten Stellen der *canción* sowie in den 9- und 10-Zeilern allmählich feste Reimschemen aus, die später in der selbständigen Quintilla wiederkehren werden. Ein entscheidender Schritt in Richtung auf die Verselbständigung der Quintilla vollzog sich um die Mitte des 15. Jahrhunderts, als in die *copla real* (5—5) ein viertes Reimelement eingeführt wurde. Damit entfiel die Notwendigkeit einer Reimbindung zwischen der ersten und der zweiten Strophenhälfte, denn jede von ihnen konnte nunmehr unabhängig von der anderen auf zwei eigenen Reimen laufen. Legte man nun noch einen Sinneinschnitt an das Ende der 5. Zeile, so präsentierte sich dieser Typ der *copla real* als ein doppelter 5-Zeiler.

Die ganz vereinzelten Beispiele für den 5-Zeiler als Strophenform, die sich in den galizisch-portugiesischen Cancioneiros vor dem 14. Jahrhundert finden,[108] dürften für die Entwicklung der Quintilla in Kastilien ohne Einfluß gewesen sein. Im Hinblick auf ihre Rolle in der *copla real* und angesichts ihrer späteren Bedeutung als selbständige Strophe in der kastilischen Dichtung hält D. C. Clarke die Quintilla für ein „*producto entera y genuinamente castellano*“[109]. Dies dürfte besonders für die den beiden Redondilla-Typen nächststehenden Quintilla-Formen abab+a und abba+b gelten. Für den Typ abaab hingegen, der nicht als Redondilla-Typ, sondern als defektiver 6-Zeiler ([a]ab aab) erscheint, macht P. Le Gentil franz. Herkunft wahrscheinlich.[110] In der Tat ist das Schema abaab seit der Mitte des 15. Jahrhunderts die bevorzugte Form des *quintil* in Frankreich. Ihre Wiederbelebung durch Lamartine, Hugo, Baudelaire

[108] Nachweise bei Le Gentil, *Les Formes*, S. 26, Anm. 47.

[109] D. C. Clarke, *Sobre la quintilla.* RFE XX (1933), S. 288–295.

[110] *Les Formes*, S. 76–78; s. auch unten S. 217 f.

u. a. mag der Grund für die Vorliebe der spanischen Romantik und des Modernismus gerade für diesen Typ sein.

Die wohl ersten Zeugnisse für die Verwendung der Quintilla als selbständiger Strophenform finden sich im *Cancionero* (1496) des Juan del Encina, z. B. in der 3. Ekloge[111]. Das 16. Jahrhundert zeigt sie in ihrem Aufschwung. Hurtado de Mendoza, Lope de Rueda, Castillejo, Torres Naharro u. a. bieten dafür reichliche Beispiele. Im besonderen verbindet sich aber ihre Geschichte mit der dramatischen Dichtung. In der ersten Periode des individuellen Schauspiels, die durch Gómez Manrique († um 1490) eingeleitet wird und bis etwa 1530 reicht, sind es im wesentlichen nur Gil Vicente und Sánchez de Badajoz, die die Quintilla in bedeutendem Umfang pflegen. Der letztere hat drei Stücke vollständig in dieser Strophenform geschrieben. In seiner *Farsa de la Salutación* verteilt er nach dem Vorbild des Gómez Manrique (*Representación del Nascimiento)* die Strophenformen nach stilistischen Gesichtspunkten, indem er Maria und die Engel in Quintillen, die Hirten hingegen in Redondillen sprechen läßt. Dieser Kunstgriff fand auch noch im Siglo de oro verschiedentliche, wenn auch nicht konsequente Nachahmung. Von 1530 an nimmt die Verbreitung der Quintilla allmählich zu[112] und erreicht ihren Höhepunkt gegen Ausgang des Jahrhunderts. Bis 1600 steht sie z. B. bei Lope de Vega hinsichtlich ihrer Häufigkeit unmittelbar hinter der Redondilla.

Durch das Vordringen der Romanze und der *décima espinela* erleidet sie zwar seit Beginn des 17. Jahrhunderts einige Einbuße im prozentualen Anteil an den Strophenformen des Theaters, bleibt aber mit später fallender Tendenz und stets in einem gewissen Abstand zur Redondilla eine der beliebtesten Strophenformen der dramatischen Dichtung des Siglo de oro.

Während bis gegen die Mitte des 16. Jahrhunderts in den Quintilla-Reihen die unvermischte Verwendung der einzelnen Typen üblich war — in der Reihenfolge ihrer Häufigkeit waren es die Varianten abaab, abbab, ababa — wird von etwa 1570 an die Mischung der Typen innerhalb der gleichen Quintilla-Dichtung zur Regel. Dabei trat im Siglo de oro der Typ abaab zugunsten der den Redondillen näherstehenden Varianten ababa und abbab zurück.

Im Neoklassizismus teilt die Quintilla das Schicksal der Redondilla, mit der sie stets eng verbunden war. Wie diese wäre sie trotz ihrer gelegentlichen Verwendung durch Villarroel, Arriaza und Lista zu völliger Bedeutungslosigkeit abgesunken, wenn ihr nicht N. F. de Moratín in den 72 Quintillen seiner berühmten *Fiesta de toros en Madrid* ein ein-

---

[111] *Ant.* V., S. 281.

[112] Vgl. dazu im einzelnen Morley, *Strophes* ... S. 513–518.

drucksvolles Denkmal gesetzt hätte. Moratín mischt die Typen ababa und abaab. Für die Varianten abbab und aabab bietet er jeweils nur ein Beispiel in den Strophen 51 bzw. 53.

Mit der Redondilla kehrt die Quintilla im Theater, in den Leyendas und in der Lyrik der Romantik wieder. So z. B. bei Zorilla *(El zapatero y el rey)*, García Gutiérrez *(El trovador)*, Avellaneda *(Recaredo)*, Bretón de los Herreros *(Marcela o al cuál de los tres)*. In der lyrischen Dichtung ist sie sogar häufiger als die Redondilla (Duque de Rivas, Bermúdez de Castro, Espronceda, Avellaneda, Echeverría).

Bis zu Daríos *Prosas profanas* (1896) war die Quintilla eine beliebte Strophenform der modernistischen Lyrik Lateinamerikas, geriet dann aber in Vergessenheit. Der Typ abaab war, wie schon bei Zorilla und wie auch im französischen 19. Jahrhundert, die bevorzugte Variante.

Literatur: D. C. Clarke, *Sobre la quintilla.* RFE XX (1933), S. 288–295. — Le Gentil, *Les Formes*, S. 26–28 und S. 76–78. — H. W. Hilborn, *Calderón's quintillas.* HR XVI (1948), S. 301–310.

Das Quinteto

Das *Quinteto* ist ein 5-Zeiler aus Langversen (meist 11-Silbern), der in seiner endgültigen Form hinsichtlich der Reimanordnung den für die Quintilla (s. d.) gültigen Regeln folgt. Bei metabolischer Gestaltung muß er von der *lira garcilasiana* verschieden sein, was gewöhnlich dadurch geschieht, daß auf vier 11-Silber ein abschließender 7-Silber folgt. Nicht selten wird es auch als *agudo*-Strophe gebaut, dann meist in der Form AÉAAÉ.

Beispiel:	Schema:
Hundía el sol su disco refulgente	A
tras la llanura azul del mar tranquilo,	B
dando sitio a la noche, que imprudente	A
presta con sus tinieblas igualmente	A
al crimen manto y al dolor asilo.	B

(José Zorilla, *Margarita la Tornera*)

Geschichtliches: Das isometrische Quinteto ist eine relativ junge und wenig gebrauchte Strophenform. Erstmals findet es sich in dem Gedicht *A mi caballo* von J. M. Heredia (1803—1839). Die dort verwendeten 11-Silber sowie das Reimschema ABCDD (mit dem für die italienische Stanza typischen Reimpaar am Strophenende) lassen es als eine verkürzte Ableitung aus der *octava real* bzw. der *sexta rima* erscheinen. — Um etwa fünfzig Jahre älter und weitaus häufiger ist der oben erwähnte metabolische Quinteto-Typ, gewöhnlich mit dem Reimschema ABBAb. Er wurde z. B. verschiedentlich von Iglesias de la Casa in den

Idilios[113] und in der *Oda* IV[114], von Cadalso in *A un héroe*[115] und von Meléndez Valdés in den *Odas* IV u. VIII[116] gebraucht und auch später noch (z. B. von Querol in *En Nochebuena)* verwendet.

Seine relativ größte Bedeutung erlangte das isometrische Quinteto, nunmehr reimtechnisch als Langvers-Variante zur Quintilla aufgefaßt und häufig als *estrofa aguda* gebaut, in der Romantik, wofür etwa Zorilla (z. B. verschiedentlich in *María*), Nuñez de Arce, der Duque de Rivas, Campoamor und eine Reihe südamerikanischer Dichter Beispiele bieten. Neben dem üblichen 11-Silber verwendete Zorilla auch den Alexandriner (z. B. *El cantar del romero*). Hierin fand er im Modernismus, der das Quinteto seltener benutzte als die Romantik, Nachfolge durch G. Valencia *(La tristeza de Goethe)* und González Martinéz (z. B. in *Lazo eterno)*.— A. Nervo, Santos Chocano und Valle Inclán schrieben Quintetos in 9-Silbern.

Die Lira garcilasiana

Nach Herkunft und Geschichte gehört das so bezeichnete metabolische Quinteto in die Gruppe der *canciones aliradas* und wird dort (S. 273 ff.) besprochen.

Der 6-Zeiler

Der 6-Zeiler erscheint in der spanischen Dichtung von der *Historia troyana* (um 1270) bis heute in vielfältigen Typen. Doch nur wenige von ihnen haben — meist auf bestimmte Epochen oder einzelne Dichter beschränkt — größere Bedeutung erlangt.

Formen der *Sextilla*

Ähnlich wie der 3-, 4- und 5-Zeiler, so hat sich auch der 6-Zeiler im Mittelalter nur in sehr geringem Umfang zu strophischer Selbständigkeit entwickelt. Auch in der mittelalterlichen *Canción* tritt er nur ausnahmsweise auf. Da kein Typ in eindeutiger Weise die Führung an sich zu ziehen vermochte, ist die Zahl der Varianten, die sich jeweils auf nur wenige Einzelbezeugungen stützen, groß. Als gemeinsames Merkmal des mittelalterlichen 6-Zeilers ist die einheitliche Verwendung von Kurzversen (meist 8-Silbern, aber auch kürzeren) hervorzuheben, weshalb man ihm in Analogie zu anderen Strophenformen der 8-Silberdichtung wie *redondilla* und *quintilla* die Gemeinbezeichnung *sextilla* gibt. Er wird so auch terminologisch abgegrenzt gegenüber den später neu hin-

[113] BAE LXI, S. 464ff.

[114] ibid., S. 468.

[115] ibid., S. 251.

[116] BAE LXIII, S. 184 und 186.

zukommenden Typen, die gewöhnlich italienische Versarten (11-Silber bzw. 11- und 7-Silber) verwenden und die sehr uneinheitlich bald als *sextinas, sestinas, sixtinas, sextetos* oder *sextas* bezeichnet werden. Der Bau der Sextilla kann isometrisch oder metabolisch sein, wobei letzteres jedoch überwiegt. Von ihren einzelnen Varianten seien genannt:

1. Die 2- oder 3-reimige *sextilla paralela* aab aab oder aab ccb. Häufiger als die isometrische ist im ganzen die metabolische Form mit *quebrados* in den Versen 3 und 6. Die Zeugnisse ihrer sporadischen Verwendung reichen vom Ende des 13. Jahrhunderts bis in den Modernismus. Einige davon sollen hervorgehoben werden.

Den frühesten Beleg für die Sextilla überhaupt bilden die 25 isometrischen Strophen der Klage des Achilles über den Tod des Patroklus in der *Historia troyana.*[117] Ihr Schema ist aab ccb. Dieser isometrische Bau kehrt, soweit ich sehe, im Mittelalter nur noch in der Cantiga de loores *En ty es mi esperança — Virgen Santa María* (1685—1689) des Arcipreste wieder. Juan Ruiz beschränkt sich dabei auf zwei Reime (aab aab) und verwendet als Versart fluktuierende 6-Silber. Seinerseits bietet er in den *Gozos de Santa María* (34—43) einen bemerkenswerten ersten Beleg für die metabolische Sextilla (aa*b* aa*b*), deren *quebrados* er übrigens vorwiegend auf *palabra aguda* enden läßt. Für diese Zeit auffällig ist dabei die Stellung der *quebrados* am Ende der symmetrischen Tercetos.[118] Das genau gleiche, ebenfalls 2-reimige Schema findet sich sonst erst vi l später, so z. B. bei Diego Hurtado de Mendoza[119] und bei Francisco de Trillo y Figueroa (1615?—1665?)[120]. Dreireimig erscheint es z. B. in der *Letrilla XI* Góngoras[121]. In diesen späteren Zeugnissen bildet die Stellung der *quebrados* am Ende der 3-Zeiler kein Problem mehr, da sie seit dem Aufkommen der *estrofa manriqueña* um die Mitte des 15. Jahrhunderts allgemein üblich geworden war.

Die *sextilla paralela* kann im 3. und 6. Vers agudos haben *(sextilla aguda)*. Bei metabolischem Bau ist diese Variante schon alt.[122] Die *agudos* in der isometrischen Sextilla scheinen hingegen erst auf Sánchez Barbero zurückzugehen, der diese Form in einigen 6- bzw. 9-

[117] Poesía I, in R. Menéndez Pidal, *Historia troyana en prosa y verso*, RFE-Anejo XVIII, Madrid 1934, S. 52–57; auch in *Tres poetas primitivos*. Colección Austral 800, S. 112ff.

[118] Zur Rolle dieser Form in der Ursprungsfrage der *estrofa manriqueña*, s. d.

[119] BAE XXXII, S. 89 *(Sufro y callo)*.

[120] *Burlesco*, BAE XLII, S. 95.

[121] BAE XXXII, S. 493 (mit *estribillos:* Bien puede ser — No puede ser).

[122] Vgl. die obigen Beispiele von Juan Ruiz und Góngora.

Silberstrophen der *Venus de Melilla* (1816)[123] verwendet. Sie erlangt in der Romantik eine gewisse Beliebtheit.[124]

In italienische Versarten übertragen, kehren seit dem Neoklassizismus und der Romantik verschiedene Formen der alten *sextilla paralela* wieder (s. u.).

Die Herkunftsfrage ist angesichts des verhältnismäßig späten Auftretens der *sextilla paralela* in Spanien schwer zu entscheiden. Unmittelbare Übernahme aus der mittellateinischen Dichtung, wo diese Strophenform verbreitet war, ist möglich. Aber auch in der französischen, provenzalischen, galizisch-portugiesischen und italienischen Dichtung ist sie schon vor ihrem Auftauchen in Spanien belegbar.[125] Ihre Kompositionselemente zeigen — mit besonderer Deutlichkeit, wenn sie metabolisch gebaut sind — Verwandtschaft mit dem *rhythmus tripertitus caudatus* (Schweifreimstrophe) und reichen damit in die Anfänge der romanischen Strophenbildung zurück.[126] Da italienischer Einfluß von vorneherein ausscheiden dürfte und da die verbreitetste Form des 6-Zeilers in der galizisch-portugiesischen Dichtung sich in einen 4-Zeiler und in einen Refrain in Pareado-Form (abab bzw. abba + CC) gliederte,[127] bleibt französischer Einfluß wahrscheinlich.[128]

2. Die *sextilla alterna:* ababab. Sie gehörte wohl zum Formenbestand der Spielmannsdichtung und taucht vereinzelt auf beim Arcipreste in einem *Cantar de ciegos* (1710—1719) sowie in einer *Cantiga de gozos* (1642—1649; hier in 6-Silbern und mit einem zusätzlichen *quebrado* als 7. Vers). Später erscheint sie z. B. im Canc. Siglo XV, Nr. 425 (untermischt mit anderen Formen). Im 16. Jahrhundert ist sie bereits veraltet und praktisch verschwunden. — Auf ihr Schema griff A. Nervo (1870—1919) in den 11-Silber-Sextetos von *Éxtasis* (ABABAB) zurück, die freilich auch — vielleicht wahrscheinlicher — durch Weglassen des abschließenden Pareados aus der *octava real* gewonnen sein können.

---

[123] BAE LXIII, S. 584.

[124] Z. B. Echeverría, *La cautiva*, 7. Teil.

[125] Vgl. die Hinweise und Beispiele bei R. Menéndez Pidal, a. a. O. S. XII–XIV. — Systematischer und ausführlicher bei A. Jeanroy, *Les origines de la poésie lyrique en France au moyen-âge*. 3. Aufl. Paris 1925, S. 375–377.

[126] Vgl. A. Jeanroy, a. a. O. S. 364–377, wo die verschiedenen Ursprungshypothesen der Schweifreimstrophe *(strophe couée)* diskutiert werden (mit Literaturangaben). — S. auch E. Stengel, *Roman. Verslehre*, S. 79.

[127] Vgl. H. Spanke, *Beziehungen* . . . S. 132.

[128] Le Gentil, *Les Formes*, S. 29–31.

Die *sextilla alterna* kann aufgefaßt werden als Zerlegungsform des mittellateinischen einreimigen 3-Zeilers aus Langversen, doch haben auch hier die französischen Belege die Priorität gegenüber den spanischen.[129]

3. Die *sextilla correlativa:* abc abc, fast stets mit *quebrados* in den Versen 3 und 6. Sie spielt eine wichtige Rolle als Kompositionselement in der *estrofa manriqueña.* Aus dieser entwickelt sie sich gegen Ende des 15. Jahrhunderts zur Selbständigkeit. Einige frühe, z. T. umfangreiche Beispiele sind Canc. Siglo XV Nr. 858, 1080, 1121. Ihre weitere Geschichte ist im wesentlichen identisch mit der der *estrofa manriqueña* (s. d.), von der sie nicht immer klar zu trennen ist, da der genannte 12-Zeilertyp schon bald nach seinem Aufkommen als gedoppelte Sextilla aufgefaßt wurde, was die Auflösung in selbständige 6-Zeiler begünstigte. Schon im Siglo de oro wird die Erinnerung an die ursprüngliche Einheit der *estrofa manriqueña* oft nur noch dadurch aufrecht erhalten, daß der korrelative 6-Zeilertyp innerhalb einer Dichtung regelmäßig in einer durch 2 teilbaren Strophenanzahl verwendet wird.[130] Die Sextilla abc abc lebt als Form der *copla de pie quebrado* bis in den Modernismus fort. — Ihr Schema wird auch auf italianisierende Versarten angewendet.

4. Zu erwähnen bleibt endlich ein besonderer Typ der Sextilla, der die fast ausschließliche Strophenform des argentinischen Nationalepos *Martín Fierro* (1872—1879) von José Hernández bildet. Er ist unter Verwendung von 8-Silbern isometrisch gebaut. Der erste Vers bleibt ohne Reimentsprechung, während die übrigen nach dem im folgenden ersichtlichen Schema gewöhnlich reimen, bisweilen auch nur assonieren.

Aquí me pongo a cantar	a (suelto)
Al compás de la vigüela,	b
Que el hombre que lo desvela	b
Una pena estrordinaria,	c
Como la ave solitaria,	c
Con el cantar se consuela.	b

(Anfang des *Martín Fierro)*

José Hernández darf als Erfinder dieses Sextilla-Typs gelten, der — ohne den Charakter einer Nachahmung anzunehmen[131] — in allgemeiner Weise Ton und Stimmung der Gaucho-Dichtung verlebendigen soll.

---

[129] Vgl. Chatelain, *Recherches* ... S. 90.

[130] Vgl. z. B. Trillo y Figueroa, *En certamen poético.* BAE XLII, S. 93f.

[131] „*Por lo menos, no tiene antecedentes en la poesía gauchesca.*" José Hernández, *Martín Fierro, comentado y anotado por Eleuterio F. Tiscornia.* Buenos Aires 1951, S. 633.

Formen des *Sextetos*

Auch die 6-Zeiler in italienischen Versarten, auf deren Bezeichnungen wie *sexteto, sextina, sexta* usw. oben bereits hingewiesen wurde, präsentieren sich in zahlreichen Varianten von unterschiedlicher Bedeutung und Herkunft. Man kann diese Vielfalt in drei Gruppen einteilen:

A) metabolische 6-Zeiler aus 11- und 7-Silbern;

B) isometrische 6-Zeiler aus 11-Silbern;

C) *agudo*-6-Zeiler, die entweder isometrisch oder metabolisch gebaut sind.

Im Modernismus kommen alle Typen auch in anderen Versarten vor (s. u.).

A. Metabolische Typen

1. *Die lira-sestina*

In der Reihenfolge der Wichtigkeit nehmen die metabolischen Typen die erste Stelle ein. Unter ihnen ist bis zur Romantik die führende Variante die 6-zeilige Lira, auch *sexteto-lira* oder *lira-sestina* genannt. Ihrer Herkunft nach gehört sie in die Gruppe der *canciones aliradas* und wird daher im dortigen Zusammenhang (S. 276 ff.) besprochen.

2. Der *korrelative* 6-Zeiler: abC abC.

In zeitlicher Reihenfolge sind hier zunächst die korrelativen 6-Zeiler zu nennen, die San Juan de la Cruz unter der Bezeichnung *canciones* seinem Traktat *Llama de amor viva* vorangestellt hat.[132] Nach seinen eigenen Angaben gelangte er zu dieser Form dadurch, daß er den Aufgesang der Stanzen in Garcilasos 2. Canzone verselbständigte. San Juans Sextetos sind also Teile aus einer Canzonenstrophe. Letztlich gehen sie auf Petrarca zurück, dessen berühmte Canzone *Chiare fresche e dolci acque* (abC abC cdeeDfF) das metrische Vorbild für Garcilaso abgegeben hatte.[133]

3. Der *parallele* 6-Zeiler und die *sextina romántica* (AaB CcB)

Die meisten Neuerungen kommen aber im späten 18. und 19. Jahrhundert auf. Die wichtigste unter ihnen ist die Übertragung der alten *sextilla paralela* in italienische Versarten *(sexteto simétrico)*. Sie begegnet in verschiedenen Varianten: isometrisch AAB CCB, viel häufiger aber metabolisch AAb CCb[134] oder mit dem 7-Silber in der Mitte jeder Halbstrophe AaB CcB. Die letztere Variante hat ausgeprägten Eigencharakter erlangt. Erstmals benutzte sie Maury am Anfang von *El festín de Ale-*

[132] BAE XXVII, S. 217.

[133] S. unter *canción petrarquista*, S. 256.

[134] Z. B. Arriaza, *La tempestad y la guerra*, BAE LXVII, S. 66–67.

jandro.[135] Sie kehrt wieder bei Zorilla *(A un águila)*, bei Avellaneda *(El árbol de Guernica)* und wird bei Núñez de Arce *(La pesca, Idilio* u.a.*)* so populär und typisch, daß man sie nach ihm als *estrofa* oder *lira de Núñez de Arce* oder nach ihrer Hochblüte in der Romantik als *sextina romántica* bezeichnet hat. Daneben begegnen — allerdings meist nur vereinzelt — so ziemlich alle nur möglichen Varianten.[136]

Bis zu seinem fast völligen Verschwinden bald nach 1900 ist der 6-Zeiler bei den modernistischen Dichtern zunächst im ganzen zwar selten, aber sehr variiert, zumal nun in stärkerem Maße als dies ansatzweise schon in der Romantik geschehen war, auch weitere Versarten im Sexteto verwendet und beliebig gemischt werden. Das Sexteto hat damit den Höhepunkt seiner Variabilität erreicht. Neben zahlreichen neuen, kommen auch alle früheren Varianten vor. Das hier interessierende *sexteto simétrico* begegnet in isometrischer Form in *Medallones* von Julián del Casal und in *Venite, adoremus* von A. Nervo (AAB CCB), in der Gestalt der *sextina romántica* in dem Jugendgedicht Daríos *La nube de verano* (AaB CcB).

B. Isometrische Typen

Die isometrischen Sexteto-Typen vermochten sich zu keiner Zeit gegen die metabolischen Formen durchzusetzen. Sie begegnen sehr selten in fast allen Strukturtypen des 6-Zeilers, soweit sie nicht — wie im Falle der *lira-sestina* — durch Definition ausgeschlossen sind. Auf einige einschlägige Beispiele wurde bereits oben verwiesen. Andere ließen sich hinzufügen, ohne das Gesamtbild zu verändern.

Die *sexta rima (sextina real)*

Doch gibt es immerhin einen Typ, zu dessen Wesen wenigstens ursprünglich der isometrische Bau gehört, wenngleich auch er unter dem Einfluß der vorherrschenden metabolischen Formen nicht selten einzelne 7-Silber unter seine 11-Silber mischt. Es ist die Nachbildung der in Italien verbreiteten *sestina narrativa.* Sie wurde im Siglo de oro unter den Namen *sexta rima* oder *sextina real*[137] — vielleicht von Pedro Venegas de Saavedra *(Remedios de amor)* oder von Quevedo — in Spanien eingeführt. Ihr klassisches Paradigma ist ABABCC, d. h. auf vier im Reim alternierende 11-Silber folgt ein 11-Silber-Pareado mit neuem Reimelement. Die Strophe erscheint damit als eine um die beiden Anfangsverse verkürzte *octava real.*

---

[135] BAE LXVII, S. 173.

[136] Vgl. D. C. Clarke, *Sketch,* S. 305.

[137] In Anlehnung an die nahe verwandte *octava real.*

Das umfangreichste Zeugnis für ihre Verwendung im Siglo de oro sind die 80 Strophen der *Nenia* von Manuel de Fara y Sousa.[138] Etwas häufiger ist die *sexta rima* im Neoklassizismus, wo sie z. B. bei N. F. de Moratín in dem Lehrgedicht *Antigüedad, origen y excelencias de la caza*[139] und in Iriartes Fábula *La rana y la gallina* erscheint. Mit eingeschlossenen Reimen im 4-Zeiler (ABBACC) begegnet sie im *Epitalamio real* von Arriaza.[140] In der Romantik greifen der Duque de Rivas in *La azucena milagrosa*[141] und Zorilla in Teilen seiner Leyenda *El caballero de la buena memoria* auf die ursprüngliche Form zurück, während Avellaneda, Pesado, Núñez de Arce u. a. sich verschiedener Varianten bedienen. Der Modernismus scheint trotz der Vielzahl seiner 6-Zeiler-Typen keine Beispiele für die *sexta rima zu* bieten.

Gerardo Diego ließ in seiner zur Dreihundert-Jahrfeier Góngoras entstandenen *Fábula de Eqis y Zeda*[142] die reine Form der *sexta rima* wieder aufleben, desgleichen Rafael Alberti — ebenfalls thematisch begründbar — in zwei Gedichten auf die Kunst Zurbaráns und Tizians in seinem Buch *A la pintura* (1945 u. 1948).[143]

C. Das sexteto agudo

Das *sexteto agudo* gliedert sich fast ausnahmslos in zwei Halbstrophen deren jede auf einen *verso agudo* endet. Es kann isometrisch oder metabolisch gebaut sein, z. B. ABÉ ABÉ, AaÉ AaÉ usw.

Neben den traditionellen 11- und 7-Silbern werden, besonders im Modernismus, auch andere Versarten (Alexandriner, 12-, 10-, 9-, 6- und 5-Silber) verwendet.

Wohl unter dem Einfluß der *estrofa aguda* entstanden, die im Zuge der Metastasio-Nachahmungen seit der Mitte des 18. Jahrhunderts beliebt wurde,[144] spielt das *sexteto agudo* in der Romantik eine bescheidene Rolle[145] und kommt unter Verwendung verschiedenster Versarten erst im früheren Modernismus vorübergehend in Mode.[146]

---

[138] Abgedruckt in RHI XXXV (1915), S. 27–43.

[139] BAE II, S. 49f.

[140] BAE, LXVII, S. 70–71.

[141] BAE C, S. 451f.

[142] Abgedr. in *Poemas adrede*, Colección Adonais, Madrid 1943.

[143] Form und Struktur dieser beiden Gedichte werden interpretiert bei D. Alonso, *Estudios y ensayos gongorinos*, Madrid 1955, S. 163–165.

[144] Siehe unter *octavilla aguda* und vgl. die dort angegebene Literatur.

[145] Beispiele bieten etwa Arolas in *El ángel del Señor*, Echeverría in *La cautiva*, *El ángel caído*, Mármol in *El canto del peregrino*, Zorilla in *Un testigo de bronce* und *La leyenda de Al-Hamar* (in Alexandrinern).

[146] Gutiérrez Nájera, Darío, Díaz Mirón, Unamuno, Salvador Rueda u. a.

Literatur: A. Jeanroy, *Les origines de la poésie lyrique en France au moyen âge*. 3. Aufl. Paris 1925, S. 364–377. — Le Gentil, *Les Formes*, S. 29–31 *(Le sixain)*. — R. Menéndez Pidal, *Historia troyana en prosa y verso*. RFE-Anejo XVIII, Madrid 1934, S. XII–XIV. — D. C. Clarke, *Sketch*, S. 305 und 364. — T. Navarro, *Métrica*, im *Indice de estrofas*.

Der 8-Zeiler

Die copla de arte mayor

In ihrer Normalform ist die *copla de arte mayor* ein vollreimender 8-Zeiler, der als Versart den *verso de arte mayor* verwendet. Zur Abgrenzung gegenüber 7-, 9- und 10-zeiligen Varianten wird sie *antigua octava castellana* und *octava de arte mayor*, nach ihrem größten Meister auch *octava* oder *copla de Juan de Mena* genannt. Gewöhnlich auf drei, selten auf zwei Reimen laufend, gliedert sie sich formal in zwei Cuartetos, die entweder beide die gleiche Reimanordnung aufweisen oder zwei verschiedene Reimfolgen kombinieren. Charakteristisch ist die Reimbindung zwischen dem 4. und 5. Vers, durch welche die beiden Strophenteile eng verknüpft werden. Die gebräuchlichsten Reimschemen sind:

1. ABBA ACCA
2. ABAB BCCB

Alle übrigen Varianten folgen in weitem Abstand und sind oft nur auf Einzelfälle beschränkt.

Beispiel:	Schema:
Tus casos falaces, Fortuna, cantamos.	A
Estados de gentes que giras y trocas,	B
Tus grandes discordias, tus firmezas pocas,	B
E los que en tu rueda quexosos fallamos,	A
Fasta que al tiempo de agora vengamos;	A
De fechos passados cobdiçia mi pluma	C
E de los presentes, fazer breve suma:	C
Dé fin Apolo, pues nós començamos.	A

(Juan de Mena, *El Laberinto)*

In Übereinstimmung mit der zugrundeliegenden Versart hat die *copla de arte mayor* einen betont feierlichen und ernsten Charakter. Sie ist die typische Form für die erzählende, didaktisch-moralische und allegorisch-meditative Kunstdichtung des späten und ausgehenden Mittelalters.

Geschichtliches: Während Menéndez Pelayo in der Ursprungsfrage der *copla de arte mayor* nur undurchdringliches Dunkel festzustellen vermochte,[147] so daß er sich schließlich veranlaßt sah, diese Form als

[147] „*Todo es oscuro en la historia de esta forma rítmica: el origen del metro mismo, el de la estrofa, y el tiempo de su introducción en Castilla.*" *Ant.* I, S. 419.

eine selbständige Erfindung der kastilischen Dichter des ausgehenden 14. Jahrhunderts zu betrachten,[148] liegt heute, dank den Forschungen von D. C. Clarke[149] die Herkunft dieser Strophenform — wenigstens in ihren wesentlichen Zügen — fest. Ihre unmittelbaren Vorbilder und Vorgänger hat sie in der galizisch-portugiesischen Dichtung. In den Cancioneiros (Vaticana, Colocci-Brancuti) begegnet sehr häufig ein 7-Zeiler-Typ (meist aus 11-Silbern), dessen Reimschema ABBA CCA eine sehr enge Verwandtschaft mit der häufigsten Variante der *copla de arte mayor* (ABBA ACCA) erkennen läßt. Julyão Bolseyra[150] vollends bietet ein sowohl rhythmisch wie reimtechnisch voll ausgeprägtes Beispiel für die *copla de arte mayor* des zweiten Typs (ABAB BCCB). In den ältesten kastilischen Zeugnissen für diese Strophenart, im *Deytado sobre el cisma de Occidente*[151] des Canciller Pedro López de Ayala (1332—1407) kehrt sie als führende, in der wohl etwas jüngeren anonymen *Danza de la muerte*[152] als ausschließliche Form der *copla de arte mayor* wieder.

Was die galizisch-portugiesischen 7- und 8-Zeiler des angeführten Typs selbst betrifft, so ist es zwar nicht zweifelhaft, daß sie letztlich provenzalischen Ursprungs sind, doch legt vor allem ihre auffällige Beschränkung auf nur drei Reime den Gedanken an nordfranzösischen Einfluß nahe. Gewiß, auch die provenzalischen Troubadours kannten die Drei-Reimigkeit in den 7- und 8-Zeilern, ja es sind bei ihnen sogar die genau gleichen Reimschemen wie in der galizischen Schule nachweisbar,[153] doch handelt es sich hierbei um eine kleine Reihe von Einzelfällen. Wie H. R. Lang[154] zu bedenken gegeben hat, sind die vierreimigen Formen in der Provence bei weitem in der Überzahl. So stehen, um ein Beispiel zu nennen, in Franks *Répertoire* neun Belegen für den dreireimigen 8-Zeiler ABAB BCCB 306 Stellennachweise für die vierreimige Form ABBA CCDD gegenüber.[155] Die Drei-Reimigkeit in den genannten Strophen-

[148] „*Cuando el Marqués de Santillana afirmó con tanta generalidad que el arte mayor había venido de Galicia, podemos entender que se refería al verso, no a la octava, de que no hay ningún ejemplo en los Cancioneros del Noroeste, y parece inventada en Castilla a fines del siglo XIV.*" *Ant.* X, S. 175. — Ders. ähnlich in *Estudios* II, S. 112.

[149] *The copla de arte mayor*. HR VIII (1940), S. 202–212.

[150] Canc. Vat. Nr. 668; abgedruckt bei D. C. Clarke, a. a. O. S. 211–212.

[151] *Ant.* IV, S. 119–125; auch BAE LVII, S. 450, Nr. 794ff.

[152] *Ant.* VI. S. 244–262; auch BAE LVII, S. 379ff.

[153] Vgl. die bei I. Frank, *Répertoire métrique de la poésie des troubadours*, Paris 1953, Bd. I, Nr. 548 (ABBA CCA) und Nr. 325 (ABAB BCCB) angeführten Belegstellen.

[154] *Las Formas*, S. 485–523. — Die hier angezogene Äußerung findet sich S. 508–509.

[155] Vgl. I. Frank, a. a. O. Nr. 325 und Nr. 577.

arten ist hingegen ein charakteristisches Merkmal der nordfranzösischen Dichtung vom 12. bis in den Anfang des 14. Jahrhunderts.[156] Während nun der Cancioneiro de Ajuda — wenigstens in gewissem Maße — die rein provenzalischen Verhältnisse widerspiegelt, zeigen die späteren Cancioneiros in der Gestaltung der 7- und 8-Zeiler, aber auch anderer Formen, so auffallende Parallelen mit der Technik der Trouvères, daß man schwerlich an eine Polygenese glauben kann. In welcher Weise nordfranzösische Einflüsse entweder noch auf die späte galizisch-portugiesische Dichtung oder schon auf die galizisch-kastilische Schule im einzelnen und im Einklang mit den historischen Gegebenheiten denkbar und wahrscheinlich sind, hat P. Le Gentil mit der gebotenen Vorsicht und notwendigen Kühnheit gezeigt.[157]

Im Laufe des 15. Jahrhunderts legt sich die *copla de arte mayor* mehr und mehr auf einige bevorzugte Varianten fest. Vor 1514 erscheint die Form ABBA ACCA in der *Égloga de Fieno, Zambardo y Cardonio* des Juan del Encina[158], 1420 begegnet sie als durchgängige Form der anonymen *Revelación de un hermitaño*[159]. Dicht gefolgt von der Variante ABAB BCCB (38%), steht sie an der Spitze (46%) der vielfältigen[160] Varianten der *copla de arte mayor* im Cancionero de Baena (um 1445). Durch den Marqués de Santillana, besonders aber durch die 287 *coplas* des *Laberinto de Fortuna* (1444) von Juan de Mena erlangt sie klassischen Rang. Neben den zwei führenden Typen verdienen die übrigen Interesse nur im Rahmen von Spezialuntersuchungen.

Mit der obengenannten *Égloga* des Juan del Encina findet die *copla de arte mayor* Eingang in die dramatische Literatur und bleibt dort in den verschiedenen anonymen *farsas* und *autos* sowie in den Stücken des Pedro Altamira, des Gil Vicente u. a. bis zur Mitte des 16. Jahrhunderts eine beliebte Strophenform. Nach 1550 ist sie vollständig aus dem Theater verschwunden.[161]

Einen ähnlichen Verlauf nimmt ihre Geschichte auch in den übrigen Gattungen. Nach der Mitte des 16. Jahrhunderts wird sie von den italienischen Strophenformen rasch verdrängt. Einer der letzten repräsentativen Dichter, die sie verwenden, ist Cristobal de Castillejo († 1550).

---

156 Vgl. P. Meyer, Romania XIX, S. 13.

157 Le Gentil, *Les Formes*, S. 34–51.

158 Vgl. E. Cotarelo, *Canc. de Juan del Encina. Publ. en facsimile por la Real Academia española*, Madrid 1928, S. 25ff. des *Prólogo*.

159 *Ant.* IV. S. 263–267; auch BAE LVII, S. 387–388.

160 Villasandino allein verwendet nicht weniger als sieben verschiedene Varianten der *copla de arte mayor*. — Vgl. D. C. Clarke, *Notes on Villasandino's versification*. HR XIII (1945), S. 185–196; bes. S. 194.

161 Vgl. Morley, *Strophes*, S. 505–529, passim.

„*A fines del siglo XVI, la copla de arte mayor era ya sólo un recuerdo.*“[162] In dieser Funktion der literarisch-stilistischen Reminiszenz und daher auch in Struktur und Wortschatz archaisierend erscheint sie z. B. im dritten Buch von Cervantes' *La Galatea*[163] und im zweiten Akt von Lope de Vegas *Porfiar hasta morir*, wo Juan de Mena evoziert wird.[164] Die als *octavas de arte mayor antigua* bezeichneten Strophen in *La Pícara Justina*[165] sind ihrem Reimschema nach octavas reales.[166]

Seit dem letzten Viertel des 18. Jahrhunderts und in der Romantik wird die *copla de arte mayor* im Zuge einer Wiederbelebung des *verso de arte mayor* (meist in Gestalt des isosyllabischen 12-Silbers; s. d.) noch einmal der Vergessenheit entrissen und mit ähnlichen stilistischen Absichten wie im Siglo de oro in bescheidenem Umfang verwendet, so z. B. — wohl erstmals — in *El retrato de Golilla* (ABAB BCCB) von Iriarte[167], ferner in *Al Príncipe de la Paz, en lenguaje y verso antiguo* (ABBA ACCA) von L. F. de Moratín[168] und — um ein Beispiel aus der Romantik und für ihre Verwendung in dramatischer Funktion zu nennen — in *Los amantes de Teruel* (II, 4) von Hartzenbusch.

Literatur: D. C. Clarke, *The copla de arte mayor*. HR VIII (1940), S. 202–212. — Le Gentil, *Les Formes*, S. 34–51. — Vgl. auch die in den Anmerkungen genannte Literatur.

Copla de arte menor und copla castellana

Die *copla de arte menor* und die *copla castellana* sind zwei Entwicklungsstufen der letztlich gleichen provenzalischen Ausgangsform. Formal unterscheiden sie sich lediglich durch die Zahl der Reime. Ihre terminologische Trennung geht — soweit ich sehe — erst auf Tomás Navarro zurück, der unter Berufung auf den Sprachgebrauch des 16. Jahrhunderts die Bezeichnung *copla castellana* für die vierreimige Form vorgeschlagen hat. Sie ist auf jeden Fall praktisch.

---

[162] T. Navarro, *Métrica*, S. 260. — Dort auch eine Zusammenstellung und Würdigung der wenigen Belege aus dem Siglo de oro.

[163] *Salid de lo hondo del pecho cuitado*. BAE I, S. 41.

[164] In der 10. Szene: *Al muy poderoso señor de Castilla* und *Amores me dieron corona de amores*, nach copla 1 bzw. 106 des *Laberinto*.

[165] BAE XXXIII, S. 152.

[166] Zu den verschiedenen Mischformen zwischen der *copla de arte mayor* einerseits und der *octava real* und anderen Strophenarten andererseits s. Julio Caillet-Bois, *Dos notas sobre Pedro de Oña*. RFH IV (1942), S. 269-274.

[167] BAE LXIII, S. 13.

[168] BAE II, S. 583.

I. Die copla de arte menor

Am kürzesten läßt sich die *copla de arte menor* als 8-Silber-Seitenstück zur *copla de arte mayor* beschreiben. Wie diese ist sie normalerweise ein 8-Zeiler, wobei andere Strophenlängen, besonders der 7-Zeiler (abba cca), vorkommen können. Das wichtigste gemeinsame Merkmal ist die Beschränkung auf zwei, meist aber auf drei Reime. Das führende Reimschema — im Cancionero de Baena 50% — ist, wie in der *copla de arte mayor*, abba acca. Im übrigen herrscht große Freiheit in der Anordnung der Reime,[169] viel größere als in der *copla de arte mayor*.

Beispiel: Schema:

Al tiempo que va trençando a
Apolo sus crines doro b
e recoxe su tesoro, b
faze el oriente andando, a
Diana va demostrando a
su cara resplandeziente, c
me falle cabo una fuente, c
do vi tres duenyas llorando. a

(Marqués de Santillana, Canc. de Palacio, Nr. 94)

In ihrer stilistischen Verwendung ist die *copla de arte menor* gegenüber ihrem Seitenstück in Langversen nicht scharf abgegrenzt. Im ganzen jedoch kann man sie als eine Form der leichteren lyrisch-didaktischen Dichtung charakterisieren. Sie ist die bevorzugte Strophenart der *decires*, besonders im Cancionero de Baena.

Geschichtliches: Der Frage nach der Herkunft der *copla de arte menor* ist die Feststellung vorauszuschicken, daß die provenzalischen 7- und 8-Zeiler-Typen, die die Ausgangsform für die *copla de arte mayor* bilden, auch in Kurzversen erscheinen und somit als Grundlagen für die *copla de arte menor* in Betracht kommen. Für die Herleitung der *copla de arte menor* ergeben sich zwei Möglichkeiten: entweder geht sie zurück auf eine bereits provenzalische 8-Silber-Strophe[169a] und hat dann in der galizisch-portugiesischen Dichtung eine analoge Entwicklung durchgemacht wie die provenzalische Ausgangsform der *copla de arte mayor*[170], oder sie wurde — und das ist die Theorie von D. C. Clarke — erst in Kastilien durch einfache Übertragung der bereits ausgeprägten *copla de arte mayor* in die heimische 8-Silber-Dichtung geschaffen. Wenngleich

[169] Eine Zusammenstellung der wichtigsten Reimschemen nach der Reihe ihrer Häufigkeit im Cancionero de Baena findet sich bei D. C. Clarke, *Redondilla and copla de arte menor*. HR IX (1941), S. 490.

[169a] Nach span. Zählweise. — Im Provenzalischen wäre es eine 7-Silber-Strophe.

[170] S. unter *copla de arte mayor*.

eine klare und überzeugende Entscheidung nicht getroffen werden kann, so ist doch die erste der beiden Möglichkeiten wohl die wahrscheinlichere. Was für sie spricht, ist die Tatsache, daß schon beträchtlich vor den frühesten Zeugnissen für die *copla de arte mayor* (Ayala) beim Arcipreste — wenn auch vereinzelt — 7- und 8-Zeiler-Typen aus 8-Silbern auftauchen, die eindeutig galizisch-portugiesischer Herkunft sind und deren Bauweisen (ababccb[171], abababb[172], ababbccb[173]) die *copla de arte menor* vorwegnehmen. Ferner steht — wie P. Le Gentil hervorgehoben hat[174] — die starke Variationsfähigkeit der *copla de arte menor* in einem bemerkenswerten Gegensatz zur relativen Stabilität der *copla de arte mayor*, der mit Clarkes Hinweis, daß das einheimische Versmaß natürlicherweise zu einer größeren Flexibilität der Strophe geführt habe, nicht ganz befriedigend erklärt ist. Vielmehr scheint er eine gewisse Unabhängigkeit der *copla de arte menor* gegenüber ihrem Seitenstück in Langversen zur Voraussetzung zu haben, wobei allerdings nicht in Abrede gestellt werden soll, daß von der *copla de arte mayor* in ihrer Blütezeit ein bedeutender, vor allem regulierender Einfluß auf die Struktur der *copla de arte menor* ausgegangen ist. Daraus würde sich die im Cancionero de Baena sehr deutliche Bevorzugung des Reimschemas abba acca erklären lassen.

Ihre größte Bedeutung und weiteste Verbreitung fand die *copla de arte menor* etwa in der ersten Hälfte des 15. Jahrhunderts. Im Cancionero de Baena ist sie die führende Strophenform in den *decires*. In stilistisch gleicher Funktion wie die *copla de arte mayor* erscheint sie auch in umfangreichen Dichtungen, wie in den *Loores de claros varones de España* von Fernán Pérez de Guzmán[175], in *El Sueño* von Santillana[176] und in den *Coplas contra los pecados mortales* von Juan de Mena.[177] Nach der Jahrhundertmitte weicht sie in zunehmendem Maße der vierreimigen *copla castellana*. Zwar behauptet sie im Cancionero de Palacio (um 1470) noch ein deutliches Übergewicht gegenüber der *copla castellana*, aber im Cancionero General von 1511 ist sie nur noch halb so häufig vertreten wie ihre aufstrebende Konkurrentin.

Im frühen 16. Jahrhundert wird sie — teilweise unter Einführung von einem oder zwei *versos de pie quebrado* in den zweiten Strophenteil —

---

[171] *Passando una mañana*, 959–971.

[172] *Do la casa del Cornejo*, 987–1005.

[173] *Santa Virgen escogida*, 1673–1677. Dieses Beispiel zeigt allerdings Besonderheiten in der Strophenverknüpfung.

[174] *Les Formes*, S. 51, Anm. 175.

[175] Canc. Siglo XV, Nr. 308; eine größere Probe daraus in *Ant.* IV, S. 201–229.

[176] Canc. Siglo XV, Nr. 222.

[177] ibid., Nr. 13.

in nennenswertem Umfang nur noch von Juan del Encina[178] gepflegt und wird dann völlig von der *copla castellana* resorbiert.

Bewußt archaisierende Absichten waren es wohl, die Cervantes zu Beginn des 17. Jahrhunderts dazu veranlaßten, der Grabinschrift des Grisóstomo[179] noch einmal die Form der längst vergessenen *copla de arte menor* zu geben. Der starke syntaktische Einschnitt nach der 4. Zeile läßt aber den Einfluß der Redondilla erkennen, wodurch die ursprüngliche Einheit der *copla de arte menor* verfälscht wird. Vollkommen ist also dieser Archaismus nicht geglückt.

II. Die copla castellana

Die *copla castellana* ist ein 8-Zeiler der Gliederung 4—4. Sie wird von 8-Silbern gebildet. Im Unterschied zur *copla de arte menor* läuft sie auf vier Reimen, von denen sich je zwei auf jede Strophenhälfte verteilen. Daraus ergeben sich die folgenden Reimanordnungen:

1. abba : cddc (= beide umschlungen)
2. abab : cdcd (= beide alternierend)
3. abba : cdcd } = Kombination von 1 und 2.
4. abab : cddc }

Die unter Ziffer 1 genannte Variante herrscht vor, was seinen hauptsächlichsten Grund darin haben dürfte, daß die katalanischen Dichter, die den vierreimigen 8-Zeiler von der Provence nach Kastilien vermittelt haben, die gleiche Vorliebe zeigten. Auzías March z. B. verwendet das Schema abba cddc in 90 von 128 Dichtungen.

Ohne sich zu eigenständigen Typen zu individualisieren, treten die *coplas castellanas* gelegentlich auch mit einem oder zwei *versos quebrados* auf.

Durch die Einführung eines vierten Reimelementes technisch vereinfacht, hat die *copla castellana* einen weniger altertümlichen Charakter als die *copla de arte menor*. Mit dieser hat sie im wesentlichen die thematischen Anwendungsbereiche gemeinsam. Darüber hinaus findet sie aber auch Verwendung im Theater (Juan del Encina, Castillejo u. a.).

Geschichtliches: Die vierreimige Form des 8-Zeilers *(copla castellana)* nahm nicht an der langen Entwicklungsgeschichte der aus den gleichen provenzalischen Grundlagen stammenden *copla de arte menor (mayor)*[180] teil. Vielmehr wurde sie als Variante zu den älteren zwei-

---

[178] Canc. Encina (ed. Cotarelo), S. xiiij r. *(Al crucifixo:* Arbor de fruto precioso), xxij r. ff. (. . . *loor de la gloriosa reyna de los cielos:* Qien navega por el mar), xxviij v. ff. *(Ave maris stella:* Dios te salve clara estrella) u. a.; ferner *Égloga primera, Ant.* V, S. 270ff.

[179] Quijote I, Kap. XIV. Ende.

[180] S. S. 198 f. u. 202 f.

und dreireimigen Formen in der Provence selbst ausgeprägt und gewann dort bei den Troubadours der Verfallszeit die Oberhand gegenüber den älteren Typen. Sie verbreitete sich auch nach Aragon-Katalonien und gelangte von hier aus nach Kastilien.

Ihr erster Beleg bei Villasandino († 1424?)[181] umfaßt nur zwei Strophen und steht völlig isoliert da. Bei keinem einzigen der anderen, im Canc. de Baena vertretenen Dichter der ersten Jahrhunderthälfte findet sich dazu eine Parallele. Die systematische Verwendung der vierreimigen Form setzt vielmehr erst mit dem Marqués de Santillana[182] ein, der hierbei wohl unter dem Einfluß des Katalanen Auzías March stand, für den er große Wertschätzung bekundete.[183] Vereinzelt begegnet sie auch bei Juan de Mena.[184] Ihre zunehmende Verbreitung im weiteren Verlauf der zweiten Hälfte des 15. Jahrhunderts dürfte im Zusammenhang mit der Vertiefung der politisch-dynastischen und damit auch der kulturellen Beziehungen zwischen Kastilien und Aragon-Katalonien stehen. Im Cancionero de Palacio (um 1470) bildet sie etwa ein Drittel, im Cancionero General (1511) die Hälfte der 8-Zeiler aus Kurzversen. Bald darauf verdrängt sie die ältere *copla de arte menor* vollständig und erlangt ihre größte Verbreitung in Form des Standardtyps abba cddc.

Als sich zu der fehlenden Reimverknüpfung zwischen den beiden Strophenhälften immer regelmäßiger ein starker syntaktischer Einschnitt nach der 4. Zeile gesellte, war die Einheit der *copla castellana* nur noch graphischer Natur. Gegen Ende des 16. Jahrhunderts löste sie sich bei strophischer Verwendung endgültig in selbständige Redondillen (s. d.) auf, zu deren Entstehung oder wenigstens Wiederbelebung sie wesentlich beigetragen hatte. Länger hielt sie sich in selbständiger Funktion, so z. B. in den 200 Epigrammen (abba cddc) des Miguel Moreno[185] (1. Hälfte des 17. Jh.). Doch zeigen auch sie unter dem Einfluß der Redondilla sehr häufig starken syntaktischen Einschnitt nach der ersten Strophenhälfte.

Literatur: D. C. Clarke, *Redondilla and copla de arte menor*. HR IX (1941), S. 489–493. — Le Gentil, *Les Formes*, S. 34–51. — T. Navarro, *Métrica*, s. v. *copla de arte menor* und *copla castellana* im Strophenindex.

---

[181] Canc. Siglo XV, Nr. 637. — Vgl. dazu D. C. Clarke, *Notes on Villasandino's versification*. HR XIII (1945), S. 185–196.

[182] Canc. Siglo XV, Nr. 166 *(De tu resplandor, o Luna)*, 232 *(Quando la Fortuna quiso)*; mit *quebrado* in der 6. Zeile: Nr. 164 *(Bias contra Fortuna)*, 217 *(Goçate, goçosa Madre)*.

[183] „*gran trovador y hombre de asaz elevado espiritu*". Carta-prohemio XIII. *Ant.* IV, S. 25.

[184] Canc. General (1511), Nr. 61 und 63.

[185] BAE XLII, S. 165–173.

Die octava real

Die *octava real,* auch *octava rima, octava heróica* und *octava italiana* genannt,[186] ist ein 8-Zeiler aus 11-Silbern. Die ersten sechs Zeilen reimen alternierend (ABABAB), die beiden letzten bilden ein Reimpaar mit neuem Reimelement (CC). In ihrem korrekten Bau ist sie syntaktisch streng symmetrisch gegliedert, indem nach je zwei oder — was üblicher ist — nach dem vierten Vers ein merklicher Sinneinschnitt (Satzzeichen) und damit eine kurze rhythmische Pause eintritt.[187]

Beispiel:	Schema:
¿Qué se hicieron las auras deliciosas	A
que henchidas de perfume se perdían	B
entre los lirios y las frescas rosas	A
que el huerto ameno en derredor ceñían?	B
Las brisas del otoño revoltosas	A
en rápido tropel las impelían,	B
y ahogaron la estación de los amores	C
entre las hojas de sus yertas flores.	C

(Zorilla, *Introducción a Los Cantos del trovador)*

Ihrem Charakter nach ist die *octava real* eine Form der ernsten, hohen Dichtung, besonders der Epik. Ihre Anwendung auf Gegenstände des niedrigen Stiles beabsichtigt daher stets eine künstlerische Kontrastwirkung.

Geschichtliches: Aus mittellateinischer oder volkstümlicher Grundlage im 13. Jahrhundert in Italien entwickelt, fand die *ottava rima,* zu ihrer charakteristischen Form ausgeprägt, durch Boccaccios *Filostrato* (um 1338) Eingang in die Kunstdichtung. Von Pulci über Polizian, Ariost und Tasso war sie bis Marini und Tassoni die ausschließliche Form der erzählenden Dichtung, fand daneben aber auch Verwendung in der bukolischen, lyrischen und didaktischen Poesie.

In Spanien hat sie wohl Boscán eingeführt.[188] Sein allegorisches Gedicht über die Liebe, das er schlicht mit *Octava rima* überschrieb, umfaßt 135 Strophen dieses Typs, die man für einen ersten Versuch als im wesentlichen geglückt bezeichnen kann. Sein unmittelbares Vorbild war dabei Pietro Bembo.[189] Durch Garcilaso (III. Ekloge) wurde sie formal ver-

---

[186] Die letztere Bezeichnung verwendet z. B. Menéndez Pelayo. In der neueren Terminologie benennt man damit aber eine andere Form des 8-Zeilers; s. u. *octava aguda.*

[187] Die Struktur der Octava und ihre künstlerischen Möglichkeiten hat D. Alonso interpretiert in *Poesía española,* Madrid, 3. Aufl. 1957, S. 72ff. und in *Estudios y ensayos gongorinos,* Madrid 1955, besonders S. 200–207.

[188] Garcilaso wird die Priorität im Gebrauch der *octavas* zugeschrieben von H. Keniston, *Garcilaso de la Vega.* New York 1922, S. 331.

[189] Vgl. *Ant.* X, S. 206 und S. 278–292.

vollkommnet.[190] Diego Hurtado de Mendoza benutzte sie erstmals für die Darstellung eines mythologischen Stoffes[191] und bot in den *Octavas viscaínas*[192] das erste Beispiel für ihre Verwendung in burlesk-satirischer Dichtung, worin ihm u. a. Quevedo mit seinem *Poema heróico de las necedades y locuras de Orlando el Enamorado*[193] folgte. Ercilla begründete durch seine *Araucana* (1569) ihre bedeutende epische Tradition in Spanien.[194] Jerónimo Bermúdez erschloß ihr die dramatische Literatur.[195]

Dem damit vorgezeichneten Weg folgt das Siglo de oro. In der Lyrik wird die *octava real* besonders von Góngora[196], vereinzelt auch von Lope de Vega, Quevedo, Jáuregui, Calderón u. a.[197] gepflegt. Den Höhepunkt ihrer Verbreitung erreicht sie als Standardform der Kunstepik in der Zeit zwischen etwa 1585 und 1625. Tausende von Beispielen bieten Virués (1587), Castellanos (1589), Hojeda (1611), Villaviciosa (1615), Balbuena (1624) u. a.[198] In der dramatischen Dichtung ist sie seit Juan de la Cueva, in dessen *Libertad de Roma* (1581) sie einen maximalen Anteil von 68 % erreicht, eine der bevorzugten Strophenarten und wird auch im Theater der Blütezeit, wenn nicht immer in großem Umfang, so doch bemerkenswert konstant gebraucht. Häufig dient sie der stilistischen Hervorhebung, oft ist aber auch ihre Funktion von der der Romanzen

---

190 Vgl. R. Lapesa, *La trayectoria poética de Garcilaso*. Madrid 1948, S. 171.

191 *Fábula de Adonis, Hipómenes y Atalanta*, BAE XXXII, S. 68–73.

192 BAE XXXII, S. 99.

193 BAE LXIX, S. 287–297.

194 In der Fortsetzung zur *Araucana*, im *Arauco domado* (1. Teil 1596), verwendet der Chilene Pedro de Oña eine Mischform zwischen *octava real* und *copla de arte mayor* mit dem Ergebnis ABBA : ABCC, die sich — wie ersichtlich — von der italienischen Form durch die Umstellung des 3. und 4. Verses unterscheidet. Einen ähnlichen Versuch hatte vor ihm Diego Hurtado de Mendoza unternommen (*Estancias*, BAE XXXII, S. 99). Dieser Mischtyp setzte sich nicht durch, und Pedro de Oña kehrte in seinen späteren Dichtungen zur üblichen *octava real* zurück. — Vgl. dazu J. Caillet-Bois, *Dos notas sobre Pedro de Oña*. RFH IV (1942), S. 269–274 und G. Cirot, *Coup d'oeil sur la poésie épique du siècle d'or*. BHi XLVIII (1946), S. 294–329.

195 *Nise laureada* (1577), II, 1.

196 BAE XXXII, S. 456f., 459ff., 777ff.

197 Vgl. die Stellenangaben in BAE LXXI (*Indices generales*) S. 7 (*octavas reales*).

198 Einen Eindruck von der Häufigkeit dieser Strophenform in der epischen Gattung vermitteln die Bände IV, XVII und XXIX der BAE, die fast ausschließlich von *octavas reales* gefüllt werden. Die einzige Ausnahme bildet Pedro de Oñas *Arauco domado* in BAE XXIX, S. 353–455, wo die besprochene Sonderform der *octava real* verwendet wird.

nicht verschieden; so besonders bei Lope de Vega, der in seinem *Arte nuevo* schreibt:

> Las relaciones piden los romances,
> aunque en octavas lucen por extremo.
> (BAE XXXVIII, S. 232)

Bei ihm fehlt die *octava* übrigens in keiner seiner Comedias.[199]

Ihre klassische Form und ihr feierlicher Charakter entsprachen auch den Stilidealen der neoklassischen Epoche. Wie schon im 17. Jahrhundert, so bleibt sie auch weiterhin die übliche Form der Kurzepen, der sogenannten *cantos heróicos* oder *épicos*.[200] Darüber hinaus dient sie auch der philosophisch-didaktischen sowie der mythologischen Dichtung.[201] Humoristisch-satirische Züge trägt sie bei Cadalso.[202]

Sehr verbreitet ist die *octava real* in der hohen Dichtung der Romantik. Hier sind besonders der Duque de Rivas[203], Espronceda[204], Zorilla, Campoamor und Núñez de Arce zu nennen. Gleicher Beliebtheit erfreut sie sich in Lateinamerika.

Mit dem Aufkommen des Modernismus geht ihre Geschichte zu Ende. Die modernistischen Dichter, die sich einerseits an der französischen Dichtung, andererseits an den einheimisch-traditionellen Formen des Mittelalters inspirieren, verwenden die *octava real* nur noch ganz vereinzelt.

Literatur: Dámaso Alonso, *Poesía española. Ensayo de métodos y límites estilísticos*. Madrid³ 1957, S. 72ff. — Ders., *Estudios y ensayos gongorinos*. Madrid 1955, S. 200–207, sowie im Index s. v. *octava*. — Zu Einzelfragen vgl. die in den Fußnoten genannte Literatur.

Octava aguda und octavilla aguda

Beide Strophenformen unterscheiden sich formal nur durch die Verwendung von Langversen (mindestens 9-Silber) oder von Kurzversen (höchstens 8-Silber). Die auch heute noch verbreiteten Bezeichnungen *octava* bzw. *octavilla italiana* nehmen zwar Bezug auf die italienische Herkunft, treffen aber keine terminologische Unterscheidung gegenüber der ebenfalls italienischen *octava real*.

---

199 Vgl. Morley-Bruerton, *Chronology*, S. 76–77.

200 Vgl. Frank Pierce, *The canto épico of the 17th and 18th centuries*. HR XV (1947), S. 1–48.

201 Beispiele etwa bei N. F. de Moratín, Vaca de Guzmán, Lista, Reinoso in BAE XXIX.

202 BAE LXI, S. 261–267.

203 Z. B. *Égloga*, BAE C, S. 6–9; *El paso honroso*, ibid. S. 69–94; *Florinda*, ibid. S. 273–310; im *Maldonado*, VI *(La lid)*, ibid., S. 474–478.

204 Z. B. in *El Pelayo* (BAE LXXII, S. 3ff.) und *El diablo mundo* (ibid., S. 99ff.).

Da in diesen 8-Zeilern die Wahl der Versart sowie die Gestaltung der Reimfolge in das Belieben des Dichters gestellt sind, gibt es eine große Zahl von Varianten, die als gemeinsames Merkmal die miteinander reimenden *agudo*-Ausgänge des 4. und 8. Verses aufweisen. Ein Sinneinschnitt, der gewöhnlich nach der 4. Zeile erfolgt, gliedert die Strophe in zwei symmetrische Halbstrophen. In einer der gebräuchlichsten Varianten bleiben die erste und die fünfte Zeile reimlos (ABBÉ CDDÉ bzw. abbé cddé). Daneben sind aber auch Formen üblich, die keinen Vers ohne Reimentsprechung lassen, z. B. abbé accé.

Die isometrische *octava aguda* aus 11-Silbern mit dem beschriebenen Reimschema ABBÉ CDDÉ bezeichnet man nach Salvador Bermúdez de Castro, der sie seit etwa 1835 in Mode brachte, als *(octava) bermudina*. Wird sie metabolisch gebaut, so tritt an die Stelle des 4. und 8. *endecasílabo* ein 7-Silber mit *agudo*-Ausgang.

Beispiel für *octava aguda (bermudina)*:	Schema:
Tu aliento es el aliento de las flores;	A
Tu voz es de los cisnes la armonía;	B
Es tu mirada el esplendor del día,	B
Y el color de la rosa es tu color.	É
Tú prestas nueva vida y esperanza	C
A un corazón para el amor ya muerto;	D
Tú creces de mi vida en el desierto	D
Como crece en un páramo la flor.	É

(G. A. Bécquer, *Â Casta)*

Beispiel für *octavilla aguda*:	Schema:
Baja otra vez al mundo,	a
¡baja otra vez, Mesías!	b
De nuevo son los días	b
de tu alta vocación;	é
y en tu dolor profundo	a
la humanidad entera	d
el nuevo oriente espera	d
de un sol de redención.	é

(G. García Tassara, *Himno al Mesías)*

Die octava aguda, besonders in der Gestalt der *bermudina* steht hinsichtlich ihrer ästhetischen Wirkung der *octava real* nahe, ohne deren klassische, durch den jeweils abschließenden 11-Silber-Pareado betonte Feierlichkeit zu besitzen. Sie wird daher in zwar anspruchsvoller, aber nicht unbedingt episch erhabener Dichtung (erzählende und lyrische Gattungen) verwendet.

Weitaus verbreiteter und populärer ist die leichte, besonders für den Gesang gut geeignete *octavilla aguda*. Außer in einheitlichen Strophenfolgen wird sie auch gerne in polymetrischen Dichtungen gebraucht.

Dies ist fast immer der Fall, wenn sie von sehr kurzen Versen (z. B. 4-Silbern) gebildet wird. Auf bestimmte Themen ist sie nicht festgelegt, doch findet sie sich häufig in der Lieddichtung arkadischen Gepräges, aber auch in patriotischen Hymnen. Im Theater wird sie nur für Gesangspartien verwendet.

Geschichtliches. Beide Strophenformen sind italienischer Herkunft und finden im Laufe des 18. Jahrhunderts in der spanischen Dichtung Aufnahme.

Die Geschichte der *octavilla aguda* reicht weiter zurück und läßt sich bis an den Anfang des 18. Jahrhunderts verfolgen. Für sie treten die ersten, allerdings noch sehr spärlichen Belege etwa gleichzeitig auf bei dem Peruaner Peralta Barnuevo in *La Rodoguna* (etwa 1711) und bei Eugenio Gerardo Lobo im *Diálogo métrico de Paris y Elena* sowie im *Oratorio místico y alegórico.*[205] Das Vorbild für diese ersten Zeugnisse dürften Gabriello Chiabrera oder seine ital. Nachahmer abgegeben haben.[206]

Ihren erst nach der Jahrhundertmitte einsetzenden Aufschwung verdankt sie einerseits den eingängigen und gut sangbaren *agudo*-Strophen in den damals auch in Spanien sehr beliebten Melodramen Metastasios (1698—1782),[207] andererseits aber auch den kunstvollen Nachahmungen einzelner seiner selbständigen lyrischen Dichtungen durch namhafte spanische Dichter, wie besonders durch Meléndez Valdes[208], der nach Joseph G. Fucillas Urteil zu gelten habe als „*el verdadero iniciador de la moda que tuvieron las poesías líricas de Metastasio en España y el primer poeta que establece de una manera definitiva la tradición de la octavilla italiana en su suelo patrio*".[209] In verschiedenen Kurzversarten und in reich variierten Reimschemen erscheint sie z. B. bei den beiden Moratín, bei Iriarte, Arjona, Cienfuegos, Arriaza, Quintana, Lista und in besonders großer Zahl bei Sánchez Barbero und bei dem Cubaner José María Heredia, der mehr als ein Drittel seines poetischen Gesamtwerkes in dieser Strophenform abgefaßt hat. In Kompositionen, die unter den

---

[205] BAE LXI, S. 29–33.

[206] Peralta Barnuevo war des Italienischen kundig.

[207] Metastasios Melodramen wurden seit 1736 in Spanien aufgeführt. Die Texte dazu erschienen entweder nur in spanischer Übersetzung oder in zweisprachigen Ausgaben. Näheres bei Sterling St. Stoudemire, *Metastasio in Spain*, HR IX (1941), S. 184–191. — Auf ihre besondere Bedeutung für die Ausbreitung der *octavilla aguda* geht näher ein A. Coester, *Influences of the lyric drama of Metastasio on the Spanish Romantic Movement*. HR VI (1938), S. 10–20.

[208] Z. B. *La Libertad. A Nice. Traducción del Metastasio*, BAE LXIII, S. 121.

[209] *Poesías líricas de Metastasio en la España del siglo XVIII y la octavilla italiana*, in *Relaciones hispanoitalianas*. RFE-Anejo LIX, Madrid 1953, S. 213.

Bezeichnungen *canción*, *himno*, *cantilena*, *cantata*, *aria* u. ä. laufen, nimmt die *estrofa aguda* aus Kurzversen im ersten Viertel des 19. Jahrhunderts eine führende Stellung ein. Bei Arriaza und Sánchez Barbero läßt sich eine Vorliebe für die Verwendung des 8-Silbers und des Reimschemas abbé accé feststellen, eine Form, die im Laufe des 19. Jahrhunderts weite Verbreitung in Spanien und Amerika fand.

Der wirksame Anstoß für die Pflege derselben Strophenform in Langversen *(octava aguda)* ging wohl aus von Arjona, der in seiner auch rhythmisch sehr kunstvollen *Diosa del bosque*[210] zwei für die Zukunft wichtige Neuerungen versuchte, indem er als Langvers den 11-Silber und für die *agudo*-Zeilen (4. und 8.) den 7-Silber wählte (ABBé CDDé).

Diese Anregungen kamen in der Romantik — nun wohl auch durch das Vorbild Manzonis[211] unterstützt — zu differenzierter Entfaltung. Zwischen 1835 und 1840 schuf Bermúdez de Castro die isometrische *octava aguda* aus 11-Silbern, die man nach ihm benannte.[212] Auf sie griff vor allem Zorilla in seinen Leyendas zurück. Arjonas metabolische Variante brachte Pastor Díaz durch *La mariposa negra* zu neuem Ruhm und weiterer Verbreitung (Bermúdez de Castro, Avellaneda, Mármol u. a.).

Weitaus häufiger aber war in der Romantik die *octavilla aguda*. Als Versart wird seit Esproncedas *Canción del pirata* ausschließlich der 8-Silber verwendet. Nach Tomás Navarro[213] ist sie in dieser Epoche die meist gebrauchte Strophenform der 8-Silberdichtung.

Nach diesem Höhepunkt geht die Geschichte dieser beiden 8-Zeilertypen rasch zu Ende. Der Modernismus verwendet die *octava aguda* überhaupt nicht mehr und die schon immer populärere *octavilla aguda* nur noch ganz vereinzelt.

Literatur: A. Coester, *Octavas y octavillas italianas*. In: Homenatge a A. Rubio i Lluch, Barcelona 1936, Bd. III, S. 451–462. Mit einigen Veränderungen und in englischer Sprache unter dem Titel: *Influences of the lyric drama of Metastasio on the Spanish Romantic Movement* in HR VI (1938), S. 10–20. — Joseph G. Fucilla, *Metastasio's lyrics in 18th century Spain and the octavilla italiana*. MLQ I (1940), S. 311–322. Leicht modifiziert und in spanischer Sprache neu abgedruckt in Fucillas Sammelband *Relaciones Hi-*

---

[210] BAE LXIII, S. 507.

[211] Z. B. in *La passione (Inni sacri)* und in der Ode *Marzo 1821*, beide Gedichte in 10-Silbern.

[212] „*Bermúdez usa principalmente la octava de endecasílabos en agudos, con abrumadora mayoría, dentro de sus preferencias del sistema de la octava italiana, universalizado por Manzoni, y cuyo galope sonaba con delectación en el oído de nuestros románticos.*" Josefina García Aráez, *Don Salvador Bermúdez de Castro*, RdL IV (1953), S. 115–116.

[213] *Métrica*, S. 349.

spanoitalianas, Madrid 1953 (RFE-Anejo LIX), S. 202–213; Metrik besonders S. 211–213.

Der 10-Zeiler

Vorbemerkungen

Die verschiedenen 10-Zeilertypen in Spanien verwenden in älterer Zeit den 8-Silber oder den 8-Silber mit seinem *quebrado*. Erst seit dem Neoklassizismus treten auch andere Versarten auf. Je nach Zahl und Verteilung der Reime, je nach Anordnung der Sinneinschnitte und der sich daraus ergebenden syntaktischen Gliederung und schließlich je nachdem, ob isometrischer oder metabolischer Bau gewählt wird, begegnen schon im 15. und 16. Jahrhundert zahllose Typen der zehnzeiligen Strophe, die z. T. freilich nur in wenigen Beispielen vertreten sind. Ihrer terminologischen Erfassung stellen sich gewisse Schwierigkeiten entgegen, die davon herrühren, daß wirklich alte und authentische Typenbezeichnungen größtenteils fehlen, während die modernen Namen infolge ihrer Ausrichtung auf ganz bestimmte Typengruppen vielfach zu eng gefaßt sind.[214] Aus dem Nebeneinander von etwa 60 verschiedenen 10-Zeiler-Formen allein im Cancionero del siglo XV zog D. C. Clarke den Schluß, daß die Dichter der Cancionero-Epoche die 10-Zeiler gar nicht bewußt von den *coplas de arte menor*, den *coplas castellanas*, ja selbst von den Redondillen unterschieden haben. Alle genannten Strophenformen waren hinsichtlich ihrer Ausdehnung nicht streng festgelegt.[215] Sehr bezeichnend erscheint es in diesem Zusammenhang, daß noch Vicente Espinel im Jahr 1591 die später nach ihm benannten *décimas espinelas*, die am strengsten regulierte und charakteristischste Form, die der 10-Zeiler je erreicht hat und die als einzige bis heute noch fortlebt, unter der Bezeichnung „*Redondillas*" veröffentlicht hat.

Die vielfältigen Formen des 10-Zeilers[216] lassen sich nach ihrer Struktur in drei Gruppen einteilen.

1. 10-Zeiler mit unsymmetrischem Bau (4+6 oder 6+4). Sie sollen hier einheitlich als *décimas antiguas* bezeichnet werden.
2. 10-Zeiler symmetrischen Baues (5—5). Sie sollen einheitlich als *coplas reales* bezeichnet werden.
3. Die *décima espinela*, die gleichsam eine Verschmelzung der vorgenannten Typen darstellt. Sie hat seit dem Neoklassizismus verschiedene Modifikationen erfahren, die man unter der Sammelbezeichnung *décima moderna* zusammenfassen könnte.

[214] Vgl. D. C. Clarke, *The copla real*. HR X (1942), S. 163f.

[215] Vgl. unter den einzelnen Stichwörtern.

[216] Einen systematischen Überblick über etwa 30 verschiedene 10-Zeiler-Formen vor Espinel bietet José M. de Cossío, *La décima antes de Espine.l*

Die décima antigua

Die *décima antigua* ist ein vollreimender 10-Zeiler, der sich entweder in 4+6 oder in 6+4 Zeilen gliedert. Die Zahl der Reime schwankt zwischen zwei und fünf. Wie beim 8-Zeiler verschwinden nach 1450 die zwei- und dreireimigen Formen fast vollständig. An ihre Stelle tritt zunächst die vierreimige, besonders aber die fünfreimige Variante, welch letztere die Normalform der *décima* in den späteren Cancioneros bildet. Die Anordnung der Reime ist sehr frei. Meist aber zeigt der 4-Zeiler die Formen der Redondilla (abba, abab). Erheblich uneinheitlicher sind dagegen die Reimverhältnisse im 6-Zeiler. Eine große Zahl der hier vorkommenden Reimfolgen wird erfaßt durch Tomás Navarros Erklärung, daß der 6-Zeiler in der *décima* aufgefaßt werden kann als Redondilla, der an beliebiger Stelle zwei Verse an- oder eingefügt werden, z. B. abab: baab(bb); abba:acc(cc)a; abba:cddc(dd) usw.[217] Andere Reimfolgen wiederum lassen an die Halbstrophe des 12-Zeilers denken; so die in den späteren Cancioneros vorherrschende Form abba cde cde.

Beispiele:		Schema:
a) Décima 4+6:	Ved que me veedes vivir,	a
	no só aquel que vivo,	b
	que el triste de mi cativo	b
	amor lo fizo morir;	a;
	en la fin del qual dexó	c
	a mi la sombra d'aquel,	d
	por memoria de más fiel	d
	amador que bien amó,	c
	la señora más cruel	d
	q' entre mujeres nació.	c.
	(Esparsa von P. Toroella, Canc. Herberay)	
b) Décima 6+4:	Si te plaze que mis dias	a
	yo fenesca mal logrado	b
	tan en breue	c
	plegate que con Maçias	a
	seer meresca sepultado	b
	e por breue	c
	do la sepultura sea	d
	una tierra los crio,	e
	una muerte los leuo,	e
	una gloria los posea.	d
	(Rodríguez del Padrón, Canc. Palacio Nr. 360, Finida)	

RFE XXVIII (1944), S. 428–454, mit Übersichtstafel S. 451. — Einige auffällige, meist spätere 10-Zeilerformen bei Mario Méndez Bejarano, *La ciencia del verso*, Madrid 1908, S. 288–292.

[217] Mit den Klammern sollen die in die Redondilla eingeschobenen Verse bezeichnet werden.

Wie ersichtlich, ist der 6-Zeiler hinsichtlich Reimfolge und Verteilung der *quebrados* identisch mit der Halbstrophe der *estrofa manriqueña.*

Die copla real

Die hier zugrundegelegte Auffassung der *copla real*, die gelegentlich auch als *décima falsa, estancia real* und *quintilla doble* bezeichnet wird, entspricht der Definition von Rengifo (1592): „*La copla real se compone de dos redondillas de a cinco versos, las cuales pueden llevar unas mismas consonancias; o' la una unas; y la otra otras, y esto es mejor.*"[218] Das Unterscheidungsmerkmal der *copla real* gegenüber den anderen 10-Zeilerformen ist demnach ihre symmetrische Gliederung; hingegen ist es für die Definition gleichgültig, ob die Halbstrophen zweimal die gleiche Reimfolge zeigen (2×5)[219] oder ob sie verschiedene Reimanordnungen kombinieren (5+5).

Die Zahl ihrer Reime beläuft sich im Cancionero de Baena (mit einer Ausnahme) auf drei. Diese dreireimige Form begegnet um die Jahrhundertmitte vereinzelt auch außerhalb des Cancionero de Baena, so bei Santillana und Juan de Mena, später schließlich noch bei Juan del Encina. Im Falle der Dreireimigkeit wiederholt die zweite Strophenhälfte niemals die Reimfolge der ersten. Aber in ihrer charakteristischen und seit etwa 1450 fast ausschließlichen Form läuft die *copla real* auf vier Reimen (zwei pro Halbstrophe). Damit erst wird ihre Gliederung völlig eindeutig. Das Fehlen der Reimverknüpfung zwischen den beiden Halbstrophen läßt sie wie den Zusammenschluß zweier selbständiger Quintillen erscheinen.[220] Die Freiheit in der Reimanordnung ist denkbar groß.[221] Erst im vorgeschrittenen 16. Jahrhundert tritt — vielleicht unter dem Einfluß der selbständigen Quintilla — besonders im Theater eine gewisse Regulierung ein, indem unter den kombinierenden Typen (5+5) die Varianten ababa ccddc und abbab ccddc die Führung übernehmen.[222] Im Falle der gleichen Reimabfolge in beiden Strophenhälften herrscht seit Juan de Mena die Form abaab cdccd vor.[223] An zweiter Stelle folgt das Schema abbab cddcd.

---

[218] *Arte poética española*, zit. nach D. C. Clarke, a. a. O. S. 164.

[219] Z. B. abaab cdccd. Die Bezeichnung *décima falsa* (Menéndez Pelayo) bezieht sich im besonderen auf diese Form.

[220] Daraus erklärt sich die Bezeichnung *quintilla doble*. — In der Tat ist die *copla real* eine der wesentlichen Ausgangsformen für die Quintilla (s. d.).

[221] Vgl. die Zusammenstellung bei Le Gentil, *Les Formes*, S. 72–74.

[222] Vgl. Morley, *Strophes*, S. 507, Anm. 3.

[223] Stellennachweise bei Le Gentil, *Les Formes*, S. 71, Anm. 248ff.

Beispiele: Schema:

a) Copla real 2×5:

De tan secreto cimiento	a
Nace mi pena de amor;	b
Que, aunque llegado me siento,	a
A mi propio pensamiento	a
No descubro mi dolor.	b
Callando muero dichoso,	c
Sin descubrir mi herida,	d
El hablar es peligroso;	c
Aun pedir muerte no oso,	c
¿Cómo demandaré vida?	d

(Crist. de Castillejo, *Siendo preguntado*. CC 79, S. 89)

b) Copla real 5+5:

Amor dulce y poderoso,	a
No te puedo resistir	b
Y acuerdo de me rendir,	b
Que defender no me oso	a
Sin obligarme a morir.	b.
Y pues de nuestra pasión	c
Eres absoluto rey,	d
Mi penado coraçón	c
Tornado ya de tu ley	d
Reniega de la razón.	c.

(Castillejo, *Al amor*. CC 79, S. 13)

Die décima espinela

In ihrer klassischen Form ist die *décima espinela* ein vierreimiger 10-Zeiler mit dem unveränderlichen Reimschema abbaaccddc. Ihre Kompositionselemente sind zwei Redondillen mit eingeschlossenen Reimen (abba, cddc), die durch zwei Überleitungsverse (ac) verknüpft sind. Der erste von ihnen nimmt den letzten Reim der ersten Redondilla auf, während der zweite den ersten Reim der folgenden Redondilla vorwegnimmt, also: abba ⟵ ac ⟶ cddc.

Nach der vierten Zeile ist ein deutlicher Sinneinschnitt obligatorisch. In syntaktischer Hinsicht erinnert die *espinela* damit an die *décima antigua* der Gliederung 4+6, während sie durch ihre metrische Struktur als *copla real* (5+5) ausgewiesen wird, da jeweils nach dem 5. Vers die Reimelemente wechseln. Die entscheidende Rolle des 5. Verses, der reimtechnisch zum ersten, sinngemäß aber zum zweiten Strophenteil gehört, hat schon Lope de Vega erkannt und rühmend hervorgehoben.[224] Juan Millé y Giménez faßt seine Bedeutung wie folgt zusammen: „*Este verso*

[224] *Qué bien el consonante responde al verso quinto!* (Laurel de Apolo, BAE XXXVIII, S. 227).

quinto... es el eje, la clave de toda la décima. Si por el sonido lo debemos considerar unido a la primera quintilla, por el sentido corresponde a la segunda. La composición queda así simétrica en cuanto a los consonantes, pero con una especie de encabalgamiento, por razón del sentido, que suelda indisolublemente una a otra quintilla, formando de ambas una nueva unidad de versificación."[225]

Beispiel:	Schema:
Suele decirme la gente	a
que en parte sabe mi mal,	b
que la causa principal	b
se me ve escrita en la frente;	a
y aunque hago de valiente,	a
luego mi lengua desliza	c
por lo que dora y matiza;	c
que lo que el pecho no gasta	d
ningún disimulo basta	d
a cubrirlo con ceniza.	c

(Espinel, *Rimas*, 1591)

An dem obigen Beispiel ist eine weitere Eigentümlichkeit der vollkommen gebauten *espinela* erkennbar. Bis zum Sinneinschnitt am Ende der vierten Zeile muß sie ein Ansteigen in der Gedankenführung zeigen. Damit wird gleichsam das Thema gegeben. Die folgenden sechs Zeilen dürfen keinen neuen Gedanken mehr einführen, sondern haben die Aufgabe, das Thema der ersten Redondilla im weitesten Sinne des Wortes zu amplifizieren. Durch die Strenge ihrer Form und durch die kunstvollen Regeln ihres gedanklichen Aufbaues hat die *espinela* einen würdigen Platz neben dem Sonett.

Seit der zweiten Hälfte des 19. Jahrhunderts dient die *espinela* auch als Ausgangspunkt für verschiedene Modifikationen, die sich auf Versart und Reimanordnung erstrecken. Ihre Bedeutung ist im ganzen gering. Auf einige von ihnen wird im geschichtlichen Abschnitt hingewiesen.

An bestimmte Themen nicht gebunden, ist der 10-Zeiler eine Form der lyrisch-didaktischen und der dramatischen Dichtung. Von der *espinela* sagt zwar Lope de Vega im *Arte nuevo:* „las décimas son buenas para quejas",[225a] aber er hat sich selbst nicht an diese Beschränkung gehalten. Verschiedene Dichter des späten 18. Jahrhunderts verwenden sie für Dichtungen scherzhaften Charakters. Die konzise Form, die für epigrammatische Zuspitzung geeignet ist, erlaubt es, die *décima* neben der üblichen strophischen Verwendung auch als selbständige Dichtungsform (wie das Sonett) zu benutzen. — Auf die Rolle des 10-Zeilers in der Glosa wird dort eingegangen.

---

[225] *Sobre la fecha de la invención de la décima o espinela.* HR V (1937), S. 41.

[225a] BAE XXXVIII, S. 232.

Geschichtliches: Gemessen an der weit zurückreichenden Geschichte des 8-Zeilers[226], ist der 10-Zeiler in Spanien verhältnismäßig jung. Praktisch ohne Vorgänger in der galizisch-portugiesischen Dichtung[227] und auch mit den französischen Formen nur gewisse strukturelle, nicht aber unmittelbar konkrete Parallelen aufweisend,[228] begegnet er erstmals mit sehr verschiedenen Reimschemen und Gliederungen (6+4, 4+6, 5—5) in einer geringen Anzahl von Beispielen im Cancionero de Baena (um 1445).[229]

Die Herkunftsfrage ist nicht einheitlich zu beantworten, sondern gestaltet sich je nach der inneren Struktur der Typen verschieden.

1. Aus der *copla de arte menor* (4—4) stammen wohl alle diejenigen Typen der *copla real* (5—5) und der *décima antigua* (6+4; 4+6), deren 5- bzw. 6-zeilige Strophenteile sich als bloße Erweiterungen von 4-Zeilern — der Halbstrophe der *copla de arte menor* — erweisen, wie z. B. abba+b; abab+b; abab+a; abba+ab; abab+ab usw. Hierher gehört auch die bedeutendste von allen spanischen 10-Zeilerformen, die *décima espinela*, mit ihrer Gliederung abba+a c+cddc.
2. Ebenfalls schon im Cancionero de Baena findet sich ein Typ der *décima antigua*, dessen 6-zeiliger Strophenteil sich in zwei Tercetos gliedert: aab aab bccb.[230] Deutlicher noch tritt diese Gliederung in den späteren Cancioneros zutage, als der 6-zeilige Strophenteil noch ein drittes Reimelement hinzunahm: abc abc. Diese 6-Zeiler sind ihrer Herkunft nach Halbstrophen aus geläufigen 12-Zeilertypen (aab aab aab aab; abc abc def def).
3. Umstritten ist die Herkunft der Basis abaab in der *copla real*. Als einmalige Ausnahme begegnet sie in der charakteristischen Verbindung mit einem genau gleichgebauten zweiten Strophenteil (abaab cdccd) erstmals in dem Gedicht Nr. 471 des Cancionero de Baena. Durch eine Anspielung auf die Schlacht von Olmedo (1445) ist es datierbar und erweist sich als eine der spätesten Dichtungen dieses Cancioneros. Als Verfasser wird ein Juan de Viena angegeben, dessen

---

[226] S. u. *copla de arte mayor* und *copla de arte menor*.

[227] Vgl. Le Gentil, *Les Formes*, S. 65 und Anm. 211 (darnach nur zwei gültige Beispiele.)

[228] Vgl. Le Gentil, a. a. O. S. 65–84.

[229] Vgl. die Zusammenstellung bei Le Gentil, a. a. O. S. 66.

[230] Canc. Baena Nr. 1 und 210 (mit verschiedener Verteilung der quebrados.) — Nr. 1 ist in der Ausgabe Ochoa-Pidal (Madrid 1851) als 8-Zeiler gesetzt und ist entsprechend auseinanderzunehmen:

Generosa
Muy fermosa
Syn mansilla Virgen santa...

Name vielleicht als Juan de Mena zu lesen ist. Wie dem auch sei; jedenfalls war es Juan de Mena, der diesen Typ zur Lieblingsform seiner 10-Zeiler machte, und seinem Vorbild ist es wohl zuzuschreiben, daß das Schema abaab cdccd die bevorzugte Form der *copla real* im 15. Jahrhundert wurde. Tomás Navarro betrachtet sie als bloße Erweiterung des 8-Zeilers (4—4).[231] Nach ihm wäre also die Basis abaab durch Erweiterung eines 4-Zeilers (a+baab) entstanden. Danach würde sich ihre Herkunft nach Ziffer 1. erklären. Organischer scheint mir jedoch die Erklärung von P. Le Gentil zu sein, der die Basis abaab als einfache Verkürzung der Halbstrophe des 12-Zeilers ([a] abaab) und damit die *copla real* der Gliederung 2×5 letztlich als verkürzten 12-Zeiler betrachtet. Für diese Auffassung sprechen verschiedene Gründe. Wie unter Ziffer 2. auszuführen war, wurde zur Bildung der *décima antigua* tatsächlich auch die Halbstrophe des 12-Zeilers verwendet. Der 6-Zeiler aab aab als Basis des 12-Zeilers ist schon im Cancionero de Baena zehnmal belegt.[232] Juan de Mena, der wohl als Erfinder dieser neuen Form des 10-Zeilers zu gelten hat, verwendet die Basis abaab u. a. auch in einem 11-Zeiler ([a] abaab cde cde)[233], der offensichtlich nur ein verkürzter 12-Zeiler ist.[234] Auch die Wiederholung der gleichen Reimabfolge in beiden Strophenteilen der *copla real* (2×5) widerspricht nicht ihrer Ableitung aus dem 12-Zeiler (bzw. 11-Zeiler, der als Zwischenstufe gelten kann), da auch hier die völlig symmetrische Anordnung der Reime in beiden Strophenteilen üblich war.[235] Angesichts dieser Argumente, die sich auch durch analoge strukturelle Vorgänge in Frankreich stützen lassen,[236] ist die Herleitung der *copla real* des Typs abaab cdccd aus dem 12-Zeiler wohl die wahrscheinlichere.

Die *décima antigua* spielt eine im ganzen geringere Rolle und geht, von der moderneren *copla real* verdrängt, gegen Ende des 15. Jahrhunderts stark zurück. Die Erinnerung an sie lebt in der syntaktischen Gliederung der *décima espinela* fort.

---

[231] „*No puede ofrecer duda que la copla de 5—5 se formó sobre el antiguo modelo de la de 4—4.*" *Métrica*, S. 108–109.

[232] Stellennachweise bei Le Gentil, *Les Formes*, S. 93.

[233] Canc. siglo XV, Nr. 16.

[234] Le Gentil, (a. a. O. S. 77) verweist auf Canc. Baena Nr. 506, wo der 11-Zeiler abaab bbabba unter 12-Zeilern gleicher Bauart (a + abaab bbabba) auftritt. Dadurch dürfte als bewiesen gelten, daß der 11-Zeiler nur als verkürzte Variante des 12-Zeilers betrachtet wurde. — Der 8-Zeiler der Ausgabe Ochoa-Pidal ist entsprechend auseinanderzunehmen.

[235] Vgl. aab aab aab aab im Canc. Baena Nr. 327, 328, 463 und die sogenannte *estrofa manriqueña* abc abc de*f* de*f*.

[236] Vgl. Le Gentil, a. a. O. S. 77–78.

Seit ihrem Aufkommen um die Mitte des 15. Jahrhunderts ist die *copla real* in ihren beiden Bauformen (2×5 und 5+5) der führende Typ unter den 10-Zeilern in der Lyrik (Canc. Stúñiga, Canc. General, Canc. Herberay).[237] Ohne stärkere Beeinträchtigung überlebt sie auch die Einführung der italienischen Formen. Dichter wie Castillejo, Montemayor, Horozco u. a. pflegen sie mit besonderer Vorliebe. Um die Mitte des 16. Jahrhunderts wird sie in der Gliederung 5+5 durch Lope de Rueda und Pedro de Naharro in die dramatische Dichtung eingeführt. Hier erfreut sie sich, besonders im letzten Viertel des 16. Jahrhunderts und auch noch zu Beginn des 17. Jahrhunderts sehr großer Beliebtheit (Cervantes, Artieda, Laso de la Vega u. a.).[238]

Die in Anbetracht ihres langen Fortlebens erfolgreichste Form des 10-Zeilers ist die *décima espinela*. Den Namen gab ihr Lope de Vega in *La Circe* (1624). Er bezeichnete dort den von ihm verfaßten 10-Zeiler „*Los Dioses para su guarda*" als *espinela* und fügte erklärend hinzu: „*No parezca novedad llamar espinelas a las décimas, que este es su verdadero nombre, derivado del maestro Espinel, su primer inventor, como los versos saphicos de Sapho.*"[238a] Zu wiederholten Malen hebt er ihre Erfindung durch Vicente Espinel (1550—1624), der diesen Typ unter dem Namen *Redondillas* mehrfach in seinen *Diversas Rimas* (1591) verwendet hatte, hervor und rühmt ihre Vorzüge.[239] Soweit eine Fälschung mit Sicherheit auszuschließen ist, begegnet die *espinela* aber schon vor 1571 in der *Mística pasionaria* des Sevillaners Juan de Mal Lara († 1571).[240]

An ihrem großen Erfolg in Lyrik und Theater des Siglo de oro dürfte Lope de Vega den entscheidenden Anteil haben. In seinen Comedias zwischen 1623 und 1634 ist sie so häufig wie die Redondilla.[241] An dritter Stelle nach Redondilla und Romanze figuriert sie im Theater von Tirso de Molina, Alarcón, Moreto und Calderón.

Ihren Tiefstand erreicht sie im Neoklassizismus. Ihre ursprünglich lyrische Tradition gerät in Vergessenheit. Gerardo Lobo, Iriarte und N. F. de Moratín verwenden sie in humoristischen Dichtungen, Arriaza in der Briefdichtung. Gleichzeitig geht der Sinn für ihre einmalige und

---

[237] Vgl. Lang, *Las Formas*, S. 493 und Le Gentil, a. a. O., S. 71–72.

[238] Vgl. Morley, *Strophes*, S. 529.

[238a] Lope de Vega, *La Circe con otras rimas y prosas*, Madrid 1624, S. 149. — Die Schreibung ist hier modernisiert.

[239] Zu Lopes Äußerungen über die *espinela* vgl. die Zitate und Stellenhinweise bei J. Millé y Giménez, HR V (1937), S. 40–51, besonders S. 42f. und Anm. 7; José M. de Cossío, a. a. O. S. 428f.

[240] Vgl. F. Sánchez y Escribano, *Un ejemplo de la espinela anterior a 1571.* HR VIII (1940), S. 349–351.

[241] Vgl. Morley-Bruerton, *Chronology*, S. 57–60.

unvertauschbare Form verloren. Iriarte bildete sie in 11-Silbern nach,[242] A. Lista mischte in der *espinela* Vers- und Reimarten,[243] Juan María Maury schrieb sie in 6-Silbern und stellte sie seiner Romanze *La timidez* als *estribillo* voran. Reiner erhielt sie sich in dieser Zeit in Lateinamerika.

Neu belebt wurde die *espinela* in Lyrik und Theater durch einen Teil der romantischen Dichter (Duque de Rivas, Zorilla, Núñez de Arce, Ascasubi, Rafael Pombo, u. a.). Durch die Elegía heróica; *¡Dos de Mayo!* von Bernardo López García erlangte sie Popularität. Andere Dichter dieser Epoche hingegen verwenden sie gar nicht, wie Espronceda und Bécquer, oder nur vereinzelt, wie Arolas, Echeverría, Avellaneda, Mármol, José Hernández (nur einmal in *Martín Fierro*). Wohl auf den Duque de Rivas *(La azucena milagrosa)*[244] geht die in Analogie zur *octava aguda* geschaffene *décima aguda* (aabbé ccddé) zurück, die verschiedentlich z. B. von Zorilla, Mármol, Echeverría u. a. gepflegt wurde.

Entsprechend seiner gleichbleibenderen Beliebtheit in Lateinamerika ist der reine Typ der *espinela* auch bei den modernistischen Dichtern (Salvador Rueda, Darío, Valencia, Santos Chocano u. a.) anzutreffen. Daneben werden, besonders durch den späteren Darío und durch Unamuno, bei der Gestaltung der *espinela* verschiedene Anregungen des Neoklassizismus und der Romantik wieder aufgenommen und zum Teil weiterentwickelt. So tritt z. B. neben die 11-Silber-Décima (Iriarte) eine solche aus 9-Silbern (z. B. Darío, *Balada de la bella niña del Brasil*); die *décima aguda* der Romantik erscheint in Unamunos *Quejas de la esposa* mit 5-silbigen *quebrados* in den Versen 4 und 9 (aba*bé* cdc*dé*); alternierende 11- und 5-Silber, denen sich jeweils als 5. und 10. Vers ein 7-Silber mit *agudo*-Ausgang anschließt (AbAbé : CdCdé) bilden die 10-Zeiler von *Es música el mar* in Unamunos *Romancero del destierro;* usw.

Auch aus der nachmodernistischen Dichtung Lateinamerikas ist die *décima espinela* nicht verschwunden. Als Beispiel für ihre Vitalität im spanischen Mutterland seien die *décimas* im *Cántico* von Jorge Guillén *(El pájaro en la mano)* genannt, von denen etwa die Hälfte dem klassischen Typ folgt, sowie die formstrengen *espinelas* in der *Via crucis* (1924) von Gerardo Diego.

Literatur: Le Gentil, *Les Formes*, S. 65–84 *(Le dizain)*. — D. C. Clarke, *The copla real.* HR X (1942), S. 163–165. — José M. de Cossío, *La décima antes de Espinel*, RFE XXVIII (1944), S. 428–454. — F. Rodríguez Marín, *La espinela antes de Espinel.* In seinem Buch *Ensaladilla*, Madrid 1923, S. 121–130. — D. C. Clarke, *Sobre la espinela.* RFE XXIII (1936), S. 293–304. — D. C. Clarke, *A note on the décima or espinela.* HR VI (1938), S. 155–158. —

---

[242] BAE LXIII, S. 55.

[243] Vgl. z. B. *El escarmiento*, BAE LXVIII, S. 362.

[244] BAE C, S. 448.

Juan Millé y Giménez, *Sobre la fecha de la invención de la décima o espinela.* HR V (1937) S. 40–51. — F. Sánchez y Escribano, *Un ejemplo de la espinela anterior a 1571.* HR VIII (1940), S. 349–351.

Der 12-Zeiler und die estrofa manriqueña

Der 12-Zeiler ist eine Form der 8-Silber-Dichtung. Er läuft stets auf Vollreimen. Von vereinzelten und für seine weitere Geschichte bedeutungslosen Ausnahmen im 15. Jahrhundert abgesehen, gliedert er sich in zwei Sextillen, deren jede wiederum aus zwei (meist gleichgebauten) Tercetos besteht. Innerhalb dieses Rahmens ergeben sich zahlreiche Variationsmöglichkeiten, einerseits durch Zahl und Stellung der Reime und *quebrados*, andererseits durch die Freiheit, in beiden Strophenhälften die gleiche Reimfolge beizubehalten (2×6) oder sie zu verändern (6+6).[245]

Die wichtigste und erfolgreichste Variante ist die sogenannte *estrofa manriqueña*. Sie kommt um die Mitte des 15. Jahrhunderts auf und leitet einen neuen Abschnitt in der Geschichte des 12-Zeilers ein. Die Darstellung ihrer Vorgeschichte wird Gelegenheit geben, auch die nötigsten Hinweise zu den anderen 12-Zeiler-Typen zu geben.

Die *estrofa manriqueña* gehört zu der Gruppe der *coplas de pie quebrado.*[246] Sie gliedert sich in zwei streng symmetrische 6-Zeiler. Da keine Reimbindung zwischen den beiden Strophenhälften besteht, wird die Einheit der Strophe nur syntaktisch und sinngemäß gewährleistet durch die regelmäßige *pausa media* am Ende der 6. Zeile, während die Strophe selbst durch *pausa mayor* abgeschlossen wird. Jeder der beiden 6-Zeiler gliedert sich wiederum in zwei streng symmetrische 3-Zeiler, deren letzter Vers immer ein *quebrado* ist. Auch die Tercetos innerhalb der Strophenhälften werden durch eine rhythmische Pause getrennt, die jedoch schwächer ist als die *pausa media* nach der 6. Zeile. Der *quebrado* darf nur dann 5-silbig sein, wenn er durch Synaphie oder Kompensation auf 4 Silben reduziert werden kann.

Die Zahl der Reimelemente beläuft sich auf sechs, in jeder Strophenhälfte drei. Innerhalb des Tercetos gibt es keine Reimentsprechung, vielmehr reimen innerhalb der einzelnen Strophenhälften die jeweils gleichen Zeilen der 3-Zeiler miteinander (korrelative Anordnung).

---

[245] Einen umfassenden Überblick über die 12-Zeiler-Typen des 15. Jahrhunderts bietet die Zusammenstellung bei Le Gentil, *Les Formes*, S. 93–96.

[246] Vgl. D. C. Clarke, *The fifteenth century copla de pie quebrado.* HR X (1942), S. 340–343.

Beispiel:

	Schema:	
Nuestras vidas son los ríos	a8	
que van a dar en la mar	b8	
que es el morir:	c4	(Kompensation)
allí van los señoríos	a8	
derechos a se acabar	b8	
y consumir;	c4;	(Kompensation)
allí los ríos caudales,	d8	
allí los otros, medianos	e8	
y más chicos,	f4	
allegados son iguales:	d8	
los que viven por sus manos	e8	
y los ricos.	f4	

(J. Manrique, *Coplas por la muerte de su padre*, Str. 3)

Geschichtliches: Die frühesten Belege für die 12-Zeiler in Spanien finden sich im Cancionero de Baena, der dafür etwa 15 Beispiele in 9 Varianten bietet.[247] Vier davon scheiden für die Vorgeschichte der *estrofa manriqueña* von vorneherein aus, da sie unsymmetrisch (5+7; 7+5; 3×4) gebaut sind. Doch auch die restierenden Varianten haben mit der später erfolgreichen Form des 12-Zeilers nicht mehr als die symmetrische Gliederung gemeinsam. Mit einer einzigen Ausnahme, die Drei-Reimigkeit zeigt, laufen sie alle auf zwei Reimen und keine einzige von ihnen hat die *quebrados* an der für die *estrofa manriqueña* charakteristischen Stelle am Ende jedes Tercetos. Der im Cancionero de Baena mit 6 Belegen führende Typ *(aa*b *aa*b *bb*a *bb*a*)*[248] zeigt ausgesprochen altertümliches Gepräge. Von der nicht ins Gewicht fallenden Reimumstellung in der zweiten Strophenhälfte abgesehen, ist er identisch mit einer der ursprünglichsten Formen romanischer Lyrik, nämlich mit dem *rhythmus tripertitus caudatus* oder der Schweifreimstrophe.[249] Mit seiner Gliederung 448 448 usw. bildet er die gerade Umkehrung der *copla de pie quebrado* in der *estrofa manriqueña* (884 884 usw.). Der evoluiertere Typ der Schweifreimstrophe, der den *quebrado* jeweils in die Mitte des 3-Zeilers stellt (a*a*b a*a*b a*a*b a*a*b) erscheint konsequent durchgeführt nur in drei Beispielen.[250]

---

[247] Vgl. die Zusammenstellung der einzelnen Typen (mit Stellenangaben) bei P. Le Gentil, a.a.O. S. 93.

[248] Nr. 99, 100, 101, 506, 510, 513.

[249] Zu Begriff und Herkunft der Schweifreimstrophe *(strophe couée)*, vgl. A. Jeanroy, *Origines*, S. 364ff. und Suchier, *Verslehre*, S. 188.

[250] Canc. de Baena, Nr. 327, 328, 463. — Die angeführten Nummern erscheinen in der Ausgabe Ochoa-Pidal (1851) als 8-Zeiler und sind entsprechend auseinanderzunehmen.

Die Herkunftsfrage der hier in Rede stehenden 12-Zeiler-Typen ist im einzelnen schwer zu klären, da das Prinzip der Schweifreimstrophe in allen romanischen Literaturen des Mittelalters verbreitet ist. Immerhin aber scheinen die Einzelübereinstimmungen mit Frankreich besonders auffällig.[251]

Von den 12-Zeilern des Cancionero de Baena unterscheidet sich die *estrofa manriqueña* durch zwei wesentliche Neuerungen:
1. Sie erhöht die Zahl der Reime auf sechs,
2. sie rückt den *quebrado* an das Ende eines jeden Tercetos.

Durch die gleichzeitige Verbindung dieser beiden Eigentümlichkeiten ist sie neu und originell. Weder innerhalb noch außerhalb Spaniens findet sich für sie ein genau entsprechendes Vorbild. Wohl aber gibt es verwandte Formen, die als mögliche oder wahrscheinliche Vorstufen in Betracht gezogen werden können.

Für eine rein spanische Entwicklung tritt Tomás Navarro ein. Er betrachtet die *estrofa manriqueña* als eine *reelaboración* der (selbständigen) Sextillen aa*b* aa*b* — cc*d* cc*d* usw. in den *Gozos de Santa María* des Arcipreste (34—43).[252] Stellt man sich auf den Standpunkt, daß eine bloße Anregung genügte, so mag diese Hypothese hinreichen, denn sie erklärt die neuartige Placierung der *quebrados* in der *estrofa manriqueña* und damit deren hauptsächliches Problem. Der Übergang von aa*b* zu abc bietet in einer Zeit, da die Vermehrung der Reime ein charakteristisches Merkmal der spanischen Dichtung ist, keine besonderen Schwierigkeiten. — Die Schwäche dieser These beruht in der äußerst schmalen Basis, auf die sie sich stützt; denn der zugrundegelegte Sextilla-Typ ist — soweit ich sehe — vor der Mitte des 15. Jahrhunderts nur ein einziges Mal, nämlich an der angezogenen Stelle, belegbar.[253]

Auf erheblich reicheres und auch zeitlich näherliegendes Material kann sich hingegen P. Le Gentil berufen, der entscheidenden französischen Einfluß auf die Ausprägung der *estrofa manriqueña* annimmt.[254] Der 12-Zeilertyp aa*b* aa*b* aa*b* aa*b*, den er — ähnlich wie Tomás Navarro — als Ausgangspunkt ansetzt, ist in Frankreich nicht ein isolierter Fall, sondern im 15. Jahrhundert die typische Strophe des *Lai* und dementsprechend häufig. Eine wichtige Stütze erhält diese von vorneherein breiter fundierte These auch noch durch Parallelen thematischer Natur. Durch Vermischung mit der *Complainte* war die 12-zeilige Strophe in Frankreich zur charakteristischen Form der Trauer- oder Klagedichtung

[251] Vgl. Le Gentil, a. a. O. S. 93.
[252] Vgl. *Métrica*, S. 113, Anm. 19
[253] Vgl. auch oben den 6-Zeiler.
[254] *Les Formes*, S. 95–100.

geworden. Es ist daher wohl schwerlich ein Zufall, daß das erste spanische Zeugnis für den neuen 12-Zeiler-Typ seinem Inhalt nach eine *Complainte d'amour* ist und daß die Dichtung, durch die die *estrofa manriqueña* berühmt wurde, eine Totenklage darstellt.

Als Erfinder der neuen 12-Zeilerform gilt Juan de Mena (1411—1456), der um die Mitte des 15. Jahrhunderts in dem Gedicht Nr. 34 des Cancionero Siglo XV *(El fuego mas engañoso)* das wohl erste Beispiel dafür bietet. Der neue Typ verbreitet sich rasch und wird die vorherrschende Form der *copla de pie quebrado*, wie Âlvarez Gato, Guevara, Tapia u. a. zeigen, ohne jedoch die älteren 12-Zeilerformen des Canc. de Baena völlig zu verdrängen. Auf sie greift noch Juan del Encina (1468—1529) in seiner Vorliebe für antiquierte Formen zurück. Lediglich der Strukturtyp 448 448 usw. ist um die Jahrhundertmitte ganz verschwunden. Seinen Ruhm und sein langes Fortbestehen verdankt der neue Typ der Verwendung in den bekannten *Coplas por la muerte de su padre Rodrigo* des Jorge Manrique (1440—1479). Von hier leitet er seine Bezeichnung *estrofa manriqueña* ab.

Im frühen 16. Jahrhundert zeigen der Cancionero General mit den 150 *estrofas manriqueñas* des *Diálogo entre la miseria humana y el consuelo* von Francisco de Castilla[255] und eine Dichtung ähnlicher Dimensionen von Ximénez de Urrea[256] die wohl umfänglichste Verwendung dieser Strophenform. Während später unter dem Einfluß der aus Italien kommenden 11- und 7-Silber-Kombinationen die einheimische *quebrado*-Dichtung allgemein zurückging, vermochte sich die *estrofa manriqueña* am relativ besten zu behaupten; doch geht ihre strophische Einheit zugunsten selbständiger, genau gleichgebauter 6-Zeiler (die in Erinnerung an die einstige Einheit immer in gerader Strophenanzahl auftreten), mehr und mehr verloren. In den metrischen Traktaten des Siglo de oro ist sie das meist zitierte Beispiel für die *copla de pie quebrado.*[257] Praktisch wird sie gepflegt von *poetae minores* wie Jerónimo de Cáncer, Francisco de Trillo y Figueroa, Juan de Horozco u. a.

Nachdem in Auswirkung von Luzáns *Poética* (1737) um die Mitte des 18. Jahrhunderts die *quebrado*-Dichtung überhaupt so gut wie verschwunden war, erlebt sie — und mit ihr vor allem die *estrofa manriqueña* — eine neue Blüte in der Romantik (Espronceda, Zorilla, Avellaneda, Arolas, Echeverría, Mármol u. a.). Neben der Standardform begegnen auch verschiedene, z. T. ebenfalls alte Varianten.[258]

---

[255] II, S. 389ff. (Apéndice Nr. 119).

[256] Cancionero (ed. Villar, Zaragoza 1878). S. 58–77.

[257] Zur Behandlung der *copla de pie quebrado* in den Poetiken des Siglo de oro, vgl. E. Díez Echarri, *Teorías*, S. 209f. (mit Stellenangaben).

[258] Vgl. zu Einzelheiten T. Navarro, *Métrica*, S. 348 und Anm. 12.

Schon durch den Modernismus nicht übernommen, ist die *estrofa manriqueña* heute in Vergessenheit geraten.

Literatur: Le Gentil, *Les Formes*, S. 92–100 und S. 195ff. — T. Navarro, *Métrica*, S. 67, 113, 348. — D. C. Clarke, *The fifteenth century copla de pie quebrado*. HR X (1942), S. 340–343.

FORMEN FESTER BAUART

Vorbemerkungen

Unter *Formen fester Bauart* seien strophische und nichtstrophische Dichtungen verstanden, deren Struktur einem festliegenden, ursprünglich durch die Melodie bestimmten Bauprinzip folgt, das im Unterschied zu den freien Strophen durch die Zahl der Verszeilen nicht hinreichend erfaßt werden kann. Der Herkunft nach handelt es sich hierbei um Lieddichtung, im besonderen um Tanzlieder, deren Vortrag sich auf Vorsänger und Chor verteilte. Den Erfordernissen dieser Vortragsart und den Prinzipien der mittelalterlichen Musik entsprechend, zeigen die Formen fester Bauart die folgende Grundstruktur[1]:

Estribillo	*Mudanzas*		*Vuelta*	*Estribillo*
AA	b	b	b a	AA
$\alpha\beta$	γ	γ	α β	$\alpha\beta$
Refrain	Stollen	Gegenstollen	Strophenabschluß	Refrain
ripresa	I^0 piede	II^0 piede	cauda, sirima.	
	fronte			
	Strophe, copla			
Chor	Vorsänger			Chor

Zur Interpretation des Paradigmas, das hier gleichzeitig auch mit der Terminologie vertraut machen soll, s. u. *estribote*-Form.

Mit fortschreitender metrischer und musikalischer Entwicklung erfuhr dieses Schema zahlreiche Abwandlungen metrischen Charakters, von denen einzelne sich ihrerseits zu neuen Grundtypen individualisiert haben. Während der Refrain beim Übergang vom Wechselgesang zum Solo-Vortrag seine ursprüngliche Funktion verlor und damit entbehrlich wurde — man stellte ihn z. B. als Themenangabe nur einmal an den Anfang des Gedichtes, man erweiterte oder verkürzte ihn, man gliederte

[1] Schema nach Le Gentil, *Les Formes*, S. 212.

ihn in den Strophenkörper ein oder verzichtete auch völlig auf seine Verwendung —, behielt die Strophe selbst die charakteristische Dreiteilung in zwei streng symmetrische *mudanzas* und in eine *vuelta* bei. Abweichungen von dieser Strophenstruktur treten erst auf, nachdem und soweit auch die Formen fester Bauart zur reinen Sprechdichtung geworden sind. Diese Dreiteilung ist es, die das schlichteste *estribote* mit der kunstvollsten petrarchistischen Canzone verbindet und beide nur als graduell verschiedene Ausformungen des gleichen Strukturprinzips ausweist.

Die Formen fester Bauart in der spanischen Metrik lassen sich in zwei Gruppen einteilen:

A) Mittelalterliche Formen. Hierher gehören die obengenannte Grundform und ihre nächsten Verwandten, das *villancico* und die mittelalterliche *canción*. Angegliedert werden *glosa* und *cosante*.

B) Formen und Ableitungen der Renaissance-Canzone und Verwandtes. Die hier einschlägigen Formen haben ihre entscheidende Entwicklung in Italien durchgemacht und wurden in der Renaissance von dort übernommen.

Mittelalterliche Formen

Zur Terminologie

Eine Schwierigkeit für die Darstellung der mittelalterlichen festen Formen in Spanien bildet die teils unklare, teils programmatisch-einseitige Terminologie.

Im Mittelalter, als die in Rede stehenden Formen lebendig waren, hatte man für sie lange keine spezifisch metrischen Bezeichnungen. Wesentlich gleiche Formen werden in den einzelnen Cancioneros bald als *cantigas* — bei Juan Ruiz auch als *cánticas* —, bald als *estribotes*, *villancicos* und *canciones* rubriziert. Diese verschiedenen Namen wurden wohl hauptsächlich mit Rücksicht auf Inhalt und jeweilige Stilhöhe gewählt. In metrischer Hinsicht scheint allein das *estribote* schon früh fixiert gewesen zu sein, weswegen es bereits im Cancionero de Baena gelegentlich zur Bestimmung der metrischen Form (z. B. *desfecha por arte de estribote)* benutzt wurde.[2] Sein terminologischer Gebrauch hat sich aber nicht durchgesetzt, da es im Bewußtsein der Dichter gleichzeitig zu stark auf derben Spottlied-Charakter festgelegt war. In den Bezeichnungen *villancico* und *canción*, die erst nach der Mitte des 15.

[2] Zur Frage der Etymologie und der Bedeutungsentwicklung von *estribote* s. Le Gentil, *Les Formes*, S. 224ff. (mit Bibliographie in den Fußnoten). — Vgl. auch Corominas, *Diccionario etimológico de la lengua Castellana*. Bd. II, Bern 1954, s. v. *estrambote*.

Jahrhunderts in den Rubriken erscheinen, mischen sich ebenfalls metrische und inhaltliche Gesichtspunkte.

Demgegenüber hat die moderne Forschung hinsichtlich der Unterscheidung von *villancico* und *canción* größere Klarheit geschaffen, ihre gemeinsame Ausgangsform aber hat auch heute noch keinen einheitlichen Namen. Je nach der Interpretation dieses Grundschemas spricht die eine Forschungsrichtung von *zéjel*, die andere von *rondeau-virelai-Typ*, womit in beiden Fällen ein Bekenntnis zu einer bestimmten Herkunftstheorie abgelegt wird. Als neutrale Bezeichnung und in Anlehnung an die Terminologie des Cancionero de Baena[3] soll im folgenden für die einfache Grundform der Ausdruck *estribote-Form* in rein metrischem Sinne gebraucht werden.

Die Estribote-Form

Unter *estribote*-Form soll — wie oben dargelegt — das folgende metrische Schema verstanden werden:

AA bbba AA ccca AA ddda AA usw.

(AA = Refrain)

Wie ersichtlich beginnt das Gedicht mit einem Refrain *(estribillo)*. Er wird nach jeder Strophe wiederholt und gibt gleichzeitig das Thema an, das in den Strophen behandelt (‚glossiert') wird. Durch die Einreimigkeit der jeweils ersten drei Zeilen und die konstant mit dem Refrain reimende vierte Zeile ist die Strophe einprägsam charakterisiert.

Ihre Struktur wird im wesentlichen auf zwei Arten gedeutet.

a) Gestützt auf das metrische Schema, behaupten die Verfechter der sogenannten arabischen Theorie die Identität der *estribote*-Form mit der typischen Form des arabischen *Zadschals*.[4] In der Tat beginnt das Zadschal mit einem Eingangsthema *(matla)*, das dem *estribillo* entsprechen könnte. Ob es freilich nach Art des romanischen Refrains im Zadschal nach jeder Strophe wiederholt wurde, ist nicht nachweisbar, da alte authentische Zadschal-Melodien fehlen. Aus dem gleichen Grund ist auch die musikalische Gliederung der Zadschal-Strophe *(estrofa zejelesca)* umstritten. Angesichts der in der arabischen Lieddichtung verbreiteten Übung, das metrische und das musikalische Schema genau symmetrisch zu konstruieren, darf man annehmen, daß die drei einreimigen Zeilen (arab. *simt*) musikalisch und damit auch strukturell zusammengehörten, während die 4. Zeile *(kufl)*

[3] Vgl. H. R. Lang, *Las Formas*, S. 514.

[4] Die heute übliche spanische Transkription lautet *zéjel*. Sie geht auf Julián de Ribera zurück.

wohl eine Melodie des Eingangsthemas aufnahm. Schematisch sieht die Gliederung des Zadschals wie folgt aus:

matla	*simt*	*kufl*	(*matla?*)	
AA	bbb	a	(AA)	ccca usw.
estribillo	mudanzas	vuelta		

b) Die vermeintliche Zadschal-Form in der mittelalterlichen romanischen Dichtung wird von den nicht arabistisch ausgerichteten Forschern, besonders von den Musikwissenschaftlern, als *rondeau-virelai*-Typ erklärt. Für diesen aus romanischen Grundlagen ableitbaren Typ sind alte Melodien überliefert, aus deren musikalischer Struktur sich folgende Interpretation des metrischen Schemas ergibt:

Refr.	1. Mud.	2. Mud.	vuelta	Refr.
AA	b	b	ba	AA
$\alpha\beta$	γ	γ	$\alpha\beta$	$\alpha\beta$

Die Wiederholung des Refrains ist im Unterschied zum arabischen Zadschal ausdrücklich bezeugt. Damit ist sichergestellt, daß hier die *vuelta* die Aufgabe hat, den Refrain anzukündigen. Das geschieht auf doppelte Weise: a) metrisch dadurch, daß der letzte *vuelta*-Vers mit dem Refrain Reimbindung hat; b) musikalisch dadurch, daß die *vuelta* die gesamte Refrain-Melodie bringt. Aus dem Schema ist ersichtlich, daß sich die metrische Abfolge bbb im *rondeau-virelai*-Typ musikalisch — und damit strukturell — in Stollen und Gegenstollen (b ⋮ b) gliedert, während die 3. der einreimigen Zeilen in den Strophenabschluß gehört (ba). In musikalischer Hinsicht hat diese Zeile die Melodie des 1. Refrainteils (α), metrisch stellt sie durch Verwendung des gleichen Reimelements (b) die Verbindung mit den Mudanzas her. Dadurch entsteht die für die *estribote*-Form und auch für das *villancico* charakteristische Asymmetrie zwischen metrischem und musikalischem Bau. Diese Strukturunterschiede gegenüber dem Zadschal lassen eine Filiation der romanischen aus den arabischen Formen zweifelhaft erscheinen.

Hinsichtlich der Versarten besteht in den spanischen Formen Freiheit. Zwar überwiegen die 8- und 6-Silber, doch begegnen auch 9- und 10-Silber sowie der Alexandriner. Silbische Schwankungen sind — besonders in den *estribillos* — keine Seltenheit.

Beispiel:

Beispiel	Schema:
Dicen que me case yo:	A
no quiero marido, no.	A
Más quiero vivir segura	b
n'esta sierra a mi soltura,	b
que no estar en ventura	b
si casaré bien o no.	a

Dicen que me case yo: A
no quiero marido, no. A
usw. (Gil Vicente)

Thematisch ist die *estribote*-Form nicht gebunden. Sie findet sich in den *Cantigas de Santa María* von Alfons dem Weisen und wird nach dessen Vorbild auch in Kastilien als Form religiöser Dichtungen verwendet. Meist aber behandelt sie Liebesthemen. Unter dem Namen *estribote* ist sie bis in die Mitte des 15. Jahrhunderts volkstümlich-satirischen Inhalts. Bis zu ihrer Weiterentwicklung im *villancico* (s. d.) galt sie wohl hauptsächlich als volkstümliche Form. Bei den Kunstdichtern der Cancioneros erscheint sie daher nur vereinzelt, tritt hingegen in eindrucksvoller Zahl im Cancionero musical auf.

Geschichtliches: Die Ursprungsfragen werfen viele ungelöste Probleme auf, über die die wissenschaftliche Diskussion noch in vollem Gange ist. Hier können für ein tieferes Eindringen in diese schwierige, oft sehr nuancierte und durchwegs hypothetische Materie nur der bibliographische Zugang und eine allgemeine Orientierung geboten werden. Die Einzelerörterung der verschiedenen Meinungen muß den einschlägigen Spezialuntersuchungen vorbehalten bleiben.

Für die arabische Seite des Problems ist auszugehen vom Muwaššah. Dieses wurde nach übereinstimmender Bezeugung verschiedener arabischer Schriftsteller in der 2. Hälfte des 9. Jahrhunderts von einem Dichter aus Cabra bei Córdoba erfunden, der bald als Muhammad ibn Malmud, bald als Muqaddam ibn Muafa benannt wird. Die ältesten bisher aufgefundenen Muwaššahs stammen aus der Wende des 10. zum 11. Jahrhundert. Ihre Grundform ist:

AA bbbaa cccaa usw.

Die Zahl der Strophen ist auf 5—7 beschränkt. Die Sprache des Muwaššah ist im Prinzip das klassische Arabische; doch erscheint der als Inhaltsgipfel gestaltete Abschluß des ganzen Gedichtes, die sogenannte *kharǧa* (span. *jarchya*) regelmäßig entweder in flexionslosem Vulgärarabisch, in einer arabisch-romanischen Mischsprache oder überhaupt in Romanisch, wobei schon der Erfinder des Muwaššah romanische *kharǧas* verwendet haben soll.

Nach übereinstimmender, wenn auch später Bezeugung durch Ibn Bassam aus Santarem in Portugal sowie durch den Ägypter Ibn Sana al-Mulk (beide 12. Jahrhundert) soll die *kharǧa* schon vor der Abfassung des Muwaššah vorliegen, da auf ihr das ganze Gedicht aufzubauen ist.[5]

[5] Die wichtige Stelle aus Ibn Bassam ist zusammen mit ihren bisherigen Deutungen im Urtext und in deutscher Übersetzung angeführt in dem ein-

Über die Art, wie man sich diese Präexistenz der *kharǧas* gegenüber den Muwaššahs vorzustellen hat, machen die arabischen Schriftsteller zwar keine genauen Angaben, doch zeigt die Praxis, daß man vielfach die *kharǧa* nach Art eines Zitates von einem anderen Dichter übernahm, wobei es wohl sogar eine Art Wander-*kharǧas* gegeben hat. In anderen Fällen dürfte sie der Muwaššah-Autor für eine bestimmte Gelegenheit selbst gedichtet oder doch wenigstens umgedichtet haben. Endlich wird man bei den *kharǧas*, die durch ihren Frauenliedcharakter im Rahmen der üblichen Thematik der arabischen Lyrik fremd wirken, an Reste oder wenigstens Reflexe einer bodenständigen romanischen Dichtung denken dürfen. Ob aber die einheimische romanische Lyrik die Araber zur Erfindung des Muwaššah angeregt hat, ist hypothetisch, wenn es auch bemerkenswert bleibt, daß diese neue arabische Form in Andalusien erfunden wurde. Im besonderen besteht gerade in metrischer Hinsicht kein einleuchtender Zusammenhang zwischen den meist in *seguidilla*- und *redondilla*-artigen Formen erscheinenden romanischen *kharǧas* und der typischen Muwaššah- oder Zadschal-Strophe. Bisher ist keine romanische *kharǧa* bekannt, die in der *estrofa con vuelta* (bbba) oder auch nur in einem einreimigen Dreizeiler — den vermutlichen Urformen der rom. Lyrik — geschrieben wäre. Hingegen gibt es für das Muwaššah zwar ebenfalls hypothetische, aber immerhin organischere Ableitungsmöglichkeiten aus klassisch-arabischen Formen.[6]

Was bisher für das Muwaššah gesagt wurde, gilt analogisch auch für dessen jüngere Variante, das Zadschal. In größerer Zahl begegnet es erstmals im *Diwan* (um 1152) des Ibn Quzman. Vom Muwaššah unterscheidet es sich im wesentlichen durch folgende Punkte:

1. es ist ganz in Vulgärarabisch geschrieben;
2. seine einfachste Strophenform erscheint gegenüber der Muwaššah-Strophe um einen *vuelta*-Vers verkürzt: AA bbba usw. *(estrofa zejelesca)*;
3. die Zahl seiner Strophen ist nicht auf 7 begrenzt;
4. gewöhnlich hat es keine *kharǧa*.

Der relativ einheitlichen und heute besonders durch die spanische Forschung stark in den Vordergrund tretenden „arabischen" Theorie steht eine Vielzahl von Ableitungsversuchen aus mittellat. liturgischen und profanen bzw. aus primitiven romanischen Ausgangsformen gegenüber. Eine zusammenfassende und eingehende kritische Unterrichtung

---

gehenden Forschungsbericht von Klaus Heger, *Die bisher veröffentlichten Harǧas und ihre Deutungen*. ZRPh Beiheft 101, Tübingen 1960, S. 179ff.

[6] Vgl. E. García Gómez, *La lírica hispano-árabe y la aparición de la lírica románica*. Al-Andalus, XXI (1956), S. 303–338.

über diesen ganzen Fragenkomplex bietet mit sehr reicher Bibliographie P. Le Gentil in seinem Buch *Le virelai et le villancico. Le problème des origines arabes.*[7] Bei aller Würdigung der zeitlichen Priorität und der historisch fundierten Verbreitungsmöglichkeiten, auf die sich die sog. arabische Theorie stützen kann, ist nicht zu vergessen, daß die in Rede stehende Form, soweit sie in romanischen Dichtungen verwendet wird, „*se laisse rattacher sans effort aux formes les plus primitives de la poésie latine, religieuse ou profane*".[8] Vor allem aber ist, wie oben bereits angedeutet, noch keineswegs bewiesen, daß die in Rede stehenden arabischen und romanischen Formen über den äußeren Anschein ihres metrischen Schemas hinaus auch strukturell identisch sind.

Einige Hinweise zur Verbreitung der *estribote*-Form in Spanien wurden bereits oben gegeben. In romanischer Dichtung erscheint sie auf der iberischen Halbinsel erstmals in den *Cantigas de Santa Maria* Alfons' des Weisen, in kastilischer Dichtung erstmals beim Arcipreste. Nach einer gewissen Beliebtheit als volkstümliche oder popularisierende Form von der Mitte des 15. bis ins 16. Jahrhundert[9] begegnet sie bis heute nur in sehr sporadischen Zeugnissen.

Literatur: Zur sachlichen und bibliographischen Orientierung über die verschiedenen Ursprungsthesen (arab., roman., liturg., Musik und Tanz) s. P. Le Gentil, *Le virelai et le villancico. Le problème des origines arabes.* Collection Portugaise, Bd. IX, Paris 1954 (Bibliogr. S. 251–265). — Ders., *Les Formes*, S. 209–243. — Über den gegenwärtigen Forschungsstand hinsichtlich der *kharǵas* unterrichtet zusammenfassend Klaus Heger, *Die bisher veröffentlichten Harǵas und ihre Deutungen*, Tübingen 1960 (Beiheft ZRPh Bd. 101).

Das Villancico

Das *villancico* ist ein strophisches Gedicht zwar fester Bauart, aber variabler metrischer Form, wobei die einzelnen Sammlungen, Epochen und Autoren dieser oder jener Gestaltung den Vorzug geben. Seine konstanten Strukturelemente sind — wie bei der *estribote*-Form und der *canción* — ein Eingangsrefrain *(cabeza, villancico, letra de invención, tema, estribillo)* und die dreigeteilte Strophe, die sich in zwei streng symmetrische *mudanzas* und in eine *vuelta* gliedert.

Beispiel:

Más vale trocar		A	(suelto)
Placer por dolores,	cabeza	B	
Qu'estar sin amores.		B	

[7] Paris 1954.

[8] A. Jeanroy, *La poésie lyrique des troubadours*. Paris 1934, Bd. I, S. 47 (vgl. auch Jeanroy, *Origines*, 3. Teil, Kap. II).

[9] Einzelnachweise bei Tomás Navarro, *Métrica*, S. 146ff.

Donde es gradecido Es dulce morir;	1. mudanza	c d	
Vivir en olvido Aquel no es vivir;	2. mudanza	c d;	
Mejor es sufrir	verso de enlace	d	
Passion y dolores,	vuelta	b	(Reimwort)
Qu'estar sin amores.	represa	B	
usw.	(Juan del Encina, *Ant.* V, 252)		

Im streng gebauten *villancico* besteht die *cabeza* aus 2, 3 oder 4 Versen, die gewöhnlich entweder der volkstümlichen Dichtung entnommen oder ihr nachgebildet sind. Ob sie wie ein echter Refrain nach jeder Strophe wiederholt wurden, hing wohl in erster Linie von der Vortragsart ab. Eine Wiederholung kann als unwahrscheinlich gelten, wenn bereits die *vuelta* wesentliche Teile der *cabeza* aufnahm (*represa;* vgl. obiges Beispiel). In allen übrigen Fällen ist sie denkbar, aber wohl nur in den für den Wechselgesang bestimmten (z. B. liturgischen) *villancicos* sicher, da sowohl im Einzelgesang wie im polyphonen Vortrag ein Kehrreim störend wirkt. Bei den Kunstdichtern ist die *cabeza* eine Themenangabe, die in kurzer Form Inhalt und Stimmung des ganzen Gedichtes erkennen läßt und ähnlich wie der *texto* der *glosa* (s. d.) in den einzelnen Strophen amplifiziert wird.[10]

Die beiden *mudanzas* bilden unter Verwendung neuer, von der *cabeza* unabhängiger Reime fast ausnahmslos eine Redondilla (cdcd oder cddc). Von der *vuelta* setzen sie sich durch einen Sinneinschnitt ab.

Die *vuelta* entspricht in ihrer Länge der Ausdehnung der *cabeza.* Ihr erster Vers nimmt das unmittelbar vorhergehende Reimelement der *mudanzas* auf, ihre übrigen Verse, mindestens aber der letzte, haben Reimbindung zur *cabeza.* Dafür genügt der normale Reim. An seine Stelle tritt aber häufig die Wiederholung einer oder zweier Reimwörter aus der *cabeza* und oft auch die wörtliche oder leicht veränderte Wiederaufnahme der letzten ein oder zwei Verse der *cabeza (represa).*

Von der *estribote*-Form unterscheidet sich das *villancico* durch die Redondilla-Form seiner *mudanzas*, von der *canción* durch den Verzicht auf die vollkommene Reimentsprechung zwischen *vuelta* und *cabeza.*

Die üblichen Versarten des *villancicos* sind der 8-Silber oder der 6-Silber. Ist die *cabeza* dreizeilig, so wird die mittlere Zeile oft von einem *quebrado* gebildet. In den *cabezas* erscheinen gelegentlich auch andere, z. T. fluktuierende Versarten.

---

[10] Vgl. Carvallo im *Cisne de Apolo* (1602): *Estos* (sc. pies = Strophen) *son como comento dellas* (i. e. de las cabezas), *porque les sirven de explanación, o de dilatación o interpretación.* — Diál. II, § IX.

Inhaltlich ist das *villancico* nicht eng festgelegt, doch darf man als seine hauptsächlichen Themenkreise die volkstümliche bzw. popularisierende Liebesdichtung (etwa in der Art der Pastourellen) sowie die religiöse Lieddichtung, besonders zum Weihnachtsfest *(villancicos de navidad)*, bezeichnen.

Geschichtliches: Ähnlich wie *cantiga de vilhão, pastourelle, villanelle* und *serranilla* dürfte auch *villancico* eine Wortprägung höfischer Herkunft sein, die den (echten oder vorgeblichen) volkstümlich-ländlichen Charakter der so benannten Dichtung hervorheben soll. Nach Ausweis der frühesten Belege scheint *villancico* ursprünglich nur den Refrain bezeichnet zu haben[11] und wurde erst gegen Ende des 15. Jahrhunderts als Formbezeichnung auf das ganze Gedicht übertragen. Erstmals erscheint das Wort beim Marqués de Santillana (1398—1458) als Überschrift eines Gedichtes mit wechselnden Refrains, das aber mit der Form des *villancicos* nichts zu tun hat.[12] Als metrischer Terminus den Cancioneros de Baena und de Palacio noch unbekannt — sie verwenden für die gleiche Form die Bezeichnungen *cantiga* und *canción* — setzt sich *villancico* in diesem Sinne erst im Cancionero General (1511) allgemein durch.[13]

Hinsichtlich der Ursprungsfrage herrscht in der heutigen Forschung insoferne Übereinstimmung, als man im *villancico* wohl einmütig eine metrische Weiterentwicklung der *estribote-(zéjel-)*Form (s. d.) sieht. Zur Veranschaulichung diene das folgende Schema:

	estribillo		1. mud.	2. mud.	vuelta		estribillo	
estribote:		AA	b	b	ba			AA
musikal. Struktur:	α	β	γ	γ	α	β	α	β
Villancico I:	A	BB	cd	cd	d	bb	A	BB*
Villancico II:	AB	AB	cd	cd	de	ed	AB	AB**

(*dreizeiliges Thema)
(**vierzeiliges Thema)

Auf welche Weise und unter welchen Einflüssen sich diese Entwicklung vollzogen hat, ist allerdings ein umstrittener, weil großenteils

---

[11] So z. B. bei Juan del Encina, *Arte de poesía castellana* (1496), (Cancionero, ed. E. Cotarelo y Mori, Madrid 1928, Kap. VII); *Ant.* IV, S. 42.

[12] „*Villancico a unas tres fijas suyas*" Canc. Siglo XV, Nr. 255. — Es ist nicht bekannt, wann diesem Gedicht die Bezeichnung *villancico* gegeben wurde.

[13] Zur Wortgeschichte von *villancico* vgl. Le Gentil, *Les Formes*, S. 245–247. — Eine kurze Zusammenstellung verschiedener Definitionen des *villancico* seit Juan del Encina bietet Sister M. P. St. Amour, *A study of the villancico up to Lope de Vega*. Diss. Washington D. C., 1940, S. 1–4.

hypothetischer Fragenkomplex, der hier nicht im einzelnen erörtert werden kann.[14]

Folgt man der Chronologie der Belege, so begegnen zuerst die *villancicos* mit vierzeiligem Thema und ebensolanger *vuelta*. Diesem Typ gehören die etwa 20 Beispiele aus dem Cancionero de Baena und die ebenfalls wenig zahlreichen Belege aus den übrigen älteren Sammlungen wie dem Cancionero de Stúñiga und Cancionero de Palacio an.[15] Wenn man auch die von R. Menéndez Pidal vertretene, rein kastilische Herkunft und Entwicklung des *villancicos* genauso wenig von vorneherein ausschließen darf wie man sie positiv beweisen kann, so legt doch die bis in bemerkenswerte Einzelheiten in Struktur, Inhalt und Benennung gehende Ähnlichkeit dieses Typs mit der galizisch-portugiesischen Canzone *(cantiga de refram)* den auch literarhistorisch fundierten Gedanken an einen entscheidenden Einfluß von dieser Seite nahe.[16]

Der gleichsam klassische Typ des *villancico*, der sich schon durch die 3-Zeiligkeit seiner *cabeza* sowohl von der *estribote*-Form wie auch von der *canción* augenfällig absetzt, übernimmt — ohne den vorgenannten vierzeiligen Typ ganz zu verdrängen — die Führung im Cancionero General (1511) und ganz besonders im Cancionero musical de los siglos XV y XVI. Als weitere Besonderheit dieses jüngeren Typs ist die *represa* zu nennen, die im Cancionero de Baena noch völlig fehlt, aber von gelehrten Dichtern des Cancionero musical, wie Santillana und Juan de Mena, schon seit etwa der Mitte des 15. Jahrhunderts gepflegt wird und weite Verbreitung findet, wobei wohl die *dansa am refranh* der späten Provenzalen (vielleicht durch katalanische Vermittlung) das Vorbild abgegeben hat. Über die Beziehungen dieses wichtigsten *villancico*-Typs zu den altfranzösischen und altprovenzalischen Tanzliedformen, insbesondere zum *virelai*, unterrichten eingehend die vergleichenden Studien von P. Le Gentil, *Le villancico du XVe siècle*[17] und *Le virelai et le villancico*.[18]

Villancicos mit 2-zeiliger *cabeza* (z. B.: AA bccb ba) sind seltene Ausnahmen. *Cabezas* von 7 und mehr Zeilen kommen im 17. Jahrhundert in Gebrauch.

---

[14] Vgl. dazu die unten in der Bibliographie angeführten Arbeiten.

[15] Einzelheiten und Stellennachweise bei Tomás Navarro, *Métrica*, S. 150–154.

[16] Eine sehr kurz orientierende Zusammenstellung der wichtigsten Forschungsmeinungen bis 1940 (Menéndez Pelayo, Ribera, Menéndez Pidal, Rodrigues Lapa) bei Sister Mary Paulina St. Amour, a. a. O. S. 4ff.

[17] In *Les Formes*, S. 244–262.

[18] S. u. Bibliographie.

Trotz seiner vielfach echt volkstümlichen *cabezas* und trotz seines meist schlichten Tones ist das *villancico* seiner Herkunft nach ein aristokratisches Genre, ein *pastiche littéraire*, wie P. Le Gentil sagt. Es erscheint daher durchaus erlaubt, außerkastilische Einflüsse anzunehmen. Seine einst ausschließliche Zweckbestimmung als Gesangsstück[19] berechtigt dazu, der musikalischen Struktur den Vorrang gegenüber der metrischen Gestaltung einzuräumen und daher das *villancico* mehr im Zusammenhang mit dem von Frankreich ausgehenden musikalischen Typ des *virelai* zu sehen als im Zusammenhang mit dem arabischen Zadschal oder dessen hypothetischer romanischer Ausgangsform.

Seine Blütezeit und weiteste Verbreitung erlebte das *villancico* im 16. Jahrhundert. Um statt vieler zwei repräsentative Namen anzuführen, seien Juan del Encina[20] und Santa Teresa genannt. Durch Gil Vicente fand es als lyrische Einlage Aufnahme in der dramatischen Dichtung. Montemayor und Gil Polo verwendeten es in ihren Schäferromanen. Seine Beliebtheit hält auch im 17. Jahrhundert noch an, doch tritt der sogenannte klassische Typ wie er u. a. von Cervantes[21] und Lope de Vega[22] gelegentlich gepflegt wird, gegenüber den vielfältigen Varianten, für die etwa Góngora, Quevedo und Inés de la Cruz Beispiele bieten, in den Hintergrund. Die häufige Veränderung der Proportionen zwischen den einzelnen Gedichtteilen — z. B. starke Verkürzung oder Verlängerung der *cabeza*, Verzicht auf den charakteristischen *verso de enlace* — führte schließlich zur Auflösung der *villancico*-Form. Gestützt durch die Musik haben sich die religiösen *villancicos*, besonders als Weihnachtslieder, bis ins 18. Jahrhundert lebendig erhalten.[23] Etwa seit Beginn des 18. Jahrhunderts hat das weltliche *villancico* seine Bedeutung verloren, wenngleich es bei Arriaza, Arjona, Espronceda, Juan Ramón Jiménez, García Lorca, R. Alberti u. a. in mehr oder minder strengen Formen, jedoch stets nur vereinzelt anzutreffen ist.

In den sog. *letrillas*, einer leichten, meist satirischen oder burlesken Gattung, die sich mehr durch ihren Inhalt als durch eine bestimmte metrische Gestalt charakterisiert, ist seit dem 16. Jahrhundert — vielleicht in Erinnerung an das alte *estribote* — das (in der *cabeza* oft verkürzte) *villancico* eine der gebräuchlichsten Formen. Berühmte Beispiele sind

---

[19] „*Villancico es un genero de coplas que solamente se compone para ser cantado.*" Rengifo, *Arte poetica esp.* (1592). (Ausgabe Vicens, Barcelona 1759, S. 44).

[20] S. *Ant.* V, S. 238ff. und W. Mulertt, *Lesebuch der älteren spanischen Literatur*, Halle 1927, Nr. 11.

[21] *La Galatea*, II. Buch: *En los estados de amor.*

[22] *Fuente ovejuna*, Vs. 1293–95 und 1323–29; 1687ff.

[23] Vgl. dazu besonders die Dissertation von St. Amour.

etwa Góngoras *Ande yo caliente*[24] und Quevedos *Poderoso caballero*[25], die beide dem Schema AA bccb baA(A) folgen.

Literatur: P. Le Gentil, *Le virelai et le villancico. Le problème des origines arabes.* Paris 1954. — Ders., *Le villancico du XV*^{e} *siècle* in *Les Formes*, S. 244–262. — Isabel Pope, *Musical and metrical form of the Villancico. Notes on its development and its rôle in music and literature in the 15th century.* Annales musicologiques II (Paris 1954), S. 189–214 (bes. musikgeschichtlich orientiert; Bibliographie). — Daniel Devoto, *Poésie et musique dans l'oeuvre des vihuelistes: Les villancicos.* Annales musicologiques IV (1956), S. 96ff. M. Rodrigues Lapa, *O vilancico galego nos seculos XVII e XVIII.* Lisboa 1936. — Sister Mary Paulina St. Amour, *A study of the villancico up to Lope de Vega: its evolution from profane to sacred themes, and specifically to the Christmas Carol.* Diss. Washington, D. C. 1940.

Die mittelalterliche Canción

Die mittelalterliche *canción*, in der modernen Terminologie auch *canción trovadoresca* genannt, hat mit den oben besprochenen Dichtungen fester Form die musikalische Struktur und damit die Gliederung in ein Eingangsthema und in eine dreigeteilte Strophe, bestehend aus zwei symmetrischen Stollen *(mudanzas)* und einem Strophenabschluß *(vuelta)*, gemeinsam. Ihre formale Besonderheit beruht vor allem in der vollkommenen Parallelität zwischen dem musikalischen Bau und dem Reimschema.

Beispiel:

Struktur:		Schema:	Melodie:
tema	*Sabe Dios quanto porfio*	a	α
	por vos poder desamar;	b	
	mas no me puedo tirar	b	
	de ser mas vuestro que mio.	a	
1. mud.	Por vos fallar tan ingrata	c	β
	y contra de mi plazer,	d	
2. mud.	querria non vos querer,	d	β
	pues esto solo me mata.	c	
vuelta	Pero soy tornado rio,	a	α
	que no me puedo tornar	b	
	aunque quiero, nin *tirar*	b	
	de ser vuestro mas que mio.	a	

(Gómez Manrique, Canc. Siglo XV, Nr. 332)

Das Eingangsthema wird in der Regel von einer Redondilla (abba oder abab) gebildet. Es kann auch kürzer oder länger sein (3-, 5- oder

[24] BAE XXXII, S. 494.
[25] BAE LXIX, S. 93f.

6-Zeiler). Meist enthält es einen zugespitzt formulierten Gemeinplatz aus dem Bereich der höfischen Minne, der in den anschließenden Versen ausgelegt wird.

Die beiden *mudanzas* bilden fast ausnahmslos eine Redondilla mit eigenen Reimen, deren Anordnung mit der Reimfolge des Themas kontrastieren soll. Das Ende der *mudanzas* wird auch durch Sinneinschnitt bezeichnet.

Die vuelta hat — und das ist das Wesensmerkmal der *canción* — die gleiche Länge, die gleichen Reimelemente und die gleiche Reimfolge wie das Eingangsthema. Gelegentlich vorkommende Abweichungen von dieser Regel, besonders das Auftreten eines *verso de enlace*, sind als Einfluß des Villancicos (s. d.) zu erklären. Über die gewöhnliche Reimentsprechung hinaus kann die *vuelta* auch Reimwörter oder Verse aus dem Eingangsthema wieder aufnehmen (s. obiges Beispiel).

Die *canción* verwendet als Versart entweder den 8-Silber oder den 6-Silber. Sehr häufig — besonders in ihrer Blütezeit — besteht sie nur aus dem Eingangsthema und einer einzigen Strophe. Bei Vierzeiligkeit des Themas präsentiert sie sich daher als Abfolge von drei Redondillen, von denen die erste und letzte sich — wie oben ausgeführt — entsprechen, während die mittlere unabhängig ist. Wird die *canción* als mehrstrophisches Gedicht gebaut, so wechseln jeweils nur die *mudanzas* ihre Reimelemente, während sämtliche *vueltas* die vorgeschriebene Reimbindung zum Eingangsthema haben: abba : cdcd : abba // efef : abba // ghgh : abba usw.

Den Inhalt der weitaus meisten *canciones* bilden die herkömmlichen Themen der höfischen Liebe. Daneben dient die *canción* auch als Form religiöser Lieddichtung. Mit volkstümlichen Elementen schmückt sie sich, wenn sie als metrische Form der *serranillas*[26] verwendet wird.

Geschichtliches: Als Bezeichnung für die oben besprochene Gedichtform ist das Wort *canción* eine Neuerung der zweiten Hälfte des 15. Jahrhunderts, die dem Bedürfnis entsprang, der fortschreitenden, bewußten Differenzierung der Dichtungen fester Bauart auch terminologisch gerecht zu werden. Die alte, noch im Cancionero de Baena gebräuchliche galizische Bezeichnung *cantiga* verschwindet eben wegen

---

[26] Die *serrana* oder *serranilla* kann man als kastilisches Pendant zur Pastourelle betrachten. Hier wie dort wird in dialogisierten Strophen die Begegnung und Werbung zweier ungleicher Partner (Ritter — Gebirgsbauern-Mädchen u. ä.) geschildert. Die Versarten sind der 6- oder 8-Silber; die metrische Form kann die Romanze oder das Villancico sein. Seitdem die *serranilla* durch Santillana ein höfisches Genre geworden war, wurde sie auch in der Form der *canción* abgefaßt. Als Muster der Gattung kann Santillanas bekannte *Serranilla de la Finojosa* gelten.

ihrer Vieldeutigkeit. An ihre Stelle tritt in den Rubriken der folgenden Cancioneros je nach Struktur und Inhalt des Gedichtes entweder *villancico* oder *canción*.

Doch schon zwei Jahrhunderte bevor diese neue Bezeichnung in Gebrauch kam, läßt sich — mit größeren oder geringeren Abweichungen in den Einzelheiten — die dazugehörige Form auf der iberischen Halbinsel in sporadischen Belegen nachweisen; so im 13. Jahrhundert verschiedentlich in den *Cantigas de Santa Maria Alfons' des Weisen*[27], in der 1. Hälfte des 14. Jahrhunderts — nunmehr in Kastilisch — bei Alfons XI.[28], am Ausgang des gleichen Jahrhunderts im Rimado de Palacio des López de Ayala[29] und schließlich zu Beginn des 15. Jahrhunderts in einigen Gedichten Villasandinos im Cancionero de Baena[30]. Wirkliche Verbreitung fand aber die *canción* erst durch Santillana, Juán de Mena und ihre Nachfolger.

Diese Tatsachen kann man verschieden interpretieren. Tomás Navarro betont das Alter und die Kontinuität der *canción*-Form auf der iberischen Halbinsel und scheint daher die mit der *canción* formal oft identischen französischen *virelais* und provenzalischen *dansas* des 14. und 15. Jahrhunderts als eine *'repercusión'* der galizischen und kastilischen Vorbilder betrachten zu wollen. Sein wohl stärkstes Argument dafür ist der Umstand, „*que la 'dansa' ordinariamente y con frecuencia el 'virelai' se compusieran, no en los versos más corrientes en provenzal y francés, sino en metro octosílabo, como la canción castellana.*“[31]

Mit wohl nicht geringerer Berechtigung kann man aber auch die bis zur Mitte des 15. Jahrhunderts sehr vereinzelten Belege für die strenge *canción*-Form als wesentlich zufällige Ergebnisse der sehr variationsfähigen *cantiga* ansehen und ihren plötzlichen Aufschwung durch gelehrte Dichter wie Santillana und Juan de Mena als Einfluß der späten Provenzalen erklären. Dies gilt besonders für die *canciones* mit *represa*, die ihr Vorbild in der provenzalischen *dansa* haben dürften.[32]

Die Blütezeit der *canción* reicht kaum über die ersten Jahrzehnte des 16. Jahrhunderts hinaus. Sie findet ihren Niederschlag besonders im Cancionero General und im Cancionero musical de los siglos XV y XVI. Das beliebtere Villancico und die neuen italienischen Dichtungsformen

---

[27] Nr. 18, 31 (Ffin: *Quien de lynda se enamora)* u. a.

[28] *En un tiempo cogí flores. Ant.* IV, S. 113.

[29] Z. B. *La tu noble esperança* (abba cdcd abba). BAE LVII, S. 454.

[30] Nr. 15, 20, 43. — Vgl. die vollständigen Stellenangaben bei Tomás Navarro, *Métrica*, S. 117ff.

[31] *Métrica*, S. 119, Anm. 26.

[32] Zur Frage des Verhältnisses von *canción, virelai* und *dansa* vgl. P. Le Gentil, *La canción du XVe siècle* in *Les Formes*, S. 263–290.

drängten sie in den Hintergrund. Immerhin haben viele bekannte Dichter wie Boscán, Garcilaso, Hurtado de Mendoza, Castillejo, Montemayor, Gil Polo und San Juan de la Cruz bald seltener, bald häufiger auf sie zurückgegriffen. Gegen Ende des Jahrhunderts ist sie aus der profanen Dichtung fast völlig verschwunden, hingegen erscheint sie zu diesem Zeitpunkt noch mit einer gewissen Häufigkeit in religiösen Dichtungen, besonders als *canción dialogada* in den *coloquios pastoriles* bei Lopez de Ubeda, Pedro de Padilla, Alonso de Ledesma u. a.[33]

Rubén Darío, der ein besonderes Interesse für die mittelalterliche Verskunst zeigte,[34] hat in zwei Dichtungen der *Prosas profanas* (1896)[35] auch die längst vergessene *canción* wieder aufgenommen. Seiner Anregung folgte González Prada in *Minúsculos* (1901).

Literatur: P. Le Gentil, La canción du XVe siècle. *Les Formes*, S. 263–290. — Tomás Navarro, *Métrica*, im *Indice de estrofas* s. v. *Canción trovadoresca*.

Die Glosa

Die Glosa ist eine Dichtungsform, deren literarische Geschichte im spanischen Mutterland etwa von der Mitte des 15. bis zum Ende des 17. Jahrhunderts reicht. Vom metrischen Standpunkt kann sie nicht einheitlich definiert werden, da sie weder hinsichtlich ihrer Gesamtlänge noch hinsichtlich der Vers- und Strophenart festgelegt ist. Ihre Aufgabe ist, wie der Name sagt, einen bereits vorliegenden fremden Text — gewöhnlich Zeile für Zeile — in einzelnen Strophen durch Interpretation, Paraphrase oder Amplifikation zu glossieren.

Jede Glosa besteht daher aus einem Thema, meist *texto*, gelegentlich auch *cabeza*, *letra* oder *retruécano* genannt, und den einzelnen interpretierenden Strophen, der *glosa* im engeren Sinne.[36] Die Zahl der Strophen richtet sich dabei nach der Zeilenzahl des *texto* und darnach, wieviel Zeilen des *texto* jeweils in einer Strophe erklärt werden. Die kürzeste Glosa besteht demnach aus einem einzeiligen *texto (mote)* und einer Strophe. Der klassische Typ der Glosa erklärt einen vierzeiligen *texto*

---

[33] Beispiele im Romancero sagrado, BAE XXXV.

[34] Vgl. P. Henríquez Ureña, *Rubén Darío y el siglo XV*. RHi L (1920), S. 324–327. — Ders., *El modelo estrófico de los layes, decires y canciónes de Rubén Darío*. RFE XIX (1932), S. 421–422.

[35] *Amor tu ventana enflora* und *Señora, amor es violento*. (Dezires, layes y canciones).

[36] Wird der *texto* von einem sehr langen oder sehr bekannten Gedicht gebildet, so wird er dem interpretierenden Teil oft nicht *in extenso* vorangestellt, sondern durch einen Hinweis bezeichnet. Selbstverständlich ist er auch in diesen Fällen integrierender Bestandteil der Glosa.

in ebensovielen Strophen. Doch gab es besonders im 15. und 16. Jahrhundert auch lange Glosentypen, die 12-zeilige *canciones*, Sonette, längere Romanzen und ähnlich umfangreiche Dichtungen in langen Strophenfolgen auslegten. Selbst die berühmten *Coplas* des Jorge Manrique wurden verschiedentlich glossiert[36a], wobei Montemayor mit 160 Strophen die vielleicht größte Ausdauer bewies.

Die übliche Versart ist der 8-Silber. Andere Metren, wie z. B. der 11-Silber, kommen nur vereinzelt vor. Der Bau der Glosa ist normalerweise isometrisch; metabolisch nur dann, wenn dies entweder durch die Form des *texto* oder durch die gewählte Strophenart verlangt wird. Bei strophischer Gliederung verwendet die Glosa stets den Vollreim.

Die führenden Strophenformen sind in der älteren Zeit die *copla castellana* (s. d.), seit der Mitte des 16. Jahrhunderts die *copla real* (s. d.) und die *décima espinela* (s. d.). Daneben begegnen, meist unter dem Einfluß des *texto*, auch andere Formen, wie z. B. die *octava italiana* und die *lira garcilasiana* (s. d.). Als eine Neuerung, die allerdings nicht mehr zum Tragen kam, führte Calderón die Glosa in Romanzenform (mit Assonanz) ein.[37]

Jede Glosenstrophe muß die gleiche Anzahl von *texto*-Versen zitieren. Gewöhnlich führt sie eine oder zwei Zeilen des *texto* an, bei längerem *texto* auch drei oder vier. Der Platz der Zitate ist meist am Strophenende, selten am Strophenbeginn, gelegentlich auch in der Strophenmitte; manchmal werden sie schließlich paarweise auf Mitte und Ende verteilt. Wird eine Romanze glossiert, so werden die Verse des *texto* stets paarweise zitiert. Die einmal getroffene Anordnung der Zitate muß durch alle Strophen beibehalten werden, so daß z. B. die Schlußzeilen aller Strophen nacheinander gelesen wieder den *texto* in seiner richtigen Reihenfolge ergeben.

Endlich bleibt noch eine Bemerkung zu machen zu den inneren Gesetzen, die der Glosa ihre besondere Eigentümlichkeit verleihen. Vollkommener und organischer als bei allen anderen Refrain- und Zitatdichtungen muß sich bei der Glosa das *texto*-Zitat hinsichtlich des Sinnes, der Syntax und des Reimes in den Strophenkörper selbst einfügen. Die Gedankenführung in jeder Glosenstrophe ist vom *texto*-Zitat her bestimmt und hat die ausschließliche Aufgabe, dessen offenen oder verborgenen, wirklichen oder auch nur subjektiv gewollten Sinn auszudeuten.[38]

[36a] Vgl. Nellie E. Sánchez Arce, *Las glosas a las ‚Coplas' de Jorge Manrique.* Clavileño, Año VII (1956), Nr. 40, S. 45–50.

[37] Vgl. BAE XIV, S. 74.

[38] Die Glosa ist natürlich keine literarkritische Interpretation im heutigen Sinne, sondern ein zwar reflektierter, aber doch poetischer und keineswegs auf eigene originelle Gedanken verzichtender Nachvollzug fremder Gedan-

Enthält der *texto* ein Bild oder einen Vergleich, so hat sich die vollkommene Glosa in der Sphäre dieser Bilderwelt zu bewegen.[39] Je mehr sich die Glosa im Laufe ihrer Entwicklung dem reinen Virtuosentum öffnete, desto zahlreicher und enger wurden die Vorschriften für ihren Bau. Cervantes zählt einige davon auf: „las leyes de la glosa eran demasiadamente estrechas, que no sufrían interrogantes, ni *digo*, ni *diré*, ni hacer nombres de verbos, ni mudar el sentido, con otras ataduras y estrechezas con que van atados los que glosan, como vuesa merced debe de saber."[40] Doch fanden derartige, auf bloße Erschwerung abzielende Regeln wohl nur bei Dichterwettbewerben und ähnlichen Veranstaltungen Beachtung und wurden nicht allgemein befolgt. Hingegen war die vollkommene syntaktische Eingliederung des Zitats zu allen Zeiten bindende Vorschrift. Das Gleiche gilt auch für den Reim. Die Reimelemente des *texto* werden vollkommen in den Strophenkörper eingebaut und bestimmen infolge ihrer mehrfachen Wiederkehr sehr wesentlich die Reimgestaltung der einzelnen Strophe.[41]

Aus dem Gesagten erhellt die entscheidende Rolle des *texto*. Außer seiner allgemeinen thematischen Eignung muß er folgende Eigenschaften besitzen:

1. Jede seiner Verszeilen muß für sich ein Sinnganzes darstellen oder ergeben. Das schließt nicht aus, daß auch enjambierende Verse glossiert werden; im Gegenteil: Virtuosen fühlten sich gerade durch die dabei entstehenden Schwierigkeiten besonders angezogen.[42]
2. Die Reime des *texto* müssen die Findung einer ausreichenden Anzahl[43] dazu passender Reimelemente erlauben. Je schwieriger andererseits diese Reimentsprechungen zu finden sind, desto größer ist der Virtuosenruhm des Glosadors.

---

kengänge. Wie unbekümmert dabei die Auslegung zur bewußten Umdeutung werden kann, zeigen außer den burlesken Glosen auch jene, die liturgische Texte zu Liebesdichtungen umglossieren.

[39] Vgl. das unten angeführte Beispiel.

[40] Don Quijote, II, Kap. XVIII.

[41] Als Beispiel diene eine häufige Reimstellung im Normaltyp der Glosa: ababa cdcdC. C = Zitatvers. Er findet Reimentsprechungen in der 6. und 8. Zeile.

[42] Einen, wenn auch scherzhaften, Höhepunkt dürfte in dieser Hinsicht Iriarte bieten, der folgenden *texto* glossierte:

Dos finos amantes, y
capaces entrambos de
comunicarse ¿ por qué
han de estarse siempre así? (RHi II (1895), S. 75)

[43] Im Normaltyp sind es vier.

3. Wie die Bezeichnung *retruécano* besagt, soll der *texto* vorzugsweise ein Sinn- oder Wortspiel (im weitesten Sinne) sein, d. h. er soll sich für kunstvolle und verschiedenartige Auslegungen eignen. Beliebte *textos* wurden nicht selten mehrfach glossiert.

Aus der Vielzahl der Glosenformen setzt sich als Ergebnis einer mehr als hundertjährigen Entwicklung seit dem letzten Viertel des 16. Jahrhunderts ein zu fast starrer Form ausgeprägter Typ durch, den man als den klassischen oder Normaltyp bezeichnen kann. Er hat als *texto* eine Redondilla, die in vier 10-Zeilern *(coplas reales* oder *espinelas)* mit dem *texto*-Zitat am jeweiligen Strophenende erklärt wird. Die Reimstellung richtet sich nach den Möglichkeiten der verwendeten 10-Zeilertypen.

Beispiel:

Nace en el nácar la perla,
en Austria una Margarita,
Y un joyel hay de infinita
Estima donde ponerla.

Cuando el cielo, que el sol dora,
Para formar perlas llueve
Las que en el norte atesora,
Abrese el nácar y bebe
Las lágrimas del aurora.
Desta suerte, para hacerla
A Margarita preciosa,
Quiso el cielo componerla
De la manera que hermosa
Nace en el nácar la perla.

Para un joyel rico y solo
Buscaba perlas España
Y piedras de polo a polo
O en nácares que el mar baña,
O en minas que engendra Apolo.
La fama, que en todo habita,
Le dijo, viendo el joyel,
Que al sol en belleza imita,
Que hallaría para él
En Austria una Margarita.

Austria también pretendía,
Dudosa, informarse della,
Y certificóle un día
Que Margarita tan bella,
Sólo en Felipe cabía.
Luego España solicita
Con tal tercero a tal dama,
Y con su pecho la incita,
Donde hay oro de gran fama,

Y un joyel hay de infinita.
Este joyel español
Se hizo a todos distinto,
Y tan sólo como el sol,
Del oro de Carlos Quinto
Siendo Felipe el crisol.
Deste, para engrandecerla,
Se engasta, adorna y esmalta;
Este pudo merecerla,
Que ninguno hay de tan alta
Estima donde ponerla.
(Lope de Vega. BAE XXXVIII, S. 238)

Über den Wandel in der Thematik und deren fortschreitende Ausweitung, die die Glosenform schließlich zu einem Gefäß für beliebige Inhalte macht, wird im geschichtlichen Abschnitt gehandelt. Allgemein kann man die Glosa als nachvollziehende, nicht unmittelbar lyrisch-spontane, sondern intellektuell reflektierte Gesellschaftsdichtung charakterisieren: nicht nur weil sie stets zwei Verfasser hat — den *texto*-Dichter und den *Glosador* — sondern auch deswegen, weil sich ihr Sinn und Zweck erst dann erfüllt, wenn sie durch einen Dritten — das Publikum — aufgenommen wird, sei das nun die Dame, die das Liebesgeständnis des Glosadors empfängt, seien es die Gläubigen, denen religiöse Wahrheiten und Begebenheiten ausgelegt werden, seien es die Mitbürger, denen die Ruhmestitel der nationalen Geschichte in Erinnerung gerufen und nahegebracht werden sollen oder seien es endlich die Richter in den Dichterwettstreiten, die die Kunstfertigkeit des Glosadors zu würdigen und zu belohnen haben. Nur ausnahmsweise hat die Glosa unmittelbar lyrischeu Charakter, so z. B. bei Santa Teresa, deren Glosas ein inneres Zwiegespräch mit Gott sind, das seine Erfüllung in sich selbst findet und daher eines Publikums nicht bedarf.[44]

Geschichtliches: Hinsichtlich der Ursprungsfrage der Glosa bieten sich verschiedene Möglichkeiten. Welche von ihnen als die wahrscheinlichste zu gelten hat, hängt in erster Linie ab von der prinzipiellen Einstellung zum Ursprungsproblem der europäischen Dichtungsformen. Die der Glosa zugrundeliegende Idee — die Auslegung bzw. Paraphrasierung eines fremden Textes — ist Gemeingut des Mittelalters. Die deduktive Methode in der Theologie und Philosophie der Scholastik, in der Rechtswissenschaft und in den *artes liberales* beruht auf dem Prinzip der Exegese,

[44] Einen anschaulichen Einblick in die thematische und formale Vielfältigkeit der Glosa gewährt die mit kurzen Kommentaren und zahlreichen Parallelverweisen ausgestattete Glosen-Anthologie von Hans Janner, *La glosa en el Siglo de oro.* Madrid (ENE) 1946.

die so sehr ein Wesenszug mittelalterlichen Denkens auch im christlichen Abendland ist,[45] daß ein Rückgriff auf Araber und Juden nicht nötig erscheint.

Ähnliches darf wohl auch für die formale Struktur der Glosa gelten. Sie gehört — freilich als gelehrte Abart — in die Familie der Refrain- und Zitatlieder. In und außerhalb Spaniens hat sie näher oder weiter verwandte Vorläufer und Seitenstücke in Formen wie den *chansons de la mal mariée*, den Pastourellen, der provenzalischen *dansa*, dem altfranz. *rondel*, der alten *canción*, dem *virelai*, dem *estribote*, dem *villancico* usw. Die kurze Glosa, die nur ein einzeiliges *mote* paraphrasiert, kann formal sogar vollkommen mit gewissen Typen der alten *canción* oder mit dem späten *villancico* zusammenfallen. Gewiß, auch die arabische Dichtung kennt Formen der Glosa, so das *musammat* und — davon abgeleitet — das Muwaššah mit seiner für die sogenannte arabische Theorie sehr wichtigen Variante, dem Zadschal. Doch liegen diese Dichtungsformen von der zeitlichen Entstehung der spanischen Glosa so weit ab, daß ein direkter Einfluß kaum denkbar ist. Mittelbare Wirkung auf dem Wege über die Zadschal-Strophe kann ebensowenig ausgeschlossen wie bewiesen werden. Verwandte Formen finden sich auch in der religiösen Lyrik der spanischen Juden, die Bibelstellen paraphrasiert.[46] Doch ist ein ähnlicher Brauch auch der christlichen Dichtung nicht fremd *(Tropen, Sequenzen)*. Angesichts des verhältnismäßig späten Auftretens der Glosa ist die Annahme einer organischen Entwicklung aus den einfacheren Formen des Refrains und des Refrainreimes zu einem von Strophe zu Strophe wechselnden, sinngemäß, syntaktisch und reimtechnisch vollkommen eingebauten *texto*-Zitat berechtigt und vertretbar (s. u.).

Eng verknüpft mit der Ursprungsfrage der Glosa ist das Problem ihrer *Hispanidad*.[47] Tatsache ist, daß die Glosa trotz der überall herrschenden Exegesefreudigkeit im Mittelalter und trotz der allgemeinen Verbreitung von Refrain- und Zitatdichtungen in keiner anderen der neueren Literaturen eine so charakteristisch ausgeprägte Form und eine solche Bedeutung erlangt hat wie gerade in Spanien. Auch im Ausland galt sie zusammen mit der Romanze als eine typisch spanische Dichtungsform und wurde in diesem Sinne z. B. im Frankreich des 17. Jahrhunderts

[45] Zum religiösen Ursprung des Glossierens im Abendland und seine Berührungen mit platonischen Gedanken vgl. Leo Spitzer, *The prologue to the „Lais" of Marie de France and medieval poetics*. Modern Philology XLI (1943)–1944, S. 96–102; besonders S. 96–97, Anm. 2.

[46] M. Millás Vallicrosa, *Poesía sagrada hebraico-española*. 2. Aufl. Madrid 1948.

[47] Vgl. H. Janner, *La glosa española*. RFE 27 (1943), S. 221ff.

und in der deutschen Romantik nachgeahmt.[48] Auf der Suche nach Gründen für diese auf Spanien beschränkte Sonderentwicklung des Glosenprinzips war es naheliegend, an die arabisch-andalusische Dichtung zu denken. Auf die Schwierigkeiten, die sich hierbei ergeben, wurde oben bereits hingewiesen. Zuverlässiger und organischer erscheint mir die Erklärung von P. Le Gentil.[49] Er geht davon aus, daß die spanische Glosa im 15. Jahrhundert — also in der Zeit ihres Auftauchens in der Literatur — keineswegs isoliert dasteht, sondern Vorgänger und Parallelen in der katalanischen, provenzalischen und auch nordfranzösischen Dichtung besitzt, die auf ihre Entwicklung in Spanien wohl nicht ohne Einfluß gewesen sind. Von einer Sonderstellung der spanischen Glosa innerhalb der romanischen Literaturen kann daher erst im 16. und 17. Jahrhundert die Rede sein, als nämlich außerhalb Spaniens unter dem Einfluß von Humanismus und Renaissance das mittelalterliche Glosenprinzip aus der Dichtung geschwunden war. Der für Spanien in vieler Hinsicht charakteristische Traditionalismus hat hingegen die Glosa zusammen mit anderen mittelalterlichen Dichtungsformen bis weit über die Renaissance hinaus bewahrt und den Fortschritten in der poetischen Technik entsprechend zu einer festen Standardform ausgeprägt. Nicht in ihrem Ursprung, wohl aber in ihrer besonderen und für Spanien typischen Entwicklung liegt die unbestreitbare *Hispanidad* der Glosa.

Im Cancionero de Baena (1445) noch nicht vertreten, erscheint die Glosa als bewußt verwendete Dichtungsform und mit ihrem Namen erstmals kurz nach der Mitte des 15. Jahrhunderts.[50] Als ältestes erhaltenes Beispiel gilt die Glosa zu dem Gedicht des Herzogs von Alba ‚*Nunca fué pena mayor*', die der Comendador Román auf Wunsch der Königin Johanna, der Gemahlin Heinrichs IV. (reg. 1454—1474), verfaßt hat.[51] Drei als Glosas rubrizierte Gedichte finden sich im Cancionero de Stúñiga.[52] In den späteren Cancioneros erscheint die Glosa mit wachsender Häufigkeit. Theoretisch dargestellt wird sie erstmals in Rengifos *Arte poética española* (1592), Kap. XXXVI, 41.

Von Anfang an bestehen ein langer und ein kurzer Typ nebeneinander. Die Form bleibt lange sehr variabel. Das hauptsächliche Thema ist bis in den Anfang des 16. Jahrhunderts die höfische Liebe idealistisch-petrarchistischer Prägung. Bald wird es in langen Liebesklagen unter

---

[48] Nachweise bei H. Janner, a. a. O. S. 221.

[49] *Les Formes*, S. 296–304.

[50] Auf unmittelbare Vor- und Übergangsformen, wie die *Querella de amor* des Marqués de Santillana, weist Tomás Navarro, *Métrica*, S. 125f. hin.

[51] Canc. General, Bd. I, S. 452.

[52] ed. Marqués de Fuesanta del Valle y Sancho Rayón. Colección de libros raros o curiosos, Bd. IV, Madrid 1872, S. 221, 356f., 385f.

reichlicher Verwendung antithetischer und kasuistischer Denkschemen, bald in kurzer, geistvoller und auch humoristischer Form behandelt. Den jeweiligen Zeittendenzen entsprechend wendet sich die Glosa in der Epoche Karls V. vorwiegend religiös-philosophischen Gegenständen zu; unter Philipp II. treten nationale Stoffe in den Vordergrund *(glosas de romances)*. Beide Themenkreise prägten der Glosa einen erbaulichen bzw. lehrhaften Charakter auf und machten wegen der Schwierigkeit oder wegen des Umfanges des *texto* eine fortschreitende Ausweitung der metrischen Form nötig, was etwa um 1580 zum Verfall und schließlich zum Verschwinden des langen Glosentyps führte.

Als lebenskräftiger erwies sich die kurze Glosa, die, ihrer alten Thematik treubleibend, besonders in den Schäferromanen (erstmals in der *Diana* des Montemayor, 1542) fortlebt. Von hier aus wurde sie in der zweiten Jahrhunderthälfte als bevorzugte Gedichtart in die nach dem Vorbild der schäferlichen Dichterwettbewerbe in den *novelas pastoriles*[53] gestalteten *justas poéticas* aufgenommen und erfreute sich als eine Art Gesellschaftsspieles großer Beliebtheit und weiter Verbreitung. Unter gleichzeitiger strengerer Regulierung erweitert sie ihre metrische Form in mäßigem Umfang und legt sich seit etwa 1575 im wesentlichen auf die oben als Normaltyp bezeichnete Gestalt fest. Dieser neue Formtyp ist thematisch nicht mehr gebunden: teils setzt die Glosa des Siglo de oro die Tradition der *glosa amorosa* der Cancioneros fort, teils ist sie in gutem und schlechtem Sinne Gelegenheitsdichtung zu religiösen und profanen Feierlichkeiten, teils bloße Demonstration formalen Virtuosentums in den Dichterwettstreiten der Akademien. Vom 15. bis ins 17. Jahrhundert haben sich an ihr in gleichem Maße namhafte[54] wie namenlose Dichter versucht. Ihr größter und fruchtbarster Meister ist Lope de Vega. Er hob vor allem auch die bisher mehr volkstümlich-derbe *glosa burlesca* auf ein hohes künstlerisches Niveau. Gerade diese Seite der lopesken Glosa fand vielfache, doch selten adaequate Nachahmung. Oft in gemeine und verleumderische Satire abgleitend, führt die *glosa burlesca* gegen Mitte des 17. Jahrhunderts den baldigen Untergang der gesamten Glosendichtung herbei. Lediglich im Theater, wo sie durch Calderón einen letzten Höhepunkt erreicht, behauptet sie sich noch bis an die Schwelle des 18. Jahrhunderts und verschwindet sodann — man darf sagen — vollständig aus der Literatur des spanischen Mutterlandes.

---

[53] Vgl. H. Janner, a. a. O. S. 206 und Anm. 1.

[54] Z. B. Jorge Manrique, Encina, Castillejo, Boscán, Montemayor, Santa Teresa, Espinel, Góngora, Calderón und viele andere. — Proben und Stellennachweise zu diesen und anderen Dichtern in der bereits genannten Glosenanthologie von H. Janner.

Die wenigen Glosas von E. G. Lobo, Diego de Torres Villarroel[55], García de la Huerta[56] und Iriarte erheben nicht den Anspruch, als Literatur zu gelten. Lobos *Décimas* über eine lange Reihe von Dramentiteln[57] und Iriartes *Décima disparatada*[58] sind lustige Improvisationen, die aus der Laune fröhlicher *tertulias* geboren sind.

Ein im einzelnen noch nicht erforschtes Weiterleben im 18. und 19. Jahrhundert fand die Glosa hingegen in Lateinamerika.[59] Ein dichterisch eindrucksvolles Beispiel dafür bietet in unserer Zeit der Mexikaner Alfonso Reyes in *Amapolita morada* (1926).[60] Er verwendet den streng klassischen Glosentyp, wobei er als 10-Zeilerform die echte *espinela* wählt.

Literatur: Hans Janner, *La glosa española. Estudio histórico de su métrica y de sus temas.* RFE 27 (1943), S. 181–232. — Ders., *La glosa en el Siglo de oro. Una antología.* Madrid (Ed. Nueva Epoca) 1946. — P. Le Gentil, *Les Formes,* S. 291–304. — E. García Gómez, *Sobre el origen de la forma poética llamada glosa.* In: Al-Andalus VI (1941), S. 401—410.

Das Cosante

Metrisch gesehen ist das *cosante* oder die *canción paralelística* eine Abfolge von strophischen Pareados (in meist fluktuierenden Versen), die jeweils durch einen gleichbleibenden, kurzen Refrain *(estribillo)* voneinander getrennt werden. Zu seiner vollständigen Form gehört auch — wie bei den sonstigen Gedichten fester Bauart — eine einleitende *cabeza,* die die Thematik andeutet und den Kehrreim enthält, der in der Folge wohl von einem Chor gesungen wurde, während der Vortrag der Pareados auf den Vorsänger entfiel. Wie in seinem vermutlichen Herkunftsland Galizien—Portugal, so werden auch in Kastilien für seinen Bau verschiedene, vorzugsweise daktylische Versarten vom 7- bis zum 12-Silber verwendet, wobei die kastilischen *cosantes* oft ein stärkeres Fluktuieren zu zeigen scheinen als die portugiesischen. Wichtiger und noch charakteristischer aber als die metrische Form ist die in vor- und rückläufigen Bewegungen sich vollziehende gedankliche Entfaltung des Themas, wobei der jeweils folgende Pareado beträchtliche Teile des vorhergehenden

---

[55] BAE LXI, S. 64.

[56] BAE LXI, S. 238.

[57] BAE LXI, S. 44ff.

[58] BAE LXIII, S. 59f.

[59] Hinweise bei Janner, a. a. O. S. 220 und bei Tomás Navarro, *Métrica,* S. 305f., 351f.

[60] Abgedruckt in der Glosen-Anthologie von Janner, S. 66.

entweder wörtlich oder dem Sinne nach wieder aufnimmt (*lexaprende*[61]) und weiter führt.

Beispiel:	Schema:
Aquel arbol que buelbe la foxa	A
algo se le antoxa.	a R (= Refrain)
Aquel arbol de bel mirar	B
faze de manya flores quiere dar	B
algo se le antoxa.	a R
Aquel arbol de bel veyer	C
faze de manya quiere florezer	C
algo se le antoxa.	a R
Faze de manya flores quiere dar	B
ya se demuestra sallid las mirar	B
algo se le antoxa.	a R
Faze de manya quiere floreçer	C
ya se demuestra sallid las a ver	C
algo se le antoxa.	a R
Ya se demuestra sallid las mirar	B
vengan las damas la fruta cortar	B
algo se le antoxa.	a R
Ya se demuestra sallid las a ver	C
vengan las damas la fruta coxer	C
algo se le antoxa.	a R

(Diego Furtado de Mendoça, Canc. Palac. Nr. 16)

Seiner Thematik nach ist das *cosante* eine Form ausgesprochener Volksdichtung meist amurösen Inhalts.

Geschichtliches: *Cosante* ist ein Lesefehler für *cosaute*, das seinerseits auf frz. *coursault* — Name eines höfischen Tanzes im 14./15. Jahrhundert — zurückgeht.[62] Doch ist das Alter der so bezeichneten Dich-

[61] Zu den verschiedenen Formen des *lexaprende (dexa-prende)*, die von der einfachen Strophenverknüpfung durch Wiederaufnahme des letzten Wortes der vorhergehenden Strophe am neuen Strophenanfang (prov. *cobla capfinida)* bis zu den umfangreichen Wiederholungen im *cosante* reichen, vgl. H. R. Lang, *Las Formas*, S. 515–516 und D. C. Clarke, *Sketch*, S. 344–345.

[62] Vgl. E. Asensio, *Los cantares paralesísticos castellanos. Tradición y originalidad*. RFE XXXVII (1953), S. 134–135. — Der Fehler unterlief Amador de los Ríos bei der erstmaligen Herausgabe des oben als Beispiel angeführten *cosante* und hat sich seither, da es dem spanischen Ohr vertrauter klingt und zudem auch den Vorzug einer terminologischen Unterscheidungsmöglichkeit bietet, mehr durchgesetzt als die korrekte Lautung — diese reserviert man für die Bezeichnung des Tanzes, der auch andere metrische Formen ver-

tungsform erheblich höher anzusetzen als ihr Name und ihre frühesten Belege. Bei aller Problematik, die das Ursprungsproblem bietet[63] und selbst wenn man die erhaltenen Zeugnisse für Nachbildungen der Kunstdichtung hält, wird man doch im *cosante* eine sehr frühe, ursprünglich volkstümliche Form sehen dürfen, deren Ausstrahlungszentrum — trotz verschiedener inhaltlicher und z. T. auch struktureller Parallelen in der westeuropäischen Dichtung — wenigstens für die iberische Halbinsel Galizien—Portugal gewesen ist. Für ein sehr hohes Alter — wenn nicht in Kastilien, so doch in Portugal — sowie für volkstümliche Herkunft sprechen der oft noch deutlich erkennbare Frauen- und Tanzlied-Charakter, die archaisch-primitive Gedankenführung, die Verwendung anisosyllabischer Verse und schließlich das Fehlen des *cosante* in den höfischen Cancioneros Kastiliens (wie z. B. im Canc. de Baena), hingegen sein typisches Auftreten in den Cancioneros musicales, die bekanntlich auch Stücke aus der volkstümlichen mündlichen Tradition aufnahmen. Trotz der Zweifel, die E. Asensio in die portugiesische Abkunft des *cosante* setzt, wird man nicht verkennen, daß sich bei den galiz.-portug. Dichtern nicht nur die früheren, sondern auch die bei weitem zahlreicheren Belege finden, während das *cosante* in Kastilien zu keiner Zeit festen Fuß gefaßt zu haben scheint, mag es auch in der mündlichen Dichtung mehr verbreitet gewesen sein als die schriftlichen Zeugnisse erkennen lassen. Bedenkt man jedoch, wie sehr sich wirklich lebenskräftige volkstümliche Formen wie z. B. Romanze und Seguidilla auch in der Kunstdichtung durchgesetzt haben, dann liegt die Vermutung nahe, daß die schwache Bezeugung des *cosante* einer tatsächlich geringen Rolle dieser Form auch in der Volksdichtung Kastiliens entspricht.

Nur fragmentarisch oder andeutungsweise erscheint das *cosante* in der Frühzeit der kastilischen Dichtung, so etwa in der *Razón de amor* (Vs. 130—133), in *Santa María Egipciaca* (Vs. 152—155), deutlicher in dem vieldiskutierten *Eya velar* in Berceos *Duelo de la Virgen* und endlich klar ausgeprägt — aber isoliert „*casi el ave fénix*"[64] — in dem oben mitgeteilten Gedicht des Diego Hurtado de Mendoza, des Vaters Santillanas, aus dem Ende des 14. Jahrhunderts. Weit verstreut und in den einzelnen

---

wenden kann — und mehr auch als die moderne wissenschaftliche, aber trotzdem nicht hinreichend charakterisierende Bezeichnung *canción paralelística*. Vgl. dazu T. Navarro, *Métrica*, S. 38 und Anm. 18 sowie P. Le Gentil, RoPh XII (1958), S. 13.

[63] Vgl. dazu besonders die gegensätzlichen Auffassungen von J. Romeu Figueras (*El cosante en la lírica de los Cancioneros musicales españoles de los siglos XV y XVI*. Anuario musical, Bd. V [1950], S. 15–61) und E. Asensio, a. a. O.

[64] Asensio, a. a. O. S. 134.

Sammlungen nur schwach vertreten, begegnet es in den Cancioneros musicales des 15. und 16. Jahrhunderts.[65] Seine vielleicht größte Verbreitung erreichte es im beginnenden 16. Jahrhundert, bezeichnenderweise bei dem zweisprachigen Gil Vicente, der ihm — wohl der kastilischen Vorliebe für den *octosílabo* Rechnung tragend — die 8-Silber-Form gab, z. B. *Del rosal vengo, mi madre.*

Im späten 16. und 17. Jahrhundert tritt das *cosante* nur noch in Fragmenten als Thema *(cabeza)* von Villancicos, Glosas usw. auf, soweit es sich bei diesen 2-Zeilern vom Typ *Póntela tú, la gorra del fraile, — póntela tú, que a mí no me cabe*“ nicht um einen bloßen Reflex der *cosante*-Technik handelt.[66] Auch in der Folgezeit wurde das *cosante* in seiner typischen und vollständigen Form nicht wieder zum Leben erweckt, wenngleich einzelne Dichter wie Pablo Piferrer in *Canción de la primavera*, González Martínez in *La vieja canción de los cintillos del hada* oder García Lorca in *Las tres hojas*, *Los cuatro muleros* (beide in den *Cantares populares)* das charakteristische *lexaprende* des *cosante* (aber ohne Refrain) als Stilmittel benutzen.

Literatur: José Romeu Figueras, *El cosante en la lírica de los Cancioneros musicales españoles de los siglos XV y XVI.* Anuario musical, Bd. V (1950), S. 15–61. — Eugenio Asensio, *Los cantares paralelísticos castellanos. Tradición y originalidad.* RFE XXXVII (1953), S. 130–167. — Le Gentil, *Les Formes*, S. 280–282. (Alle Genannten geben weitere bibliographische Hinweise in den Fußnoten).

Formen und Ableitungen der Renaissance-Canzone

Die Canción petrarquista

Die *canción petrarquista*, nach ihrem Herkunftsland auch *canción (a la) italiana* genannt, besteht aus einer nicht festgelegten Anzahl unter sich streng gleichgebauter Strophen *(estancias)*, denen als Abschluß meist ein sogenanntes Geleit *(envío, remate, commiato)* folgt. Die Mindestzahl der *estancias* ist drei. Das gegenteilige Extrem bildet die *Canción I^a^* Boscans *(Quiero hablar un poco)* mit 31 Strophen. Die gewöhnliche Schwankungsbreite erstreckt sich zwischen 4 und etwa 12 *estancias*. Im Vergleich zur Canzone in Italien läßt die spanische Canción die Tendenz zu größerer Ausdehnung erkennen.

---

[65] Eine umfassende Zusammenstellung der *cosantes* dieser beiden Jahrhunderte bietet J. Romeu Figueras, a. a. O. Nach einigen Abstrichen, die E. Asensio *(*a. a. O. S. 151 und Anm. 1) vornahm, bleiben 63 Belege. — Eine gute Auswahl alter *cosantes* auch bei Dámaso Alonso, *Poesía española. Antología. Poesía de la Edad Media y poesía de tipo tradicional.* Madrid 1935.

[66] Einige weitere Beispiele bei T. Navarro, *Métrica*, S. 269.

Als Versarten werden in Spanien ausschließlich 11- und 7-Silber gebraucht. Ihre gemischte Verwendung ist obligatorisch. Ein sehr hoher Anteil an 11-Silbern gibt der Canción einen schweren, feierlichen Charakter *(canción grave)*,[67] wie umgekehrt das Überwiegen der 7-Silber Ausdruck einer bescheideneren Stilhöhe ist und gerne zur Darstellung elegischer oder bukolischer Stimmungen verwendet wird *(canción ligera)*.[68]

Die wichtigste und zugleich charakteristischste Struktureinheit der Canción ist die *estancia*. Soweit sie regelrecht gebaut ist, umfaßt sie mindestens 9 Verse; doch kommen Abweichungen vor. Nach oben besteht theoretisch keine Begrenzung. Estancias von 20 und mehr Zeilen sind jedoch Ausnahmefälle. Die mittlere Ausdehnung liegt bei etwa 15 Versen. Der wohl meistgebrauchte Typ hat 13 Zeilen.

Als Reimart wird der Vollreim verwendet. Hinsichtlich der Reimanordnung besteht sehr große Freiheit; doch muß jeder Strophenteil seine eigenen Reime haben. Übergreifen eines oder mehrerer Reimelemente aus dem ersten in den zweiten Strophenteil sind — soweit es sich nicht um den Übergangsvers handelt — sehr seltene Ausnahmen. Zwischen beide Strophenteile schiebt sich gewöhnlich ein Überleitungsvers ein, der stets Reimbindung mit dem ersten Strophenteil aufweist. — Die Reime wechseln von Strophe zu Strophe.

Den freien Gestaltungsmöglichkeiten im einzelnen steht ein festes Strukturprinzip gegenüber. Historisch gesehen ist es das Ergebnis eines mehrfachen Auswahlprozesses. Dieser wurde eingeleitet durch Dante, der in seiner Schrift *De vulgari eloquentia*[69] der bis dahin sehr freien provenzalischen und italienischen Canzone feste Regeln gab und die Vielfalt der Canzonenstrophen auf drei Strukturtypen fixierte. In der Theorie ging Petrarca über seinen großen Vorgänger nicht hinaus, wirkte jedoch durch die deutliche Bevorzugung eines einzigen Strukturtyps (neben dem er selbstverständlich auch andere, z. T. rein provenzalische Formen pflegte) beispielgebend auf die Folgezeit. Seine spanischen Nachahmer wiederum legten sich für den Bau der *estancia* auf diesen einen, bei Petrarca lediglich bevorzugten Typ in ausschließlicher Weise fest. Daher zeigt die regelrecht gebaute *estancia* das folgende feste Strukturschema:

---

[67] Als Beispiele mögen etwa Herreras Canzonen *Por la pérdida del rey don Sebastián* (BAE XXXII, S. 319) und *Al santo rey don Fernando* (BAE XXXII, S. 329) dienen, die nur einen 7-Silber — jeweils in der Strophenmitte — aufweisen.

[68] Vgl. Dante, *De vulgari eloquentia* II, 12. — In Petrarcas oft nachgeahmter Canzone XVI *(Chiare, fresche, e dolci acque)* stehen acht 7-Silber nur vier 11-Silbern gegenüber.

[69] Buch II, Kap. V und VIII—XIV (bricht unvollendet ab).

I.		(II.)		III.
Teilbarer Aufgesang (fronte)	+	(Überleitungsvers)	+	Unteilbarer Abgesang (sirima)
I° piede + II° piede	+	(chiave [eslabón])	+	sirima[70] (sirma, coda)

Zu I. Wie der Name sagt, war die Canzone ursprünglich wohl zum Singen bestimmt.[71] Ihr musikalischer Aufbau bestimmte ihre textliche Gestaltung. Die Wiederholung wenigstens einer musikalischen Periode war für bestimmte Typen der Canzonenstrophe bindende Vorschrift. Bei dem hier in Rede stehenden Strophentyp fiel diese *ingeminatio cantus* (wie Dante sie nennt) stets in den Aufgesang. Daraus erklärt sich dessen Gliederung in zwei streng symmetrische Stollen *(piedi)*, denn der 2. Stollen mußte nach der Melodie des ersten gesungen werden können. Das bedeutet, daß bei metabolischem Bau des ersten Stollens die 11- und 7-Silber im zweiten Stollen in der gleichen Reihenfolge erscheinen müssen, z. B. aBC aBC. Da aber die Canzone im 16. Jahrhundert längst nicht mehr gesungen wurde, haben sich die spanischen Dichter — teils aus Unachtsamkeit, teils aus bewußtem Variationsbestreben — nicht ausnahmslos an diese, nur vom Standpunkt der Melodie notwendige Regel gehalten.

Jeder Stollen besteht aus mindestens 2 und höchstens 6 Versen. Weitaus am häufigsten sind in der spanischen Canzone die drei-zeiligen Stollen. Die Reimfolge kann im 2. Stollen verändert werden, z. B. ABC BAC usw. Zwischen beiden Stollen muß Reimbindung bestehen.

---

[70] Von griech. *συϱμα*. ‚Schleppe'.

[71] Die Casella-Episode in *Purgatorio* II, 106–119 zeigt, daß das Singen der Canzonen zu Dantes Zeit noch nicht außer Gebrauch war. Doch war es wohl schon selten. — Das Fehlen alter Canzonen-Melodien in Italien führt W. Thomas Marrocco *The enigma of the canzone*, Speculum XXXI (1956), S. 704–713) zu der Annahme, daß die ital. Canzone — trotz ihres Namens — auch schon ursprünglich nicht zum Gesangs-, sondern zum Sprechvortrag bestimmt gewesen sei. Aber selbst wenn diese Vermutung richtig sein sollte, so bliebe doch wohl unbestreitbar, daß die Canzone mit ihrer strengen Dreigliederung und der genauen Uniformität der einzelnen Strophen ganz offensichtlich das musikalische Strukturprinzip, wie es am schlichtesten in der *estribote*-Form erscheint, zum verbindlichen Richtbild genommen hat. Für ihre Struktur ist es daher nebensächlich, ob sie tatsächlich gesungen wurde oder nicht. Auf jeden Fall war sie — von späteren Ausnahmen abgesehen — stets so gebaut, daß sie in Einklang mit den Regeln der damaligen Musik hätte gesungen werden können.

Zu II. Der Überleitungsvers, der bei Dante *diesis* und *volta* heißt,[72] hatte in der Melodie der Canzone die Aufgabe, von der musikalischen Periode des Aufgesangs zu der des Abgesanges überzuleiten. Eine analoge Aufgabe versieht er auch im Text. Wenigstens ursprünglich und im Regelfalle syntaktisch zum Abgesang gehörig, reimt er mit der letzten Zeile des Aufgesangs. Heute nennt man ihn gewöhnlich *chiave*, *llave* oder *eslabón* (seit Cascales 1616).[73] Er wird fast immer von einem 7-Silber gebildet. Die Verknüpfung der beiden Strophenteile durch die *chiave* ist üblich, aber nicht zwingend vorgeschrieben. Sie kann daher auch fehlen.

Zu III. In der Vertonung der Canzone hatte der Abgesang seine eigene Melodie. Diese Unabhängigkeit gegenüber dem Aufgesang findet ihren textlichen Niederschlag in der Verwendung eigener Reime (mit Ausnahme der *chiave*). Da die spanische Canción eine Stollengliederung im Abgesang nicht kennt, können die Reime und die beiden Versarten nach Belieben angeordnet werden. Häufig wird der Abgesang von der *chiave* und 3 oder 4 Pareados gebildet. Den Strophenausgang auf Paarreim hatte schon Dante empfohlen; er ist auch in Spanien weit verbreitet. Der Regel nach soll der Abgesang länger sein als der Aufgesang.

Nochmals sei hervorgehoben, daß die Form der ersten *estancia* für alle übrigen Strophen strikte beibehalten werden muß.

Das Geleit ist inhaltlich — wie schon bei den Provenzalen — eine Anrede des Dichters an die Canzone. Seine metrische Form ist sehr verschieden. Es kann von einer ganzen *estancia*, oder von einem Teil derselben oder auch ganz unabhängig von ihr nach einem neuen Schema gebildet werden. Gewöhnlich ist es kürzer als die *estancia* und wiederholt in neuen Reimen die Struktur des Abgesanges oder eines Teiles davon. Das war auch die übliche Form des *commiato* bei Petrarca. Doch scheinen nicht alle spanischen Dichter dieses Prinzip erkannt zu haben, so daß sich das Geleit bei ihnen oft ziemlich regellos präsentiert.

Beispiel:

Danubio, rio divino, Que por fieras naciones Vas con tus claras ondas discurriendo,	I° piede	fronte
Pues no hay otro camino Por donde mis razones Vayan fuera de aquí, sino corriendo	II° piede	

---

[72] *De vulgari eloquentia*, II, 10: diesim dicimus deductionem uergentem de una oda in aliam.

[73] Unter *volta* versteht man heute allgemein den Stollen im Abgesang, der bei Dante *versus* hieß.

Por tus aguas y siendo	chiave
En ellas anegadas;	
Si en tierra tan ajena	
En la desierta arena	sirima
Fueren de alguno acaso en fin halladas,	
Entiérrelas, siquiera	
Porque su error se acabe en tu ribera.	
Aunque en el agua mueras,	
Canción, no has de quejarte; .	
Que yo he mirado bien lo que te toca.	envío =
Menos vida tuvieras,	fronte +
Si hubieras de igualarte	pareado final
Con otras que se me han muerto en la boca.	
Quien tiene culpa desto,	
Allá lo entenderás de mí muy presto.	

(Garcilaso, *Canción III*, letzte Strophe und Geleit. BAE XXXII, S. 29)

Das hauptsächliche Thema der Canción als der Form der subjektiven Lyrik schlechthin ist die Liebe sowie die Darstellung innerer Stimmungen, besonders elegischen und bukolischen Charakters. Als Form der hohen Dichtung[74] behandelt sie auch heroisch-nationale und religiöse Stoffe. Ähnlich wie die Glosa diente sie ferner als Prüfstein formal-dichterischen Könnens in den öffentlichen Dichterwettstreiten. Endlich ist sie eine bevorzugte Form der panegyrischen Dichtung.[75]

G e s c h i c h t l i c h e s : Die Canzone ist provenzalischen Ursprungs. Ihre für Spanien entscheidende Ausprägung erfuhr sie in Italien durch Dante und besonders durch Petrarca, nach welchem sie als *canción petrarquista* bezeichnet wird.

In Spanien wurde sie durch Boscán eingeführt. Dichterischen Rang erhielt sie in der kastilischen Dichtung erstmals durch Garcilaso de la Vega. Ihre Eingliederung in den Formenbestand der spanischen Dichtung erfolgte in zwei Perioden, deren erste E. Segura Covarsí[76] bis etwa 1550 reichen läßt. Dieser *período de iniciación* ist in der Hauptsache durch enge Anlehnung an das formale (und nicht selten auch inhaltliche) Vorbild Petrarcas gekennzeichnet. Es ist eine Zeit des Suchens und Experimentierens. Einerseits werden immer neue Paradigmen Petrarcas ausprobiert, andererseits aber wagt man auch schon selbständige Variatio-

[74] „dicimus vulgarium poematum unum esse supremum, quod per superexcellentiam cantionem uocamus." Dante, *De vulgari eloquentia* II, 8. Vgl. auch *ibid.* II, 3.

[75] Weitere Hinweise im geschichtlichen Abschnitt.

[76] *La canción petrarquista en la lírica española del Siglo de oro.* Anejos de Cuadernos de Literatura Nr. 5, Madrid 1949, S. 89.

nen. Zur Veranschaulichung des Widerspiels der verschiedenen Tendenzen diene eine Gegenüberstellung der Canzonen Boscáns und Cetinas.

Von den 11 Canzonen Boscáns sind sieben (darunter mehrere Übersetzungen) genaue Nachbildungen von sechs Canzonen Petrarcas. Das Schema von Petrarcas Canzone XX (*Ben mi credea:* ABC BAC : cDdEeFF) kehrt zweimal wieder (Canción 4 und 7: *Yo, ya viví* und *Anda en revueltas*). Die übrigen 4 Canciones finden keine Entsprechung bei Petrarca und können daher — wenigstens unter Vorbehalt — als selbständige Lösungen gelten.[77]

Von den 10 canciones petrarquistas des Gutierre de Cetina sind es drei, die genau und zwei weitere, die mit geringfügigen Modifikationen Petrarca folgen. Jede dieser 5 canciones nimmt sich das Schema einer anderen Canzone Petrarcas zum Vorbild. Doch waren zwei von diesen Paradigmen bereits von Boscán und Garcilaso gebraucht worden. Die Paradigmen der restlichen 5 Canzonen Cetinas scheinen Eigenschöpfungen zu sein.[78]

Die zahlreichen Canzonendichter dieser ersten Periode lassen sich in zwei Gruppen einteilen: 1. Reine Petrarchisten, wie Boscán, Garcilaso, Acuña und Cetina; 2. Dichter der einheimisch-traditionellen Richtung, die sich wenigstens in gewissem Umfang dem Petrarchismus anschlossen. Zu ihr gehören u. a.: Diego Hurtado de Mendoza, Gregorio Silvestre, Montemayor, Gil Polo und Barahona de Soto. Gerade diese Dichter wurden wohl besonders durch den doppelten Charakter der Canzone angezogen, die in sich trovadoreske und klassische Elemente vereinte und sich so einerseits in die alte Tradition der einheimischen Cancionero-Dichtung einordnete, andererseits aber auch den klassisch-humanistischen Bestrebungen der Zeit Rechnung trug.

Der bedeutendste unter den Kanzonendichtern der ersten Jahrhunderthälfte ist Garcilaso. Während er in gedanklicher Hinsicht größte Selbständigkeit zeigt, hat er sich für den Bau der Canzone aufs engste an das Vorbild Petrarcas gehalten[79] und auf eigene größere Variationsversuche vollständig verzichtet.[80] Um so bemerkenswerter aber ist die Wahl der Muster und die vom Gegenstand und dessen Stimmungsgehalt

---

[77] Vgl. Segura, a.a.O. S. 100–101.

[78] Vgl. Segura, a.a.O. S. 110–111.

[79] Vgl. Segura, a.a.O. S. 105.

[80] Die *canción V*ª bleibt hier außer Betracht, da sie in *liras* (s. d.) geschrieben ist. — Der Ersatz eines 7-Silbers der Vorlage durch einen 11-Silber in der *sirima* der *canción II*ª fällt angesichts der sonstigen Identität mit dem Schema von Petrarcas Canzone XIV nicht ins Gewicht. — Das Gleiche gilt für die 1. Ekloge, wo in der *sirima* zwei 7-Silber der Vorlage (5. Canzone Petrarcas) durch 11-Silber ersetzt sind.

bedingte Tendenz zur Festlegung auf ein jeweils typisches Paradigma. In 6 Dichtungen hat Garcilaso die *estancia* verwendet, davon nicht weniger als dreimal das Schema von Petrarcas 14. Canzone *(Chiare, fresche, e dolci acque:* abC abC: cdeeDfF). Er wirkte durch Auswahl bestimmter Paradigmen normativ für die Zukunft. So ist das von ihm bevorzugte Schema der 14. Canzone Petrarcas bis ins 19. Jahrhundert die wohl am häufigsten wiederkehrende Gestalt der *canción petrarquista* und die Standardform für Canzonen bukolischen Charakters. Häufige Nachahmung fand auch das von ihm gewählte Schema der 5. Canzone Petrarcas *(Ne la stagion)*. Endlich erschloß er der Canción einen neuen Anwendungsbereich: die Eklogendichtung. Er begründete damit eine Tradition, die nicht nur auf dem engeren Gebiet der Lyrik, sondern auch in den *novelas pastoriles* eine glänzende Fortsetzung fand (Montemayor, Gil Polo, Cervantes). Als Neuerung ist dabei bemerkenswert, daß er die *estancia* auch außerhalb ihres eigentlichen Rahmens — der *canción* — als selbständige Strophenform verwendete und sie mit anderen kombinierte.[81] Dieser Vorgang hatte besondere Bedeutung für das polymetrische Theater, wo die *estancia* als Strophenform neben anderen seit Juan de la Cueva und Virués (um 1580) erscheint.[82]

Die zweite Periode (1550—1600) fällt im wesentlichen mit der Regierungszeit Philipps II. zusammen. Neue, zur Selbständigkeit erwachte und an der Antike geschulte Kräfte bestimmen die weitere Entwicklung der Canción. Die volle Beherrschung der italienischen Muster ist erreicht, und man stellt sich neue Aufgaben, die auf vollständige Assimilierung der ausländischen Form hinzielen. E. Segura Covarsí bezeichnet daher diese Epoche als den *período de nacionalización.*

Die hauptsächlichen Merkmale dieser Entwicklung sind:

1. Rückgang der engen und unmittelbaren Petrarca-Nachahmung. Typisch hierfür ist Herrera[83]: Von seinen 22 *canciones* sind es nur zwei, die Paradigmen Petrarcas reproduzieren. Eines der beiden Schemen war mit Sicherheit, das andere mit Wahrscheinlichkeit schon vorher von spanischen Dichtern benutzt worden.[84]

---

[81] Vgl. die polymetrische *Egloga II*ª, in die 8 *estancias* eingeschoben sind.

[82] Vgl. Morley, *Strophes*, S. 529, Anm. 1 und S. 530–531.

[83] Die Paradigmen seiner *canciones* sind zusammengestellt bei Segura, a. a. O. S. 269–273.

[84] Es handelt sich um Herreras Canzonen *Esparce en flores* und *A Diana*. Die erstere verwendet das seit Garcilaso häufige Schema der XIV., die andere das der XVII. Canzone Petrarcas *(Di pensier in pensier)*, das sich — wohl mit Priorität — zweimal bei Lomas Cantoral findet *(Pastor dichoso* und *Oye del Cielo)*.

2. Im Rahmen der *Imitatio* Festlegung auf einige wenige, ausgewählte Schemen, die vorzugsweise nicht aus Petrarca direkt, sondern aus dessen spanischen Nachahmern, besonders aus Garcilaso, bezogen werden. Musterbeispiel für diese Standardisierung ist das Schema von Petrarcas Canzone XIV, das, durch Garcilaso sanktioniert, die bevorzugte Form der bukolischen Canción und der Ekloge wird.

3. Gesteigerte eigenschöpferische Tätigkeit. Sie äußert sich inhaltlich in der für Spanien erstmaligen Erweiterung der Thematik auf religiöse und nationale Stoffe. Die Bahnbrecher auf diesen Gebieten sind Fray Luís de León und Fernando de Herrera. Mit dem letzteren beginnt auch die enkomiastische *canción laudatoria*, der ein langes Fortleben beschieden ist. — In formaler Hinsicht gibt sie sich als ein Streben nach größerer Freiheit und Selbständigkeit kund. Leitsatz ist dabei die aus einer tiefer begriffenen Antike erwachsene Forderung nach vollkommenem Zusammenklang zwischen Inhalt und Form. Bei seiner Verwirklichung mußten die komplizierten, nur für die Musik einstmals notwendigen Regeln der Canzone vielfach als überflüssige und hinderliche Fesseln für die freie Entfaltung des Gedankens und des eigenen Formwillens erscheinen, die zu sprengen man sich legitimiert fühlte. So steigert z. B. Herrera zur Erzielung eines feierlichen Canzonentyps den Anteil der 11-Silber in einem bis dahin nie dagewesenen Umfang.[85] Mehrfach setzt er sich über die für die Stollengliederung des Aufgesangs geforderte Quantitäten-Symmetrie hinweg, indem er Formen wie ABC ABc und ABC cAB verwendet. Nur etwas mehr als die Hälfte seiner *canciones* bewahren unter Benutzung eigener Paradigmen die strenge Struktur der petrarchistischen Canzone.

4. Zunahme des klassischen Einflusses als Folge einer nachhaltigen Prägung des literarischen Geschmacks durch die intensive Beschäftigung mit den antiken Dichtern. Geist und Form der horazischen Ode werden zum Richtbild. Ihre knappe Kürze und der Reichtum ihrer Formen standen in schroffem Gegensatz zur weitschweifigen und in ihrer Struktur starren *canción petrarquista*. Als Kompromißformen entstanden daraus — erstmals in Italien — die zahllosen, zwischen 4 und 9 Versen schwankenden Typen der sogenannten *canción alirada* (s. d.), die mit Garcilasos Lira (s. d.) in Spanien Fuß gefaßt hatte. In ihnen erwuchs der *canción petrarquista*, besonders bei stark humanistisch orientierten Dichtern wie Luís de León, nicht nur eine scharfe Konkurrenz, vielmehr wurde sie sogar in ihrer Struktur durch die aufstrebenden Lira-Formen beeinflußt, indem ihre Stollengliederung

[85] Vgl. die oben bereits genannten Canzonen BAE XXXII, S. 319 und 329.

verwischt und die *sirima* stark gekürzt wurde. In vielen Fällen ist es eine Frage der engeren oder weiteren Definition, welche von den unter den vagen Bezeichnungen *canción* und *oda* laufenden Formen man als *canciones petrarquistas* und welche man als *canciones aliradas* zu bezeichnen hat.

Der streng petrarchistische Canzonentyp erreicht mit Cervantes und besonders mit Lope de Vega seinen Höhepunkt in den ersten Jahrzehnten des 17. Jahrhunderts.[86] Lope verwendet 13 verschiedene Paradigmen, wovon die meisten seine eigenen Erfindungen sind. Andererseits hält er sich aber auch an die hinsichtlich des Gebrauches bestimmter Canzonenschemen bereits bestehende spanische Tradition, indem er beispielsweise den bukolischen Standardtyp (abC abC : cdeeDfF) in 16 Comedias benutzt.[87] Das nach Luís de León und Herrera auffallend starke Wiederaufleben rein petrarchistischer Strukturformen bei Cervantes und Lope, das Hand in Hand geht mit einer nur spärlichen Verwendung der *canción alirada,* dürfte seine Gründe darin haben, daß beide Dichter einerseits der gelehrt-humanistischen Richtung ferner standen und andererseits eine besonders gründliche Kenntnis der italienischen Dichtung besaßen, die sich Cervantes sogar im Lande selbst hatte erwerben können. Auch die öffentlichen Dichterwettbewerbe *(justas poéticas)* dieser Zeit dürften zur Konsolidierung der petrarchistischen Form beigetragen haben, da sie vorzugsweise Paradigmen Garcilasos und auch Petrarcas selbst zur Nachahmung aufgaben. Den Anlässen (Heiligsprechungen u. ä.) entsprechend fand hierbei die panegyrische Canción umfangreiche Pflege.[88]

Bei den anderen Dichtern des 17. Jahrhunderts wird der reine Typ der *canción petrarquista* durch die Lira-Formen in den Hintergrund gedrängt. Am relativ häufigsten erscheint er noch bei Góngora und seinen Nachahmern,[89] während Quevedo und seine Schule in erster Linie einheimisch-traditionelle Dichtungsformen pflegen und von den Canzonentypen fast ausschließlich freie Formen verwenden, die nur noch ferne Erinnerungen an die petrarchistische Canzone bewahren.

Auch im Theater geht der Gebrauch der petrarchistischen *estancias* nach Lope de Vega stark zurück. Tirso de Molina und Moreto benutzen sie selten, Alarcón überhaupt nicht.

Die Poetiken des Siglo de oro zeigen sich in der Behandlung der Canción wenig selbständig. Sie folgen sehr eng den italienischen Theoretikern,

[86] Stellennachweise zu den zahlreichen, weitverstreuten Canzonen beider Dichter bei Segura, a. a. O. S. 197ff.

[87] Morley-Bruerton, *Chronology* ..., S. 100.

[88] Vgl. Segura, a. a. O. S. 191.

[89] Vgl. Segura, a. a. O. S. 206ff.

ohne auf die Besonderheiten der spanischen Canción näher einzugehen. In sehr allgemeiner Weise erheben z. B. Herrera und Caramuel die Forderung, daß die Nachahmung ihre Grenzen haben müsse und daß den spanischen Dichtern nicht verwehrt werden dürfe, was Petrarca (der für seine 29 Canzonen immerhin 26 verschiedene Typen und Paradigmen verwendete) erlaubt war.[90]

Vorwiegend als panegyrische Gelegenheitsdichtung zu Ereignissen der nationalen Zeitgeschichte, aber auch zu weit unbedeutenderen Anlässen setzt sich die *canción petrarquista* bis in das 19. Jahrhundert fort. Beispiele sehr reiner Formen bieten in der ersten Hälfte des 18. Jahrhunderts etwa Luzán[91] und José Antonio Porcel[92], in der zweiten Jahrhunderthälfte (und teilweise darüber hinaus) Diego González[93], García de la Huerta[94], Vaca de Guzmán[95], der Conde de Noroña[96] und Meléndez Valdés[97]. Doch handelt es sich hierbei, ebenso wie später in der Romantik, wo z. B. Espronceda[98], der Duque de Rivas[99] und Avellaneda vereinzelt auf die petrarchistische Canzone zurückgreifen, um Randerscheinungen. Der Modernismus hat die *canción petrarquista* nicht mehr übernommen.

Literatur: E. H. Wilkins, *The derivation of the canzone.* Modern Philology XII (1914/15), S. 527–558. [Mit Forschungsbericht, Literaturangaben und Statistiken zur frühen ital. Canzone.] — E. Segura Covarsí, *La canción petrarquista en la lírica española del siglo de oro.* (Contribución al estudio de la métrica renacentista). Anejos de Cuadernos de Literatura Nr. 5, Madrid 1949 (mit Bibliographie S. 315–322). [Die in fünf Anhängen mitgeteilten, an sich sehr wertvollen Canzonenparadigmen sind leider nicht frei von Druckfehlern. Im Einzelfalle ist daher Überprüfung erforderlich.]

Die Sextina

Sextina bezeichnet im Spanischen einerseits eine bestimmte Art des 6-Zeilers (s. d.), andererseits eine in ihrem Aufbau streng festgelegte Form der altprovenzalischen Canzone, die aber für Spanien insoferne

[90] Zur näheren Orientierung vgl. Segura, a. a. O. S. 67–81; E. Díez Echarri, *Teorías*, S. 249–254.

[91] BAE LXI, S. 115–119.

[92] BAE LXI, S. 174–175.

[93] ibid. S. 189–191; 192–194.

[94] ibid. S. 217–219.

[95] ibid. S. 280.

[96] BAE LXIII, S. 430–434, passim.

[97] *La visión de amor* und *Entre nubes de nacar;* BAE LXIII, S. 182f. und 193.

[98] *La entrada del invierno en Londres.* RHi XVII (1917), S. 714ff.

[99] *Lamento nocturno* (mit dem bekannten Paradigma der 14. Canzone Petrarcas) BAE 100, S. 52 und *Al armamento de las provincias españolas*, ibid. S. 18.

als Renaissance-Canzone zu gelten hat, als sie erst im 16. Jahrhundert durch italienische Vermittlung nach Spanien gelangt ist. Im Italienischen heißt sie *sestina*, bei Dante und Trissino auch *canzone a stanza continua;* deutsch ‚Sestine'.

Die Sextina als Gedichtform besteht aus sechs 6-zeiligen Strophen und einem dreizeiligen Geleit *(envoi, tornada,* span. *contera)*. Von den ältesten Zeugnissen abgesehen, wird in Spanien als Versart stets der 11-Silber verwendet. Der Bau der span. Sextina ist — soweit ich sehe — durchwegs isometrisch.[100] Innerhalb der einzelnen Strophen gibt es keine Reimentsprechung (ABCDEF). Lediglich das Strophenende der vorhergehenden und der Beginn der folgenden Strophe sind durch Endreime verbunden *(coblas capcaudadas)*. Die jeweils letzten Wörter der ersten 6 Zeilen — es sind gewöhnlich zweisilbige Substantive — bilden die durch das ganze Gedicht hin gleichbleibenden Reimwörter. Ihre Anordnung wird von Strophe zu Strophe, immer wieder von unten beginnend, nach folgendem Schema variiert:

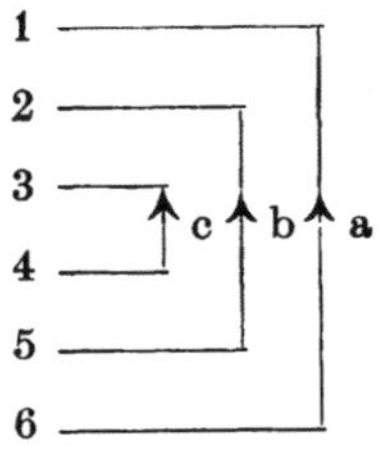

Daraus ergibt sich für die einzelnen Strophen die nachstehende Abfolge der Reimwörter:

Strophe:	1	2	3	4	5	6
	A	F	C	E	D	B
	B	A	F	C	E	D
	C	E	D	B	A	F
	D	B	A	F	C	E
	E	D	B	A	F	C
	F	C	E	D	B	A

Auch in der *contera* müssen die sechs Reimwörter — pro Zeile zwei — wiederkehren. Hinsichtlich ihrer Abfolge besteht hier Freiheit.

Beispiel:

Dejo la mas florida planta de oro,
Y lloro ausente y solo aquella Lumbre
Que sigo, y siento el pecho arder en fuego;

[100] Metabolischer Bau findet sich hingegen in der ältesten bekannten Sestine *Lo ferm voler qu'el cor m'intra* des Arnaut Daniel (7 10 10 10 10 10).

Mas el estrecho lazo de la mano
Me alienta, y la dulzura de la boca,
Que puede regalar la intensa nieve.

Yo recelé la fuerza de la nieve,
Cuando no pude ver el árbol de oro,
Y perdí la palabra de su boca;
Pero volvió al partir la alegre lumbre,
Y con el blanco hielo de la mano
Todo me destempló en ardiente fuego.

Ardió conmigo junto en dulce fuego,
Y el rigor desató de fria nieve,
Y el corazon me puso de su mano
En la mia, y tendió los ramos de oro;
Y vibrando en mis ojos con su lumbre,
Ambrosia y néctar espiró en su boca.

Si oyese el blando acento de su boca,
Y fuese de mi pecho al suyo el fuego
Que procedió á mi alma de su lumbre,
Yo jamás temeria ingrata nieve;
Y cogiendo las tersas ojas de oro,
Crinaria mi frente con su mano.

Mas ya me hallo lejos de la mano
Y no escucho el sonido de su boca
Ni veo la raíz luciente de oro;
Y no me abraso todo y vuelvo en fuego,
Pues crece siempre en mi dolor la nieve,
Y no ofenden mis lástimas mi lumbre?

Abre, dulce, suave, clara lumbre,
Las nieblas, y mitiga con tu mano
Mi sed, y la dureza de tu nieve
Desencoge y resuelve, pues tu boca
Fué la última causa de mi fuego,
Y contigo me enreda el tronco de oro.

Yo espero ya, flor de oro y pura lumbre,
Tocar la tierna mano y vuestra boca,
Que deshiele en mi fuego vuestra nieve.

(Fernando de Herrera, *Sextina IV)*

Die Sextina gehört als Canzonenform zur hohen Kunstdichtung. Inhaltlich ist sie gewöhnlich eine Liebesdichtung höfisch-petrarchistischer Prägung. In ihrer ästhetischen Beurteilung gehen die Ansichten weit auseinander. Während sie von den Theoretikern des Siglo de oro in den

Himmel erhoben wurde (s. u.), lehnt sie Menéndez Pelayo[101] als *combinación ingrata* schroff ab. Seiner Auffassung schließt sich in neuerer Zeit E. Díez Echarri[102] an, während Martín de Riquer[103] für die wenigen nicht nur formal, sondern auch inhaltlich geglückten Beispiele eine Ehrenrettung versucht. Der Eindruck des Gekünstelten und Konventionellen in Gedankenführung und Ausdruck läßt sich aber auch aus den besten Sextinas nicht bannen, wenngleich es dabei je nach der Fähigkeit des Dichters erhebliche Gradunterschiede gibt.

Geschichtliches: Die Erfindung der Sestine wird dem provenzalischen Troubadour Arnaut Daniel (Ende des 12. Jahrhunderts) zugeschrieben.[104] Sie stellt eine kunstvolle Weiterentwicklung eines bestimmten provenzalischen Canzonentyps dar, dessen Strophen nicht unterteilbar sind *(canzone a stanze indivisibili)* und der die Reimelemente der ersten Strophe durch das ganze Gedicht beibehält *(unissonans)*.

In Italien wurde sie von Dante *(Al poco giorno)* eingeführt und durch Petrarca in neun Beispielen seines *Canzionere* zur Blüte gebracht. In seiner Nachahmung wurde sie von den Petrarchisten bis ins 16. Jahrhundert verschiedentlich gepflegt (z. B. von Sannazaro und Bembo) und geriet dann in völlige Vergessenheit bis sie Carducci in größerem Umfange wiederbelebte.

Spanien verdankt die Sextina italienischer Vermittlung. Das früheste, in *versos de arte mayor* abgefaßte Zeugnis fällt noch in die Zeit vor Boscáns denkwürdige Unterredung mit Navagero. Es hat einen sonst unbekannten Trillas sowie Mosén Crespí de Valldaura zu gemeinsamen Verfassern und findet sich im Cancionero General von 1511.[105] Es ist ein Trauerlied auf den Tod der Isabel la Católica (1504).

Ihren Höhepunkt und ihre relativ weiteste Verbreitung erlebte die Sextina — nunmehr stets in 11-Silbern geschrieben — in der 2. Hälfte des 16. Jahrhunderts. Als ihr bedeutendster Meister gilt Fernando de Herrera (1534—1597), der sie viermal verwendet hat.[106] Von anderen bekannten Dichtern dieser Zeit bieten je ein Beispiel: Montemayor im 2. Buch der *Diana enamorada* (1559), Gil Polo im 4. Buch seiner Fortsetzung (1564) und Cervantes gegen Ende des 1. Buches der *Galatea* (1585). Jerónimo Bermúdez führte sie in die dramatische Dichtung ein *(Nise lastimosa*, IV. Akt; 1577). Hierin folgte ihm Lope de Vega, der in

---

[101] *Ant.* III, S. 405.

[102] *Teorías*, S. 241–244.

[103] *Resumen*, S. 73–74.

[104] Vgl. J. Anglade, *Les troubadours*, Paris 1908, S. 137.

[105] Nr. 916.

[106] BAE XXXII, S. 260, 264, 266, 269.

dreien seiner vor 1604 erschienenen Comedias jeweils eine Sextina einschiebt.[107]

Eine fast größere Rolle als in der Literatur selbst spielte die Sextina in den Poetiken von Sánchez de Lima (1580) bis Caramuel (1665). Besonders eingehend hat sich mit ihr Rengifo im 38. Kapitel seiner Arte poética (1592) beschäftigt.[108]

Die Loblieder der Praeceptisten auf diese Gedichtform, die sie wegen ihrer *dificultad* und *rareza* „la más noble de todas las estrofas" nannten und ihr die „primacía sobre todas las otras clases de canción" zusprachen,[109] vermochten im 17. Jahrhundert nicht mehr zu überzeugen. Cervantes hat nach der *Galatea*, Lope nach 1604 keine Sextina mehr geschrieben. Góngora und Quevedo haben sich in dieser Gedichtform nie versucht. Die Francisco de Rioja (1583—1659) zugeschriebene Sextina *Crespas, dulces, ardientes hebras de oro*[110] ist unsicherer Attribution. Hingegen soll der Príncipe de Esquilache (1581—1658) Sextinas verfaßt haben. Schon bald nach Beginn des 17. Jahrhunderts dürfte sie so gut wie vollständig aus der spanischen Literatur verschwunden sein; wenigstens aber hat sie schon zu dieser Zeit ihre literarische Bedeutung verloren. Im Gegensatz zu Italien wurde sie in Spanien auch später nicht mehr wiedererweckt.

Das Vorbild für die sehr seltene Doppelsestine hat Petrarca in *Mia benigna fortuna e'l viver lieto* geboten. In Spanien begegnet diese Form z. B. im 5. Buch der *Diana* des Montemayor und bei Gutierre de Cetina (*Tantas estrellas no nos muestra el cielo*).[111]

Literatur: E. Díez Echarri, *Teorías*, S. 241–244.

Die canción alirada

Vorbemerkungen

Canción alirada ist in der modernen metrischen Terminologie die Sammelbezeichnung für alle aus der petrarchistischen Canzone abgeleiteten Gedichtformen, deren meist kurze, unter sich stets gleichgebaute Strophen (*liras*) unter Verzicht auf die strenge Struktur der petrarchistischen *estancia* nach Art der *lira garcilasiana* in freier Weise 11- und 7-Silber kombinieren. Der Name leitet sich — wie angedeutet — von der *lira garcilasiana* her (s. d.). Die älteren Bezeichnungen für die *canción*

[107] *El remedio en la desdicha; El marqués de Mantua; El honrado hermano.*

[108] Vgl. zu den Einzelheiten E. Díez Echarri, *Teorías*, S. 241–244.

[109] Caramuel; zit. nach Díez Echarri, a. a. O. S. 244.

[110] BAE XXXII, S. 389.

[111] Nach Petrarcas 7. Sestine: „*Non ha tanti animali il mar fra l'onde*".

alirada sind mannigfach: *liras* (nach der Strophenart), *canción clásica* (nach ihren — wenigstens ursprünglich — klassisch-antiken Inhalten und wegen ihrer Anlehnung an die horazischen Oden), *canción pindárica* (wegen der Rolle, die Pindars Vorbild für ihre Ausprägung spielte), ferner *odas*, *elegías* usw. (nach ihrer Verwendung in diesen Dichtungsarten).

Ein Zusammenhang mit der *canción petrarquista* besteht nur in historisch-genetischer Hinsicht, insoferne die *canción alirada* als Kompromißform — *contaminatio* nennt es Carducci — zwischen horazischer oder pindarischer Ode und petrarchistischer Canzone entstanden ist. Am Anfang ihrer Entwicklung steht neben Cariteo, Angelo di Costanzo u. a. Bernardo Tasso (1493—1569), dessen „liras" für Spanien wichtig wurden. Ihm schwebte die Schaffung eines kurzen, ausdrucksstarken und anpassungsfähigen Strophentyps der hohen Dichtung vor, der auf den zeitgenössischen Hörer ähnlich wirken sollte wie einst die antiken Odenformen auf Griechen und Römer. Im Gegensatz zu Claudio Tolomei und seiner quantitierenden Schule, die ohne Rücksicht auf die natürlichen Gegebenheiten des Italienischen die Volkssprache gewaltsam in die antiken Metren und Formen zu zwängen versuchten, schlugen Cariteo, A. di Costanzo, B. Tasso u. a. den umgekehrten Weg ein, indem sie sich bemühten, die bereits vorhandenen und vertrauten Versarten und Formen der volkssprachlichen Dichtung den klassischen Vorbildern im Rahmen der natürlichen Möglichkeiten anzugleichen.

Für die Schaffung der Lira-Form ging B. Tasso von der herkömmlichen Canzone aus. Er verzichtete auf alles, was an ihr typisch mittelalterliches Erbe zu sein schien: auf den *commiato*, auf die Stollengliederung und auf die dadurch bedingte umständliche Länge. Die letztere reduzierte er auf die Ausmaße eines kurzen Auf- oder Abgesanges, womit er der meist geringen Ausdehnung der klassischen, besonders horazischen Oden nahekam. Die 11- und 7-Silber konnten nach Gutdünken angeordnet werden, da durch den Wegfall der Stollengliederung eine Quantitätensymmetrie innerhalb der Strophe nicht mehr erforderlich war. Hingegen behielt er die üblichen Versarten der Stanze sowie typische Reimstellungen der Canzonenstrophe (mit Ausnahme der korrelativen Stellung ABC ABC) bei.

Von Bernardo Tasso übernahm Garcilaso das Paradigma für seine *Canción V*ª, mit der er die *canción alirada* in Spanien eingeführt hat. Ob — wie vielfach angenommen wird — ihre anderen Formen in Spanien, insbesondere die 4- und die 6-zeilige Lira, als bloße Varianten der *lira garcilasiana* zu betrachten sind, ist zweifelhaft. Eher ist wohl anzunehmen, daß die spanischen Dichter das Prinzip der Lira in selbständiger Weise angewendet haben, indem sie die Länge der Strophen, den Anteil von 11- und 7-Silbern sowie die Reimanordnung in originalen Dichtungen nach eigenem künstlerischen Ermessen, bei Nachahmungen biblischer oder klassischer Dichtungsformen in freier Angleichung an die Eigentümlichkeiten ihrer Vorlagen regulierten.

Der Aufschwung der *canción alirada* in Spanien beginnt mit Luís de León in der 2. Hälfte des 16. Jahrhunderts und erreicht seinen Höhepunkt bei den neoklassizistischen Dichtern. Die Zahl der Formen, Varianten und Ableitungen ist unübersehbar. Die wichtigsten Typen werden im folgenden dargestellt.

a) Cuarteto-lira

Die *cuarteto-lira* ist ein metabolischer 4-Zeiler aus 11- und 7-Silbern in beliebigen Anteilen und freier Anordnung. Bis zum Neoklassizismus ist die ausschließliche Reimart der Vollreim, der entweder alternierend (z. B. AbAb) oder umschlingend (z. B. AbBa) angeordnet wird. Innerhalb dieser beiden feststehenden Reimschemen bietet die Mischung der beiden Versarten viele Variationsmöglichkeiten. Mit der zunehmenden Häufigkeit dieser Strophenform im letzten Viertel des 18. Jahrhunderts treten auch Neuerungen in der Reimgestaltung (z. B. ABcC, Assonanzformen usw.) auf.

Beispiel:

	Schema:
Del céfiro en las alas conducida,	A
Por la radiante esfera	b
Baja, de rosas mil la sien ceñida,	A
La alegre primavera;	b

(Meléndez Valdés, *Oda II*. BAE LXIII, S. 183)

Ves, oh dichoso Lícidas, el cielo	A
Brillar en pura lumbre,	b
Y el sol sublime en la celeste cumbre	B
Animar todo el suelo?	a

(Meléndez Valdés, *Oda VI*. BAE LXIII, S. 185)

Hauptsächliches Anwendungsgebiet ist die Übersetzungsliteratur (Psalmen, Horazoden) sowie die Odendichtung.

Geschichtliches: Durch ihre Vierzeiligkeit steht die *cuarteto-lira* den vorherrschenden Strophentypen der horazischen Oden näher als die *lira garcilasiana* und die *lira-sestina*. Unmittelbarer als diese richtet sie sich nach den antiken Vorbildern. Für ihre Entstehung ist daher nur allgemeine Vertrautheit mit der italienischen Technik in der Wiedergabe klassischer Strophen durch 11- und 7-Silber anzunehmen, jedoch dürften für ihren Aufbau nicht italienische Paradigmen, sondern die horazischen Formen selbst ausschlaggebend gewesen sein. In einigen Strukturtypen ist diese Nachahmung antiker Muster offenkundig. So sind z. B. die cuarteto-Typen 11 11 11 7 und 11 11 7 7 zwar freie,[112] aber unmittelbare Nachahmungen der sapphischen bzw. der alkaischen Strophe. Auch andere horazische Formen, wie etwa das *asclepiadeum tertium* und *quartum* oder die archilochischen Strophen konnten für die Verteilung der Lang- und Kurzverse richtungweisend sein.

Die *cuarteto-lira* erscheint in der spanischen Dichtung erstmals in der 2. Hälfte des 16. Jahrhunderts. Sie ist die bevorzugte Strophenform für Psalmen- und Horazübersetzungen bei Luís de León[113], Francisco de la Torre, Francisco de Medrano (1570—1607) u. a.

Zwar weniger selten als das etwa gleichzeitig aufkommende isometrische *cuarteto* (s. d.), erlangte sie aber erst in den *Odas* und *Odas filosóficas y sagradas* des Meléndez Valdés größere Bedeutung als Strophenform selbständiger Dichtungen.[114] Meléndez Valdés verwendet sie in vielfältigen Varianten, die er wohl meist selbst erfunden hat, z. B. AbAb; ABcC; abBA; aBcC. Der Conde de Noroña — besonders in seinen *gacelas* — und andere folgten seinem Beispiel.

Den relativen Höhepunkt ihrer Verbreitung erreichte sie in der Romantik. Psalmenübertragungen und ausgesprochen lyrische Dichtung bilden ihre hauptsächliche Thematik. Von den zahlreichen Spielarten ist die von Bécquer und Rosalía de Castro bevorzugte Variante, die sich auf Assonanz in den Zeilen gerader Zahl beschränkt, für die Zukunft wichtig geworden.

Die modernistischen Dichter ziehen diese Form den vollreimenden Varianten vor. In nachmodernistischer Zeit ist der Gebrauch der *cuarteto-lira* stark zurückgegangen.

Besondere Formen der *cuarteto-lira:* *Estrofa sáfica* und *estrofa de la Torre.*

Vorbemerkungen

Beide Formen gehören ihrem Wesen und ihrer Entstehungsgeschichte nach in die Familie der *canciones aliradas.* Was sie diesen gegenüber abhebt, ist eine noch entschiedenere Anlehnung an die horazischen

---

[112] Als freie Nachahmungen sind sie deshalb zu bezeichnen, weil sie weder eine metrisch oder rhythmisch getreue Wiedergabe der Verse erstrebten noch auf den Reim verzichteten. — Vgl. hingegen die *estrofa sáfica* und die *estrofa de la Torre.*

[113] Luís de León verwendete diese Strophenform in der berühmtesten seiner Horazübersetzungen (Beatus ille: *Dichoso el que de pleitos alejado;* BAE XXXVII, S. 35). — Zur Frage seiner Priorität gegenüber Francisco de la Torre vgl. María Rosa Lida in RFH II (1940), S. 376–377.

[114] Der zu eigener Individualität gelangte Strukturtyp 11 11 11 7 wird unter der Bezeichnung *estrofa de la Torre* (s. d.) gesondert dargestellt.

Strophenformen, die sich — wenigstens ursprünglich — durch den Verzicht auf den Reim zu erkennen gibt. Darüberhinaus erstrebt die *estrofa sáfica* im Laufe ihrer Entwicklung auch eine genauere rhythmische Wiedergabe der antiken Verse selbst. Strukturell steht die *estrofa de la Torre* der *cuarteto-lira* näher, zeitlich geht ihr aber die *estrofa sáfica* voraus. Die Darstellung folgt der Chronologie. Beide Formen haben sich im Laufe ihrer Geschichte gegenseitig beeinflußt. Der augenfälligste Unterschied zwischen ihnen besteht darin, daß die *estrofa sáfica* auf einen 5-Silber, die *estrofa de la Torre* hingegen auf einen 7-Silber endigt.

Die Estrofa sáfica

In ihrer strengen, sogenannten klassischen Form, wie sie in Spanien erstmals durch Esteban Manuel de Villegas (1589—1669) verwirklicht wurde, besteht die *estrofa sáfica* aus vier *versos sueltos*, von denen die ersten drei *endecasílabos sáficos*, ganz überwiegend von der Sonderform 1 des Typs B_2 (s. d.) sind, während der vierte Vers (im Lateinischen *adonius*) von einem daktylischen 5-Silber *(adónico)* gebildet wird.

Beispiel:	Schema:
Dulce vecino de la verde selva,	A
huesped eterno del abril florido,	B
vital aliento de la madre Venus,	C
céfiro blando;	d

(Villegas, *Al céfiro)*

Zur metrischen Struktur der Verse siehe unter 11- und 5-Silber sowie unten im geschichtlichen Abschnitt. Dortselbst auch Hinweise auf reimende und assonierende Formen der *estrofa sáfica*.

Die Anwendungsgebiete dieser Strophenform reichen von der antiken Übersetzungsliteratur über Odendichtung und rein lyrische Verwendung bis zur humoristischen Satire. Ohne Bedeutung blieb ihre Verwendung im Theater, wo sie in lyrischen Partien (Chören) durch Jerónimo Bermúdez (1577)[115] eingeführt und später noch einmal in geringem Umfang von Lope de Vega in *La Dorotea* (Akt I) gebraucht wird.

Geschichtliches: Die ersten Versuche, klassische Metren und Strophenformen in der Volkssprache nachzuahmen, führen in das Italien des 15. Jahrhunderts.[116] Die Anregung dazu ging aus von Leon Battista Alberti, der 1441 in Florenz den berühmten *certame coronario* veranstaltete, bei dem die beste Nachahmung klassischer Dichtungsformen in der Volkssprache preisgekrönt werden sollte. Zu einer Preisverteilung kam es zwar nicht, da keine der vorgeschlagenen Lösungen ungeteilten

[115] *Nise lastimosa*, Akte II und III; *Nise laureada*, Akt III.

[116] Vgl. Arthur H. Baxter, *The introduction of classical metres into Italian poetry*. Baltimore 1901.

Beifall fand, doch blieb Albertis Anregung in und außerhalb Italiens als Aufgabe weiterhin bestehen. Im Zusammenhang mit diesem Dichterwettstreit entstanden auch die ersten italienischen Nachahmungen der sapphischen Strophe, die Leonardo Dati zum Verfasser haben. Sie übertragen mechanisch und vom prosodischen Standpunkt aus willkürlich die klassischen Quantitätsregeln auf das Italienische. Diese Methode hielt sich unter dem Einfluß der Schule des Claudio Tolomei in ausschließlicher Weise bis zum Ende des 15. Jahrhunderts. Frühestens zu diesem Zeitpunkt, wahrscheinlich aber erst mit Angelo di Costanzo (1507—1591), ging man daran, die in ihrem rhythmischen Effekt höchst unnatürlichen und unbefriedigenden quantitierenden 11-Silber durch die vertrauten und geläufigen *endecasillabi* zu ersetzen.[117] Damit war die rhythmische sapphische Strophe in der Volkssprache geschaffen. Sie ist die Grundlage auch der spanischen Nachahmungen.

Der erste Beleg für ihr Vorkommen in Spanien findet sich in einem Brief des nachmaligen Erzbischofs von Tarragona, Antonio Agustín, den dieser 1540 aus Bologna an seinen Freund Diego de Rojas schrieb.[118] Entstehungsort und Beischrift[119] lassen keinen Zweifel darüber, daß Agustín die Anregung dazu in Italien empfangen hat. Mit Recht hebt er die Neuigkeit dieser Strophenform hervor, denn zu seiner Zeit war — wie oben dargelegt — die rhythmische Wiedergabe der sapphischen Strophe auch in Italien noch nicht alt.

Schon vor Villegas, der in gewissem Sinne den entscheidenden Wendepunkt in ihrer Geschichte darstellt, fand sie in gelehrten Kreisen Spaniens Aufnahme und besonders in der Übersetzungsliteratur eine gewisse Verbreitung, wie El Brocense, Jerónimo Bermúdez, Baltasar del Alcazar u. a. zeigen.[120]

---

[117] Vgl. zur sapphischen Strophe in Italien: G. Carducci, *La poesia barbara nei secoli XV e XVI.* Bologna 1881 (mit reicher Dokumentation). P. E. Guarnerio, *Manuale di versificazione italiana.* Milano 1913, S. 117ff. und 124ff. (mit bibliographischen Hinweisen). V. Dall'Osso, *Il verso e l'armonia che lo governa.* Milano 1946, S. 132ff. und S. 142f.

[118] Antonio Agustín, *Obras completas,* Lucca 1772, Bd. VII, S. 178. — Vgl. Menéndez Pelayo, *Estudios* VI, S. 410f. und *Horacio en España,* Madrid 1858, Bd. II, S. 41–45.

[119] „Mitto ad te quaedam epigrammata novi cuiusdam generis."

[120] Einige weitere Dichter nennt Alonso Cortés, *Villegas,* (Clásicos Castellanos, Bd. 21) Madrid 1913, *Introducción* S. 28, Anm. 1. — Dort auch Hinweise auf spätere Nachahmer. — Die Übersetzung der Ode *Rectius vives* durch den Brocense findet man bei Menéndez Pelayo, *Horacio en España,* Madrid 1885, Bd. I, S. 28; die Beispiele des Jerónimo Bermúdez sind abgedruckt im *Parnaso español* des J. J. López de Sedano, Madrid 1772, Bd. VI, S. 36, 53, 152.

In rhythmischer Hinsicht ist all diesen frühen Proben — wie in Italien — die beliebige Verwendung verschiedener 11-Silbertypen gemeinsam. Unter die *sáficos* gewöhnlicher Bauart (Typ B_2) mischen sich nicht selten sogenannte *endecasílabos italianos* (Typengruppe A) mit fester Tonstelle auf der 6. Silbe. Häufig, wenn auch noch nicht mit strenger Regelmäßigkeit, wird zusätzlich die erste Silbe betont. Zum Verständnis dieser rhythmischen Vielfalt muß man sich gegenwärtig machen, daß in Spanien (wie übrigens auch in Italien) die antiken Verse nicht scandierend, sondern nach Maßgabe ihrer natürlichen Wortakzente gelesen wurden.[121] Damit trat an die Stelle des streng einheitlichen Rhythmus der antiken sapphischen Strophe eine bunte Mannigfaltigkeit, die freilich mit dem antiken Vorbild nicht mehr allzu viel gemein hat.

Mit Villegas' Oden *Al céfiro* und *La paloma*[122] beginnt ein neuer Abschnitt in der Geschichte der *estrofa sáfica*. Zwar kommt, wie man seit Menéndez Pelayo weiß, Villegas nicht das Verdienst zu, die sapphische Strophe in Spanien eingeführt zu haben, doch ist er zweifellos ihr erster anerkannter Meister. Natürlich geht auch er von der prosodisch gelesenen sapphischen Strophe aus, doch kommt er durch Beschränkung auf eine im wesentlichen einzige Variante[123] wenigstens dem einheitlichen rhythmischen Charakter des antiken Vorbildes näher als seine Vorgänger.[123a] Die formale Vollendung und der eingängige beschwingte Rhythmus machten besonders seine Zephir-Ode auf Jahrhunderte hinaus zum verbindlichen Richtbild. Seine andere Ode — *La paloma* — hat zwar nicht die gleiche Popularität erlangt, enthält aber *in nuce* zwei Eigentümlichkeiten, die später zur Entfaltung gelangen sollten, nämlich den Binnenreim *(rimalmezzo)*[124] und die — bei Villegas vielleicht noch zufällige — Assonanz in den Zeilen gerader Zahl.[125]

Im Neoklassizismus und in der Romantik erlebte die *estrofa sáfica* ihre höchste Blüte und weiteste Verbreitung. Fast alle bekannteren Dichter dieser Epochen bieten Beispiele. Unter ihnen ragen besonders Jovellanos, Meléndez Valdés, Cadalso, Noroña, Arjona, Vaca de Guzmán, die beiden Moratín, Zorilla, Bermúdez de Castro, der Duque de

---

[121] Diese prosodische Vortragsweise wird ausdrücklich bezeugt z. B. durch Caramuel (1665). — Vgl. Díez Echarri, *Teorías*, S. 284.

[122] „*Ya por el cierzo, boreal pegaso*", Clásicos Castellanos Bd. 21, Madrid 1913, S. 350–352.

[123] 11-Silbertyp B_2, Sonderform 1.

[123a] Vgl. A. García Calvo, *Unas notas sobre la adaptación de los metros clásicos por Don Esteban Villegas*. BBMP XXIV (1950), S. 92–105.

[124] In den Strophen 3–7 und Strophe 11.

[125] In den Strophen 7 und 8.

Rivas und Echeverría hervor.[126] Wenig Variationsmöglichkeiten waren in rhythmischer Hinsicht geboten, da man das durch Villegas vorgegebene Schema als optimale Lösung respektierte, wenngleich nicht mit jener Strenge, die A. Bello in seiner Definition des *sáfico* in der sapphischen Strophe gefordert hat.[127] Im besonderen wurde die 6. und 7. Silbe nicht immer als unbetont behandelt. Hingegen wurden neben der vorherrschenden Pflege der traditionellen Form verschiedene Neuerungen oder Weiterentwicklungen in der Gestaltung der Versausgänge versucht. Eine typisch spanische Besonderheit, die ansatzweise schon bei Villegas aufgetaucht war, ist dabei die Assonanz zwischen den Zeilen gerader Zahl (ABCb). Sie wird erstmals konsequent und nach Romanzenart durch das ganze Gedicht gleichbleibend (o — e) von Vaca de Guzmán in *A la muerte de Cadalso*[128] durchgeführt. Die gleiche Variante erscheint leicht modifiziert in *Ay de mi alhama* von Zorilla, wo der mit der Überschrift gleichlautende 5-Silber nach Art eines Refrains am Ende jeder Strophe unverändert wiederkehrt.[129] Eine nahe verwandte Variante zeigt Vollreim statt Assonanz in den Versen gerader Zahl (ABCb DEFe usw.), erstmals wohl bei Meléndez Valdés[130], dann bei Avellaneda in *A la luna* u. a. Italienischer Herkunft ist hingegen der Binnenreim zwischen dem Ende des zweiten und der Mitte des dritten Verses, der sporadisch (aber bewußt) schon bei Villegas erscheint.[131] Zum durchgängigen Prinzip erhoben, findet er sich erstmals bei Cadalso in *A Cupido*[132], sodann bei Juan Nicasio Gallego *(El rizo de Corina)*[133] und nach Cadalsos Vorbild in *A Luperco* von Ventura de la Vega. Zwar hat die in allen Versen vollreimende *estrofa sáfica* (ABAb oder ABBa) ebenfalls

---

[126] Vgl. den bis in die Gegenwart reichenden Überblick bei Díez Echarri, *Teorías*, S. 286–288, Anm. 24.

[127] A. Bello, *Obras compl.* VI, S. 183. — Bello geht damit sogar über Villegas selbst hinaus. Faßt man vor allem Bellos Forderung nach einem festen Akzent auf der ersten Silbe ins Auge, so ist ein Drittel der 11-Silber in *Al céfiro* unkorrekt. — S. o. S. 90 f.

[128] BAE LXI, S. 291.

[129] ABCb DBEb FBGb usw.; b = Refrain.

[130] *A la Fortuna*. BAE LXIII, S. 186.

[131] In Italien wird die Einführung des Binnenreimes in die sapphische Strophe dem Humanisten Tommaso Campanella (1568–1639) zugeschrieben. — Hier ein Beispiel von Villegas:

Más vale, esclava de tan alto dueño,
cumplir honrada, liberal, su m*ando*,
y entre su bl*ando* y apacible seno
dar mil arrullos. *(La paloma*, Str. 11)

[132] BAE LXI, S. 266.

[133] BAE LXVII, S. 404.

Vorläufer in Italien, die sich bis auf Angelo di Costanzo zurückverfolgen lassen, doch das späte Auftauchen dieses Typs in Spanien — erstmals wohl bei Jovellanos[134] — läßt eher an einen Einfluß der sehr nahe verwandten *estrofa de la Torre* (s. d.) denken, die schon seit Francisco de Medrano (1570—1607) in allen Versen mit Vollreim ausgestattet vorkommt. Noroña *(A un pajarillo)*[135], Arjona *(La gratitud)*[136], Francisco Benavides u. a. folgten Jovellanos' Beispiel.

Die reimenden und assonierenden Formen verschwinden nach der Romantik so gut wie vollständig. Die *estrofa sáfica* kehrt zu den ursprünglichen *versos sueltos* zurück. Ohne Widerhall blieben Veränderungen an ihrer äußeren Gestalt, wie sie Darío in *Cleia Sol* (1907) durch Einführung eines 4- bzw. 7-silbigen Verses anstelle des üblichen *adónico* versucht hatte.[137] Gleichzeitig ging aber auch ihre Verbreitung stark zurück. Den im wesentlichen klassischen Typ pflegen in vereinzelten Beispielen Menéndez Pelayo, Alfonso Reyes *(Himno de las cigarras)*, der Kolumbaner Rafael Pombo, Marquina (1879—1946, *A Espronceda, poeta civil)* und gegenwärtig José María Pemán. Eine besondere Vorliebe für ihre strophische Form bei gleichzeitiger größter Freiheit in der rhythmischen Gestaltung zeigte Unamuno (*Castilla, La voz de la campaña, La hora de Dios* u. a.). Es hat den Anschein, als sei das Ziel seiner Variationsbestrebungen gerade die Vermeidung des sogenannten klassischen Typs gewesen.[138]

Literatur: Menéndez Pelayo, *Estudios* VI, S. 410ff. — E. Díez Echarri, *Teorías*, S. 279–286 (ibid. die wichtige Anmerkung 24).

Die Estrofa de la Torre

In ihrer ursprünglichen Form ist die *estrofa de la Torre* ein reimloser 4-Zeiler aus drei 11-Silbern und einem 7-Silber als Abschluß.

Beispiel:	Schema:
Tirsis, ah, Tirsis, vuelve y endereza	A
tu navecilla contrastada y frágil	B
a la seguridad del puerto; mira	C
que se te cierra el cielo.	d

(Fr. de la Torre)

Was sie von der *estrofa sáfica* unterscheidet, ist neben dem abschließenden 7-Silber die beliebige Mischung verschiedener 11-Silber-Arten, oft unter Bevorzugung der auf der 6. Silbe betonenden Typen (Typen-

[134] *A Poncio; Epitalamio a F. Rivero.*

[135] BAE LXIII, S. 436.

[136] BAE LXIII, S. 515.

[137] Zusammen mit zunehmenden rhythmischen Freiheiten konnten sie allerdings eine Verschmelzung mit der *estrofa de la Torre* begünstigen.

[138] Vgl. zu Einzelheiten Tomás Navarro, *Métrica*, S. 396–397.

gruppe A), besonders im 3. Vers, der die rhythmische Überleitung zum 7-Silber zu bilden hat. Ihre Mittenstellung zwischen der *estrofa sáfica* und der gewöhnlichen *cuarteto-lira* brachte es mit sich, daß sie von beiden Seiten her beeinflußt wurde und infolgedessen ihren ursprünglichen Eigencharakter weitgehend einbüßte. Schon bei Francisco de Medrano wird sie wie ein gewöhnlicher 4-Zeiler mit Vollreimen versehen. Später kommen noch verschiedene Assonanzformen hinzu. Im Neoklassizismus zeigt sie nicht selten einen hohen Anteil an streng gebauten *sáficos*.

Ihr Anwendungsbereich ist im wesentlichen der gleiche wie für die *estrofa sáfica*. Beispiele für ihre Verwendung in der dramatischen und satirischen Dichtung sind mir nicht bekannt geworden.

Geschichtliches: Ihren — späteren — Namen hat die *estrofa de la Torre* nach dem Salmantiner Bachiller Francisco de La Torre (2. Hälfte des 16. Jahrhunderts), der diese Strophenform erstmals in Spanien in zweien seiner Oden verwendet hat. Zweifellos ist sie nach dem Schema der sapphischen Strophe konzipiert,[139] doch beabsichtigt sie nicht deren genaue Nachbildung. Vielmehr schwebte dem Bachiller wohl die Schaffung eines Strophentyps für die Nachahmung horazischer Formen vor, der in der volkssprachlichen Dichtung nicht fremd wirken und doch einen gewissen Eindruck von der Gestalt horazischer Oden vermitteln sollte. Dabei legte er offensichtlich größeren Wert auf die Berücksichtigung der formalen Gegebenheiten der volkssprachlichen Dichtung als auf die Beachtung der Einzelheiten seiner antiken Vorbilder, denn sonst hätte er nicht den *adonius* durch einen 7-Silber ersetzt und er hätte nicht in seiner Ode *Tirsis* das *asclepiadeum tertium*[140] seiner Vorlage[141] in der nach ihm benannten Strophenform wiedergegeben. Ob die *estrofa de la Torre* unmittelbare Vorbilder in Italien hatte, und wenn ja, ob sie dem Bachiller auch tatsächlich bekannt waren, konnte ich nicht feststellen.[142]

In allen Zeilen mit Vollreim versehen (ABBa) verwendet sie Francisco de Medrano (1570—1607) verschiedentlich für die Wiedergabe der sapphischen Strophe (z. B. *Rectius vives*). Auf ihn geht auch eine erweiterte

---

139 Sie trägt daher auch die Bezeichnung *sáfico de la Torre.*

140 Diese Strophenform wird gebildet von 2 Asklepiadeen, 1 Pherekrateus und 1 Glykoneus. In Silben: zwei 12-Silber, ein 7-Silber, ein 8-Silber.

141 Horaz, *Carm.* I, 14 *(O navis).*

142 Natürlich ist in allgemeiner Weise die Entstehung der *estrofa de la Torre* im Zusammenhang mit der von Italien ausgehenden Initiative zur Nachahmung antiker Strophenformen zu sehen, aber bekannte Beispiele für den 7-Silber als Abschluß der sapphischen Strophe bieten in Italien erst Monti und Manzoni (z. B. *Il nome di Maria).*

5-zeilige Variante (ABAba) zurück. Ob er von dem Vorgang des Bachillers von Salamanca Kenntnis hatte, ist nicht sicher.

Ihre Blütezeit erlebt die *estrofa de la Torre* im Neoklassizismus und in der Romantik zusammen mit der *estrofa sáfica*, deren Einfluß sie durch überwiegende Verwendung von *endecasílabos sáficos* zeigt, während sie ihrerseits — der gewöhnlichen *cuarteto-lira* näherstehend — die Einführung von Reim und Assonanz in die *estrofa sáfica* begünstigt haben dürfte. In ihrer ursprünglichen reimlosen Form erscheint sie z. B. bei Meléndez Valdés[143] und bei L. F. de Moratín[144]. Sie erreicht ihren künstlerischen Höhepunkt mit Manuel Cabanyes (*Independencia de la poesía* u. a.)[145] und dem Duque de Rivas[146]. Verbreiteter sind aber die reimenden bzw. assonierenden Varianten. Den Vollreim (ABAb oder ABBa) verwenden Noroña[147], Lista[148], Zorilla[149], Avellaneda[150] u. a. Bécquer schmückt die *estrofa de la Torre* nach Art der Romanzen mit durchgehender Assonanz in den Zeilen gerader Zahl,[151] wie schon vor ihm der Kubaner Manuel de Zequeira (1760—1846). Diese Form wird im Modernismus fortgesetzt von dem Kubaner José Martí (*Desde la cuna*) und Unamuno (*A la libertad* u.a.). Nach Art der *cuarteta* wechselt sie die Assonanz von Strophe zu Strophe in dem Gedicht *En un campo florido* von Martí. Die vollreimende Form begegnet wieder bei Gabriela Mistral in *Viernes Santo*, wobei als Kurzverse abwechselnd 7- und 5-Silber verwendet werden.

Ihre im Modernismus vergessene ursprüngliche Form lebte in jüngster Zeit wieder auf bei dem Katalanen Ignacio Agustí in *Cementerio de Soller*.

Literatur: Díez Echarri, *Teorías*, S. 297–298. — Tomás Navarro, *Métrica*, s. v. *estrofa de la Torre* im Strophenverzeichnis.

b) Die Lira (garcilasiana)

Die Lira ist ein auf zwei Reimen laufender, in allen Versen vollreimender 5-Zeiler aus 11- und 7-Silbern in der Anordnung aBabB.

---

143 *En la muerte de Filis*. BAE LXIII, S. 189.

144 *A la Virgen de Lendinara*. BAE II, S. 586–587. — Diese Ode ist gleichzeitig ein Beispiel für das starke Vordringen des strengen *sáfico* in dieser Strophenform.

145 „*estrofa ... elevada a inconmensurable altura por Manuel Cabanyes*." E. Díez Echarri, *Teorías*, S. 297.

146 *El faro de Malta; Un padre; El otoño*. BAE C, S. 503, 510, 512.

147 Z. B. in den Hafiz-Gaselen I und III. BAE LXIII, S. 485 und 488.

148 Z. B. *A Dalmiro*, BAE LXVII, S. 292, Nr. XIII.

149 „*Venid a mí, brillantes ilusiones*".

150 *A N. Pastor Díaz*.

151 Z. B. „*Volverán las oscuras golondrinas*".

Beispiel: Schema:

Si de mi baja lira	a
Tanto pudiese el son, que en un momento	B
Aplacase la ira	a
Del animoso viento,	b
Y la furia del mar y el movimiento;	B

(Garcilaso, *Canción V)*

Zur Unterscheidung von später auftretenden Varianten und zur Abgrenzung gegenüber verwandten, aber in Reimfolge und Verszahl abweichenden Formen, die in metrischen Abhandlungen ebenfalls unter dem Namen *Lira* laufen und die man heute unter dem Sammelbegriff *canciones aliradas* zusammenfaßt, benennt man im Interesse der Eindeutigkeit den oben angeführten klassischen Typ der Lira nach Garcilaso, gelegentlich auch nach Luís de León *(estrofa, lira, quintilla de Fray Luís de León)*.

Ihrem Charakter nach ist die Lira eine Form der hohen profanen und religiösen Kunstlyrik. Auch in die dramatische Literatur hat sie Eingang gefunden.

Geschichtliches: Die Strophenform, die man später *Lira* nannte, wurde in Spanien durch Garcilaso eingeführt. Sein metrisches Vorbild war eine genau gleichgebaute Strophenart in einem Gedicht *(O pastori felici)* der *Amori*[152] des Bernardo Tasso, die ihrerseits ihren Ursprung den Bemühungen der italienischen Renaissance verdankt, die traditionelle petrarkistische Canzonenstrophe nach dem Muster der konzisen Strophenformen der horazischen Lyrik im Sinne eines Kompromisses umzugestalten.[153]

Ihren Namen hat die Lira von dem letzten Wort der ersten Zeile von Garcilasos oben angeführter Canción V *(A la flor de Gnido)*. Erstmals ist er — und zwar in dem präzisen Sinne der *lira garcilasiana* — in Rengifos *Arte poética española* (1592)[154] belegt.[155]

Im Unterschied zu Italien, wo das Paradigma der nachmaligen Lira kaum Beachtung fand und obwohl sie auch Garcilaso nur ein einziges Mal verwendet, wird sie in Spanien zu einer der bedeutendsten und beliebtesten Strophenformen des 16. Jahrhunderts. Beschränkten sich Her-

---

[152] Ausgabe von 1534.

[153] S. auch unter *canción alirada* und *estrofa safica*. — Vgl. D. Alonso, *Poesía española*, 3. Aufl. Madrid 1957, S. 128–130.

[154] Kap. LXIII.

[155] Über die terminologische Erfassung dieser Strophenform sowie über die verschiedenen metrischen Bedeutungen von *lira* bei den Praeceptisten des 16. und 17. Jahrhunderts unterrichten näher: Díez Echarri, *Teorías*, S. 254–255 und D. Alonso, *La poesía de San Juan de la Cruz*, Madrid 1942, S. 48.

nando de Acuña, Montemayor, Francisco de la Torre und Fernando de Herrera mehr auf ihre bloß gelegentliche Verwendung, so machte sie Luís de León zur ausschließlichen Strophenform seiner großen Oden und gab ihr damit neues Gewicht. Seinem Beispiel folgt San Juan de la Cruz in seinem *Cántico espiritual* und in *Noche oscura*. Die innere, thematische Entwicklung der Lira im 16. Jahrhundert faßt Dámaso Alonso wie folgt zusammen: „*La ‚lira', pues, pasa por esa columna vertebral formada por los tres mayores poetas del siglo XVI, Garcilaso, Fray Luís, San Juan de la Cruz, y esos tres hitos señalan su subida gradual de profanidad a espiritualidad, de espiritualidad a divinización.*"[156]

Eine im ganzen geringe Rolle spielt die Lira in der dramatischen Dichtung. Hier hat sie — 1577 — Jerónimo Bermúdez[157] eingeführt. Auf diesem Wege folgten ihm — wenngleich in sehr bescheidenem Umfang — Juan de la Cueva, Argensola, Rey de Artieda, Guillén de Castro, Cervantes, Tirso de Molina.

Im 17. und bis gegen das letzte Viertel des 18. Jahrhunderts als Form der lyrischen Dichtung fast vergessen, lebt sie in der neoklassizistischen Dichtung — besonders in den Oden — wieder auf. Meléndez Valdés, Cadalso, Forner, L. F. de Moratín, Bello u. a. bieten dafür zahlreiche Beispiele.

Einen neuen Höhepunkt der Beliebtheit und Verbreitung, besonders auch in Lateinamerika, erreicht sie in der Odendichtung der Romantik.[158] Wie meist, wenn eine Strophenform als wirklich lebendig empfunden wird, werden — wie das schon bei Luís de León und bei den Neoklassizisten geschehen war — zahlreiche neue Varianten geschaffen (z. B. aBaaB, aBAaB, AbaBA u. a.).

Während im Modernismus die *lira garcilasiana* nur in vereinzelten Beispielen fortlebt, sieht Tomás Navarro in der Gegenwartsdichtung Spaniens und Latein-Amerikas Anzeichen für eine wiedererwachende Beliebtheit dieser Strophenform.[159]

Literatur: Dámaso Alonso, *Sobre los orígenes de la lira*. In: *Poesía española, Ensayos de métodos y límites estilísticos*. Biblioteca románica hispánica. 3. Aufl. Madrid 1957, S. 611–618 (mit bibliographischen Hinweisen). — Díez Echarri, *Teorías*, S. 254–255. — Tomás Navarro, *Métrica*, s. v. *lira* im *Indice de estrofas*.

---

[156] *Poesía esp.*, S. 616.

[157] *Nise laureada*, III, 3.

[158] Z. B. *España triunfante (Quién podrá dignamente)* vom Duque de Rivas (BAE C, S. 43), *Profecía del Plata* von dem Argentinier Echeverría, *A Roma* von Zorilla.

[159] *Métrica*, S. 464.

c) Die lira-sestina

Die *lira-sestina*, auch *sexteto-lira* und häufig nur *lira* genannt, ist in ihrer klassischen, auf Luís de León zurückgehenden Form ein 6-Zeiler, in dem 7- und 11-Silber nach dem Paradigma aBaBcC alternieren. Das charakteristische Merkmal ihres Reimschemas ist die Gliederung in einen zweireimigen alternierenden 4-Zeiler und einen abschließenden Pareado mit neuem Reimelement. Auf spätere Varianten wird im geschichtlichen Abschnitt verwiesen.

Beispiel:	Schema:
El hombre justo y bueno,	a
El que de culpa está y mancilla puro,	B
Las manos en el seno,	a
Sin dardo ni zagaya va seguro,	B
Y sin llevar cargada	c
La aljaba de saeta enherbolada.	C

(Luís de León, *Integer vitae)*

Ihrem Charakter nach ist die *lira-sestina* eine Form der hohen Dichtung, oft mit gelehrtem Einschlag. Erstmals tritt sie in Horazübertragungen auf und findet in der Folgezeit ihre hauptsächliche Verwendung in der Odendichtung. Im Theater des Siglo de oro erscheint sie in lyrischen Partien. Die Bereiche einer bescheideneren Stilhöhe erschloß ihr Samaniego (1745—1801) durch seine sehr volkstümlich gewordene Fabel von der Milchkuh.

Geschichtliches: Die Entstehung der *lira-sestina* ist im Zusammenhang mit den gleichen Bestrebungen der italienischen und spanischen Renaissance zu sehen, die auch zur Ausprägung der sonstigen *lira*-Formen geführt haben.[160] Deutlicher noch als die kürzeren *canciones aliradas* läßt sie einerseits durch ihre Struktur den Zusammenhang mit der *canción petrarquista*, andererseits durch ihre Thematik das Streben nach klassischer *Imitatio* erkennen.

Syntaktisch ist zwar die Canzonengliederung verwischt, aber sie hat sich in typischen Zügen des Reimschemas erhalten: der alternierende 4-Zeiler ist nach Art des Aufgesangs in der Canzone streng symmetrisch gegliedert (aB ⋮ aB) und der auf zwei Zeilen reduzierte Abgesang zeigt den für den Stanzenschluß typischen Pareado. Luís de León scheint mir für diese Auffassung eine entscheidende Stütze zu liefern, durch seine 7-zeilige Lira, die er z. B. in *A Don Portocarrero*[161] benutzt. Sie hat das Schema aBaBbcC. Von der 6-zeiligen Form unterscheidet sie sich lediglich durch den Einschub eines 7-Silbers nach dem 4. Vers. Aber diese

[160] Vgl. unter *canción alirada, estrofa sáfica* und *lira garcilasiana.*

[161] BAE XXXVII, S. 9.

Stelle ist wichtig; denn sie ist der Platz der *chiave* in der Canzone. In der Tat hat Luís de León diesen 5. Vers als *chiave* gestaltet, indem er ihn — wie in der petrarchistischen Canzone — mit dem letzten Vers der *fronte* reimen läßt und als Versart den 7-Silber verwendet. Es scheint mir daher zweifelsfrei, daß Luís de León auch bei der Abfassung seiner 6-zeiligen Liras primär in den Formvorstellungen der Canzone gedacht hat. Die — abgesehen vom metabolischen Bau — vorhandene Identität des Schemas der *lira-sestina* mit der italienischen *sestina narrativa*[162] ist zufällig.

Daß Luís de León gerade mit der *lira-sestina* — wenn auch in bewußt freier Weise — klassische Strophenformen adaptierend nachzubilden beabsichtigte, gibt er dadurch kund, daß er die 6-zeilige Lira ganz überwiegend in seinen Horazübersetzungen verwendet, während er für seine originalen Dichtungen die *lira garcilasiana* zur Lieblingsstrophe gemacht hat.

Im Siglo de oro fand die *lira-sestina* weite Verbreitung in Lyrik und Theater und überflügelte die *lira garcilasiana*. In die dramatische Dichtung hatte sie durch Virués (*La gran Semíramis;* vor 1581) Eingang gefunden. Diesem Beispiel folgten Cervantes, Lope de Vega, Montalbán u. a. Vorzüglich wurde sie in lyrischen Partien gebraucht. Ihre häufige Verwendung führt zu verschiedenen Modifikationen (z. B. aBaBCC, AbAbcC usw.), die aber die Grundstruktur (4-Zeiler + Pareado) nicht ändern.

Vor allen anderen Arten der Lira war die *lira-sestina* die Lieblingsform der neoklassizistischen Dichter.[163] Neben vielen Varianten wird auch der klassische Typ umfangreich gepflegt, z. B. durch Villarroel, Cadalso, García de la Huerta und gewinnt weite Popularität durch Samaniegos Fabel *La lechera.*[164] Alberto Lista zeigt sich besonders erfindungsreich in der Schaffung neuer Varianten.[165]

In der Romantik bleiben zwar die metabolischen 6-Zeiler ungefähr gleich häufig wie im Neoklassizismus, doch drängen verwandte Varianten und auch andersgeartete 6-Zeilertypen die klassische Form der *lira-sestina* sehr stark in den Hintergrund, so daß sie schließlich völlig verschwindet.

---

[162] ABABCC; s. beim 6-Zeiler unter *sexta rima.*

[163] „*The lira, or canción alirada, underwent tremendous development during the Neoclassic period. The lira sestina especially was thoroughly exploited.*" D. C. Clarke, *Sketch,* S. 305. — Dortselbst Hinweise auf Varianten sowie Stellenangaben.

[164] BAE LXI, S. 362.

[165] Vgl. D. C. Clarke, *On the versification of Alberto Lista.* RR XLIII (1952), S. 109–116.

Einige der letzten Beispiele bietet der Duque de Rivas in den Gedichten *Al conde de Noroña* und *A Amira.*[166]

Die Canción pindárica

Soweit die Bezeichnung *canción pindárica* nur ein anderer Name für die *canción alirada* ist,[167] war sie bereits oben zu besprechen.

Im besonderen aber versteht man darunter eine *canción alirada*, die sich nach Pindars Vorbild in 2 streng gleichgebaute Strophen *(estrofa* und *antiestrofa)* und in eine dritte Strophe *(epodo)* von abweichender Länge und Struktur gliedert. Die Abfolge dieser Dreiheit kann wiederholt werden, wobei dann jeweils alle *estrofas* und *antiestrofas* sowie alle *epodos* die gleiche metrische Form haben müssen. Das Musterbeispiel ist Quevedos *Canción pindárica* an den Duque de Lerma[168]. Hier haben die vier Strophen und Antistrophen je 16, die beiden Epoden je 21 Verse (11- und 7-Silber).

Geschichtliches: Die ersten Versuche zu einer genaueren Nachahmung der pindarischen Oden in der Volkssprache wurden im 16. Jahrhundert in Italien gemacht. Die Priorität wird teils Bernardino Rota (1509—1575), teils Luigi Alamanni (1495—1556) zugesprochen. Die *Canzone pindarica* entspringt den gleichen Bestrebungen wie die *canción alirada* (s. d.). Ronsard griff die Anregung Alamannis auf und schrieb 15 pindarische Oden (1550), die ihrerseits nicht ohne Einfluß auf Gabriello Chiabrera (1552—1639) gewesen sein dürften, der als der hauptsächlichste Repräsentant dieser Dichtungsform in Italien gilt.

In Spanien wurde sie durch Francisco de Quevedo eingeführt. Seine gründliche humanistische Bildung befähigte ihn dazu, sich wohl ziemlich unabhängig von Ronsard und Chiabrera an dem Vorbild Pindars selbst zu orientieren. Größere Verbreitung hat die pindarische Ode in Spanien — soweit ich sehe — nicht gefunden. Sie scheint sich im wesentlichen auf Quevedo und seine Schule zu beschränken.

Literatur: Nähere Untersuchungen zur *canción alirada* als Gesamterscheinung sowie Spezialuntersuchungen zur *canción pindárica* in Spanien sind mir nicht bekannt geworden. — Einige Hinweise bei E. Segura Covarsí, *La canción petrarquista en la lírica española del siglo de oro*. Anejos de Cuadernos de Literatura, Nr. 5, Madrid 1949, S. 59ff. (mit bibliographischen Hinweisen zu den entsprechenden Formen in Italien). — Vgl. auch die Literaturangaben bei *cuarteto-lira* und *lira garcilasiana*.

---

[166] BAE C, S. 22–24.

[167] Wie z. B. Cadalsos *Oda pindárica*, BAE LXI, S. 264f.

[168] BAE LXIX, S. 12.

Die Silva

Die *Silva* ist eine reihenartige, also unstrophische Gedichtform meist beträchtlichen Umfangs, die als Ergebnis antistrophischer Tendenzen aus der *canción petrarquista* hervorgegangen ist.

Ihre verschiedenen Typen lassen sich in zwei größere Gruppen einteilen:

I. klassische Typen, die auf das Siglo de oro zurückgehen;
II. modernistische Typen.

Die formalen Unterschiede zwischen beiden Gruppen beruhen in folgendem: Die klassischen Typen kennen als Reimart nur den Vollreim, als Versarten nur den 11- und 7-Silber (bzw. den 8- und 4-Silber). Demgegenüber zeigen die modernistischen Typen durch Verwendung der Assonanz und durch größere Freiheit in der Mischung verschiedener Versarten — mit dem 11- und 7-Silber werden nunmehr auch 3-, 5-, 9- und 14-Silber verbunden — wesentliche Neuerungen.

I. Die klassischen Typen der Silva

a) Als *Normaltyp* der klassischen Silva kann man die vollreimenden 11- und 7-Silber-Kombinationen bezeichnen, die in Reihen nichtfestgelegter Ausdehnung[169] auftretend sowohl die beiden genannten Versarten als auch die Reime in beliebiger Anordnung zeigen, wobei auch einige Verse reimlos bleiben können. Die gelegentlich zutage tretenden scheinbaren Anlehnungen an die Formen des Pareado, Terceto, Cuarteto usw. sind als zufällig zu betrachten und haben mit dem Wesen der Silva, die aus einer Reaktion gegen den Strophismus entstanden ist, nichts zu tun. Hinsichtlich der Reimanordnung gilt nur die allgemeine Regel, daß zusammengehörige Reimelemente nicht allzu weit auseinandergerückt werden sollen. Doch wird diese Vorschrift gerade in der Silva oft sehr großzügig gehandhabt.[170]

---

[169] Die untere Grenze liegt bei etwa 20 Versen. Nach oben besteht keine Beschränkung. — Im Druckbild können die einzelnen Sinnperioden nach Art von Strophen abgesetzt erscheinen. Soweit es sich hierbei nicht nur um eine typographische Äußerlichkeit handelt, liegt eine gewisse nähere Anlehnung an die Canzone — der ursprünglichen Ausgangsform der Silva — vor, die man im engeren Sinne als *canción libre* bezeichnen könnte. Niemals aber haben diese Sinnperioden einen streng strophischen Charakter. Sie differieren unter sich sowohl in der Länge als auch in der Anordnung der 11- und 7-Silber.

[170] Die strenge Beachtung dieser Regel führte zur Ausprägung einer eigenen Variante, die Tomás Navarro als *silva densa* bezeichnet hat. Ihre Eigentümlichkeit besteht darin, daß sich die entsprechenden Reimelemente

Neben der üblichen Mischform finden sich in geringer Zahl auch Silvas, die in ausschließlicher Weise nur eine der beiden Versarten verwenden.

Beispiel:	Schema:
Era del año la estación florida	A
En que el mentido robador de Europa	B
Media luna las armas de su frente,	C
Y el sol todos los rayos de su pelo,	D
Luciente honor del cielo	d
En campos de zafiro pace estrellas,	E
Cuando el que ministrar podia la copa	B
A Júpiter mejor que el garzon de Ida	A
Náufrago y desdeñado, sobre ausente,	C
Lagrimosas de amor dulces querellas	E
Da al mar, que condolido	f
Fué á las ondas, fué al viento,	g
El mísero gemido,	f
Segundo de Arion dulce instrumento,	G
Del siempre en la montaña opuesto pino	H
Al enemigo noto,	i
Piadoso miembro roto,	i
Brave tabla, delfin no fué pequeño	K
Al inconsiderado peregrino	H
Que á una Libia de ondas su camino	H
Fió, y su vida á un leño;	k
. . . .	

(Góngora, *1. Soledad)*

Die durch keine strukturellen Vorschriften eingeschränkten Gestaltungs- und Ausdrucksmöglichkeiten machen die Silva gleichsam zu einem Instrument, das sich auf jede beliebige Tonart stimmen läßt. Entsprechend vielgestaltig ist daher auch ihre Thematik. Sie reicht von den schwermütigen *Soledades* Góngoras bis zur burlesken *Gatomaquía* Lopes, vom Lehrgedicht bis zum Siegesgesang, vom Totenlied bis zum jauchzenden Hymnus, vom Idyll bis zur Ode eigener Schöpfung oder klassischer Nachahmung.[171]

b) Die *silva octosílaba*

Die *silva octosílaba* zeigt das Prinzip der gewöhnlichen Silva in An-

---

in auffallend kurzen Abständen folgen und *versos sueltos* vermieden werden. Als Beispiel sei Góngoras *Canción fúnebre I (Moriste en plumas)* BAE XXXII, S. 453 genannt, deren Anfangsverse das folgende Schema zeigen: A B C B A C. C D D e F F e. (Man beachte die enge Anlehnung an die petrarchistische Canzone.) — Als Beispiel für die gegenteilige Erscheinung diene die hier angeführte Probe aus der 1. *Soledad.*

[171] Nähere Hinweise im geschichtlichen Abschnitt.

wendung auf die 8-Silber-Dichtung. Sie tritt in reinen 8-Silbern sowie in 8- und 4-Silber-Kombinationen auf.

c) Die *silva de consonantes*

Die *silva de consonantes*, die im Theater des Siglo de oro verbreitet ist, figuriert unter den Silva-Formen nur auf Grund ihrer unzutreffenden Bezeichnung. In Wirklichkeit ist sie eine vollreimende Pareado-Reihe aus 7- und 11-Silbern nach dem Schema aAbBcC usw. und wird daher hier unter dem Stichwort *Pareado* behandelt.

Geschichtliches: Der *Normaltyp* der klassischen Silva erscheint in Spanien nicht vor dem Anfang des 17. Jahrhunderts. Das erste sicher datierbare und literargeschichtlich bedeutsame Beispiel bietet Góngora in der ersten seiner *Soledades* (1613). Er ist aber nicht der erste Spanier, der diese Form verwendet. Lope de Vega[172] und wohl auch Jáuregui[173] waren ihm auf diesem Wege mit kleineren Kompositionen vorangegangen.[174] Doch hat ihr Góngora das entscheidende Gepräge gegeben und ihren Ruhm begründet.

Der Ursprung der Dichtungsform, die man in Spanien Silva nennt, ist in Italien zu suchen.[175] Hier wurde sie im Laufe des 16. Jahrhunderts aus der petrarchistischen Canzone in Reaktion gegen deren strenge Regelung entwickelt. Soweit dafür antike Vorbilder richtungweisend waren, kämen wohl in erster Linie die ebenfalls unstrophischen metabolischen Epoden Horazens und allenfalls die römischen Elegien in Betracht. Doch scheinen die antistrophischen Tendenzen allgemeinerer Natur gewesen zu sein, wie etwa die durch neue Vertonungsmethoden bedingte Umgestaltung des Madrigals (s. d.) zu einer völlig freien Form zeigt. In der Tat unterscheidet sich das Madrigal des 16. Jahrhunderts von der Silva in metrischer Hinsicht nur durch eine im allgemeinen geringere Länge. Doch hat gerade in dieser Zeit A. Francesco Grazzini eine Langform des Madrigals *(madrigalone, madrigalessa)* geschaffen, die auch diesen Unterschied gegenüber der Silva verwischt. Auch vom thematischen Standpunkt dürfte es keine großen Schwierigkeiten geben, denn schon im 15. Jahrhundert begann das Madrigal eine Form für sehr verschiedene

---

[172] In den *Pastores de Belén*.

[173] BAE XLII, S. 115 und 118.

[174] Zu Einzelheiten vgl. K. Vossler, *Poesie der Einsamkeit in Spanien*. 2. Aufl. München 1950, S. 94f. — Zwei in den *Indices generales* der BAE (LXXI, S. 5, col. 1) als Silvas angeführte Gedichte von F. de Herrera (BAE XXXII, S. 339, col. 1) und von Luís de León (BAE XXXVII, S. 39, col. 1) entsprechen nicht dieser Klassifikation.

[175] Tomás Navarro *(Métrica*, S. 236) verweist in diesem Zusammenhang auf das Gedicht über die florentinischen Künstler von A. Francesco Grazzini, Il Lasca (1503–1584).

Inhalte zu werden. Endlich bezeichnen die italienischen Theoretiker, die den Ausdruck Silva als metrischen Terminus nicht kennen, die der Silva entsprechenden Formen allgemein als *Madrigale*. Ein Einfluß von dieser Seite erscheint daher nicht ausgeschlossen.

Ein in den Einzelheiten nicht gelöstes Problem ist ihr Name. Wohl am eingehendsten hat sich mit dieser Frage K. Vossler auseinandergesetzt und die Vielschichtigkeit der literarischen Bedeutung dieses Wortes von der Antike[176] über Italien bis nach Spanien im Überblick dargestellt.[177] Wenn zweifellos griech. *ὕλη* (‚Materie, Rohstoff') und des Statius' Buchtitel ‚*Silvae*' sowohl direkt wie auch durch italienische Vermittlung auf die Wahl dieses Wortes in Spanien eingewirkt haben dürften, so bleibt doch ungeklärt, warum gerade in Spanien *silva* zum metrischen Terminus für eine zwar freie, aber doch ganz bestimmte Dichtungsform wurde, während es bis dahin sowohl in der Antike wie in Italien geradezu die poetische „Unform" (Vossler) bezeichnet hatte. Eindeutige Anhaltspunkte, wie etwa im Falle der Lira, fehlen.

Unklar ist auch die Frage des ersten Auftauchens von *silva* als metrischem Terminus. Nach Vosslers vorsichtiger Vermutung könnte die Bezeichnung auf Jáuregui und vielleicht noch auf die Zeit vor 1618 zurückgehen.[178] Der erste eindeutige Beleg für *silva* im metrischen Sinne findet sich aber, soweit ich sehe, erst in der *Rhythmica* des Caramuel, der sich übrigens als einziger unter den Praeceptisten des Siglo de oro mit dieser Dichtungsform beschäftigt und sie bezeichnenderweise im Zusammenhang mit dem Madrigal nennt.[179]

Zu I a) Durch Góngora zu Ansehen gebracht, ist die Silva im Siglo de oro eine beliebte Dichtungsform, wie ihre ziemlich häufige Verwendung bei Lope de Vega (z.B. *Laurel de Apolo*, *Gatomaquia*, *Selva sin amor*, *El Siglo de oro* u. a.), Francisco de Rioja[180], Quevedo[181], Polo de Medina[182] u. a. zeigt. Im besonderen ist sie die bevorzugte Form der sogenannten Einsamkeitsdichtung.

Nach erneutem Anstieg seit der 2. Hälfte des 18. Jahrhunderts erreicht sie in den ersten Jahrzehnten des folgenden Jahrhunderts als führende metrische Form der neoklassizistischen Oden den Höhepunkt

[176] Vgl. außer Vossler auch Friedrich Vollmer, *P. Papinii Statii Silvarum libri*, Leipzig 1898, S. 24f.

[177] A.a.O. S. 91–94.

[178] K. Vossler, a. a. O. S. 94.

[179] Buch II, Kap. V, Art. XVIII, S. 331. — Vgl. Díez Echarri, *Teorías*, S. 258.

[180] BAE XXXII, S. 381–385.

[181] Z. B. BAE LXIX, S. 302–320.

[182] BAE XLII, S. 176–213 passim.

ihrer Verbreitung (Quintana, Juan Nicasio Gallego, Martínez de la Rosa, A. Bello, J. M. Heredia u. a.). In Übereinstimmung mit der Tendenz zum hohen Stil überwiegt hier der Anteil der 11-Silber.

Auch die Dichter der Romantik halten an der Pflege der Silva fest. Sie ist die übliche Form der Gedankenlyrik philosophischer Prägung. In dem Bestreben, Inhalt und Form in vollen Einklang zu bringen, werden die stilistischen Ausdrucksmöglichkeiten der Silva ausgeschöpft. So erscheint sie z. B. mit Überwiegen der 11-Silber und in dichter Reimfolge in den feierlichen Oden *A la victoria de Bailén* und *Napoleón destronado* des Duque de Rivas[183] und in ihrem leichten, durch Vorherrschen der 7-Silber charakterisierten Typ im *Himno al sol* Esproncedas und in *A la luz* von Campoamor.

Die Vitalität der klassischen Silva im frühen Modernismus (Gutiérrez Nájera, Darío), die nun auch die Funktion der von den Modernisten nicht mehr verwendeten Canzonenstrophe übernommen hatte, war die Voraussetzung für die Schaffung der modernistischen Silva-Typen, die erst zu Beginn des 20. Jahrhunderts in Erscheinung treten (s. u.) und den Gebrauch der klassischen Silva-Formen stark in den Hintergrund drängen, so daß sie nur noch in vereinzelten Beispielen auftreten.

Zu I b) Die *silva octosílaba* hat Selbständigkeit und größere Bedeutung erst im Modernismus erlangt, wo diese Form von Martí, Gutiérrez Nájera u. a., besonders aber von A. Machado (*Las encinas*, *Los olivos*, *Poema de un día* u. a.) verwendet wurde. Ihre Geschichte reicht aber viel weiter zurück. Ob man sie allerdings schon mit den zwei von Tomás Navarro[184] aus dem Cancionero de Palacio (Nr. 108 u. 118) zitierten Gedichten im 15. Jahrhundert beginnen lassen darf, ist wenig wahrscheinlich. Ihre Entstehung dürfte sie vielmehr der einfachen Übertragung der klassischen Form (11+7) auf die 8-Silber-Dichtung verdanken, so wie man z. B. auch das System des Sonetts auf die 8-Silber-Form übertragen hat. In stilistischer Hinsicht bekam sie dadurch einen volkstümlichen, oder besser, popularisierenden Anstrich. Mit dieser Tendenz präsentiert sich eines der frühesten Beispiele für diese Form, nämlich die *silvas octosílabas*, die Góngora in seinen Diálogo pastoril *Al nacimiento de Nuestro Señor* einstreut.

Wie im Siglo de oro nur innerhalb polymetrischer Dichtungen verwendet, kehrt sie vereinzelt in der Romantik wieder, so z. B. in der Einleitung zu *El diablo mundo* von Espronceda und gelegentlich bei Zorilla.

---

[183] BAE C, S. 19 und 25.

[184] *Métrica*, S. 128.

II. *Die modernistischen Typen*

Die modernistischen Typen erweitern den klassischen Normaltyp durch Mit-Einbeziehung weiterer Versarten oder (und) durch die Einführung der Assonanz. Es entstehen somit folgende Typen:

1. der vollreimende *Normaltyp* (11+7) unter Einschub weiterer ungleichsilbiger, rhythmisch verwandter Versarten (3-, 5-, 9- und 14-Silber in der Gliederung 7+7).
2. Die *silva asonantada*. Sie erscheint entweder in der klassischen Normalform oder in Form des eben genannten erweiterten Typs, wobei lediglich der Reim durch die Assonanz ersetzt wird.
3. Eine Sonderform der *silva asonantada* ist die *silva arromanzada*. Hier weisen — wie im Falle der Romanzen — alle Zeilen gerader Zahl die gleiche Assonanz auf.

Beispiel für *silva arromanzada:*	Schema:
Las figuras del campo sobre el cielo!	A
Dos lentos bueyes aran	b
en un alcor, cuando el otoño empieza,	C
y entre las negras testas doblegadas	B
bajo el pesado yugo,	d
pende un ceste de juncos y retama,	B
que es la cuna de un niño;	e
y tras la yunta marcha	b
un hombre que se inclina hacia la tierra,	F
y una mujer que en las abiertas zanjas	B
arroja la semilla.	g
Bajo una nube de carmín y llama,	B
en el oro flúido y verdinoso	H
del poniente, las sombras se agigantan.	B

(A. Machado, *Campos de Soria*, IV)

Geschichtliches: Die wesentlichen Neuerungen der Silva gehen wohl auf den späteren Rubén Darío zurück. Seine Sammlung *Cantos de vida y esperanza* (1905) zeigt in *Helios* reimende 11-, 7- und 14-Silber, in *Marina* 11-, 7-, 14-, 9- und 5-Silber in freier Kombination. Die *silva arromanzada* — und zwar auf der Basis von 11- und 7-Silbern — erscheint ebenfalls wohl erstmals bei Darío in *Lo que son los poetas* und anderen Gedichten. Den ersten Schritt in Richtung auf die letztgenannte und im Modernismus sehr erfolgreiche Form hatte allerdings schon G. A. Béquer getan, der verschiedentlich in seinen Rimas 11- und 7-Silber in beliebiger Anordnung und nach Romanzenart assoniert, aber in strenge 4-Zeilerform gegliedert, verwendet hatte.[185] Um von dieser

[185] Z. B. *Rimas* LIII, LV. Die letztere hat folgendes Schema: AbCb DBEb FbGB (b, B = Assonanz i-o).

Grundlage aus zu der Form der *silva arromanzada* zu gelangen, brauchte Darío nur die strophische Gliederung aufzugeben. Besondere Vorliebe für diese Form zeigte A. Machado in der Sammlung *Campos de Castilla* (1912).[186]

In der Gegenwartsdichtung scheinen die assonierenden Silva-Typen nicht mehr fortzuleben. Hingegen hat sich die in Versarten stark variierende, reimende Form bei Jorge Guillén u. a. gehalten.[187]

Das Sonett

Von allen Gedichtformen der neueren Literaturen ist das Sonett zweifellos die erfolgreichste. Seit Jahrhunderten ist es über den ganzen europäischen Kulturkreis verbreitet[187a] und zählt auch in der Gegenwartsdichtung immer noch zu den lebendigen Formen. Sieht man ab vom sogenannten Shakespeare-Sonett, so kann man sagen, daß es seine typische Struktur seit Petrarca, der seinen Triumph begründete, bis heute unverändert bewahrt hat, wenn auch einzelne Literaturen oder Epochen dieser oder jener Variante den Vorzug gaben.

Das klassische oder normale Sonett, die in Spanien von Garcilaso bis zum Modernismus und auch heute wieder fast ausschließliche Sonettform, besteht aus vierzehn 11-Silbern, die so angeordnet sind, daß sie der Reihe nach zwei *cuartetos* und — im Reim davon unabhängig — zwei *tercetos* bilden. Die syntaktische Gliederung hält sich zwar gewöhnlich an diese Einteilung, muß ihr aber nicht sklavisch folgen. In syntaktischer Hinsicht werden oft die beiden *cuartetos* als einheitlicher 8-Zeiler, die beiden *tercetos* als einheitlicher 6-Zeiler behandelt. Die Reimart ist ausschließlich der Vollreim. Kein Vers bleibt ohne Reimentsprechung. Die beiden *cuartetos* laufen auf zwei gemeinsamen Reimen, die im Normaltyp beide Male umschlingend angeordnet sind: ABBA ABBA. Freier ist zu allen Zeiten die Reimfolge in den beiden *tercetos*.[188] Diese können zwei- oder dreireimig sein. Die gebräuchlichsten Anordnungen sind:

---

[186] Vgl. *Poesías completas*, 7. Aufl. Madrid 1955, Nr. CXII, CXIII, CXXV, CXXIX u. a.

[187] Eine Reihe von Einzelbelegen für die Varianten der modernistischen Silva findet sich bei Tomás Navarro, *Métrica*, S. 388–389 und S. 463.

[187a] Vgl. E. Fernández Almuzara, S. J., *Vitalidad del soneto*. Razón y Fe CXXVI (Madrid 1942), S. 281–291.

[188] Über Art und Häufigkeit der einzelnen *terceto*-Typen im 16. und 17. Jahrhundert unterrichten D. C. Clarke, *Tiercet rimes of the Golden Age sonnet* (HR IV [1936], S. 378–383) und — unter besonderer Berücksichtigung von Lope de Vega und seiner Zeit — Otto Jörder, *Formen*, S. 1–66.

a) bei zwei Reimen: CDC DCD
CDC CDC
CDD DCC
b) bei drei Reimen: CDE CDE
CDE DCE
CDE DEC
CDE EDC

Die miteinander konkurrierenden Haupttypen sind CDC DCD und CDE CDE.

Beispiel: Schema:

Mientras por competir con tu cabello A
oro bruñido al sol relumbra en vano, B
mientras con menosprecio en medio el llano B
mira tu blanca frente el lilio bello, A
  mientras a cada labio, por cogello, A
siguen más ojos que al clavel temprano, B
y mientras triunfa con desdén lozano B
del luciente marfil tu gentil cuello; A
  goza cuello, cabello, labio y frente, C
antes que lo que fué en tu edad dorada D
oro, lilio, clavel, cristal luciente, C
  no sólo en plata o vïola truncada D
se vuelva, mas tú y ello juntamente C
en tierra, en humo, en polvo, en sombra, en nada. D

(Góngora[189])

Abweichungen von diesem Normaltyp können sich erstrecken

1. auf die Versart; hier haben sich nur das *sonetillo* (aus Kurzversen) und das Alexandrinersonett zu eigenen Typen individualisiert. Sie werden in gesonderten Abschnitten behandelt;
2. auf die Reimanordnung in den *cuartetos*. Von vereinzelten Sonderfällen abgesehen, die im geschichtlichen Abschnitt zu nennen sind, spielte nur die alternierende Anordnung ABAB ABAB in der Frühzeit des spanischen Sonetts und im Alexandrinersonett des Modernismus — hier nach französischem Vorbild — eine größere Rolle;
3. auf die Verszahl. Die in Italien auftretenden, durch Einschub von 7-Silbern an bestimmten Stellen der 4- und 3-Zeiler erweiterten Sonette fristen in Spanien nur ein kümmerliches Dasein. Wenn ihnen der Theoretiker Rengifo[190] eine kaum verdiente Aufmerksamkeit

[189] Eine eingehende Strukturanalyse dieses Sonetts gibt W. Mönch in *Góngora und Gryphius*, RF LXV (1954), S. 300–316. — Vgl. auch M. de Montoliu (BRAe XXVIII [1948], S. 72–73), der diese stilistischen Sonderformen des Sonetts als *sonetos-ramillete* oder *sonetos paralelísticos* bezeichnet.

[190] *Arte poética española* (1592), Kap. XLIII–LII.

widmet, so folgt er hierin zweifellos mehr den italienischen Poetiken als der tatsächlichen Gebräuchlichkeit dieser Sonettformen im eigenen Land. Jedenfalls scheint keiner der bekannten Dichter diese *sonetos doblados* und *terciados* gepflegt zu haben.

Hingegen war eine andere Erweiterungsform, das *soneto con estrambote*, im Siglo de oro ziemlich beliebt.[191] Es besteht aus einem normalen Sonett, dem als ‚Schwanz' (daher im Ital. *sonetto caudato*, deutsch: *geschwänztes Sonett*) ein oder mehrere Dreizeiler meist der Bauart 7 11 11 angefügt werden. Dabei nimmt der 7-Zeiler jeweils den unmittelbar vorhergehenden Reim auf, während die beiden 11-Silber einen Pareado mit eigenem Reimelement bilden:

ABBA ABBA CDC DCD dEE eFF fGG usw.

Andere *estrambote*-Formen, wie EE (also ohne 7-Silber), DeE und DEE folgen mit großem Abstand. Im Gegensatz zu dem ausschließlich burlesken oder satirischen Charakter, den das geschwänzte Sonett in Italien hat, wird es in Spanien auch in der ernsten Dichtung verwendet.[192]

Von den ausgesprochenen Sonettspielereien *(sonetos de ingenio)*, die aus Freude am *artificio* sich die Aufgabe stellen, ungewöhnliche formale Schwierigkeiten in der Gestaltung des Textes oder der Reime zu meistern, seien nur zwei hervorgehoben:[193]

---

[191] Erasmo Buceta hat etwa 250 Belege dafür zusammengestellt. Vgl. seine Aufsätze in RHi LXXII (1928), S. 460–474; ibid. LXXV (1929), S. 583–595; RFE XVIII (1931), S. 239–251; ibid. XXI (1934), S. 361–376. — Vgl. ferner O. Jörder, a. a. O. S. 67–82.

[192] Von 49 *sonetos con estrambote*, die Buceta in RFE XVIII untersucht, sind 21 ernsten Inhalts.

[193] Eine größere Anzahl dieser sogenannten *sonetos de ingenio* nennt unter Anführung von Beispielen Rengifo in seiner *Arte poética*, Kap. XLIII–LII; so das *soneto continuo*, das die beiden Reimelemente der *cuartetos* auch in den *tercetos* beibehält (z. B. ABBA ABBA ABA BAB); das *soneto encadenado*, bei dem vom 2. Vers an das Anfangswort jeder Zeile den vorhergehenden Endreim aufnimmt; das *soneto retrógrado*, das *‚leído al derecho y al revés, por arriba o por abajo, saltando o arreo, haga sentido y convenga con los demás, y siempre se guarden las consonancias y número del Soneto'*; das *soneto bilingue*, das in zwei Sprachen, meist Latein und Spanisch, abgefaßt ist, u. a. — Hierher gehören auch die Sonette in *agudo*- und in *esdrújulo*-Versen sowie die Sonette in *versos de cabo roto*, eine burleske Abart des *agudo*-Sonetts, bei dem die *agudos* durch regelmäßige Anwendung der Apokope erzielt werden, z. B.

Hermano Lope, bórrame el soné —
De versos de Ariosto y Garcilá —,
A la Biblia no tomes en la má —,
Pues nunca de la Biblia dices lé — usw.

Über Arten und Geschichte der verschiedenen Sonettspielereien berichtet

1. Das *soneto acróstico.* Seine Besonderheit beruht darin, daß — im einfachsten Falle — die Anfangsbuchstaben jeder Zeile von oben nach unten gelesen, ein Wort, einen Wahlspruch oder meist den Namen der Person ergeben, der das Gedicht zugedacht ist, z. B.:[194]

Guerrero insigne,	**I**lustre y	Poderoso,
Laureado de	**D**afne por	Prudente;
Onor del orbe,	**U**lises	Eminente,
Romano César,	**Q**ue triunfó	Animoso,
Iris de Flándes,	**V**encedor	Famoso,
Alejandro sin par,	**E**ctor	Valiente,
De cuya fama,	**D**ulce y	Refulgente
Está el imperio	**E**terno y	Victorioso;
Atlante en fuerza,	**A**quiles	Aplaudido,
Rayo en la guerra,	**M**arte en ser	Soldado,
Anibal de Cartago,	**A**mon	Temido,
Gloria de Siena,	**L**auro	Venerado,
Onor de	**F**lándes, donde sois	Querido
Norte de	**I**talia, donde sois	Amado.

= GLORIA DE ARAGON I DUQVE DE AMALFI; rechts die Eigenschaften des Gefeierten. (Aus: Vida y hechos de Estebanillo González, BAE XXXIII, S. 332.)

2. Das *soneto con eco.* Begrifflich nicht scharf getrennt von den sogenannten gekrönten Reimen *(vers couronnés)* erscheint es bald in dialogisierter, bald in gewöhnlicher Form in zahlreichen Spielarten.[195] Seine Eigentümlichkeit besteht darin, daß das jeweilige Reimwort a) als wirkliches, antwortendes Echo oder b) nur nach Art eines Echos Teile des unmittelbar vorhergehenden Wortes wiederholt, z. B.

a)	Leonido:	Cristo:
	. . . . .	. . . .
	Y pretendiendo deshonralla	Honralla
	Y aunque de mar tan afanado	A nado
	He de volver al regalado	Ado
	Por defender a quien me acalla.	Calla.

(Aus Lopes Echo-Sonett *Ingrato cielo* in *La fianza satisfecha)*

---

eingehend O. Jörder, a. a. O. S. 83–267. — Zum Manierismus im Sonett, besonders zum *soneto correlativo*, vgl. Dámaso Alonso, *Poesía española. Ensayo de métodos y límites estilísticos.* 3. Aufl. Madrid 1957, S. 431ff. (mit Bibliographie in den Fußnoten).

[194] Vgl. Menéndez Pelayo, *Estudios* I, S. 398. — Irving A. Leonhard, *Some curiosities of Spanish colonial poetry.* Hisp. XV (1932), S. 39–54.

[195] Vgl. M. Gauthier, *De quelques jeux d'esprit: Les échos.* RHi XXXV (1915), S. 27–43 und O. Jörder, a. a. O. S. 161–209.

b) Antes que al pobre yo despida, pida,
Dios mío, harina a su molino, lino
A su mesa Real ......

(Lope, *San Isidro labrador de Madrid)*

Zu den Regeln für den äußeren Bau des Sonetts kommen noch Vorschriften hinzu, die die gedankliche Struktur betreffen. Sie sind natürlich weniger eng und delikater als die metrischen Regeln. Ihre kunstvolle Handhabung ist das Merkmal des vollkommenen Sonetts.

Allgemein beachtet wird die Forderung, daß das Sonett nur einen einzigen, einheitlichen Gedanken entwickeln darf. Zu dieser Konzentration zwingt schon die knappe metrische Form, die eine gedankliche Abschweifung nicht verträgt. Höhere Anforderungen an die Kunst des Dichters stellt die Gestaltung des inneren, gedanklichen Rhythmus, der im allgemeinen in den beiden *cuartetos* aufsteigend, in den beiden *tercetos* absteigend sein soll. Dabei dienen die *cuartetos* gleichsam als Exposition. Sie schildern oft einen bestimmten wirklichen, fiktiven oder allegorischen Sachverhalt, der in den anschließenden *tercetos* gedeutet wird, sei es, daß man daraus eine Lehre oder eine Folgerung zieht, sei es, daß man Betrachtungen darüber anstellt oder eine überraschende Pointe bringt. Wenn eine differenzierte Bewegung der Gedankenführung im guten Sonett unbedingt vorhanden sein muß, so ist sie doch nicht starr an die oben geschilderte Einteilung gebunden. So setzt beispielsweise das *soneto enumerativo* in anhaltender Steigung die Aufzählungen bis in den 13. Vers fort, um in der 14. Zeile die Spannung durch eine abschließende Folgerung, die der ganzen Aufzählung erst den Sinn gibt, zu lösen. Bei stark pointierten Sonetten wird gerne die übliche Funktion der *cuartetos* auch auf das erste *terceto* ausgedehnt, um so einen scharfen Bewegungskontrast zum überraschenden Gedichtschluß zu schaffen.

Alles, was auf kunstvolle Weise und in sich abgeschlossen in 14 Zeilen auszudrücken ist, kann Gegenstand des Sonetts sein. Seiner Herkunft und überwiegenden Verwendung nach ist es eine Form der Lyrik. Es erstreckt sich aber auch in das Gebiet der Didaktik, der Satire und der Panegyrik. Entsprechend weit ist die Skala der Empfindungen, die im Sonett Ausdruck finden können: sie reicht von mystischer Erhebung bis zu erotischer Frivolität und zum grob-beleidigenden Pamphlet. Als lyrische Einlage begegnet es häufig in den Comedias und in den Romanen des Siglo de oro; in eigentlicher dramatischer Funktion (als dialogisiertes Sonett) ist es hingegen selten.

Geschichtliches: Der spanische Name für das Sonett *(soneto)* wurde zusammen mit der Sache aus Italien *(sonetto)* übernommen. Etymologisch liegt ein Deminutiv zu ,sonus' ,Ton, Klang' zugrunde, das zunächst im Altprovenzalischen ,sonet' ergab und ,kleine, leichte Melodie, Liedchen' bedeutete. In dem allgemeineren Sinne von ‚Lied' wird auch *sonetto* noch gelegentlich in der älteren italienischen Literatur verwendet.[196] Im besonderen aber bezeichnet *sonetto* in Italien eine Dichtung fester Bauart, die trotz ihres provenzalischen Namens als selbständige italienische Erfindung zu gelten hat.

In seinen charakteristischen Zügen bereits voll ausgeprägt, erscheint das Sonett zusammen mit den ersten Zeugnissen italienischer Kunstdichtung zu Beginn des 13. Jahrhunderts in der Sizilianischen Dichterschule am Hofe Friedrichs II. (1194—1250). Die Regeln für seinen Bau wurden schon von den frühesten italienischen Verstheoretikern Francesco da Barberino und Antonio da Tempo[196a] dargestellt.

Die umstrittene Ursprungsfrage braucht, da sie für die erst im 15. Jahrhundert beginnende Geschichte des Sonetts in Spanien ohne unmittelbare Bedeutung ist, hier nur am Rande erwähnt zu werden.

Gegenüber der älteren Auffassung von L. Biadene[197], der im Sonett den Zusammenschluß eines 8-zeiligen mit einem 6-zeiligen *strambotto*[198] sah, neigt die heutige Forschung im allgemeinen mehr zu der Annahme, daß das Sonett nichts anderes sei als eine nach Art der provenzalischen *cobla esparsa* verselbständigte Sonderform der Canzonenstrophe. Als Kompromißlösung wurde auch die Möglichkeit einer Gliederung in ein 8-zeiliges *strambotto* und in einen der Canzonenstrophe nachgebildeten 6-zeiligen Abgesang ins Auge gefaßt.

Das Hauptargument der *strambotto*-Theorie beruht auf der Tatsache, daß im 13. Jahrhundert die Dreigliederung der beiden Terzette (CD CD CD) gegenüber der seit dem 14. Jahrhundert ausschließlichen Zweigliederung (CDC DCD) überwiegt. Doch ist auch die Zweigliederung der Terzette von Anfang an vorhanden, so daß nicht mit Sicherheit zu entscheiden ist, welche der beiden Gliederungsarten als die tatsächlich ursprüngliche angesehen werden muß. Biadenes Theorie ist daher in diesem Punkte weder eindeutig zu beweisen, noch klar zu widerlegen. Doch sprechen Überlegungen allgemeinerer Natur dagegen. Sehr ungewöhnlich muß die Verschmelzung zweier verschiedener, selbständiger Dichtungsformen zu einem neuen einheitlichen Gedicht erscheinen. Hinzu kommt, daß die Dichter der sizilianischen Schule, die als Erfinder des

196 Ein extenso-Beleg bei K. Vossler, *Die Dichtungsformen der Romanen* (ed. A. Bauer), Stuttgart 1951, S. 186. — Dortselbst auch eine kurze Erörterung der beiden hauptsächlichen Ursprungstheorien.

196a S. u. Madrigal, S. 301, Anm. 230.

197 *La morfologia del sonetto nei secoli XIII e XIV*. In: *Studii di filologia romanza*, Bd. 4 (1888), S. 1–234.

198 Das *strambotto* ist eine süditalienische, rein volkstümliche Liebesdichtung der Grundformen ABAB ABAB und AB AB AB.

Sonetts zu gelten haben, allem Anschein nach gerade das *strambotto* nicht gepflegt haben. Endlich ist das *strambotto* eine ausgesprochen volkstümliche Form, während sich das Sonett seit seinem ersten Auftreten inhaltlich und stilistisch als der Kunstdichtung zugehörig ausweist.

Bedenkt man andererseits, in wie starkem Maße die Nacheiferung der Provenzalen Thematik, Sprache und Formen der sizilianischen Dichterschule bestimmt hat, so ist es wohl naheliegend, auch im Sonett eine Kunstform zu sehen, die dem provenzalisch geprägten Formgefühl der *Sizilianer* entspringt. In der Tat hindert nichts, die beiden Quartinen als *I*° und *II*° *piede* des Aufgesangs einer Canzonenstrophe und die beiden Terzette als die *volte* von deren Abgesang zu betrachten.[199] Diese Betrachtungsweise scheint schon Antonio da Tempo vorgeschwebt zu haben, wenn er die beiden Terzette als *volte* bezeichnet. Für die isolierte Verwendung der Canzonenstrophe hatten ebenfalls schon die Provenzalen in der bereits genannten *cobla esparsa* das Vorbild abgegeben. Damit wird keinesfalls die italienische Originalität bei der Schaffung des Sonetts in Abrede gestellt, aber sie wird organisch in die dichterische Formenwelt der Kunstdichter des sizilianischen Hofes eingeordnet. Das höfische, keineswegs volkstümliche Liebesthema, welches das frühe Sonett mit der Canzone gemeinsam hat, scheint mir eine weitere Stütze dafür zu sein, daß das Sonett seiner Herkunft nach eine verkürzte, in der Stilhöhe bescheidenere Variante der Canzone ist.

Die frühesten Zeugnisse für das Sonett in Spanien reichen bis etwa in die Mitte des 15. Jahrhunderts zurück. An erster Stelle ist hier die stattliche Sammlung der 42 in 11-Silbern abgefaßten *Sonetos al itálico modo*[200] des Marqués de Santillana (1398—1458) zu nennen. Ihre *cuartetos* sind ganz überwiegend in alternierenden Reimen (ABAB ABAB) gebaut und stehen damit im Gegensatz zu der seit den Stilnovisten und besonders seit Petrarca[201] üblichen umschlingenden Reimstellung (ABBA ABBA) in Italien. Diese Vorliebe Santillanas (die übrigens auch in den wenigen sonstigen Sonetten des 15. Jahrhunderts zutage tritt) für eine in Italien längst unüblich gewordene Reimstellung hat nichts mit Archaismus oder mit einer besonderen Reimästhetik zu tun. Vielmehr erklärt sie sich m. E.

---

[199] Zur Struktur der Canzonenstrophe, s. u. *canción petrarquista*.

[200] Vgl. A. Vegue Goldoni, *Los sonetos ‚al itálico modo' de Don Iñigo López de Mendoza, marqués de Santillana. Estudio crítico y nueva edición de los mismos*. Madrid 1911.

[201] Von den 317 Sonetten in Petrarcas Canzoniere (ed. *Chiorboli)* verwenden 303 das Quartinenschema ABBA ABBA; nur 10 Fälle zeigen alternierende Anordnung (ABAB ABAB); je 2 haben unsymmetrische Schemen: ABAB BAAB und ABAB BABA. — Dreireimigkeit in den Quartinen fehlt bei Petrarca vollständig.

sehr real aus dem Bestreben, die beiden 4-Zeiler des Sonetts überdeutlich von den damals in höchster Blüte stehenden, durch Verwendung des umschlungenen Reimes gekennzeichneten Haupttypen der *copla de arte mayor* (s. d.) zu differenzieren. Daß die ersten Sonettisten in Spanien gegen den übermächtigen Einfluß der *copla de arte mayor* anzukämpfen hatten, beweist der Umstand, daß damals die geringste Unachtsamkeit beim Bau der *cuartetos* gleichsam automatisch zu der in Fleisch und Blut übergegangenen *copla de arte mayor* führte. Die wenigen Verstöße Santillanas gegen die Quartinenstruktur (ABBA ACCA und ABAB BCCB) haben — wie ersichtlich — als Ergebnis stets die beiden Haupttypen der *copla de arte mayor*, an deren klassischer Ausprägung er übrigens selbst nicht unmaßgeblich beteiligt war. Der sicherste Weg, sich diesem Einfluß gegenüber zu behaupten, war zweifellos die durchgehend alternierende Gestaltung der *cuartetos*, da sie sich am weitesten und in deutlich hörbarer Weise von der *copla de arte mayor* entfernte. Diese damals notwendigen Differenzierungsbestrebungen gegenüber einer einheimischen Form waren es, die Santillana dazu veranlaßten, in der Quartinengestaltung von seinem Vorbild Petrarca abzuweichen.[202] Diesem folgte er hingegen — durch keine Rücksichten auf konkurrierende spanische Formen behindert — aufs engste in der Reimanordnung der *tercetos*. Von einer einzigen Ausnahme abgesehen, verwendet er nur die beiden Haupttypen Petrarcas[203]: CDC DCD (in 27 Sonetten) und CDE CDE (in 14 Sonetten).

Nur ein einziges Mal (Sonett XVI) bietet Santillana den später vorherrschenden klassischen Sonett-Typ mit umschlingenden Reimen in den *cuartetos*.

Als ebenfalls frühe Zeugnisse sind die vier Sonette des Mosén Juan de Villalpando erwähnenswert.[204] Sie sind nach dem bereits erklärten

---

[202] Anders zu beurteilen ist hingegen der in seiner Zeit isolierte Fall des Diego Hurtado de Mendoza (1503–1575). 15 seiner 41 Sonette (ed. *Knapp)* weichen von der auch bei ihm vorherrschenden Normalform (ABBA ABBA) ab. Hier handelt es sich wohl umgekehrt um den Versuch, durch Variation der starren italienischen Quartinenform das Sonett den variationsfreudigen einheimischen Formen anzupassen. Er fand darin aber keine nennenswerte Nachfolge. — Vgl. O. Jörder, a. a. O. S. 86f. und S. 87, Anm. 1.

[203] Zu Vergleichszwecken seien hier die Terzetto-Typen der 317 Sonette des Canzoniere mitgeteilt. Die Zahl in der Klammer bezeichnet die Häufigkeit.

CDC DCD (117)	CDC CDC (8)
CDE CDE (120)	CDD DCC (4)
CDE DCE (66)	CDE EDC (1)
	CDE DEC (1)

[204] B. J. Gallardo, *Ensayo de una biblioteca española de libros raros y curiosos*,

Schema ABAB ABAB CDC DCD gebaut, aber in *versos de arte mayor* geschrieben. Dieser Kompromißversuch zwischen italienischer Gedichtform und einheimischer Versart hatte keinen Erfolg. Mir sind nur noch zwei Beispiele des *arte-mayor*-Sonetts bekannt geworden. Das eine stammt aus dem Anfang des 16. Jahrhunderts und ist eine Übersetzung des 132. Sonetts von Petrarca durch Hernando Díaz.[205] Als eigenartiger Anachronismus erscheint das *arte-mayor*-Sonett, das als Nr. 38 unter den Sonetten des Gutierre de Cetina in der Ausgabe von J. Hazañas y la Rua (Bd. I, Sevilla 1895) auftaucht.

Den Versuchen des 15. Jahrhunderts blieb die Wirkung versagt. Boscán und Garcilaso, die im eigentlichen Sinne das Sonett in Spanien heimisch gemacht und die Grundlagen für seinen Siegeszug geschaffen haben, griffen nicht auf ihre spanischen Vorgänger, sondern unmittelbar auf Petrarca selbst zurück. Sie sind es auch, die zum ersten Mal die typische Sonettform Petrarcas in spanischer Sprache vollkommen nachgebildet haben. Die seit etwa 1525 immer seltener werdende *arte-mayor*-Dichtung bildete nun kein ernstliches Hindernis mehr, die *cuartetos* des Sonetts nach Petrarcas Vorbild mit umschlingenden Reimen auszustatten. Erst damit war der klassische oder Normaltyp des spanischen Sonetts geschaffen, der bis heute die Führung behalten hat.

Dieser endgültigen Einführung des Sonetts war, besonders durch die Autorität Garcilasos, ein rascher Aufschwung beschieden. Noch im 16. Jahrhundert wurde es von allen Dichtern, die sich der italianisierenden Richtung anschlossen, aufgenommen und auch schon in bedeutendem Umfang gepflegt.[206] Durch Qualität, Quantität und Einfluß ragen unter ihnen Sâ de Miranda, Gutierre de Cetina, Baltasar del Alcázar und besonders Fernando de Herrera hervor.

Im 17. Jahrhundert überschwemmt es geradezu die spanische Dichtung. Lope de Vega allein schrieb schätzungsweise 3000 Sonette, von denen etwa die Hälfte auf uns gekommen ist.[207] Bei den guten Dichtern erscheint es noch strenger reguliert als im 16. Jahrhundert, indem bei der Gestaltung der *tercetos* je ein 2- und 3-reimiger Typ so stark in den Vordergrund tritt, daß daneben die anderen ihre Bedeutung verlieren. An dem von Garcilaso und Herrera bevorzugten 3-reimigen Standard-Typ CDE CDE halten Cervantes und Góngora fest, der eine — wie es scheint — ausschließlich, der andere überwiegend. Bei Lope ist etwa

---

ed. M. R. Zarco del Valle u. José Sancho Rayón, Madrid 1863–1889, Bd. I, col. 535–536. Das letzte *(Maldicho yo sea)* ist defektiv.

[205] *Si amor no es aquesto...;* vgl. Gallardo, *Ensayo*, II, col. 774.

[206] Von Gutierre de Cetina sind etwa 250, von Herrera über 300 Sonette erhalten.

[207] Verzeichnis bei O. Jörder, a. a. O. S. 287–372.

1605 eine durch ihre Plötzlichkeit auffällige Abkehr von dem bis dahin auch bei ihm vorherrschenden 3-reimigen Haupttyp zu bemerken. Ihr folgt eine konsequente Bevorzugung des 2-reimigen Typs CDC DCD, wie sie vorher — allerdings weniger ausschließlich — Boscán und Gutierre de Cetina gezeigt hatten. Die Gründe für diesen Umschwung bei Lope sind nicht klar ersichtlich. Da er sich zuerst in den Comedias vollzieht — der größere Teil der Sonette Lopes findet sich in seinen Comedias — können Rücksichten auf die Erfordernisse des Bühnenvortrags wirksam gewesen sein. Für den Hörer im Theater ist die alternierende und damit dichtere Reimfolge zweifellos eingängiger als der Typ CDE CDE, dessen zusammengehörige Reimelemente jeweils durch zwei Verse getrennt sind. Darüber hinaus dürfte ihm aber auch — wohl unter dem Einfluß italienischer Petrarchisten — der alternierende *terceto*-Typ als der korrektere, strengere und kraftvollere erschienen sein, wie man aus einer entsprechenden Bemerkung in der *Cuestión sobre el honor debido a la poesía* entnehmen kann.[208] Lope de Vegas Beispiel folgten in erster Linie die Comedia-Autoren, am konsequentesten Montalbán. Doch dürfte auch die führende Stellung des Typs CDC DCD in den Sonetten Quevedos, Villamedianas und Calderóns auf Lopes Einfluß zurückgehen.

Die Rolle des 11-Silber-Sonetts im Theater beginnt mit der *Nise laureada* (Akt II, 3) des Jerónimo Bermúdez (1577). Vor Lope de Vega ohne Bedeutung,[209] kam es erst durch diesen in Mode und hielt sich im Theater bis zum Ausgang des 17. Jahrhunderts. Nur ausnahmsweise wird es durch Dialogisierung zu einer dramatischen Form gemacht.[210] Im Regelfalle aber hält es sich an die Funktion, die ihr Lope im *Arte nuevo* zuweist: ‚*el soneto está bien en los que aguardan*'.[210a]

Die Poetiken des *Siglo de oro* lehnen sich bei der Behandlung des Sonetts eng an ihre italienischen Vorlagen an. Für die Erforschung des spanischen Sonetts sind sie daher wenig ergiebig. Sie ergehen sich in der Hauptsache in panegyrischen Lobsprüchen über diese italienische Form und behandeln, teilweise sehr eingehend, die verschiedenen Sonettspielereien.[211]

Im 18. Jahrhundert verliert das Sonett seine führende Stellung unter den lyrischen 11-Silberformen. Von der älteren Generation wird es zwar noch ziemlich häufig verwendet, so besonders von E. G. Lobo und Torres Villarroel. Aber in der 2. Jahrhunderthälfte geht es gegenüber den nun

---

[208] Die Stelle ist abgedruckt bei O. Jörder, a. a. O. S. 12, Anm. 3.

[209] Vgl. die Übersicht bei Griswold Morley, *Strophes I*, S. 530.

[210] Zum Dialogsonett vgl. O. Jörder, a. a. O. S. 161–209.

[210a] Vgl. Lucile K. Delano, *The sonnet in the Golden Age drama of Spain*. Hisp. XI (1928), S. 25–28.

[211] Einzelheiten bei E. Díez Echarri, *Teorías*, S. 244–249.

in Mode kommenden freieren Formen, die nach der Anschauung der Zeit dem Geist und Formgefühl der Antike näherstanden, stark zurück. Neben den *anacreónticas*, *idilios*, *silvas* und Romanzen nimmt es bei Meléndez Valdés eine bescheidene Stellung ein. Auch bei García de la Huerta, Jovellanos, Cadalso und Forner sind die Sonette wenig zahlreich. Einen gewissen Wiederaufschwung erlebt es zu Beginn des 19. Jahrhunderts durch Arriaza, Nicasio Gallego, J. M. Heredia und A. Lista. Hinsichtlich seiner Form hält es sich an die Tradition des 17. Jahrhunderts. Das Reimschema der *cuartetos* ist unverändert ABBA ABBA; in den *tercetos* beschränkt man sich auf die beiden Haupttypen CDC DCD und CDE CDE.

Die strenge Form, die dem Siglo de oro als besonderer Reiz des Sonetts erschienen war, wird von den neoklassizistischen Kritikern als dessen größter Nachteil empfunden. Sehr aufschlußreich ist in diesem Zusammenhang die seltsame Ehrenrettung des Sonetts durch Gómez Hermosilla, der von seiner Form sagt: ‚*bien desempeñada no es tan despreciable como algunos han asegurado*'.[212]

Das freiheitliche und erfindungsreiche Formstreben der Romantiker räumt dem Sonett einen im ganzen nur geringen Platz ein. Echeverría, Mármol, Arolas, Bécquer und Rosalía de Castro haben es überhaupt gemieden. Nur relativ selten erscheint es beim Duque de Rivas, bei Espronceda und Zorilla. In größerem Umfang haben es Bermúdez de Castro, Avellaneda und der Mexikaner J. J. Pesado gepflegt. Anregend auf verschiedene Dichter des Modernismus wirkte die strophenähnliche Verwendung des Sonetts in thematisch zusammengehörigen Reihen bei Zorilla in *Roma y Cristo* (8 Sonette), sowie bei Nuñez de Arce in *En el crepúsculo vespertino* und *El último día del Paraíso* (je 13 Sonette). Die Form des Sonetts ist unverändert der klassische Typ.

Nach fast zwei Jahrhunderten einer rückläufigen oder bestenfalls stagnierenden Verbreitung tritt das Sonett mit den modernistischen Dichtern Lateinamerikas und Spaniens in eine neue Hochblüte. Der entscheidende Anstoß für diesen Wiederaufschwung ging wohl von den französischen *Parnassiens* und Symbolisten aus, besonders von Baudelaire und Verlaine.

Bemerkenswert ist die Vorliebe verschiedener Modernisten für die strophenähnliche Verwendung des Sonetts in längeren, thematisch einheitlichen Reihen, wofür etwa Salvador Rueda *(El friso del Partenón)*, A. Nervo *(El prisma roto)*, L. Lugones *(Los doce gozos)* A. Machado *(Los sueños dialogados)*, Alfonso Reyes *(Jornada en sonetos)*, Juan Ramón Jiménez *(Sonetos espirituales)* u.a. Beispiele bieten. Außer Zorilla und

---

212 *Arte de hablar en prosa y verso*. Madrid 1839, II, S. 184. — Die erste Auflage stammt von 1826.

Nuñez de Arce konnte dafür auch Verlaine, besonders in *Sagesse*, zum Vorbild dienen.

Hinsichtlich der Struktur des Sonetts überwiegt auch im Modernismus im ganzen der klassische Typ. Doch nimmt daneben eine Vielzahl hinsichtlich Reimanordnung oder Verszahl unregelmäßiger Typen eine bedeutende Stellung ein. Diese Abweichungen erklären sich zum Teil durch unmittelbaren französischen Einfluß; dies gilt vor allem für die Alexandriner-Sonette (s. u.) sowie für das wiederbelebte alternierende *cuarteto*-Schema ABAB ABAB, das sicherlich nicht als eine Wiederaufnahme der Technik Santillanas, sondern als eine Nachahmung der im 19. Jahrhundert in Frankreich beliebten Kreuzstellung in den *quatrains* zu betrachten ist. Zum andern Teil entspringen diese Abweichungen den allgemeinen Neuerungsbestrebungen des Modernismus sowie dem Variationsbedürfnis gegenüber einer viel gebrauchten Form.

Auf die variablen Reimschemen, die besonders in den *tercetos* zu völlig neuen Zusammenstellungen (CCD CCD; CDC EFE u. a.) führten, braucht hier nicht näher eingegangen zu werden. Wesentlicher und charakteristischer für das Sonett im Modernismus ist seine Übertragung in die verschiedensten Versarten. Die beiden wichtigsten Typen — Alexandriner-Sonett und *Sonetillo* — werden in eigenen Abschnitten dargestellt (s. u.).

Hier bleibt hinzuweisen auf einfach-metabolische und ausgesprochen polymetrische Formen. Ein Sonett aus 11- und 7-Silbern präsentiert Rubén Darío in *A Cervantes*. Mehrere Versarten (7-, 9-, 11- und 14-Silber) werden gemischt in *Madrigal de madrigales* von Manuel Machado und im Sonett des Orestes in der *Ifigenia cruel* von Alfonso Reyes (11-Silber verschiedener Bauart, 12-Silber und Alexandriner).

Zu eigener Individualität, wenn auch zu nur geringer Anwendung, gelangte das 12-Silber-Sonett. Die ersten Beispiele dafür sind die beiden Sonette an Walt Whitman und an Díaz Mirón in Rubén Daríos *Azul* (1888). Als Versart verwenden sie den unsymmetrischen 12-Silber der Gliederung 7+5 *(dodecasílabo de seguidilla)*. Daríos Neuerung wurde übernommen von Julián del Casal in 3 Sonetten von *Nieve* (1892) *(Una maja, Un torero, Un fraile)*, von Díaz Mirón in 5 Sonetten von *Lascas*, von Salvador Rueda in 9 Sonetten des *Poema de la mujer* und in 3 Sonetten in *Camafeos*. Salvador Rueda schrieb auch 6 Sonette in gewöhnlichen polyrhythmischen 12-Silbern *(La musa del Trópico; El libro de poesías* und die 4 Sonette in der *Canción primaveral)*.

Die mit dem Modernismus begonnene neue Blütezeit des Sonetts setzt sich in der Gegenwartsdichtung fort. Es gibt kaum einen unter den spanischen und lateinamerikanischen Dichtern des 20. Jahrhunderts, der diese Dichtungsform nicht benutzt hätte. Beispiele erübrigen sich.

Die verschiedenen Neuerungen des Modernismus sind im wesentlichen zugunsten einer allgemeinen Rückkehr zum klassischen Typ verschwunden. Lediglich die Kreuzstellung in den *cuartetos* (ABAB ABAB) hat sich in nennenswertem Umfang bis heute gehalten. Eine gewisse Freiheit in der Gestaltung der *tercetos*, wie sie besonders bei den südamerikanischen Dichtern zu beobachten ist, hat es zu allen Zeiten gegeben. Vereinzelt erscheinen auch einige gemäßigte Formen der Sonettspielereien des Siglo de oro. Strophenähnliche Verwendung des Sonetts findet sich in einem Abschnitt des *Cántico* von J. Guillén.

Sonderformen des Sonetts:

1. Das Sonetillo

Unter *Sonetillo* versteht man ein Sonett aus Kurzversen, besonders aus 8-Silbern. Entstanden ist es durch einfache Übertragung gebräuchlicher Sonettformen in die 8-Silberdichtung.

Die ersten Beispiele finden sich in der *Pícara Justina*, die 1605 erschienen ist, aber wohl schon 1582 abgefaßt wurde. Zwei von ihnen zeigen das klassische Reimschema; das dritte hat alternierende Reime.[213] Ein *sonetillo con estrambote* ist die 62. Fabel von Iriarte.[214]

Etwas häufiger wird es erst im Modernismus, nachdem es Rubén Darío einmal in *Canto épico* (1887) und zweimal in *Prosas profanas* (1896) verwendet hatte. So erscheint es gelegentlich bei A. Nervo, M. Machado, Villaespesa, Díez-Canedo u. a.

Als Abart des *Sonetillo* ist das 9-Silber-Sonett zu nennen, das gelegentlich bei José Asunción Silva, Valle-Inclán, M. Machado und Gabriela Mistral begegnet. Seine Entstehung verdankt es einerseits der damaligen Mode, das Sonett in den verschiedensten Versarten zu pflegen, andererseits der außerordentlichen Beliebtheit des 9-Silbers im Modernismus. Auch das eigenartige 13-zeilige Sonett Daríos in *Cantos de vida y esperanza* (1905) ist in 9-Silbern geschrieben.[215]

Kuriositätenwert besitzen das 5-Silber-Sonett *Sonetino* von A. Nervo und das 3-Silber-Sonett *Verano* von M. Machado.

2. Das Alexandriner-Sonett

Das Alexandriner-Sonett ist — ähnlich wie das *Sonetillo* — zwar schon alt, doch erlangte es erst Bedeutung im Modernismus.

---

[213] Im 2. *cuarteto* fehlen die beiden letzten Zeilen. — Alle drei *Sonetillos* in der Ausgabe von J. Puyol y Alonso, Madrid 1912 (Sociedad de bibliófilos madrileños, tomo IX).— Zwei davon sind auch abgedruckt in BAE XXXIII, S. 115 und 118.

[214] *El burro del aceitero*. BAE LXIII, S. 19.

[215] *El soneto de trece versos*. — Vgl. A. Torres Rioseco, *Rubén Darío*. Cambridge 1931, S. 142.

Das früheste bekannte Zeugnis findet sich in der Einleitung zur *Comedia Doleria o del Sueño del Mundo* (1572) des Pedro Hurtado de la Vera (= Pedro Faria)[216]. Auf mehrere Jahrhunderte verteilt lassen sich noch einige sehr vereinzelte Beispiele anfügen; so in den *Dos tratados del Papa y de la misa* (1588) des Cipriano de Valera die *Dos sonetos en loor de esta obra* (ed. Usoz, 1851), ferner das *Soneto en alejandrinos* des Pedro de Espinosa[217] und schließlich das Sonett *en tredecasílabos* an Doña Josefa Masanes (1832) von Sinibaldo de Mas.[218] Mit Ausnahme des Sonetts von Espinosa, das erstmals 1895 nachgedruckt wurde,[219] konnte Rubén Darío diese spanischen Vorläufer kennen, da sie alle im Laufe des 19. Jahrhunderts in Neuausgaben erschienen waren, bevor er seine ersten Alexandriner-Sonette abfaßte (1888).[220] Mit großer Wahrscheinlichkeit war ihm wenigstens das Sonett des Sinibaldo de Mas bekannt. Dennoch ist es ganz unwahrscheinlich, daß sich Darío an diesen Vorgängern inspiriert hat. Vielmehr dürfte er das Alexandriner-Sonett, das in den 80er Jahren in Frankreich in hoher Blüte stand, unmittelbar von dort übernommen haben. In einer Bemerkung zu seinem Sonett *Caupolicán* sagt er, daß seines Wissens dieses Gedicht ‚*inició la entrada del soneto a la francesa en nuestra lengua*'. Damit wird zwar nicht unbedingt bewiesen, daß ihm die früheren spanischen Alexandriner-Sonette unbekannt waren, aber es wird deutlich, daß die Geschichte des Alexandriner-Sonetts mit *Caupolicán* beginnt. In der Bezeichnung ‚*soneto a la francesa*' darf man wohl auch einen bewußten Hinweis auf Daríos wirkliche Vorbilder sehen.

In *Azul* (1888) noch vereinzelt,[221] wird das Alexandriner-Sonett bei Darío in der Folgezeit sehr häufig. Seiner Anregung folgten unmittelbar Julián del Casal, Díaz Mirón und Salvador Rueda. Ihnen schlossen sich die späteren Dichter dieser literarischen Bewegung an. Nach dem Modernismus ist es wieder zugunsten des klassischen Typs verschwunden.

---

[216] Abdruck in Menéndez Pelayo, *Origenes de le novela*, III (NBAE XIV), S. 313. — Vgl. auch N. Alonso Cortés in RFE VIII (1921), S. 294.

[217] Erstmals erschienen 1611. — Verschiedentlich nachgedruckt, z. B. in Rodríguez Marín, *Pedro Espinosa*. Madrid 1907, S. 206; ders. in *Obras de Pedro Espinosa*. Madrid 1909. A. Marasso in BAAL VII (1939), S. 122. — Vgl. auch P. Henríquez Ureña, *Notas sobre Pedro Espinosa*. RFE IV (1917), S. 289–292.

[218] *Fragante y rubicunda entre sus hojas bellas.*

[219] Im Prolog der *Obras de Gutierre de Cetina* von Hazañas y la Rua.

[220] Zu den Einzelheiten vgl. A. Marasso in BAAL I (1933), S. 177–181. (Abgedruckt auch in A. Marasso, *Rubén Darío y su creación poética*. Buenos Aires 1954, S. 328–330.) — Ders. in BAAL VII (1939), S. 121–123.

[221] Vgl. E. K. Mapes, *Los primeros sonetos alejandrinos de Rubén Darío*. Revista Hispánica moderna, New York, I (1935), S. 241–259.

Literatur: Einen Einblick in die reiche kritische Literatur zum spanischen Sonett gewährt die Bibliographie *Métrica española* (Madrid 1956) von Alfredo Carballo Picazo s. v. *soneto* (etwa 50 Titel). — Auf verschiedene Untersuchungen wurde bereits in den Fußnoten hingewiesen. Hier noch einige Darstellungen zusammenfassenden Charakters, deren bibliographische Angaben weiterführen:

E. Fernández Almuzara, S. J., *Vitalidad del soneto*. Razón y Fe CXXVI (Madrid 1942), S. 281–291. — Walter Mönch, *Das Sonett. Gestalt und Geschichte*. Heidelberg 1955. — U. Arnáiz Sordo, *El soneto español*. Mexico 1954. — Ursula Burchardt, *Die Formen des Sonetts in Spanien von den Anfängen bis zum Ende des Siglo de oro*. Diss. der Humboldt-Universität zu Berlin (Maschinenschrift) 1948. — Lucile K. Delano, *The sonnet in the Golden Age drama of Spain*, Hisp. XI (1928), S. 25–28 und *An analysis of the sonnets in Lope de Vega's comedias*, Hisp. XII (1929), S.119–140. — Otto Jörder, *Die Formen des Sonetts bei Lope de Vega*. ZRPh, Beiheft 86, Halle 1936. — E. Brockhaus, *Góngoras Sonettendichtung*. Bochum-Langendreer 1935. — Oreste Frattoni, *Ensayo para una historia del soneto en Góngora*. Buenos Aires 1948 (Colección de estudios estilísticos. Nueva serie. Suplemento I. Instituto de Filología. Sección Románica). — Manuel de Montoliu, *El sentido arquitectónico y musical de las obras de Góngora*. BRAe XXVIII (1948), S. 69–88. — Tomás Navarro, *Métrica*, s. v. *soneto* im *Indice de estrofós* (besonders wertvoll die Ausführungen über das modernistische Sonett).

Das Madrigal

Das spanische Madrigal entzieht sich wegen seiner sehr variablen metrischen Gestalt einer genauen Definition. Kurz und treffend ist seine allgemeine Beschreibung bei D. C. Clarke: *a short silva on a light topic.*[222] Wie die Silva kombiniert es in freier Weise 11- und 7-Silber, wobei des öfteren Anlehnungen an den 3- und 6-Zeiler deutlich sind und der Ausgang auf Paarreim bevorzugt wird. Als Reimart kennt das Madrigal nur den Vollreim. Er wird frei angeordnet. Einzelne Verse können ohne Reimentsprechung bleiben *(versos sueltos)*. Der Umfang ist sehr unterschiedlich. Er reicht von 4 Versen[223] bis über 30 hinaus;[224] normalerweise aber schwankt er zwischen 8 und etwa 12 Zeilen. Das typische Madrigal charakterisiert sich durch meist amurösen Inhalt, durch schlichte Diktion und gelegentlich auch durch ländliche oder schäferliche Szenerie-Elemente. „*Pero ya no solo se hazen Madrigales en estilo pastoril, sino en lenguaje politico y de cosas graves*", schreibt schon Rengifo (1592), doch konnte er sich damit m. E. mehr auf die italienischen als auf die spani-

[222] Sketch, S. 347.

[223] Juan Nicasio Gallego, BAE LXVII, S. 424 (in französischer Sprache und in Alexandrinern AABB).

[224] Z. B. Gutierre de Cetina, BAE XXXII, S. 50.

schen Verhältnisse seiner Zeit beziehen. Eine Tendenz zu überraschender Pointe, die sich erstmals am Ende des 16. Jahrhunderts bei Baltasar del Alcázar (1530—1606) bemerkbar macht,[225] bringt das Madrigal in der Folgezeit mehr und mehr in die Nähe des Epigramms.

Beispiel:	Schema:
Iba cogiendo flores,	a
Y guardando en la falda,	b
Mi ninfa, para hacer una guirnalda;	B;
Mas primero las toca	c
A los rosados labios de su boca,	C
Y les da de su aliento los olores;	A;
Y estaba, por su bien, entre una rosa	D
Un abeja escondida,	e
Su dulce humor hurtando,	f
Y como en la hermosa	d
Flor de los labios se halló, atrevida,	E
La picó, sacó miel, fuése volando.	F.

(Luís Martín [17. Jh.], BAE XLII, S. 6)

Geschichtliches: Für das Wort ,Madrigal' wurden seit Antonio da Tempo (1332) bis heute die verschiedensten Erklärungen gegeben. Man findet den ganzen wort- und bedeutungsgeschichtlichen Fragenkomplex zusammengestellt und kritisch beleuchtet in dem Aufsatz von Gerhard Rohlfs, *Zum Ursprung des Madrigals.*[226] Die dort nicht näher berücksichtigten Theoretiker des Siglo de oro[227] schreiben die italienischen Poetiken aus und bringen daher keine neuen Gesichtspunkte, wenn man allenfalls absieht von dem unbrauchbaren Vorschlag des Sánchez de Lima, daß ,Madrigal' abzuleiten sei von dem Namen eines Dichters, der diese Form verwendet habe.[228] Als Etymon wird in neuester Zeit meist ,materialis' angenommen, was schon Pietro Bembo in seinen *Prose della volgar lingua* (1525) neben einer anderen Deutung zur Wahl gestellt hatte. Der Lautstand zeigt oberitalienische Entwicklung.

Strittiger ist die Frage, welche genaue Bedeutung von ,materialis' der Benennung des Madrigals zugrundeliegt. Gegenüber der von Leo Spitzer[229] vorgeschlagenen, im Ansatz sehr speziellen Bedeutung

---

[225] BAE XXXII, S. 412.

[226] Neueste Fassung in G. Rohlfs, *An den Quellen der romanischen Sprachen.* Halle (Saale) 1952, S. 251–259.

[227] Rengifo, Caramuel; vgl. E. Díez Echarri, *Teorías*, S. 257–258.

[228] „vamos a las (sic!) madrigales, que son llamadas por este nombre entre los poetas, por causa de que alguno que se llamaua assi, las deuio de vsar." *El arte poetica en romance castellano* (ed. R. de Balbín Lucas, Madrid 1944, S. 75).

[229] ZRPh 54 (1935), S. 168.

‚unehelich, Bastard' > *‚Bastardgedicht'* (zwischen Musik und Dichtung stehend) > *besonders freigebautes Gedicht* > *minderwertiges Gedicht* verdient die von Rohlfs gegebene Interpretation *‚semplice, rozzo, grossolano; e si dice di tutte le cose che non sono raggentilite e ripulite'* (Tommaseo-Bellini) > *‚di stile umile'* zweifellos den Vorzug. Sie kann sich nicht nur auf einen allgemeinen, auch heute noch anzutreffenden Sprachgebrauch stützen, sondern hat auch die Autorität des Antonio da Tempo auf ihrer Seite, der als Wesenszug des Madrigals den überaus einfachen, ländlichen Wortgebrauch hervorhebt: *Mandrialis* (= madrigale) *namque in rithmis debet constare ex verbis valde vulgaribus et intellegibilibus et rudibus quasi cum prolationibus et idiomatibus rusticalibus.*[230] Der Name Madrigal scheint daher weder auf die Musik noch auf die metrische Form, sondern auf Wortgebrauch und Stil Bezug zu nehmen. Das Zeugnis da Tempos ist um so wertvoller, als es zeitlich noch vor die ersten Madrigale der Kunstdichtung fällt, von denen man nicht weiß, inwieweit sie den ursprünglichen Charakter der (nicht erhaltenen) volkstümlichen Madrigale verändert haben.

Im Gegensatz zu Canzone und Sonett ist das Madrigal volkstümlichen Ursprungs. Die Erinnerung daran hat es, wenigstens teilweise, in seiner anspruchslosen Sprache und seiner schlichten Thematik bewahrt. Die frühesten Belege für diese Gedichtform sind die vier Madrigale im Canzoniere Petrarcas.[231] Im 14. Jahrhundert werden die Madrigale durchwegs isometrisch gebaut (11-Silber) und bestehen aus 2 oder 3 (außer bei Petrarca) hinsichtlich des Reimes voneinander unabhängigen 3-Zeilern, denen gewöhnlich ein oder zwei Reimpaare als Abschluß folgen, z. B. ABB CDD EE u. ä. Man bezeichnet diesen Madrigaltyp a s den klassischen. Er hatte eine nur kurze Lebensdauer, denn durch die Einbeziehung moralischer und politischer Stoffe, vor allem aber unter dem Einfluß einer sich von Frankreich aus verbreitenden neuen Kompositionstechnik (Schule von Cambrai) wurde der Charakter des klassischen Madrigals schon im Laufe des 15. Jahrhunderts tiefgreifend verändert. In die Struktur werden Elemente der *Ballata* und der Canzone aufgenommen; unter die 11-Silber mischen sich 7-Silber. Zu Beginn des 16. Jahrhunderts ist das Madrigal geradezu zum Inbegriff der metrisch völlig freien Form geworden, die Pietro Bembo, wie folgt, beschreibt: „*Libere poi sono quelle altre (rime), che non hanno alcuna legge o nel numero dei*

---

[230] *De rithmis vulgaribus* (ed. G. Grion, S. 139). — Ähnlich — wenngleich nur andeutungsweise — schon vorher bei Francesco da Barberino in dem Kapitel *De variis inveniendi et rimandi modis* der *Glosse latine* (zwischen 1318 und 1325), wo es heißt: *voluntarium est rudium inordinatum concinium, ut matricale et similia.*

[231] Nr. 52, 54, 106, 157.

versi, o nella maniera di rimargli: ma ciascuno sí come a esso piace, cosí le forma; e queste universalmente sono tutte madriali chiamate... quantunque alcuna qualità di madriali pur si trova, che non cosí tutta sciolta e libera è, come io dico.[232]

Das spanische Madrigal fußt auf diesen späteren, freieren Formen Italiens. Es wurde wohl von Gutierre de Cetina (1520?—1557) eingeführt. Unter den vier Beispielen,[233] die er bietet, findet sich auch das vielleicht berühmteste Madrigal der spanischen Literatur: *Ojos claros, serenos.* Im weiteren Verlauf des 16. Jahrhunderts taucht die neue Dichtungsform nur sehr vereinzelt auf, so bei Luís Barahona de Soto (1548—1595)[234] und Baltasar del Alcázar.[235]

In der ersten Hälfte des 17. Jahrhunderts erreicht sie ihre wohl weiteste Verbreitung, die allerdings auch nicht annähernd mit ihrer Rolle in Italien zu vergleichen ist. Der fruchtbarste Madrigaldichter dieser Zeit ist Francisco de Quevedo (mit etwa 10 Gedichten).[236] Andere Dichter, wie Quirós, P. de Espinosa, Jáuregui, Miguel de Barrios, Soto de Rojas usw. pflegen es zwar auch, aber nur sehr vereinzelt.[237] Gegenüber der allgemeinen Tendenz zum effektvollen Epigramm haben Medrano und Luís Martín[238] die Schlichtheit und Stimmung des echten Madrigals bewahrt.

In der zweiten Hälfte des 18. und zu Beginn des 19. Jahrhunderts haben García de la Huerta[239], Pablo Forner[240], Francisco Gregorio Salas[241], Somoza[242] u. a. das Madrigal letztmalig in gewissem Umfang wiederbelebt.

Literatur: Karl Vossler, *Das deutsche Madrigal. Geschichte seiner Entwicklung bis in die Mitte des 18. Jahrhunderts.* Weimar 1898 (besonders S. 1–12). — Ders., *Die Dichtungsformen der Romanen* (ed. Andreas Bauer)

---

232 Zit. nach K. Vossler, *Die Dichtungsformen der Romanen* (ed. A. Bauer) Stuttgart 1951, S. 209f. — Zur Entwicklung des Madrigals im beginnenden 16. Jahrhundert in Italien (unter besonderer Berücksichtigung der Musik) vgl. G. Cesari, *Die Entstehung des Madrigals im 16. Jahrhundert.* Diss. München) Cremona 1908.

233 BAE XXXII, S. 42 und 49.

234 BAE XLII, S. 14 und 18.

235 BAE XXXII, S. 412.

236 BAE LXIX, S. 48, 60, 63/64, 82/83, 146.

237 Für die Stellenangaben in der BAE vgl. die *Indices generales* (LXXI), S. 6–7.

238 S. das oben mitgeteilte Beispiel.

239 BAE LXI, S. 226.

240 BAE LXIII, S. 316.

241 *Madrigales jocosos y serios.* BAE LXVII, S. 536–538.

242 BAE LXVII, S. 473.

Stuttgart 1951, S. 207–214. — Gaetano Cesari, *Die Entstehung des Madrigals im 16. Jahrhundert.* Diss. München 1908 (musikgeschichtlich). — Gerhard Rohlfs, *Zum Ursprung des Madrigals.* Erstmals in ASTNS Bd. 183 (1943), S. 38–44; in erweiterter Fassung in G. Rohlfs, *An den Quellen der romanischen Sprachen,* Halle 1952, S. 251–259.

AUTORENVERZEICHNIS

SACHREGISTER

Kolibri 360 GmbH
Ferdinand-Jühlke-Straße 7
99095 Erfurt, Deutschland
produktsicherheit@kolibri360.de